2024 | 한국산업인력공단 | 국가기술자격

# 고시넷
## 고패스

# 산업안전산업기사 실기
# 필답형 + 작업형
# 기출복원문제 + 유형분석

gosi net
(주)고시넷

# 도서 소개

## 2024 고패스 기출+유형분석 산업안전산업기사 실기 도서는....

### ■ 분석기준

2005년~2023년까지 19년분의 산업안전기사&산업기사 실기 기출복원문제를 아래와 같은 기준에 입각하여 분석&정리하였습니다.

– 필기시험 합격 회차에 실기까지 한 번에 합격할 수 있도록

– 최대한 중복을 배제해서 짧은 시간동안 효율을 극대화할 수 있도록

– 시험유형(필답형/작업형)을 최대한 고려하여 꼼꼼하게 확인할 수 있도록

### ■ 분석대상

분석한 2005년~2023년까지 19년분의 산업안전기사&산업기사 실기 기출복원 대상문제는 다음과 같습니다.

– 필답형 문제 중 법규변경 등의 이유로 폐기한 문제를 제외한 기사 790개 문항과 산업기사 755개 문항으로 총 1,545문항

– 작업형 문제 기사 999개 문항과 산업기사 711문항으로 총 1,710문항

(작업형 문제의 경우 2011년 이전에 출제된 문제들의 경우 출제근거를 확인할 방법이 없어 부득이하게 분석 대상에서 제외했습니다.)

### ■ 분석결과

분석한 결과

• 필답형은 6~7년분의 기출을, 작업형은 4~5년분의 기출을 학습하셔야 중복출제문제의 비중이 70%에 근접할 수 있음을 확인하였습니다.

• 최근 산업기사 작업형 신출 문제의 50%가 넘는 문제가 기사 작업형에서 출제되었음을 확인하였습니다.

이에 본서에서는 이를 출제비중별로 재분류하여

- 필답형_유형별 기출복원문제 256題 : 256개의 산업기사 핵심 필답형 기출복원문제를 제시합니다. 동일한 이론이지만 출제유형이 서로 다르게 출제되는 경우 최대한 다양한 유형을 오래된 문제나 산발적으로 출제된 문제를 제외한 후 정리하였습니다. 아울러 2014년 이전에 출제된 문제 중 시험에 나올만한 문제를 선별하여 추가하였습니다.

- 필답형_회차별 기출복원문제〈Ⅰ〉: 최근 10년(2014~2023)분의 필답형 기출복원문제를 제시합니다. 문제와 함께 모범답안을 제시하였습니다. 유형별 기출복원문제를 통해 학습한 내용이지만 회차별로 시험에 나오는 형태로 다시한번 점검하실 수 있습니다.

- 필답형_회차별 기출복원문제〈Ⅱ〉: 최근 10년(2014~2023)분의 필답형 기출복원문제를 제시합니다.〈Ⅰ〉과의 차이는 답안란이 비어져 있습니다. 최종마무리 평가용으로 직접 답안을 써볼 수 있도록 문제만 제시하였습니다. 모든 구성이〈Ⅰ〉과 동일하므로 답안은〈Ⅰ〉을 통해서 확인하실 수 있습니다.

- 작업형_유형별 기출복원문제 160題 : 160개의 산업기사 핵심 작업형 기출복원문제를 제시합니다. 동일한 이론이지만 출제유형이 서로 다르게 출제되는 경우 최대한 다양한 유형을 오래된 문제나 산발적으로 출제된 문제를 제외한 후 정리하였습니다. 아울러 2017년 이전에 출제된 문제 중 시험에 나올만한 문제를 선별하여 추가하였습니다.

- 작업형_회차별 기출복원문제 : 최근 7년(2017~2023)분의 작업형 기출복원문제를 제시합니다. 문제와 함께 모범답안을 제시하였습니다. 유형별 기출복원문제를 통해 학습한 내용이지만 회차별로 시험에 나오는 형태로 다시한번 점검하실 수 있습니다. 학습기간이 필답형에 비해 짧은 만큼 작업형은 별도로 문제만으로 구성된 회차별 기출복원문제를 제공하지는 않았습니다. 짧은 시간 최대한 집중해서 문제와 모범답안을 제공된 그림 및 사진과 함께 학습하실 수 있도록 하였습니다.

# 산업안전산업기사 실기 개요 및 유의사항

## 산업안전산업기사 실기 개요

- 필답형 55점과 작업형 45점으로 총 100점 만점에 60점 이상이어야
- 필답형 및 작업형 시험에 모두 응시하여야
- 부분점수 부여되므로 포기하지 말고 답안을 기재해야

산업안전산업기사 실기시험은 필답형과 작업형으로 구분되어 있습니다.

필답형은 보통 13문항에 각 문항 당 3점, 4점, 5점의 배점으로 총 55점 만점으로 구성되어 있습니다. 문제지에 나와 있는 지문을 보고 암기한 내용을 주관식으로 간략하게 정리하여야 합니다.

병행해서 별도의 일정으로 시행되는 작업형의 경우 문제내용은 컴퓨터에서 동영상으로 나오게 됩니다. 보통 9문항에 각 문항 당 4점, 5점, 6점의 배점으로 총 45점 만점으로 구성되어 있습니다. 아울러 작업형 시험은 동영상 시험인 관계로 컴퓨터가 있어야 하고 그러다보니 동시간대에 시험을 치르는 인원이 제한될 수밖에 없어서 시험 당일 하루에 2~3차례 시간을 나눠서 시험을 치르며 시험내용은 서로 다르게 출제됩니다.

## 실기 준비 시 유의사항

1. 주관식이므로 관련 내용을 정확히 기재하셔야 합니다.

- 중요한 단어의 맞춤법을 틀려서는 안 됩니다. 정확하게 기재하여야 하며 3가지를 쓰라고 되어있는 문제에서 정확하게 아는 3가지만을 기재하시면 됩니다. 4가지를 기재했다고 점수를 더 주는 것도 아니고 4가지를 기재하면서 하나가 틀린 경우 오답으로 인정되는 경우도 있사오니 가능하면 정확하게 아는 것 우선으로 기재하도록 합니다.
- 특히 중요한 것으로 단위와 이상, 이하, 초과, 미만 등의 표현입니다. 이 표현들을 빼먹어서 제대로 점수를 받지 못하는 분들이 의외로 많습니다. 암기하실 때도 이 부분을 소홀하게 취급하시는 분들이 많습니다. 시험 시작할 때 우선적으로 이것부터 챙기겠다고 마음속으로 다짐하시고 시작하십시오. 알고 있음에도 놓치는 점수를 없애기 위해 반드시 필요한 자세가 될 것입니다.

• 계산 문제는 특별한 지시사항이 없는 한 소수점 아래 둘째자리까지 구하시면 됩니다. 지시사항이 있다면 지시사항에 따르면 되고 그렇지 않으면 소수점 아래 셋째자리에서 반올림하셔서 소수점 아래 둘째자리까지 구하셔서 표기하시면 됩니다.

## 2. 부분점수가 부여되므로 포기하지 말고 기재하도록 합니다.

필답형, 작업형 공히 부분점수가 부여되므로 전혀 모르는 내용의 新유형 문제가 나오더라도 포기하지 않고 상식적인 범위 내에서 관련된 답을 기재하는 것이 유리합니다. 공백으로 비울 경우에도 0점이고, 틀린 답을 작성하여 제출하더라도 0점입니다. 상식적으로 답변할 수 있는 수준으로 제출할 경우 부분점수를 획득할 수도 있으니 포기하지 말고 기재하도록 합니다.

## 3. 필답형 시험을 망쳤다고 작업형을 포기하지 마세요.

대부분의 수험생들이 필답형 시험에서 20~40점대의 분포를 갖습니다. 특히 필답형 시험에서 20점도 안된다고 작업형을 포기하는 분들이 있는데 포기하지 마시기를 권해드립니다. 부분점수도 있고 주관식이다보니 채점자의 성향에 따라 정답으로 인정되는 경우도 많습니다. 의외로 실제 시험결과를 확인한 후 원래 예상했던 점수보다 더 많이 나왔다는 분들이 많습니다. 부분점수 등이 인정되기 때문입니다. 아울러 작업형은 생각보다 점수가 잘 나옵니다. 실제로 필답형에서 20점이 되지 않았지만 작업형 점수가 기대보다 훨씬 잘나와 합격한 경우를 여럿 보았습니다. 절대 필답형을 망쳤다고 작업형을 포기하지 마시기 바랍니다.

## 4. 작업형 시험은 보통 1주일 정도의 기간을 정해서 공부합니다.

예전과 달리 필답형 1주일 후에 작업형 시험이 시행되는 것이 아닌 관계로 시험접수 시에 수험생이 선택한 시험 일정에 따라 본인이 학습기간을 임의로 정하여 작업형을 공부하셔야 합니다. 필답형과 분리된 시험이기는 하지만 필답형에서 학습한 내용을 기반으로 답안을 작성하셔야 하는 만큼 필기시험이 끝나고 나면 일단은 필답형 시험에 집중하시고 실기 접수를 통해서 시험일정이 확정되면 그 시험일정에 맞게 작업형 학습일정을 잡으시기 바랍니다. 보통의 수험생은 1주일정도의 기간을 정해서 작업형을 공부합니다.

## 5. 특히 작업형에서는 관련 동영상(혹은 실제 사진)을 많이 보셨으면 합니다.

필답형과 같이 실제 문제가 지문으로 제공되는 경우는 암기한 내용과 매칭이 어렵지 않아서 답을 적기가 수월하지만 작업형의 경우 동영상에서 이야기하는 내용이 뭔지를 몰라 답을 적지 못하는 경우도 많습니다. 주변 분 중에서 실기 작업형 시험을 준비하면서 건설용 리프트를 이용하는 작업을 하는 근로자에게 실시하는 특별안전보건교육 내용을 암기하고 있음에도 불구하고 동영상에서 나오는 건설용 리프트를 알아보지 못해서 공백으로 비우고 나왔다고 한탄을 하는 분이 있었습니다. 실제 전공자도 아니고 현직 근무자도 아닌 경우 여러분이 암기한 내용이 나오더라도 매칭을 하지 못해 답을 적지 못하는 경우가 많사오니 가능한 관련 내용의 다양한 동영상(혹은 실제 사진)을 보셨으면 합니다.

## 6. 작업형의 경우 정확한 답이 없습니다. 시험 친 후 올라오는 복원문제와 답에 너무 연연하지 마시기 바랍니다.

사람마다 동영상을 보는 관점이 다르고 문제점에 대한 인식의 기준도 다릅니다. 채점자가 기본적으로 모범답안을 가지고 채점을 하겠지만 그 답이 딱 정해진 개수라고 볼 수 없습니다. 실례로 승강기 모터 부분을 청소하던 작업자가 사고를 당한 문제의 위험점을 묻는 문제가 출제된 적이 있는데 이때 사고가 나는 장면은 동영상에서 보이지 않았습니다. 사고가 나기는 했지만 회전하는 기계에서 사고가 날 가능성은 접선물림점이 될 수도 있고, 회전말림점이 될 수도 있습니다. 이 시험에서 회전말림점이라고 적은 분 중에서도, 접선물림점이라고 적은 분 중에서도 만점자가 나왔습니다. 즉, 답이 하나가 아닐 수 있다는 것입니다. 실제 동영상을 볼 때 문제 출제자가 의도하지 않았지만 불안전한 행동이나 상태가 나타날 수 있으며, 수험자가 이를 발견해서 답을 적을 수 있습니다. 그리고 채점자가 판단할 때 충분히 답이 될 수 있는 상황이라고 판단한다면 이는 정답으로 채점될 수 있다는 의미입니다. 꼼꼼히 따져보시고 상황에 맞는 답을 적도록 하시고 시험 후에 올라오는 후기에서의 정답 주장은 의미가 없으므로 크게 신경 쓰지 않도록 하셨으면 합니다.

# 어떻게 학습할 것인가?

앞서 도서 소개를 통해 본서가 어떤 기준에 의해서 만들어졌는지를 확인하였습니다. 이에 분석된 데이터들을 가지고 어떻게 학습하는 것이 가장 효율적인지를 저희 국가전문기술자격연구소에서 연구·검토한 결과를 제시하고자 합니다.

• 필기와 달리 실기(필답형, 작업형)는 직접 답안지에 서술형 혹은 단답형으로 그 내용을 기재하여야 하므로 정확하게 관련 내용에 대한 암기가 필요합니다. 가능한 한 직접 손으로 쓰면서 암기해주십시오.
• 작업형의 경우는 동영상에 나오는 실제 작업현장 및 시설, 설비가 무엇인지 알아야 암기하고 있던 관련 내용과 연계가 가능합니다. 관련 동영상(혹은 실제 사진)을 많이 참고해주십시오.
• 출제되는 문제는 새로운 문제가 포함되기는 하지만 80% 이상이 기출문제에서 출제되는 만큼 기출 위주의 학습이 필요합니다.

이에 저희 국가전문기술자격연구소에서는 시험에 중점적으로 많이 출제되는 문제들을 유형별로 구분하여 집중 암기할 수 있도록 하는 학습 방안을 제시합니다.

1단계 : 19년간 출제된 필답형 기출문제의 전유형을 제공한 유형별 기출복원문제 256題를 꼼꼼히 손으로 직접 쓰면서 암기해주십시오.

19년간 출제된 필답형 기출문제를 유형별로 분류하여 제공한 필답형의 유형별 기출복원문제 256題를 펼치셔서 직접 문제를 보며 암기해주시기 바랍니다. 핵심유형이론과 달리 시험에서는 3가지 혹은 4가지 등 배점에 맞게 적어야 할 가짓수가 유형보다는 적게 제시됩니다. 자신이 암기하기 쉬운 문장들을 우선적으로 암기하시면서 정리해주십시오. 별도의 연습장을 활용하셔서 직접 적어가면서 암기하실 것을 강력히 권고드립니다.

2단계 : 어느 정도 유형별 기출복원문제 학습이 완료되시면 실제 시험과 같이 제공된 10년간 회차별
　　　 기출복원문제(Ⅰ)를 다시 한번 확인하시면서 암기해주십시오.

유형별 기출복원문제를 충분히 암기했다고 생각되신다면 실제 시험유형과 같은 회차별 기출복원문제(Ⅰ)로
시험적응력과 암기내용을 다시 한번 점검하시기 바랍니다. 필기와 달리 실기는 같은 해에도 회차별로 중복
문제가 많이 출제되었음을 확인하실 수 있을 겁니다.

3단계 : 회차별 기출복원문제까지 완료하셨다면 실제 시험과 같이 직접 연필을 이용해서 회차별
　　　 기출복원문제(Ⅱ)를 풀어보시기 바랍니다.

별도의 답안은 제공되지 않고 (Ⅰ)과 동일하게 구성되어있으므로 직접 풀어보신 후에는 (Ⅰ)의 모범답안과
비교해 본 후 틀린 내용은 오답노트를 작성하시기 바랍니다. 그런 후 틀린 내용에 대해서 집중적으로 암기
하는 시간을 가져보시기 바랍니다. 답안을 연필로 작성하신 후 지우개로 지워두시기 바랍니다. 시험 전에
다시 한번 최종 마무리 확인시간을 가지면 합격가능성은 더욱 올라갈 것입니다.

〈작업형 학습〉 작업형 역시 필답형과 동일하게 진행해주세요.

작업형은 필답형과 다르게 준비기간도 짧지만 외어야 할 내용도 그만큼 적습니다. 보통은 1주일 정도의 기
간을 정해서 작업형 시험에 대비한 학습을 합니다. 유형별 기출복원문제는 160題입니다. 2일 정도는 유형
별 기출복원문제를 집중적으로 암기해주시고, 나머지 4일 정도는 회차별 기출복원문제 7년분을 통해서 암
기한 내용을 확인하시고 부족하신 부분을 보완하는 시간을 가지도록 하십시오. 마찬가지로 직접 손으로 적
어가면서 외우셔야 합니다.

# 산업안전산업기사 상세정보

## 자격종목

| | 자격명 | 관련부처 | 시행기관 |
|---|---|---|---|
| 산업안전산업기사 | Industrial Engineer Industrial Safety | 고용노동부 | 한국산업인력공단 |

## 검정현황

■ 필기시험

| | 2013 | 2014 | 2015 | 2016 | 2017 | 2018 | 2019 | 2020 | 2021 | 2022 | 2023 | 합계 |
|---|---|---|---|---|---|---|---|---|---|---|---|---|
| 응시인원 | 8,714 | 10,596 | 14,102 | 15,575 | 17,042 | 19,298 | 24,237 | 22,849 | 25,952 | 29,934 | 38,901 | 227,200 |
| 합격인원 | 2,184 | 3,208 | 4,238 | 4,688 | 5,932 | 8,596 | 11,470 | 11,731 | 12,543 | 13,570 | 17,404 | 95,564 |
| 합격률 | 25.1% | 30.3% | 30.1% | 30.1% | 34.8% | 44.5% | 47.3% | 51.3% | 48.3% | 45.3% | 44.7% | 42.1% |

■ 실기시험

| | 2013 | 2014 | 2015 | 2016 | 2017 | 2018 | 2019 | 2020 | 2021 | 2022 | 2023 | 합계 |
|---|---|---|---|---|---|---|---|---|---|---|---|---|
| 응시인원 | 3,705 | 4,239 | 5,435 | 6,061 | 7,567 | 9,305 | 13,559 | 15,996 | 17,961 | 18,006 | 22,911 | 124,745 |
| 합격인원 | 960 | 1,371 | 2,811 | 2,675 | 3,620 | 4,547 | 6,485 | 5,473 | 7,728 | 7,886 | 10,735 | 54,291 |
| 합격률 | 25.9% | 32.3% | 51.7% | 44.1% | 47.8% | 48.9% | 47.8% | 34.2% | 43.0% | 43.8% | 46.9% | 43.5% |

■ 취득방법

| 구분 | 필기 | 실기 |
|---|---|---|
| 시험과목 | ① 산업재해 예방 및 안전보건교육<br>② 인간공학 및 위험성 평가 · 관리<br>③ 기계 · 기구 및 설비 안전관리<br>④ 전기 및 화학설비 안전관리<br>⑤ 건설공사 안전관리 | 산업안전실무 |
| 검정방법 | 객관식 4지 택일형, 과목당 20문항 | 복합형[필답형＋작업형] |
| 합격기준 | 과목당 100점 만점에 40점 이상, 전 과목 평균 60점 이상 | 필답형＋작업형 100점 만점에 60점 이상 |

■ 필기시험 합격자는 당해 필기시험 발표일로부터 2년간 필기시험이 면제된다.

# 이 책의 구성

## ❶ 256題의 필답형 유형별 기출복원문제로 필답형 완벽 준비

– 최근 19년간 출제된 모든 필답형 기출문제를 분석하여 중복을 배제하고 중요도를 고려하여 다양한 유형을 빠짐없이 확인할 수 있도록 하였습니다.

256개의 유형별 기출복원문제를 제공합니다.

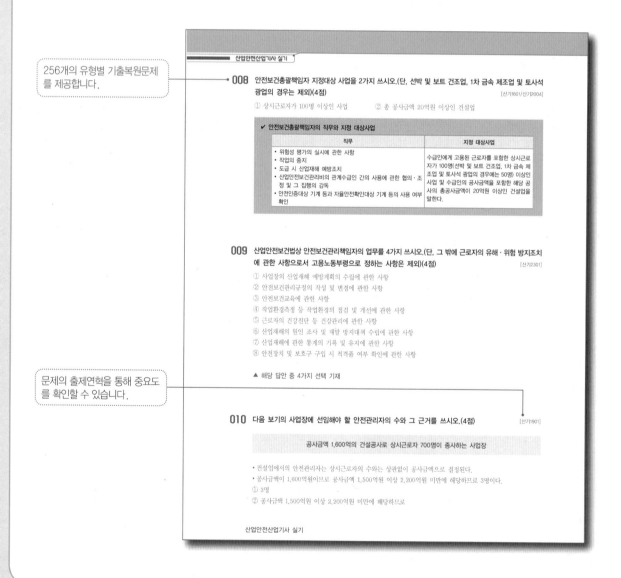

**산업안전산업기사 실기**

**008** 안전보건총괄책임자 지정대상 사업을 2가지 쓰시오.(단, 선박 및 보트 건조업, 1차 금속 제조업 및 토사석 광업의 경우는 제외)(4점) [산기1601/산기2004]

① 상시근로자가 100명 이상인 사업  ② 총 공사금액 20억원 이상인 건설업

| ✔ 안전보건총괄책임자의 직무와 지정 대상사업 | |
|---|---|
| 직무 | 지정 대상사업 |
| • 위험성 평가의 실시에 관한 사항<br>• 작업의 중지<br>• 도급 시 산업재해 예방조치<br>• 산업안전보건관리비의 관계수급인 간의 사용에 관한 협의·조정 및 그 집행의 감독<br>• 안전인증대상 기계 등과 자율안전확인대상 기계 등의 사용 여부 확인 | 수급인에게 고용된 근로자를 포함한 상시근로자가 100명(선박 및 보트 건조업, 1차 금속 제조업 및 토사석 광업의 경우에는 50명) 이상인 사업 및 수급인의 공사금액을 포함한 해당 공사의 총공사금액이 20억원 이상인 건설업을 말한다. |

**009** 산업안전보건법상 안전보건관리책임자의 업무를 4가지 쓰시오.(단, 그 밖에 근로자의 유해·위험 방지조치에 관한 사항으로서 고용노동부령으로 정하는 사항은 제외)(4점) [산기1301]

① 사업장의 산업재해 예방계획의 수립에 관한 사항
② 안전보건관리규정의 작성 및 변경에 관한 사항
③ 안전보건교육에 관한 사항
④ 작업환경측정 등 작업환경의 점검 및 개선에 관한 사항
⑤ 근로자의 건강진단 등 건강관리에 관한 사항
⑥ 산업재해의 원인 조사 및 재발 방지대책 수립에 관한 사항
⑦ 산업재해에 관한 통계의 기록 및 유지에 관한 사항
⑧ 안전장치 및 보호구 구입 시 적격품 여부 확인에 관한 사항

▲ 해당 답안 중 4가지 선택 기재

문제의 출제연혁을 통해 중요도를 확인할 수 있습니다.

**010** 다음 보기의 사업장에 선임해야 할 안전관리자의 수와 그 근거를 쓰시오.(4점) [산기1901]

공사금액 1,600억의 건설공사로 상시근로자 700명이 종사하는 사업장

• 건설업에서의 안전관리자는 상시근로자의 수와는 상관없이 공사금액으로 결정된다.
• 공사금액이 1,600억원이므로 공사금액 1,500억원 이상 2,200억원 미만에 해당하므로 3명이다.
① 3명
② 공사금액 1,500억원 이상 2,200억원 미만에 해당하므로

산업안전산업기사 실기

수험생의 요청에 따라 문항별 답안이 가능한 거의 모든 답안을 표시하였습니다. 문제에서 요구한 가 짓수에 맞게 학습하신 후 기재하시기 바랍니다. 아울러 부족한 이론부분은 별도의 체크박스를 통해 서 보충하였습니다.

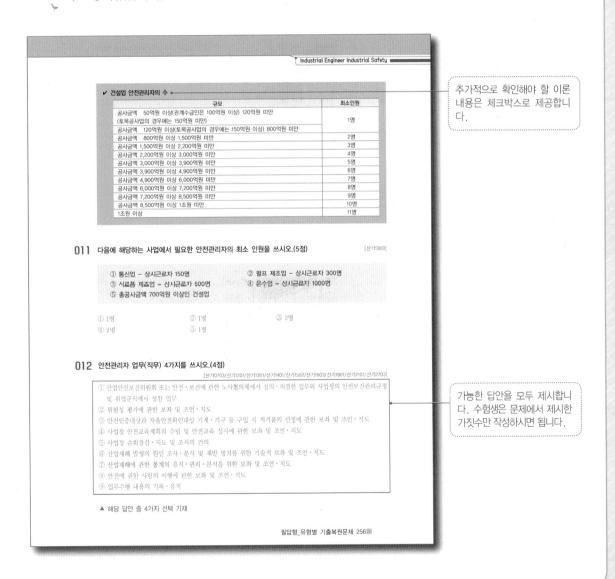

**Industrial Engineer Industrial Safety**

✔ 건설업 안전관리자의 수

| 규모 | 최소인원 |
|------|:------:|
| 공사금액 50억원 이상(관계수급인은 100억원 이상) 120억원 미만 (토목공사업의 경우에는 150억원 미만) | 1명 |
| 공사금액 120억원 이상(토목공사업의 경우에는 150억원 이상) 800억원 미만 | |
| 공사금액 800억원 이상 1,500억원 미만 | 2명 |
| 공사금액 1,500억원 이상 2,200억원 미만 | 3명 |
| 공사금액 2,200억원 이상 3,000억원 미만 | 4명 |
| 공사금액 3,000억원 이상 3,900억원 미만 | 5명 |
| 공사금액 3,900억원 이상 4,900억원 미만 | 6명 |
| 공사금액 4,900억원 이상 6,000억원 미만 | 7명 |
| 공사금액 6,000억원 이상 7,200억원 미만 | 8명 |
| 공사금액 7,200억원 이상 8,500억원 미만 | 9명 |
| 공사금액 8,500억원 이상 1조원 미만 | 10명 |
| 1조원 이상 | 11명 |

추가적으로 확인해야 할 이론 내용은 체크박스로 제공합니 다.

**011** 다음에 해당하는 사업에서 필요한 안전관리자의 최소 인원을 쓰시오.(5점)    [산기1303]

① 통신업 – 상시근로자 150명
② 펄프 제조업 – 상시근로자 300명
③ 시료품 제조업 – 상시근로자 500명
④ 은수업 – 상시근로자 1000명
⑤ 총공사금액 700억원 이상인 건설업

① 1명      ② 1명      ③ 2명
④ 2명      ⑤ 1명

**012** 안전관리자 업무(직무) 4가지를 쓰시오.(4점)
[산기0703/산기1201/산기1301/산기1401/산기1502/산기1603/산기1801/산기2101/산기2203]

① 산업안전보건위원회 또는 안전·보건에 관한 노사협의체에서 심의·의결한 업무와 사업장의 안전보건관리규정 및 취업규칙에서 정한 업무
② 위험성 평가에 관한 보좌 및 조언·지도
③ 안전인증대상과 자율안전확인대상 기계·기구 등 구입 시 적격품의 선정에 관한 보좌 및 조언·지도
④ 사업장 안전교육계획의 수립 및 안전교육 실시에 관한 보좌 및 조언·지도
⑤ 사업장 순회점검·지도 및 조치의 건의
⑥ 산업재해 발생의 원인 조사·분석 및 재발 방지를 위한 기술적 보좌 및 조언·지도
⑦ 산업재해에 관한 통계의 유지·관리·분석을 위한 보좌 및 조언·지도
⑧ 안전에 관한 사항의 이행에 관한 보좌 및 조언·지도
⑨ 업무수행 내용의 기록·유지

▲ 해당 답안 중 4가지 선택 기재

가능한 답안을 모두 제시합니 다. 수험생은 문제에서 제시한 가짓수만 작성하시면 됩니다.

필답형_유형별 기출복원문제 256題

## ❷ 160題의 작업형 유형별 기출복원문제로 작업형 완벽 준비

- 최근 19년간 출제된 모든 작업형 기출문제를 분석하여 중복을 배제하고 중요도를 고려하여 다양한 유형을 빠짐없이 확인할 수 있도록 하였습니다.

> 160개의 유형별 기출복원문제를 제공합니다.

**052** 동영상은 높이가 2m 이상인 조립식 비계의 작업발판을 설치하던 중 발생한 재해 상황을 보여주고 있다. 높이가 2m 이상인 작업장소에서의 작업발판 설치기준을 3가지 쓰시오.(단, 작업발판 폭과 틈의 크기는 제외한다)(6점) [기사1203B/기사1401A/기사1509B/기사1703A/기사1802A/기사1602B/기사1803A/기사1903C/기사2001A/산기1603B]

작업자 2명이 비계 최상단에서 비계설치를 위해 발판을 주고 받다가 균형을 잡지 못하고 추락하는 재해상황을 보여주고 있다.

① 발판재료는 작업할 때의 하중을 견딜 수 있도록 견고한 것으로 할 것
② 추락의 위험이 있는 장소에는 안전난간을 설치할 것
③ 작업발판의 지지물은 하중에 의하여 파괴될 우려가 없는 것을 사용할 것
④ 작업발판재료는 뒤집히거나 떨어지지 않도록 둘 이상의 지지물에 연결하거나 고정시킬 것
⑤ 작업발판을 작업에 따라 이동시킬 경우에는 위험 방지에 필요한 조치를 할 것

▲ 해당 답안 중 3가지 선택 기재

> 작업형의 경우 같은 회차에도 A형부터 다양한 문제 Set이 있으니 유의하세요.

**053** 영상은 조립식 비계발판을 설치하던 중 발생한 재해상황을 보여주고 있다. 높이가 2m 이상인 작업장소에 설치하는 작업발판의 설치기준을 쓰시오.(4점) [산기1701A/산기1803A/산기2001B]

높이가 2m 이상인 조립식 비계의 작업발판을 설치하던 중 발생한 재해 상황을 보여주고 있다.

| ① 작업발판의 폭 | ② 발판재료간의 틈 |
|---|---|
| ① 40cm 이상 | ② 3cm 이하 |

– 수험생의 요청에 따라 문항별 답안이 가능한 거의 모든 답안을 표시하였습니다. 문제에서 요구한 가 짓수에 맞게 학습하신 후 기재하시기 바랍니다. 아울러 부족한 이론부분은 별도의 체크박스를 통해 서 보충하였습니다.

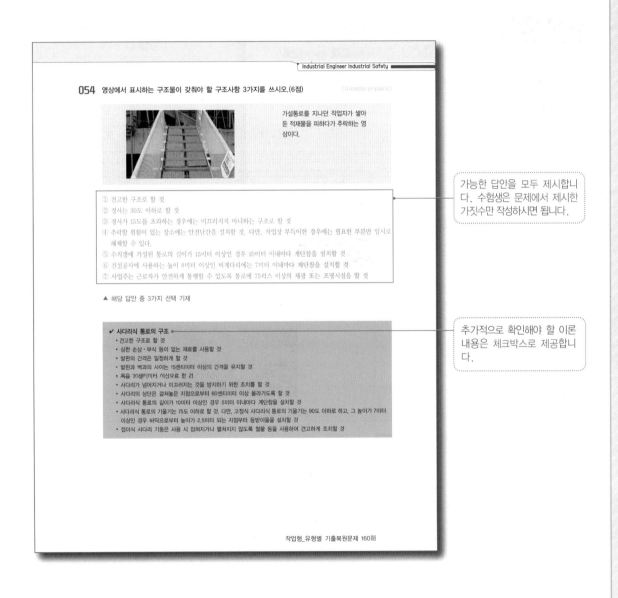

**Industrial Engineer Industrial Safety**

**054** 영상에서 표시하는 구조물이 갖춰야 할 구조사항 3가지를 쓰시오.(6점)

가설통로를 지나던 작업자가 쌓아 둔 적재물을 피하다가 추락하는 영 상이다.

① 견고한 구조로 할 것
② 경사는 30도 이하로 할 것
③ 경사가 15도를 초과하는 경우에는 미끄러지지 아니하는 구조로 할 것
④ 추락할 위험이 있는 장소에는 안전난간을 설치할 것. 다만, 작업상 부득이한 경우에는 필요한 부분만 임시로 해체할 수 있다.
⑤ 수직갱에 가설된 통로의 길이가 15미터 이상인 경우 10미터 이내마다 계단참을 설치할 것
⑥ 건설공사에 사용하는 높이 8미터 이상인 비계다리에는 7미터 이내마다 계단참을 설치할 것
⑦ 사업주는 근로자가 안전하게 통행할 수 있도록 통로에 75럭스 이상의 채광 또는 조명시설을 할 것

▲ 해당 답안 중 3가지 선택 기재

> 가능한 답안을 모두 제시합니 다. 수험생은 문제에서 제시한 가짓수만 작성하시면 됩니다.

✔ **사다리식 통로의 구조**
· 견고한 구조로 할 것
· 심한 손상·부식 등이 없는 재료를 사용할 것
· 발판의 간격은 일정하게 할 것
· 발판과 벽과의 사이는 15센티미터 이상의 간격을 유지할 것
· 폭은 30센티미터 이상으로 할 것
· 사다리가 넘어지거나 미끄러지는 것을 방지하기 위한 조치를 할 것
· 사다리의 상단은 걸쳐놓은 지점으로부터 60센티미터 이상 올라가도록 할 것
· 사다리식 통로의 길이가 10미터 이상인 경우 5미터 이내마다 계단참을 설치할 것
· 사다리식 통로의 기울기는 75도 이하로 할 것. 다만, 고정식 사다리식 통로의 기울기는 90도 이하로 하고, 그 높이가 7미터 이상인 경우 바닥으로부터 높이가 2.5미터 되는 지점부터 등받이울을 설치할 것
· 접이식 사다리 기둥은 사용 시 접혀지거나 펼쳐지지 않도록 철물 등을 사용하여 견고하게 조치할 것

> 추가적으로 확인해야 할 이론 내용은 체크박스로 제공합니 다.

작업형_유형별 기출복원문제 160페

**❸ 필답형 10년간 + 작업형 7년간 회차별 기출복원문제로 산업안전산업기사 자격증 획득!**

– 유형별 기출복원문제에 추가적으로 회차별 기출복원문제로 산업안전산업기사 합격에 만전을 기할 수 있습니다.

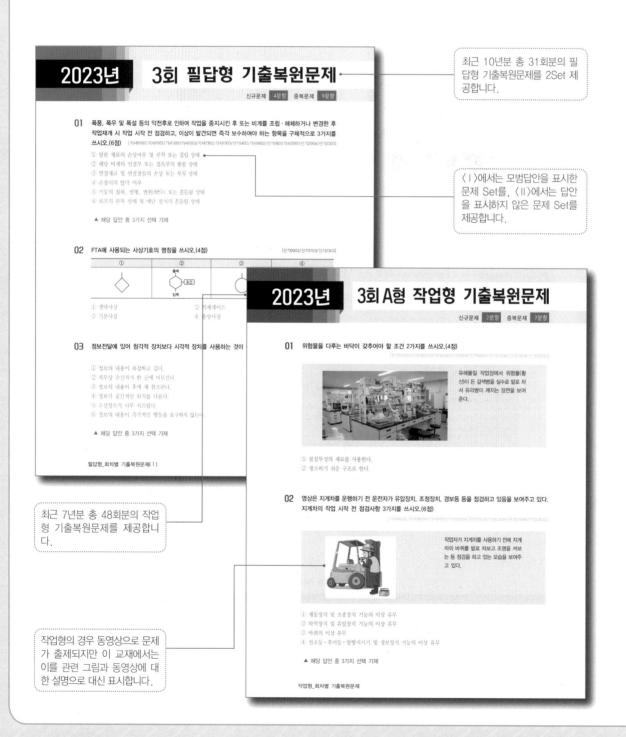

최근 10년분 총 31회분의 필답형 기출복원문제를 2Set 제공합니다.

⟨Ⅰ⟩에서는 모범답안을 표시한 문제 Set를, ⟨Ⅱ⟩에서는 답안을 표시하지 않은 문제 Set를 제공합니다.

최근 7년분 총 48회분의 작업형 기출복원문제를 제공합니다.

작업형의 경우 동영상으로 문제가 출제되지만 이 교재에서는 이를 관련 그림과 동영상에 대한 설명으로 대신 표시합니다.

# 시험 접수부터 자격증 취득까지

**실기시험**

- 원서접수: http://www.q-net.or.kr
- 각 시험의 실기시험 원서접수 일정 확인

- 필답형/작업형 시험
- 각 실기시험에 필요한 준비물 확인
- 실기시험 일정 및 응시 장소 확인

- 합격발표: http://www.q-net.or.kr
- 각 시험의 합격발표 일정 확인

- 인터넷 발급: http://www.q-net.or.kr
- 방문 발급: 신분증 지참 후 발급장소(지부/지사) 방문

# 시험장 스케치

산업안전산업기사 실기시험은 크게 필답형과 작업형으로 구분되어 실시됩니다. 보통의 경우 1주일의 간격을 두고 실시되는 두 시험을 모두 응시하셔야 합니다.

필답형은 시험지에 답안을 작성하는 시험으로 시험장의 선택이 자유로운 편입니다. 작업형 시험장소와 무관하게 접근성을 고려하여 선택하시면 됩니다.

그에 반해 산업안전산업기사 작업형 실기시험은 PC를 이용해 시험을 치르는 방식으로 동시에 시험을 치르는 인원수가 제한될 수 밖에 없는 관계로 하루에 3차례씩 하루 혹은 여러 날에 걸쳐 실시됩니다. 시험장도 필답형 실기시험 장소보다 희소한 관계로 수험생의 집에서 더 멀 수 있으며, 전혀 모르는 지역의 시험장을 선택할 수밖에 없을 수도 있습니다. 가능하면 접수할 때 접수 첫날 최대한 빠른 시간에 접수하셔야 원하는 시험장과 시간을 선택할 수 있습니다.

## 시험 전날

### 1. 시험장에 가지고 갈 준비물은 하루 전날 미리 챙겨두세요.

의외로 시험장에 꼭 챙겨야 할 물품을 안 가져와서 허둥대는 분이 꽤 있습니다. 그러다 보면 마음이 급해지고, 하지 않아야 할 실수도 하는 경우가 많으니 미리 챙겨서 편안한 마음으로 좋은 결과를 만들었으면 좋겠습니다.

| 준비물 | 비고 |
| --- | --- |
| 수험표 | 없을 경우 여러 가지로 불편합니다. 꼭 챙기세요. |
| 신분증 | 신분증 미지참자는 시험에 응시할 수 없습니다. 반드시 신분증을 지참하셔야 합니다. |
| 검정색 볼펜 | 검정색 볼펜만 사용하도록 규정되었으므로 검정색 볼펜 잘 나오는 것으로 2개 정도 챙겨가도록 하는 게 좋습니다.(연필 및 다른 색 필기구 사용금지) |
| 공학용 계산기 | 허용되는 공학용 계산기가 정해져 있습니다. 미리 자신의 계산기가 산업인력공단에서 허용된 계산기인지 확인하시고 초기화 방법도 익혀두시기 바랍니다.<br>산업안전산업기사 시험에 지수나 로그 등의 결과를 요구하는 문제가 필답형에서도 회차 별로 1문제씩은 출제되고 있습니다. 간단한 문제라면 시험지 모퉁이에 계산해도 되겠지만 아무래도 정확한 결과를 간단하게 구할 수 있는 계산기만 할까요? 귀찮더라도 챙겨가는 것이 좋습니다. 단, 작업형은 계산문제가 거의 나오지 않고 나오더라도 간단한 사칙연산수준인 만큼 본인이 판단하시기 바랍니다. |
| 기타 | 요약 정리집, 오답노트 등 단시간에 집중적으로 볼 수 있도록 정리한 참고서, 시침과 분침이 있는 손목시계 등 본인 판단에 따라 준비하십시오. |

## 2. 시험시간과 장소를 다시 한 번 확인하세요.

원서 접수 시에 본인이 시험장을 선택했을 것입니다. 일반적으로 자택에서 가까운 곳을 선택했겠지만 실기 시험을 치르는 시험장이 흔하지 않은 관계로 시험장이 자신이 잘 모르는 지역에 배당되는 경우가 꽤 있습니다. 이런 경우 시험장의 위치를 정확하게 알지 못하는 경우가 많으니 해당 시험장으로 가는 교통편 등을 미리 체크해서 당일 헤매지 않도록 하여야 할 것입니다.

### 시험 당일

## 1. 시험장에 가능한 일찍 도착하도록 하세요.

집에서 공부할 때 이런저런 주변 여건이나 인터넷, 핸드폰 등으로 인해 집중적인 학습이 어려운 분들이라도 시험장에 도착해서부터는 엄청 집중해서 학습이 가능합니다. 짧은 시간이지만 시험 전 잠시 본 내용이 시험에 나오면 정말 기분 좋게 정답을 적을 수 있습니다. 특히 필답이나 작업형 시험은 출제될 영역이 비교적 좁게 특정되어 있으므로 그 효과가 더욱 큽니다. 그러니 시험 당일 조금 귀찮더라도 1~2시간 일찍 시험장에 도착해서 수험생이 대기하는 교실에 들어가서 미리 준비해 온 정리집(오답노트)으로 마무리 공부를 해보세요. 집에서 3~4시간 동안 해도 긴가민가하던 암기내용이 시험장에서는 1~2시간 만에 머리에 쏙쏙 들어올 것입니다.

## 2. 매사에 허둥대는 당신, 수험자 유의사항을 천천히 읽으며 마음을 가다듬도록 하세요.

필답형이던 작업형이던 시험시작에 앞서 감독관이 시험장에 들어와 인원체크, 시험지 배부 전 준비, 휴대폰 수거, 계산기 초기화 등 시험과 관련하여 사전에 처리해야 할 일들을 진행하십니다. 긴장되는 시간이기도 하고 혹은 쓸데없는 시간이라고 생각할 수도 있습니다. 하지만 감독관 입장에서는 정해진 루틴에 따라 처리해야 하는 업무이고 수험생 입장에서는 어쩔 수 없이 멍을 때리더라도 앉아서 기다려야 하는 시간입니다.

아무 생각 없이 시간을 보내지 마시고 감독관 혹은 시험장 중앙의 안내방송에 따라 시험시작 전 30분 동안 수험자 유의사항을 읽어보도록 하세요. 어차피 시험은 정해진 시간에 시작됩니다. 혹시 화장실에 다녀오지 않으신 분들은 다녀오도록 하시고, 그렇지 않으시다면 수험자 유의사항을 꼼꼼히 읽어보시면서 자신에게 해당되는 내용이 있는지 살펴보시기 바랍니다.

의외로 처음 시험보시는 분들의 경우 가장 기본적인 부분에서 실수하여 시험을 망치는 경우가 꽤 있습니다. 수험자 유의사항은 그런 분들에게 아주 좋은 조언이, 넘벙대는 분들에게는 마음의 평안을 드릴 것입니다.

## 3. 시험시간에 쫓기지 마세요.

국가기술자격시험은 시험시간의 절반이 지나면 퇴실이 가능해집니다. 그러다보니 실제로 시험시간은 충분히 남아 있음에도 불구하고 자꾸만 시간에 쫓기는 분이 많습니다. '혹시라도 나만 남게 되는 것은 아닌가?' 감독관이 눈치 주는 것 아닌가? 하는 생각들로 인해 시험이 끝나지도 않았는데 서두르다 충분히 해결할 수 있는 문제임에도 제대로 정답을 못 쓰고 나오는 경우가 허다합니다. 일찍 나가는 분들 중 일부는 열심히 공부해서 충분히 좋은 점수를 내는 분들도 있지만 아무리 봐도 몰라서 그냥 포기하는 분들도 꽤 됩니다. 그런 분들보다는 끝까지 남아서 문제를 풀어가는 당신이 합격하실 수 있는 확률이 훨씬 더 높습니다. 일찍 나가는 데 연연하지 마시고 당신의 페이스대로 진행하십시오. 시간이 남는다면 잘 몰라서 비워둔 문제에 일반적인 상식선에서의 답안이라도 기재하시기 바랍니다. 특히, 작업형의 경우는 상식이라는 범위 내에서 해결 가능한 문제가 거의 절반 가까이 됩니다. 동영상에서 처음 봤을 때 보지 못했던 불안전한 상태나 행동을 찾아내는 귀중한 시간일 수 있으니 시간에 쫓겨 제대로 살펴보지 못하는 어리석음을 버리고 차분히 끝까지 하나라도 더 찾아보시기 바랍니다.

## 4. 제발 시키는 대로 하세요.

수험자 유의사항에 기재되어 있습니다. 소수점 아래 셋째자리에서 반올림하여 둘째자리까지 구하라고요. 그런데도 꼭 소수점 아래 셋째자리까지 기재하시는 분이 있습니다. 좀 더 정확성을 보여주고자 하는 의도라고 하는데 그건 지시사항을 위반한 경우로 일부러 틀리려고 하는 행위에 지나지 않습니다. 문제에 3가지만 적으라고 되어있음에도 4가지 혹은 5가지를 적는 분도 계십니다. 그것도 정확하지도 않은 내용을. 3가지 적으라고 되어있는 경우는 위에서부터 딱 3개만 채점하니 모두 쓸데없는 행동에 지나지 않습니다. 시험지에 체크 표시라던가 본인의 인적사항 등을 기재하지 말라고 되어 있습니다. 왜냐하면 실기시험은 채점자가 직접 채점을 해야 하는 관계로 혹시나 있을 부정행위를 방지하기 위해 본인을 특정하는 정보 등을 남겨서는 안 되기 때문입니다. 그런데도 시험을 치르고 나온 분들 중에 꼭 이런 분들 있습니다. 그러고는 까페나 인력공단에 전화해서 자신이 그렇게 했는데 어떻게 되냐고 묻습니다. 분명히 감독관도 그렇게 하지 말라고 이야기했고, 시험지에도 분명히 적혀있음에도 이를 무시하고는 결과가 발표 날 때까지 불안에 떠는 분들이 꽤 많습니다. 다시 한번 말씀드립니다. 감독관이나 시험지 유의사항에 적혀있는 대로만 하십시오.

## 5. 마지막으로 단위나 이상, 이하, 미만, 초과 등이 적혀야 할 곳이 빠진 것이 있는지 다시 한번 확인!!

시험을 치르고 나와서 가장 큰 후회가 되는 부분이 바로 이 부분입니다. 알고 있음에도 시험장에서 시험을 치르다보면 그냥 넘어가게 되는 실수 중 가장 대표적인 실수입니다.

문제 혹은 문제의 단서조항에 관련 사항에 대한 언급이 없는 상황에서 답안에 단위가 포함되어야 한다면 반드시 단위는 기재해야 합니다. 아울러 이상, 이하, 미만, 초과 등의 기준점을 포함하는지 포함하지 않는지도 법령의 조문 등에 포함된 중요한 요소입니다. 반드시 기재해야 하는 만큼 공부할 때도 이 부분을 중요하게 체크하는 버릇을 들이시기 바랍니다. 시험장에서의 행동도 어차피 습관화된 본인 루틴의 형태입니다. 평소에 꼭! 이를 체크하시는 분은 시험장에서 답안 기재할 때도 이를 체크하십니다. 평소에 무시하신 분들이 항상 시험이 끝나고 난 뒤에 후회하고, 불안해하십니다. 시험지 제출하시기 전에 반드시!! 단위, 이상, 이하, 미만, 초과가 들어가야 할 자리에 빠진 내용이 없는지 한 번 더 확인해주세요.

실기시험은 답안 발표가 되지 않습니다. 평소 참여하셨던 까페나 단톡방 등에 가시면 해당 시험의 시험을 치르신 분들이 문제 복원을 진행하고 있을 것입니다. 꼭 확인하고 싶으시다면 참여하셔서 시험문제를 복원하면서 확인해보시기 바랍니다.

# 이 책의 차례

**필답형** 고시넷 고패스 2024 산업안전산업기사 실기

| 작업형 | 고시넷 고패스 2024 산업안전산업기사 실기 |
|---|---|

2024 | 한국산업인력공단 | 국가기술자격

# 고시넷
# 고패스

# 산업안전산업기사 실기
# 필답형 + 작업형
## 기출복원문제 + 유형분석

## 필답형 유형별
## 기출복원문제
## 256題

**001** 안전관리조직의 형태 3가지를 쓰시오.(3점)

[산기0601/산기0602/산기1901]

① 직계식(Line) 조직　　　　　　② 참모식(Staff) 조직
③ 직계·참모식(Line·Staff) 조직

**002** 산업안전보건법상 산업안전보건위원회의 구성 중 근로자위원과 사용자위원을 각각 2가지씩 쓰시오.(4점)

[산기1003/산기1902/산기2202]

가) 근로자위원
　① 도급 또는 하도급 사업을 포함한 전체 사업의 근로자대표
　② 근로자대표가 지명하는 명예산업안전감독관 1명. 다만, 명예산업안전감독관이 위촉되어 있지 않은 경우에는 근로자대표가 지명하는 해당 사업장 근로자 1명
　③ 공사금액이 20억원 이상인 공사의 관계수급인의 각 근로자대표
나) 사용자위원
　① 도급 또는 하도급 사업을 포함한 전체 사업의 대표자
　② 안전관리자 1명
　③ 보건관리자 1명(보건관리자 선임대상 건설업으로 한정)
　④ 공사금액이 20억원 이상인 공사의 관계수급인의 각 대표자

▲ 해당 답안 중 각각 2가지씩 선택 기재

**003** 산업안전보건법에 따른 사업주가 지켜야 할 산업안전보건위원회의 심의·의결사항을 4가지 쓰시오.(4점)

[산기1402/산기2201]

① 사업장의 산업재해 예방계획의 수립에 관한 사항
② 안전보건관리규정의 작성 및 변경에 관한 사항
③ 안전보건교육에 관한 사항
④ 작업환경측정 등 작업환경의 점검 및 개선에 관한 사항
⑤ 근로자의 건강진단 등 건강관리에 관한 사항
⑥ 중대재해의 원인 조사 및 재발 방지대책 수립에 관한 사항
⑦ 산업재해에 관한 통계의 기록 및 유지에 관한 사항
⑧ 유해하거나 위험한 기계·기구·설비를 도입한 경우 안전 및 보건 관련 조치에 관한 사항

▲ 해당 답안 중 4가지 선택 기재

**004** 산업안전보건법상 사업장에 안전보건관리규정을 작성하고자 할 때 포함되어야 할 사항을 4가지 쓰시오. (단, 일반적인 안전·보건에 관한 사항은 제외한다)(4점)　　[기사1002/산기1502/기사1702/기사2001/산기2301]

① 안전·보건교육에 관한 사항　　　　② 작업장 안전관리에 관한 사항

③ 작업장 보건관리에 관한 사항　　　④ 위험성평가에 관한 사항

⑤ 사고 조사 및 대책 수립에 관한 사항　⑥ 안전·보건 관리조직과 그 직무에 관한 사항

▲ 해당 답안 중 4가지 선택 기재

**005** 고용노동부장관이 사업장의 사업주에게 안전보건진단을 받아 안전보건개선계획을 수립하여 시행할 것을 명할 수 있는 경우를 3가지 쓰시오.(6점)

[산기1101/산기1602/산기1701/산기1802/산기2001/산기2003/산기2203/산기2301]

① 산업재해율이 같은 업종 평균 산업재해율의 2배 이상인 사업장

② 사업주가 필요한 안전·보건조치의무를 이행하지 아니하여 중대재해가 발생한 사업장

③ 직업성 질병자가 연간 2명 이상(상시근로자 1천명 이상 사업장의 경우 3명 이상) 발생한 사업장

④ 작업환경 불량, 화재·폭발 또는 누출사고 등으로 사업장 주변까지 피해가 확산된 사업장

▲ 해당 답안 중 3가지 선택 기재

**006** 다음은 안전보건개선계획에 대한 설명이다. 빈칸을 채우시오.(4점)　　[산기2002/산기2302]

가) 사업주는 안전보건개선계획서 수립·시행 명령을 받은 날부터 ( ① ) 이내에 관할 지방고용노동관서의 장에게 해당 계획서를 제출(전자문서로 제출하는 것을 포함한다)해야 한다.

나) 지방고용노동관서의 장이 제61조에 따른 안전보건개선계획서를 접수한 경우에는 접수일부터 ( ② ) 이내에 심사하여 사업주에게 그 결과를 알려야 한다.

① 60일　　　　　　　　　　　② 15일

**007** 안전보건개선계획에 포함사항 3가지를 쓰시오.(3점)　　[산기0503/산기1203/산기1703]

① 시설　　　　　　　　　② 안전·보건관리체제

③ 안전·보건교육　　　　④ 산업재해예방 및 작업환경의 개선을 위하여 필요한 사항

▲ 해당 답안 중 3가지 선택 기재

**008** 안전보건총괄책임자 지정대상 사업을 2가지 쓰시오.(단, 선박 및 보트 건조업, 1차 금속 제조업 및 토사석 광업의 경우는 제외)(4점)                    [산기1601/산기2004]

① 상시근로자가 100명 이상인 사업       ② 총 공사금액 20억원 이상인 건설업

✔ 안전보건총괄책임자의 직무와 지정 대상사업

| 직무 | 지정 대상사업 |
|---|---|
| • 위험성 평가의 실시에 관한 사항<br>• 작업의 중지<br>• 도급 시 산업재해 예방조치<br>• 산업안전보건관리비의 관계수급인 간의 사용에 관한 협의 · 조정 및 그 집행의 감독<br>• 안전인증대상 기계 등과 자율안전확인대상 기계 등의 사용 여부 확인 | 수급인에게 고용된 근로자를 포함한 상시근로자가 100명(선박 및 보트 건조업, 1차 금속 제조업 및 토사석 광업의 경우에는 50명) 이상인 사업 및 수급인의 공사금액을 포함한 해당 공사의 총공사금액이 20억원 이상인 건설업을 말한다. |

**009** 산업안전보건법상 안전보건관리책임자의 업무를 4가지 쓰시오.(단, 그 밖에 근로자의 유해 · 위험 방지조치에 관한 사항으로서 고용노동부령으로 정하는 사항은 제외)(4점)                    [산기2301]

① 사업장의 산업재해 예방계획의 수립에 관한 사항
② 안전보건관리규정의 작성 및 변경에 관한 사항
③ 안전보건교육에 관한 사항
④ 작업환경측정 등 작업환경의 점검 및 개선에 관한 사항
⑤ 근로자의 건강진단 등 건강관리에 관한 사항
⑥ 산업재해의 원인 조사 및 재발 방지대책 수립에 관한 사항
⑦ 산업재해에 관한 통계의 기록 및 유지에 관한 사항
⑧ 안전장치 및 보호구 구입 시 적격품 여부 확인에 관한 사항

▲ 해당 답안 중 4가지 선택 기재

**010** 다음 보기의 사업장에 선임해야 할 안전관리자의 수와 그 근거를 쓰시오.(4점)                    [산기1901]

공사금액 1,600억의 건설공사로 상시근로자 700명이 종사하는 사업장

• 건설업에서의 안전관리자는 상시근로자의 수와는 상관없이 공사금액으로 결정된다.
• 공사금액이 1,600억원이므로 공사금액 1,500억원 이상 2,200억원 미만에 해당하므로 3명이다.
① 3명
② 공사금액 1,500억원 이상 2,200억원 미만에 해당하므로

✔ 건설업 안전관리자의 수

| 규모 | 최소인원 |
|---|---|
| 공사금액 50억원 이상(관계수급인은 100억원 이상) 120억원 미만 (토목공사업의 경우에는 150억원 미만) | 1명 |
| 공사금액 120억원 이상(토목공사업의 경우에는 150억원 이상) 800억원 미만 | |
| 공사금액 800억원 이상 1,500억원 미만 | 2명 |
| 공사금액 1,500억원 이상 2,200억원 미만 | 3명 |
| 공사금액 2,200억원 이상 3,000억원 미만 | 4명 |
| 공사금액 3,000억원 이상 3,900억원 미만 | 5명 |
| 공사금액 3,900억원 이상 4,900억원 미만 | 6명 |
| 공사금액 4,900억원 이상 6,000억원 미만 | 7명 |
| 공사금액 6,000억원 이상 7,200억원 미만 | 8명 |
| 공사금액 7,200억원 이상 8,500억원 미만 | 9명 |
| 공사금액 8,500억원 이상 1조원 미만 | 10명 |
| 1조원 이상 | 11명 |

## 011 다음에 해당하는 사업에서 필요한 안전관리자의 최소 인원을 쓰시오.(5점) [산기1303]

① 통신업 – 상시근로자 150명      ② 펄프 제조업 – 상시근로자 300명
③ 식료품 제조업 – 상시근로자 500명      ④ 운수업 – 상시근로자 1000명
⑤ 총공사금액 700억원 이상인 건설업

① 1명              ② 1명              ③ 2명
④ 2명              ⑤ 1명

## 012 안전관리자 업무(직무) 4가지를 쓰시오.(4점)

[산기0703/산기1201/산기1301/산기1401/산기1502/산기1603/산기1801/산기2101/산기2203]

① 산업안전보건위원회 또는 안전·보건에 관한 노사협의체에서 심의·의결한 업무와 사업장의 안전보건관리규정 및 취업규칙에서 정한 업무
② 위험성 평가에 관한 보좌 및 조언·지도
③ 안전인증대상과 자율안전확인대상 기계·기구 등 구입 시 적격품의 선정에 관한 보좌 및 조언·지도
④ 사업장 안전교육계획의 수립 및 안전교육 실시에 관한 보좌 및 조언·지도
⑤ 사업장 순회점검·지도 및 조치의 건의
⑥ 산업재해 발생의 원인 조사·분석 및 재발 방지를 위한 기술적 보좌 및 조언·지도
⑦ 산업재해에 관한 통계의 유지·관리·분석을 위한 보좌 및 조언·지도
⑧ 안전에 관한 사항의 이행에 관한 보좌 및 조언·지도
⑨ 업무수행 내용의 기록·유지

▲ 해당 답안 중 4가지 선택 기재

**013** 다음 재해를 분석하시오.(3점) [기사2002/산기2003]

> 작업자가 기름으로 인해 미끄러운 작업장 통로를 걷다 미끄러져 넘어지면서 밀링머신에 머리를 부딪쳐 부상을 당해 7일간 병원에 입원하였다.

① 사고유형 : 충돌(=부딪힘)
② 기인물 : 바닥의 기름
③ 가해물 : 밀링머신

**014** 작업자가 연삭기 작업 중이다. 회전하는 연삭기와 덮개 사이에 재료가 끼어 숫돌 파편이 작업자에게 튀어 사망 사고가 발생하였다. 재해분석을 하시오.(3점) [산기1503/산기2002]

| 재해형태 | ① | 기인물 | ② | 가해물 | ③ |
|---|---|---|---|---|---|

① 비래(=맞음)
② 연삭기
③ 파편

**015** 작업자가 벽돌을 들고 비계위에서 움직이다가 벽돌을 떨어뜨려 발등에 맞아서 뼈가 부러진 사고가 발생하였다. 재해분석을 하시오.(3점) [산기0903/산기1603]

| 재해형태 | ① | 기인물 | ② | 가해물 | ③ |
|---|---|---|---|---|---|

① 낙하(=맞음)
② 벽돌
③ 벽돌

**016** 다음 형태의 재해발생에서 산업재해 형태를 쓰시오.(4점) [산기1403]

> ① 재해자가 구조물 상부에서 전도로 인하여 추락되어 두개골 골절이 발생한 경우
> ② 재해자가 전도 또는 추락으로 물에 빠져 익사한 경우

① 추락(=떨어짐)
② 유해·위험물질 노출·접촉

**017** 상해와 재해를 구분하시오.(4점) [산기1302]

| ① 골절 | ② 부종 | ③ 추락 | ④ 이상온도접촉 |
| ⑤ 낙하, 비래 | ⑥ 협착 | ⑦ 화재, 폭발 | ⑧ 중독 및 질식 |

가) 상해 : ①, ②, ⑧
나) 재해 : ③, ④, ⑤, ⑥, ⑦

**018** 산업안전보건법에서 정하고 있는 중대재해의 종류를 3가지 쓰시오.(5점)

[산기0602/산기1503/기사1802/기사1902/산기2102/산기2201/산기2202]

① 사망자가 1명 이상 발생한 재해
② 3개월 이상의 요양이 필요한 부상자가 동시에 2명 이상 발생한 재해
③ 부상자 또는 직업성 질병자가 동시에 10명 이상 발생한 재해

**019** 사업장에서 발생하는 각종 산업재해에 대한 재해조사의 목적을 2가지 쓰시오.(4점) [산기0503/산기1903]

① 재해 발생원인 및 결함 규명
② 동종 및 유사재해 재발 방지

**020** 재해사례 연구순서를 순서대로 나열하시오.(4점) [산기0502/산기1201/산기1401/산기2002]

• 재해 상황 파악 → 사실 확인 → 직접원인과 문제점 확인 → 근본 문제점 결정 → 대책 수립

**021** 산업안전보건법상 산업재해가 발생한 때에 사업주가 기록·보존해야 하는 사항 4가지를 쓰시오.(4점)

[산기1703/산기1803/산기2101/산기2203]

① 사업장의 개요 및 근로자의 인적사항
② 재해 발생의 일시 및 장소
③ 재해 발생의 원인 및 과정
④ 재해 재발방지 계획

**022** 재해분석방법으로 개별분석방법과 통계에 의한 분석방법이 있다. 통계적 분석방법 2가지만 쓰고, 각각의 방법에 대해 설명하시오.(4점) [산기1102/산기1403/산기2103]

① 파레토도 : 작업현장에서 발생하는 작업환경 불량이나 고장, '재해 등의 내용을 분류하고 그 건수와 금액을 크기 순으로 나열하여 작성한 그래프

② 특성요인도 : 재해의 원인과 결과를 연계하여 상호 관계를 파악하기 위하여 어골상으로 도표화하는 분석방법

**023** 건설현장의 지난 한 해 동안 근무상황이 다음과 같은 경우에 도수율을 구하시오.(단, 소수점 2번째 자리에서 반올림하시오)(5점) [산기2001]

- 연평균근로자수 : 540명
- 연간작업일수 : 300일
- 연간재해발생건수 : 30건
- 1일 작업시간 : 8시간
- 근로손실일수 : 27일

- 도수율은 1백만 시간동안 작업 시의 재해발생건수이므로 연간총근로시간을 계산하면 540 × 300 × 8 = 1,296,000시간이다.  따라서 도수율은 $\frac{30}{1,296,000} \times 1,000,000 = 23.148 \cdots$ 이다.
- 주어진 조건에 따라 소수점 2번째 자리에서 반올림하면 23.1이 된다.

**024** 연평균 근로자의 수가 120명인 A작업장에서 연간 6건의 재해가 발생하였을 경우 도수율은 얼마인가?(단, 일 8시간, 연 300일 작업)(6점) [산기1803]

- 연간총근로시간은 120×8×300 = 288,000시간이다.
- 연간재해건수가 6건이므로 도수율은 $\frac{6}{288,000} \times 1,000,000 = 20.83$이 된다.

**025** 어느 사업장의 도수율이 4이고, 연간 5건의 재해와 350일의 근로손실일수가 발생하였을 경우 이 사업장의 강도율은 얼마인가?(4점) [산기0702/산기1501/산기2302]

- 도수율과 재해건수, 근로손실일수가 주어졌으나 연간총근로시간이 주어지지 않았다. 도수율과 재해건수를 이용하여 연간총근로시간을 구한다.
- 연간총근로시간 = $\frac{재해건수}{도수율} \times 1,000,000 = \frac{5}{4} \times 1,000,000 = 1,250,000$[시간]이다.
- 강도율 = $\frac{총근로손실일수}{연근로시간수} \times 1,000 = \frac{350}{1,250,000} \times 1,000 = 0.28$이 된다.

**026** 평균근로자 100명, 1일 8시간 1년 300일 작업하는 사업장에서 한 해 동안 사망 1명, 14급 장애 2명, 휴업일수가 37일이 발생했을 경우 해당 사업장의 강도율을 계산하시오.(5점) [산기1903/산기2202]

- 연간총근로시간은 100명×8시간×300일 = 240,000시간이다.
- 사망 1명의 근로손실일수는 7,500일이고, 14급 장애는 50일이다. 휴업일수 37일을 근로손실일수로 변환하면 $37 \times \frac{300}{365} = 30.41$이다. 따라서 근로손실일수의 합계를 구하면 7,500+2×50+30.41=7,630.41이 된다.
- 계산한 값을 대입하면 강도율은 $\frac{7,630.41}{240,000} \times 1,000 = 31.79$가 된다.

---

✔ **국제노동기구(ILO)의 상해정도별 분류**
- 사망 : 안전사고로 사망하거나 혹은 부상의 결과로 사망한 것으로 노동손실일수는 7,500일이다.
- 영구 전노동불능 상해(신체장애등급 1~3급)는 부상의 결과로 노동기능을 완전히 상실한 부상을 말한다. 노동손실일수는 7,500일이다.
- 영구 일부노동불능 상해(신체장애등급 4~14급)는 부상의 결과로 인해 신체 부분 일부가 노동기능을 상실한 부상을 말한다. 노동손실일수는 신체장애등급에 따른 손실일수를 적용한다.

| 사망 | 신체장애등급 | | | | | | | | | | | |
|------|------|------|------|------|------|------|------|------|------|------|------|------|
| | 1~3 | 4 | 5 | 6 | 7 | 8 | 9 | 10 | 11 | 12 | 13 | 14 |
| 7,500 | 7,500 | 5,500 | 4,000 | 3,000 | 2,200 | 1,500 | 1,000 | 600 | 400 | 200 | 100 | 50 |

- 일시 전노동불능 상해는 의사의 진단으로 일정기간 정규 노동에 종사할 수 없는 상해로 신체장애가 남지 않는 일반적인 휴업재해를 말한다.
- 일시 일부노동불능 상해는 의사의 진단으로 일정기간 정규 노동에 종사할 수 없으나 휴무상태가 아닌 일시 가벼운 노동에 종사 가능한 상해를 말한다.
- 응급조치 상해는 응급조치 또는 자가 치료(1일 미만) 후 정상 작업에 임할 수 있는 상해를 말한다.

---

**027** 상시근로자 50명, 재해건수 8건, 1일 9시간 280일 근무, 재해자수 10명, 휴업일수 219일일 때 도수율, 강도율을 구하시오.(4점) [산기1402]

① 도수율 $= \frac{재해건수}{연근로시간수} \times 1,000,000 = \frac{8}{50 \times 9 \times 280} \times 1,000,000 = 63.492 = 63.49$이다.

② 강도율 $= \frac{총근로손실일수}{연근로시간수} \times 1,000 = \frac{219 \times \frac{280}{365}}{50 \times 9 \times 280} \times 1,000 = 1.333 = 1.33$이다.

---

✔ **건설업체 산업재해발생률의 사고사망만인율**
- 사고사망만인율(‰) $= \frac{사고사망자수}{상시근로자수} \times 10,000$으로 구한다.
- 단위는 bp(basis point, ‰)를 사용한다.

**028** 근로자 400명이 일하는 사업장에서 연간 재해건수는 20건, 근로손실일수가 150일, 휴업일수 73일이었다. 도수율과 강도율을 구하시오(단, 근무시간은 1일 8시간, 근무일수는 연간 300일, 잔업은 1인당 연간 50시간 이다)(4점)

[산기1101/산기2004]

- 잔업은 1인당 50시간이므로 근로자 400명×50 = 20,000시간이다.
- 연간총근로시간은 400명×8시간×300일 = 960,000시간이고, 여기에 잔업시간인 20,000시간을 더해 980,000시간이 된다.

① 도수율 = $\frac{20}{980,000} \times 1,000,000$ = 20.408 = 20.41이다.

- 근로손실일수는 150 + 휴업일수 73 $\times \frac{300}{365}$ = 150+60 = 210일이다.

② 강도율 = $\frac{210}{980,000} \times 1,000$ = 0.214 = 0.21이다.

**029** 어느 사업장의 근로자수가 500명이고, 연간 10건의 재해가 발생하고, 6명의 사상자가 발생했을 경우 도수율과 연천인율을 구하시오.(단, 하루 9시간 250일 근무)(4점)

[산기0901/산기1303/산기1901]

① 도수율 = $\frac{재해건수}{연근로시간수} \times 1,000,000 = \frac{10}{500 \times 9 \times 250} \times 1,000,000$ = 8.888 = 8.89이다.

② 연천인율 = $\frac{연간재해자수}{연평균근로자수} \times 1,000 = \frac{6}{500} \times 1,000 = 12$가 된다.

---

✔ **안전활동율**

- 안전활동율 = $\frac{안전활동건수}{연간총근로시간} \times 1,000,000$으로 구한다.
- 안전활동에는 불안전행동의 발견 및 조치, 안전제안, 안전홍보, 안전회의 등이 포함된다.

---

**030** 산업안전보건법에서 사업주가 근로자에게 시행해야 하는 안전보건교육의 종류 4가지를 쓰시오.(4점)

[산기0602/산기0701/산기0903/산기1101/기사1601/기사1802/산기2003/산기2301]

① 정기교육
② 채용 시의 교육
③ 작업내용 변경 시의 교육
④ 특별교육
⑤ 건설업 기초안전·보건교육

▲ 해당 답안 중 4가지 선택 기재

## 031 TWI교육내용 4가지를 쓰시오.(4점)

[산기|0902/산기|1702]

① 작업지도기법　　　　　　② 작업개선기법
③ 인간관계기법　　　　　　④ 안전작업방법

## 032 산업안전보건법상 사업 내 안전·보건교육에 대한 교육시간을 쓰시오.(5점)

[산기|0802/산기|1503/산기|1703/산기|1901/산기|2201/산기|2202]

| 교육과정 | 교육 대상 | 교육 시간 |
|---|---|---|
| 정기교육 | 사무직 종사 근로자 | 매반기 ( ① )시간 이상 |
|  | 관리감독자의 지위에 있는 사람 | 연간 ( ② )시간 이상 |
| 채용 시의 교육 | 일용근로자 | ( ③ )시간 이상 |
|  | 일용근로자를 제외한 근로자 | ( ④ )시간 이상 |
| 작업내용 변경 시의 교육 | 일용근로자 | ( ⑤ )시간 이상 |
|  | 일용근로자를 제외한 근로자 | ( ⑥ )시간 이상 |

① 6　　　　　　② 16　　　　　　③ 1
④ 8　　　　　　⑤ 1　　　　　　⑥ 2

✔ 근로자 안전·보건교육 과정·대상·시간

| 교육과정 | 교육대상 | | 교육시간 |
|---|---|---|---|
| 정기교육 | 사무직 종사 근로자 | | 매반기 6시간 이상 |
|  | 사무직 종사 근로자 외의 근로자 | 판매업무에 직접 종사하는 근로자 | 매반기 6시간 이상 |
|  |  | 판매업무에 직접 종사하는 근로자 외의 근로자 | 매반기 12시간 이상 |
|  | 관리감독자의 지위에 있는 사람 | | 연간 16시간 이상 |
| 채용 시의 교육 | 일용근로자 및 근로계약기간이 1주일 이하인 기간제 근로자 | | 1시간 이상 |
|  | 근로계약기간이 1주일 초과 1개월 이하인 기간제 근로자 | | 4시간 이상 |
|  | 그 밖의 근로자 | | 8시간 이상 |
| 작업내용 변경 시의 교육 | 일용근로자 및 근로계약기간이 1주일 이하인 기간제 근로자 | | 1시간 이상 |
|  | 그 밖의 근로자 | | 2시간 이상 |
| 특별교육 | 일용근로자 및 근로계약기간이 1주일 이하인 기간제 근로자(타워크레인 신호작업 종사자 제외) | | 2시간 이상 |
|  | 일용근로자 및 근로계약기간이 1주일 이하인 기간제 근로자로 타워크레인 신호작업 종사자 | | 8시간 이상 |
|  | 일용근로자 및 근로계약기간이 1주일 이하인 기간제 근로자를 제외한 근로자 | | • 16시간 이상(최초 작업에 종사하기 전 4시간 이상, 12시간은 3개월 이내에서 분할 실시 가능)<br>• 단기간 작업 또는 간헐적 작업인 경우에는 2시간 이상 |
| 건설업 기초안전·보건교육 | 건설 일용근로자 | | 4시간 이상 |

**033** 산업안전보건법상 사업주가 근로자에게 시행해야 하는 근로자 정기안전·보건교육의 내용을 4가지 쓰시오.(4점)　　　　　　　　　　　　　　[산기0901/기사1903/산기2002/기사2203]

① 산업안전 및 사고 예방에 관한 사항
② 산업보건 및 직업병 예방에 관한 사항
③ 위험성 평가에 관한 사항
④ 산업안전보건법령 및 산업재해보상보험 제도에 관한 사항
⑤ 직무스트레스 예방 및 관리에 관한 사항
⑥ 직장 내 괴롭힘, 고객의 폭언 등으로 인한 건강장해 예방 및 관리에 관한 사항
⑦ 유해·위험 작업환경 관리에 관한 사항
⑧ 건강증진 및 질병 예방에 관한 사항

▲ 해당 답안 중 4가지 선택 기재
　※ ①~⑥은 근로자 및 관리감독자 정기교육, 채용 시 및 작업내용 변경 시 교육의 공통내용임

**034** 화학설비의 탱크 내 작업 시 특별안전보건교육내용을 4가지 쓰시오.(단, 그 밖에 안전·보건관리에 필요한 사항은 제외)(4점)　　　　　　　　　　　　　　[산기0501/산기1801/산기2101]

① 차단장치·정지장치 및 밸브 개폐장치의 점검에 관한 사항
② 탱크 내의 산소농도 측정 및 작업환경에 관한 사항
③ 안전보호구 및 이상 발생 시 응급조치에 관한 사항
④ 작업절차·방법 및 유해·위험에 관한 사항

**035** 밀폐공간에서의 작업에 대한 특별안전보건교육을 실시할 때 정규직 근로자의 교육내용 4가지를 쓰시오. (단, 그 밖에 안전·보건관리에 필요한 사항을 제외함)(4점)　　　　　　　　　[산기1402/산기1802/산기2102]

① 산소농도 측정 및 작업환경에 관한 사항
② 사고 시의 응급처치 및 비상 시 구출에 관한 사항
③ 보호구 착용 및 사용방법에 관한 사항
④ 작업내용·안전작업방법 및 절차에 관한 사항
⑤ 장비·설비 및 시설 등의 안전점검에 관한 사항

▲ 해당 답안 중 4가지 선택 기재

**036** 산업안전보건법상 가연물이 있는 장소에서 하는 화재위험작업 시 사업주가 근로자에게 실시해야 하는 특별안전 · 보건교육의 교육내용을 4가지 쓰시오.(단, 그 밖에 안전·보건관리에 필요한 사항은 제외)(4점)

[산기2302]

① 작업준비 및 작업절차에 관한 사항
② 작업장 내 위험물, 가연물의 사용·보관·설치 현황에 관한 사항
③ 화재위험작업에 따른 인근 인화성 액체에 대한 방호조치에 관한 사항
④ 화재위험작업으로 인한 불꽃, 불티 등의 흩날림 방지 조치에 관한 사항
⑤ 인화성 액체의 증기가 남아 있지 않도록 환기 등의 조치에 관한 사항
⑥ 화재감시자의 직무 및 피난교육 등 비상조치에 관한 사항

▲ 해당 답안 중 4가지 선택 기재

**037** 동기요인과 위생요인을 3가지씩 쓰시오.(6점)

[산기1002/산기1502]

가) 동기요인
　① 성취감　　　② 책임감　　　③ 인정감　　　④ 도전감
나) 위생요인
　① 감독　　　　② 임금　　　　③ 작업조건　　　④ 보수

▲ 해당 답안 중 각각 3가지씩 선택 기재

**038** 하인리히가 제시한 재해예방의 기본 4원칙을 쓰시오.(4점)

[기사0803/기사1001/기사1402/산기1602/기사1803/산기1901]

① 예방가능의 원칙　　　　　　② 손실우연의 원칙
③ 원인연계의 원칙　　　　　　④ 대책선정의 원칙

**039** 하인리히 재해 연쇄성이론, 버드의 연쇄성이론, 아담스의 연쇄성이론을 각각 구분하여 쓰시오.(6점)

[산기1103/산기1301/산기1601]

| | 하인리히 | 버드 | 아담스 |
|---|---|---|---|
| 제1단계 | 사회적 환경과 유전적인 요소 | 통제부족 | 관리구조 |
| 제2단계 | 개인적 결함 | 기본원인 | 작전적 에러 |
| 제3단계 | 불안전한 행동 및 상태 | 직접원인 | 전술적 에러 |
| 제4단계 | 사고 | 사고 | 사고 |
| 제5단계 | 상해 | 상해 | 상해 |

**040** 시몬즈 방식에 보험코스트와 비보험코스트 중 비보험코스트 항목(종류) 4가지를 쓰시오.(4점) [산기1203]

① 휴업상해  ② 통원상해
③ 응급조치  ④ 무상해 사고

**041** 휴먼에러에서 SWAIN의 심리적 오류 4가지를 쓰시오.(4점)

[산기0802/산기0902/산기1601/산기1801/산기2004/산기2302]

① 생략오류(Omission error)
② 실행오류(Commission error)
③ 순서오류(Sequential error)
④ 시간오류(Timing error)
⑤ 불필요한 행동오류(Extraneous error)
⑥ 선택오류(Selection error)
⑦ 양적오류(Quantity error)

▲ 해당 답안 중 4가지 선택 기재

**042** Swain은 인간의 실수를 작위적 실수(Commission Error)와 부작위적 실수(Ommission Error)로 구분한다. 작위적 실수(Commission Error)에 포함되는 착오를 3가지 쓰시오.(3점)  [산기0501/산기1103/산기1503]

① 실행오류  ② 순서오류
③ 시간오류  ④ 불필요한 수행오류

▲ 해당 답안 중 3가지 선택 기재

**043** 무재해의 3원칙을 쓰고 설명하시오.(6점)  [산기1201]

① 무의 원칙 : 모든 잠재위험요인을 사전에 발견·파악·해결함으로써 근원적으로 산업재해를 없앤다.
② 선취의 원칙(안전제일의 원칙) : 직장의 위험요인을 행동하기 전에 발견·파악·해결하여 재해를 예방한다.
③ 참가의 원칙(참여의 원칙) : 작업에 따르는 잠재적인 위험요인을 발견·해결하기 위하여 전원이 협력하여 문제해결 운동을 실천한다.

**044** 위험예지훈련 기초 4라운드 기법의 진행순서를 쓰시오.(4점)

[산기0601/산기1003/기사1503/기사1902/산기2001/산기2203]

① 1단계 : 현상파악　　　　　　　② 2단계 : 본질추구
③ 3단계 : 대책수립　　　　　　　④ 4단계 : 목표설정

**045** 인간–기계 기능 체계의 기본 기능 4가지 쓰시오.(4점)　　[산기1401/기사1403/기사1502/기사1803]

① 감지기능
② 정보보관기능
③ 정보처리 및 의사결정기능
④ 행동기능

**046** 인간이 현존하는 기계를 능가하는 조건을 5가지 쓰시오.(5점)　　[산기1902]

① 관찰을 통해서 일반화하여 귀납적 추리를 한다.
② 완전히 새로운 해결책을 도출할 수 있다.
③ 원칙을 적용하여 다양한 문제를 해결할 수 있다.
④ 상황에 따라 변하는 복잡한 자극 형태를 식별할 수 있다.
⑤ 다양한 경험을 토대로 하여 의사 결정을 한다.
⑥ 주위의 예기치 못한 사건들을 감지하고 처리하는 임기응변 능력이 있다.

▲ 해당 답안 중 5가지 선택 기재

**047** 정보전달에 있어 청각적 장치보다 시각적 장치를 사용하는 것이 더 좋은 경우를 3가지를 쓰시오.(3점)

[산기1102/산기2004/산기2303]

① 정보의 내용이 복잡하고 길다.
② 직무상 수신자가 한 곳에 머무른다.
③ 정보의 내용이 후에 재 참조된다.
④ 정보가 공간적인 위치를 다룬다.
⑤ 수신장소가 너무 시끄럽다.
⑥ 정보의 내용이 즉각적인 행동을 요구하지 않는다.

▲ 해당 답안 중 3가지 선택 기재

**048** 위험기계의 조종장치를 촉각적으로 암호화할 수 있는 차원 3가지를 쓰시오.(3점) [산기1301/산기1601/산기2101]

① 크기 암호
② 형상 암호
③ 표면 촉감 암호

**049** 반경 20cm의 조정구(ball control)를 20° 움직였을 때 커서(cursor)는 2cm 이동하였다. 이 때 C/R비를 구하고 설계가 적합한지를 판정하시오.(5점) [산기1302]

① C/R비 $= \dfrac{\dfrac{a}{360} \times 2\pi \times r}{\text{표시계기의 변위량}} = \dfrac{\dfrac{20}{360} \times 2\pi \times 20}{2} = 3.49$

② 적합판정 : 부적합 (2.5~3.0 범위 밖에 있다.)

**050** 동작경제의 3원칙을 쓰시오.(3점) [산기1003/산기1902]

① 신체사용에 관한 원칙
② 작업장 배치의 원칙
③ 공구 및 설비 디자인의 원칙

**051** 다음 작업영역에 대한 설명에 맞는 용어를 쓰시오.(4점) [산기2102]

① 전완과 상완을 곧게 펴서 파악할 수 있는 구역
② 상완을 자연스럽게 늘어뜨린 상태에서 전완을 뻗어 파악할 수 있는 영역

① 최대작업영역                    ② 정상작업영역

**052** 근로자가 1시간 동안 1분당 6.5[kcal]의 에너지를 소모하는 작업을 수행하는 경우 휴식시간을 구하시오.(단, 작업에 대한 권장 에너지 소비량은 분당 5[kcal])(5점) [산기0502/산기1503]

• 휴식 중 에너지 소모량이 주어지지 않았으므로 1.5kcal로 생각한다.
• 주어진 값을 대입하면 휴식시간 $R = \dfrac{60(E - \text{작업시평균에너지소비량상한})}{E - \text{휴식시평균에너지소비량}} = \dfrac{60(6.5 - 5)}{6.5 - 1.5} = 18[\text{분}]$

**053** 근로자가 1시간 동안 1분당 6[kcal]의 에너지를 소모하는 작업을 수행하는 경우 ① 휴식시간 ② 작업시간을 각각 구하시오.(단, 작업에 대한 권장 에너지 소비량은 분당 5[kcal])(5점) [산기0902/산기1301/산기1602]

• 휴식 중 에너지 소모량이 주어지지 않았으므로 1.5kcal로 생각한다.

① 주어진 값을 대입하면 휴식시간 $R = \dfrac{60(E-5)}{E-1.5} = \dfrac{60(6-5)}{6-1.5} = 13.333 = 13.33[분]$이다.

② 작업시간은 60-13.33 = 46.67[분]이다.

**054** 5분간 배기했을 때 $O_2$=16[%], $CO_2$=4[%], 총배기량 90 L일 때 산소소비량과 에너지소비량을 구하시오. (단, 산소 1L의 에너지는 5[kcal]이다)(5점) [산기1203]

• 분당 배기량 V2 = $\dfrac{총배기량}{시간} = \dfrac{90}{5} = 18(L/분)$

• 분당 흡기량 V1 = $\dfrac{100-O_2-CO_2}{100-21} \times V_2 = \dfrac{100-16-4}{79} \times 18 = 18.227 = 18.23(L/분)$

• 분당 산소소비량 = $(V_1 \times 21\%) - (V_2 \times 16\%) = (18.23 \times 0.21) - (18 \times 0.16) = 0.948 = 0.95(L/분)$

• 분당 에너지소비량 = $0.95 \times 5 = 4.75(kcal/분)$

**055** 아래 표를 보고 열압박지수(HSI), 작업지속시간(WT), 휴식시간을 구하시오.(단, 체온상승 허용치는 1℃를 250Btu로 환산한다)(6점) [산기1103/산기1403]

| 열부하원 | 작업 | 휴식 |
|---|---|---|
| 대사 | 1,500 | 320 |
| 복사 | 1,000 | −200 |
| 대류 | 500 | −500 |
| $E_{max}$ | 1,500 | 2,300 |

• 필요증산량 $E_{req}$ = M(대사) + R(복사) + C(대류) = 1,500 + 1,000 + 500 = 3,000[Btu/hr]

• $E_{req'}$ = M(대사) + R(복사) + C(대류) = 320 + (−200) + (−500) = −380[Btu/hr]

① HSI = $\dfrac{E_{req}}{E_{max}} \times 100\% = \dfrac{3.000}{1.500} \times 100 = 200[\%]$

② WT = $\dfrac{250}{E_{req} - E_{max}} = \dfrac{250}{3,000-1,500} = 0.1666 = 0.17[시간]$

③ 휴식시간 = $\dfrac{250}{E_{max}' - E_{req}'} = \dfrac{250}{2,300-(-380)} = 0.093 = 0.09[시간]$

## 056 적응기제에 관한 설명이다. 빈칸을 채우시오.(4점)

[산기1302/산기1603/산기2303]

| 적응기제 | 설명 |
|---|---|
| ① | 자신의 결함과 무능에 의하여 생긴 열등감이나 긴장을 해소시키기 위하여 장점 같은 것으로 그 결함을 보충하려는 행동 |
| ② | 자기의 실패나 약점을 그럴 듯한 이유를 들어 남에 비난을 받지 않도록 하는 기제 |
| ③ | 억압당한 욕구를 다른 가치 있는 목적을 실현하도록 노력함으로써 욕구를 충족하는 기제 |
| ④ | 자신의 불만이나 불안을 해소시키기 위해서 남에게 뒤집어씌우는 방식의 기제 |

① 보상　　　　　　　　　② 합리화
③ 승화　　　　　　　　　④ 투사

## 057 인간의 주의에 대한 특성에 대하여 설명하시오.(6점)

[산기1102/산기1501/산기2103]

① 선택성 : 여러 종류의 자극을 자각할 때, 소수의 특정한 것에 한하여 주의가 집중되는 것
② 변동성(단속성) : 주의는 일정하게 유지되는 것이 아니라 일정한 주기로 부주의하는 리듬이 존재한다.
③ 방향성 : 한 지점에 주의를 집중하면 다른 곳의 주의가 약해지는 성질

## 058 부주의 현상 중 다른 곳에 주의를 돌리는 것을 무엇이라고 하는지 쓰시오.(4점)

[산기1903]

• 의식의 우회

## 059 다음 [보기]에 재해빈발자의 유발요인을 3가지씩 쓰시오.(6점)

[산기1202]

| [보 기] | |
|---|---|
| 가) 상황성 유발자 | 나) 소질성 유발자 |

가) ① 작업이 어렵기 때문
　　② 기계설비에 결함이 있기 때문
　　③ 심신에 근심이 있기 때문
나) ① 낮은 지능
　　② 도덕성의 결여
　　③ 성격상의 결함

**060** 소음이 심한 기계로부터 5[m]떨어진 곳의 음압수준이 125[dB]이라면 이 기계로부터 25[m]떨어진 곳의 음압수준을 계산하시오.(5점) [산기0701/산기0803/산기1603/산기2101]

- $dB_2 = dB_1 - 20\log\left(\dfrac{d_2}{d_1}\right) = 125 - 20\log\left(\dfrac{25}{5}\right) = 111.02[dB]$이다.

**061** 강렬한 소음작업을 나타내고 있다. 다음 빈칸을 채우시오.(4점) [산기1201/산기1802]

> 가) 90dB 이상의 소음이 1일 ( ① )시간 이상 발생되는 작업
> 나) 100dB 이상의 소음이 1일 ( ② )시간 이상 발생되는 작업
> 다) 105dB 이상의 소음이 1일 ( ③ )시간 이상 발생되는 작업
> 라) 110dB 이상의 소음이 1일 ( ④ )시간 이상 발생되는 작업

① 8                     ② 2
③ 1                     ④ 0.5

> ✔ 소음 노출 기준
> • 소음노출수준은 각 음압별 $\dfrac{\text{실제노출시간}}{\text{허용음압수준별 1일 노출 기준시간}}$ 의 합을 구한 후 100을 곱하여 나온 값을 백분율[%]로 표시한다.
> • 허용 음압수준별 1일 노출시간
>
> | 1일 노출시간(hr) | 허용 음압수준(dBA) |
> | --- | --- |
> | 8 | 90 |
> | 4 | 95 |
> | 2 | 100 |
> | 1 | 105 |
> | 1/2 | 110 |
> | 1/4 | 115 |

**062** 소음작업 시 근로자에게 알려줘야 할 사항 3가지를 쓰시오.(6점) [산기1901]

① 해당 작업장소의 소음 수준
② 인체에 미치는 영향과 증상
③ 보호구의 선정과 착용방법

**063** 습구온도 20℃, 건구온도 30℃일 때의 Oxford 지수를 계산하시오.(4점)                [산기0903/산기1502]

- WD = 0.85×W(습구온도) + 0.15×D(건구온도)
- WD = (0.85 × 20) + (0.15 × 30) = 21.5가 된다.

**064** 조명은 근로자 작업환경에서 중요한 요소이다. 근로자가 상시 작업하는 다음 장소의 작업면 조도(照度) 기준을 쓰시오.(단, 갱내(坑內) 작업장과 감광재료(感光材料)를 취급하는 작업장은 제외한다)(4점)

[기사0503/기사1002/산기1202/산기1602/기사1603/산기1802/산기1803/산기2001/산기2202]

- 초정밀작업 : ( ① )Lux 이상                    - 정밀작업 : ( ② )Lux 이상
- 보통작업 : ( ③ )Lux 이상                    - 그 밖의 작업 : ( ④ )Lux 이상

① 750                                    ② 300
③ 150                                    ④ 75

**065** 2m에서의 조도가 120lux일 경우, 3m에서의 조도는 얼마인지 구하시오.(5점)                [산기1703]

- 2m에서 조도가 120lux이므로 광도는 $120 \times 2^2 = 480[cd]$이다.
- 광도가 480[cd]이고, 거리가 3m이므로 조도는 $\frac{480}{3^2} = 53.33 lux$이다.

**066** 산업현장에서 사용되고 있는 출입금지 표지판의 배경반사율이 80%이고, 관련 그림의 반사율이 20%일 때 이 표지판의 대비를 구하시오.(4점)                [산기0803/산기1403/산기1702/산기2202]

- 대비 $= \frac{L_b - L_t}{L_b} \times 100 = \frac{80 - 20}{80} \times 100 = 75[\%]$이다.

**067** THERP에 대해서 간략히 설명하시오.(4점)                [산기1903]

- 인간의 과오를 정량적으로 평가하기 위한 기법으로 제품의 결함을 감소시키고, 인간공학적 대책을 수립하는데 사용되는 분석기법이다.

**068** 다음 내용에 가장 적합한 위험분석기법을 [보기]에서 골라 한가지씩만 번호를 쓰시오.(5점)　[산기1203]

[보기]
① PHA　② FHA　③ FMEA　④ CA　⑤ DT
⑥ ETA　⑦ THERP　⑧ MORT　⑨ FTA　⑩ HAZOP

가) 모든 요소의 고장을 형태별로 분석하여 그 영향을 검토하는 기법
나) 모든 시스템 안전프로그램의 최초 단계의 분석기법
다) 인간의 과오를 정량적으로 평가하기 위한 기법
라) 초기사상의 고장 영향에 의해 사고나 재해로 발전해 나가는 과정 분석기법
마) 결함수법이라 하며 재해발생을 연역적, 정량적으로 예측할 수 있는 기법

가) ③　　　　　　　　　나) ①　　　　　　　　　다) ⑦
라) ⑥　　　　　　　　　마) ⑨

**069** MIL-STD-882E 카테고리 4가지를 쓰시오.(4점)　[기사1103/기사1302/산기1402/기사1803]

① 1단계 : 파국적　　　　　　② 2단계 : 중대적
③ 3단계 : 한계적　　　　　　④ 4단계 : 무시가능

**070** FTA에 사용되는 사상기호의 명칭을 쓰시오.(4점)　[산기0903/산기1703/산기2303]

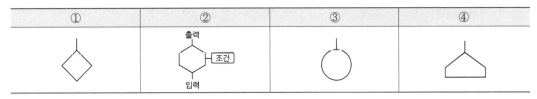

| ① | ② | ③ | ④ |
|---|---|---|---|

① 생략사상　　　　　　　　② 억제게이트
③ 기본사상　　　　　　　　④ 통상사상

**071** 화학설비의 안전성 평가 단계를 순서대로 나열하시오.(4점)

[산기0601/산기1002/기사1303/산기1702/기사1703/기사2001/산기2002]

① 정성적 평가　　　　　② 재평가　　　　　③ FTA 재평가
④ 대책검토　　　　　　⑤ 자료정비　　　　⑥ 정량적 평가

• ⑤ → ① → ⑥ → ④ → ② → ③

## 072 컷 셋과 패스 셋을 간단히 설명하시오.(4점)

[산기0503/산기0701/산기2004]

① 컷 셋 : 특정 조합의 기본사상들이 동시에 결함을 발생하였을 때 정상사상을 일으키는 기본사상의 집합
② 패스 셋 : 시스템이 고장나지 않도록 하는 사상, 시스템의 기능을 살리는 데 필요한 최소 요인의 집합

> ✔ 컷 셋(Cut set)
> • 시스템의 약점을 표현한 것이다.
> • 특정 조합의 기본사상들이 동시에 결함을 발생하였을 때 정상사상을 일으키는 기본사상의 집합을 말한다.
>
> ✔ 패스 셋(Path set)
> • 시스템이 고장나지 않도록 하는 사상, 시스템의 기능을 살리는 데 필요한 최소 요인의 집합이다.
> • 일정 조합 안에 포함된 기본사상들이 모두 발생하지 않으면 틀림없이 정상사상(Top event)이 발생되지 않는 조합으로 정상사상(Top event)이 발생하지 않게 하는 기본사상들의 집합을 말한다.

## 073 위험방지기술에서 리스크 처리방법 4가지를 쓰시오.(4점)

[산기1202]

① 리스크 회피　　　　　② 리스크 분담
③ 리스크 재무　　　　　④ 리스크 보유

## 074 인간오류확률을 추정할 수 있는 기법을 3가지 쓰시오.(3점)

[산기1302]

① THERP(인간실수율예측기법)　　② FTA(결함나무분석)
③ OAT(조작자행동나무)　　　　　④ ETA(사건수분석)
⑤ CIT(위급사건기법)　　　　　　⑥ TCRAM(직무위급도분석)
⑦ HERB(인간실수자료은행)　　　⑧ HES(인간실수모의실험)

▲ 해당 답안 중 3가지 선택 기재

## 075 기계설비의 수명곡선을 그리고, 3단계의 명칭 또는 내용을 쓰시오.(4점)

[산기2103]

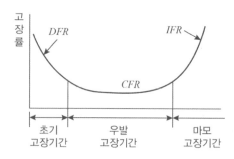

① 초기고장(DFR)
② 우발고장(CFR)
③ 마모고장(IFR)

**076** 신뢰도에 따른 고장시기의 고장 종류 3가지와 고장률공식을 쓰시오.(4점)  [산기1103/산기2003]

가) 고장종류
① 초기고장
② 우발고장
③ 마모고장

나) 고장률($\lambda$) = $\dfrac{\text{고장건수}(r)}{\text{총가동시간}(t)}$

**077** MTTF와 MTTR를 설명하시오.(4점)  [산기0802/산기1501/산기2003]

① MTTF(평균고장시간) : 제품 고장시 수명이 다 하는 것으로 고장까지의 평균시간
② MTTR(평균수리시간) : 고장 발생 순간부터 수리완료 후 정상작동 시까지의 평균시간

**078** 다음 시스템의 신뢰도를 계산하시오.(4점)  [산기0502/산기1801/산기2201]

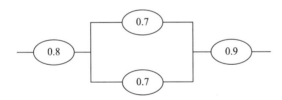

• 신뢰도는 $0.8 \times [1-(1-0.7)(1-0.7)] \times 0.9 = 0.655 = 0.66$이다.

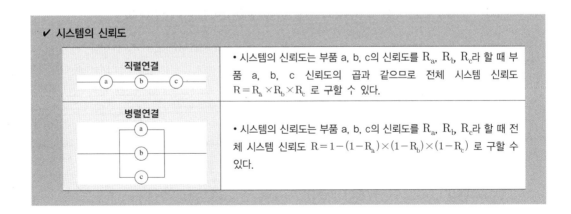

| ✔ 시스템의 신뢰도 | |
| --- | --- |
| **직렬연결**<br>ⓐ─ⓑ─ⓒ | • 시스템의 신뢰도는 부품 a, b, c의 신뢰도를 $R_a$, $R_b$, $R_c$라 할 때 부품 a, b, c 신뢰도의 곱과 같으므로 전체 시스템 신뢰도 $R = R_a \times R_b \times R_c$ 로 구할 수 있다. |
| **병렬연결**<br>ⓐ<br>ⓑ<br>ⓒ | • 시스템의 신뢰도는 부품 a, b, c의 신뢰도를 $R_a$, $R_b$, $R_c$라 할 때 전체 시스템 신뢰도 $R = 1-(1-R_a) \times (1-R_b) \times (1-R_c)$ 로 구할 수 있다. |

**079** 다음 FT도에서 시스템의 신뢰도는 약 얼마인가?(단, 발생확률은 ①,④는 0.05 ②,③은 0.1)(4점)

[산기1001/산기2002]

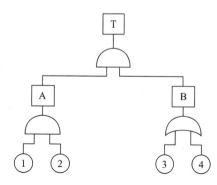

- 각 부품의 신뢰도가 아닌 고장 발생확률이 주어진 후 시스템의 신뢰도를 묻고 있는데 주의한다.
- A = 0.05 × 0.1 = 0.005
- B = 1 − (1 − 0.05)(1 − 0.1) = 0.145
- 발생확률 T = A × B = 0.005 × 0.145 = 0.000725
- 신뢰도 R(t) = 1 − 발생확률 = 1 − 0.000725 = 0.999275 = 1이 된다.

**080** 다음 불대수를 계산하시오.(4점)

[산기1303]

| ① A+1 | ② A+0 | ③ A(A+B) | ④ A+AB |
|---|---|---|---|

① A+1 = 1
② A+0 = A
③ A(A+B) = (A · A) + (A · B) = A + (A · B) = A(1+B) = A
④ A+AB = A(1+B) = A

**081** 다음 FT도에서 정상사상 $G_1$의 고장발생확률을 소수점 아래 넷째자리에서 반올림하여 구하시오.(단, 기본사상 $X_1$, $X_2$, $X_3$, $X_4$의 발생확률은 각각 0.03, 0.37, 0.2, 0.2이다)(5점)

[산기1901]

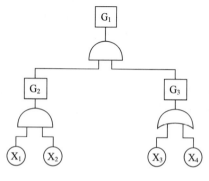

- $G_2 = X_1 \cdot X_2 = 0.03 \times 0.37 = 0.0111$이다.
- $G_3 = X_3 + X_4 = 1 - (1 - 0.2)(1 - 0.2) = 0.36$이다.
- $G_1 = G_2 \cdot G_3 = 0.0111 \times 0.36 = 0.003996 = 0.004$이다.

**082** 다음 FT도에서 정상사상 T의 고장 발생 확률을 구하시오.(단, 발생확률은 각각 0.1이다)(6점)

[산기|0603/산기|1603]

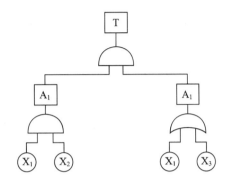

- 단말에 고장발생확률이 직접 명시된 경우는 단말부터 신뢰도 구하는 공식을 적용하면 되지만, 위의 그림과 같이 단말에 부품이 표시되고, 공통의 기기가 배치된 경우 간략화를 먼저 진행해야 한다.
- $T = A_1 \cdot A_2 = X_1 \cdot X_2 \cdot (X_1 + X_3)$
  $= X_1 \cdot X_1 \cdot X_2 + X_1 \cdot X_2 \cdot X_3$
  $= X_1 \cdot X_2 + X_1 \cdot X_2 \cdot X_3 = X_1 \cdot X_2(1 + X_3)$
  $= X_1 \cdot X_2$가 된다.
- 각각의 고장 발생확률이 0.1이므로 $X_1 \cdot X_2 = 0.1 \times 0.1 = 0.01$이 된다.

**083** A, B, C 발생확률이 각각 0.15이고, 직렬로 접속되어 있다. 고장사상을 정상사상으로 하는 FT도와 발생확률을 구하시오.(5점)

[산기|1402/산기|1701]

- 고장사상을 정상사상으로 하는 경우 직렬인 경우 OR게이트로 연결하고, 병렬인 경우는 AND게이트로 연결한다.

① FT도 (고장사상발생 확률)

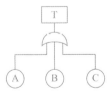

② 확률 T = $1-(1-0.15)(1-0.15)(1-0.15)$ = 0.385이므로 0.39가 된다.

**084** 다음 그림을 보고 전등이 점등되지 않을 FT도를 작성하시오.(4점)    [산기1203]

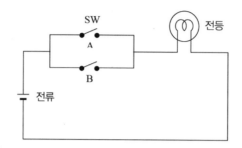

- FT도 (고장사상발생 확률)는 반대로 그려야 한다. 즉, 병렬회로는 AND회로를 그려야 한다.

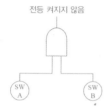

**085** 기계의 신뢰도가 일정할 때 고장률이 0.0004이고, 이 기계가 1,000시간 가동할 경우의 신뢰도를 계산하시오.(5점)    [산기0801/산기2102/산기2301]

- 기계의 신뢰도가 일정하다는 것은 신뢰도가 지수분포를 따른다는 의미이다.
- 작동확률(신뢰도) $R(t) = e^{-\lambda t} = e^{-0.0004 \times 1000} = 0.67$ 이다.

**086** 가공기계에 주로 쓰이는 Fool Proof 중 고정가드와 인터록가드에 대한 설명을 쓰시오.(4점)    [산기1403/산기2003]

① 고정가드 : 기계장치에 고정된 가드로 개구부로부터 가공물과 공구 등을 넣어도 손은 위험영역에 머무르지 않게 한다.
② 인터록가드 : 기계식 작동 중에 개폐되는 경우 기계의 작동을 정지하게 한다.

**087** Fool Proof를 간단하게 설명하시오.(3점)    [산기0603/산기2001/산기2101]

- 기계 조작에 익숙하지 않은 사람이나 기계의 위험성 등을 이해하지 못한 사람이라도 기계 조작 시 조작 실수를 하지 않도록 하는 기능으로 작업자가 기계 설비를 잘못 취급하더라도 사고가 일어나지 않도록 하는 기능을 말한다.

**088** Fool Proof 기계·기구를 4가지 쓰시오.(4점) [산기1501]

① 가드　　　　　　　　　② 록 기구
③ 트립 기구　　　　　　　④ 밀어내기 기구
⑤ 오버런 기구　　　　　　⑥ 기동방지 기구

▲ 해당 답안 중 4가지 선택 기재

**089** 기계설비에 형성되는 위험점 5가지를 쓰시오.(5점) [산기0901/산기0902/산기1301/산기1902/산기2001]

① 협착점　　　　　　② 끼임점　　　　　　③ 절단점
④ 접선물림점　　　　⑤ 물림점　　　　　　⑥ 회전말림점

▲ 해당 답안 중 5가지 선택 기재

**090** 산업안전보건법에서 사업주는 ( ① ), ( ② ), ( ③ ), 플라이 휠 등에 부속되는 키·핀 등의 기계요소는 묻힘형으로 하거나 해당 부위에 덮개를 설치하여야 한다. 괄호에 답을 쓰시오.(3점) [산기1601/산기1603]

① 회전축　　　　　　② 기어　　　　　　③ 풀리

**091** 프레스 등의 금형을 부착·해체 또는 조정하는 작업을 할 때에 해당 작업에 종사하는 근로자의 신체가 위험한계 내에 있는 경우 슬라이드가 갑자기 작동함으로써 근로자에게 발생할 우려가 있는 위험을 방지하기 위하여 필요한 조치를 쓰시오.(3점) [산기1803]

• 안전블록 사용

**092** 로봇을 운전하는 경우에 근로자가 로봇에 부딪칠 위험이 있을 때 위험을 방지하기 위하여 필요한 조치사항 2가지를 쓰시오.(4점) [산기1303/산기1601]

① 안전매트를 설치한다.
② 광전자식 방호장치 등 감응형 방호장치를 설치한다.
③ 광전자식 방호장치 등 감응형 방호장치를 설치한다.

▲ 해당 답안 중 2가지 선택 기재

**093** 산업안전보건기준에 관한 규칙에서 정한 양중기의 종류 4가지를 쓰시오.(단, 세부사항까지 쓰시오)(4점)

[산기2101]

① 크레인(호이스트(Hoist) 포함)
② 이동식크레인
③ 승강기
④ 곤돌라
⑤ 리프트(이삿짐 운반용의 경우 적재하중 0.1톤 이상)

▲ 해당 답안 중 4가지 선택 기재

**094** 다음 그림은 와이어로프이다. 아래에 적당한 내용을 쓰시오.(3점)

[산기0803/산기1701]

|  6 × Fi(29) | ① 6 : |
| | ② Fi : |
| | ③ 29 : |

① 스트랜드수         ② 필러형         ③ 소선수

**095** 화물의 하중을 직접 지지하는 달기와이어로프의 안전계수와 와이어로프를 사용할 수 없는 경우 3가지를 쓰시오.(5점)

[산기0801/산기1701]

가) 화물의 하중을 직접 지지하는 달기와이어로프의 안전계수는 5 이상이어야 한다.
나) 와이어로프를 사용할 수 없는 경우
    ① 이음매가 있는 것
    ② 와이어로프의 한 꼬임에서 끊어진 소선의 수가 10퍼센트 이상인 것
    ③ 지름의 감소가 공칭지름의 7퍼센트를 초과하는 것
    ④ 꼬인 것
    ⑤ 심하게 변형되거나 부식된 것
    ⑥ 열과 전기충격에 의해 손상된 것

▲ 나)의 답안 중 3가지 선택 기재

**096** 공칭지름 10mm인 와이어로프의 지름 9.2mm인 것은 양중기에 사용가능한지 여부를 판단하시오.(4점)

[산기1602/산기2103]

- 지름의 감소가 공칭지름의 7%를 초과하는 것은 사용할 수 없으므로 공칭지름이 10mm인 경우 공칭지름의 7%는 0.7mm이다. 즉, 9.3mm까지는 사용가능하다는 것이다.
- 9.2mm는 공칭지름의 8%를 초과하여 지름이 감소하였으므로 양중기에 사용할 수 없다.

**097** 양중기에 사용하는 와이어로프의 사용금지 기준을 3가지 쓰시오.(단, 꼬인 것, 부식된 것, 변형된 것 제외) (3점)

[산기1403/기사1503/기사1601/기사1803/기사1903]

① 이음매가 있는 것
② 와이어로프의 한 꼬임에서 끊어진 소선의 수가 10퍼센트 이상인 것
③ 지름의 감소가 공칭지름의 7퍼센트를 초과하는 것
④ 열과 전기충격에 의해 손상된 것

▲ 해당 답안 중 3가지 선택 기재

**098** 다음 괄호에 안전계수를 쓰시오.(3점)

[산기1401/산기2101]

가) 근로자가 탑승하는 운반구를 지지하는 달기와이어로프 또는 달기 체인의 경우 : ( ① ) 이상
나) 화물의 하중을 직접 지지하는 달기와이어로프 또는 달기 체인의 경우 : ( ② ) 이상
다) 훅, 샤클, 클램프, 리프팅 빔의 경우 : ( ③ ) 이상

① 10    ② 5    ③ 3

> ✔ 양중기의 와이어로프 등 달기구의 안전계수
> - 근로자가 탑승하는 운반구를 지지하는 달기 와이어로프 또는 달기 체인의 경우 : 10 이상
> - 화물의 하중을 직접 지지하는 달기 와이어로프 또는 달기 체인의 경우 : 5 이상
> - 훅, 샤클, 클램프, 리프팅 빔의 경우 : 3 이상
> - 그 밖의 경우 : 4 이상

**099** 산업안전보건법상 항타기 또는 항발기에 권상용 와이어로프를 사용할 경우 준수해야 할 사항을 쓰시오.(4점) [산기2303]

> 가) 항타기 또는 항발기의 권상용 와이어로프의 안전계수가 ( ① ) 이상이 아니면 이를 사용해서는 아니 된다.
> 나) 권상용 와이어로프는 추 또는 해머가 최저의 위치에 있을 때 또는 널말뚝을 빼내기 시작할 때를 기준으로 권상장치의 드럼에 적어도 ( ② )회 감기고 남을 수 있는 충분한 길이일 것

① 5                                    ② 2

**100** 산업안전보건법상 항타기 또는 항발기를 조립하거나 해체하는 경우 사업주가 점검해야 할 사항을 4가지 쓰시오.(4점) [산기2302]

① 본체 연결부의 풀림 또는 손상의 유무
② 권상용 와이어로프·드럼 및 도르래의 부착상태의 이상 유무
③ 권상장치의 브레이크 및 쐐기장치 기능의 이상 유무
④ 권상기의 설치상태의 이상 유무
⑤ 리더(leader)의 버팀 방법 및 고정상태의 이상 유무
⑥ 본체·부속장치 및 부속품의 강도가 적합한지 여부
⑦ 본체·부속장치 및 부속품에 심한 손상·마모·변형 또는 부식이 있는지 여부

▲ 해당 답안 중 4가지 선택 기재

**101** 달기 체인 사용금지기준의 빈칸을 채우시오.(4점) [산기1102/산기1402/기사1701/산기1703/기사2001/산기2002/산기2202]

> 가) 달기 체인의 길이가 달기 체인이 제조된 때의 길이의 ( ① )%를 초과한 것
> 나) 링의 단면지름이 달기 체인이 제조된 때의 해당 링의 지름의 ( ② )%를 초과하여 감소한 것

① 5                                    ② 10

**102** 양중기에 사용하는 달기 체인의 사용금지 기준을 2가지 쓰시오.(4점)
[산기1102/산기1402/기사1701/산기1703/기사2001/산기2002]

① 달기 체인의 길이가 달기 체인이 제조된 때의 길이의 5%를 초과한 것
② 링의 단면지름이 달기 체인이 제조된 때의 해당 링의 지름의 10%를 초과하여 감소한 것

**103** 섬유로프를 화물자동차의 화물운반용 또는 고정용으로 사용해서는 안되는 경우 2가지를 쓰시오.(4점)

[산기|2004]

① 꼬임이 끊어진 것
② 심하게 손상되거나 부식된 것

**104** 크레인을 이용하여 4,200kN의 화물을 각도 60도로 들어 올릴 때 와이어로프 1가닥이 받는 하중[kN]을 계산하시오.(4점)

[산기|2002]

• 화물의 무게는 4,200kN이고, 각도는 60도이므로 대입하면 $\dfrac{\dfrac{4,200}{2}}{\cos\dfrac{60}{2}}$ = 2,424.87[kN]이다.

**105** 10톤 화물을 각도 60도로 들어 올릴 때 1가닥이 받는 하중[ton]은?(5점)      [산기|1101/산기|1701]

• 화물의 무게는 10톤이고, 각도는 60도이므로 대입하면 $\dfrac{\dfrac{10}{2}}{\cos\dfrac{60}{2}}$ = 5.773 = 5.77[ton]이다.

**106** 크레인에 걸리는 하중 중에서 정격하중과 적재하중에 정의를 각각 쓰시오.(4점)      [산기|1302]

① 정격하중 : 크레인의 권상하중에서 훅, 크래브 또는 버킷 등 달기기구의 중량에 상당하는 하중을 뺀 하중을 말한다.
② 적재하중 : 운반구에 적재하고 상승할 수 있는 최대하중을 말한다.

**107** 운전자가 운전위치를 이탈하게 해서는 안 되는 기계 3가지를 쓰시오.(6점)      [산기|1302]

① 양중기
② 항타기 또는 항발기(권상장치에 하중을 건 상태)
③ 양화장치(화물을 적재한 상태)

**108** 승강기 종류를 4가지 쓰시오.(단, 법령에서 정한 종류를 작성하시오)(4점)　　　[산기1301/산기1502]

① 승객용 엘리베이터　　　　　② 승객화물용 엘리베이터
③ 화물용 엘리베이터　　　　　④ 소형화물용 엘리베이터
⑤ 에스컬레이터

▲ 해당 답안 중 4가지 선택 기재

**109** 승강기의 설치·조립·수리·점검 또는 해체 작업을 하는 경우 안전조치 사항 3가지를 쓰시오.(3점)
[산기1202/산기1902/산기2201]

① 작업을 지휘하는 사람을 선임하여 그 사람의 지휘하에 작업을 실시할 것
② 작업할 구역에 관계 근로자가 아닌 사람의 출입을 금지하고 그 취지를 보기 쉬운 장소에 표시할 것
③ 비, 눈, 그 밖에 기상상태의 불안정으로 날씨가 몹시 나쁜 경우에는 그 작업을 중지시킬 것

**110** 지반의 이상현상 중 보일링 현상이 일어나기 쉬운 지반조건을 쓰시오.(3점)　　　[산기0803/산기2004]

• 지하수위가 높은 사질토와 같은 투수성이 좋은 지반

**111** 히빙이 일어나기 쉬운 지반과 발생원인 2가지를 쓰시오.(4점)　　　[산기0901/산기1401/산기1903]

가) 지반조건 : 연약성 점토지반
나) 발생원인　　　① 흙막이 벽체의 근입장 부족
　　　　　　　　　② 흙막이 벽체 내·외의 중량차
　　　　　　　　　③ 지표 재하중

▲ 나)의 답안 중 2가지 선택 기재

**112** 유한사면의 붕괴 유형 3가지를 쓰시오.(3점)　　　[산기1202/산기1701/산기2003]

① 사면 내 붕괴(Slope failure)
② 사면선단 붕괴(Toe failure)
③ 사면저부 붕괴(Base failure)

**113** 콘크리트로 옹벽을 축조할 경우의 안정 검토사항을 3가지 쓰시오.(3점)   [기사0803/기사1403/산기1902]

① 활동에 대한 안정검토                ② 전도에 대한 안정검토
③ 지반지지력에 대한 안정검토          ④ 원호활동에 대한 안정검토

▲ 해당 답안 중 3가지 선택 기재

**114** 흙막이 지보공을 설치하였을 때에는 정기적으로 점검하고 이상을 발견하면 즉시 보수하여야 사항 4가지를 쓰시오.(4점)   [산기1702/기사1903/산기2102]

① 부재의 손상·변형·부식·변위 및 탈락의 유무와 상태
② 버팀대의 긴압의 정도
③ 부재의 접속부·부착부 및 교차부의 상태
④ 침하의 정도

**115** 작업발판 일체형 거푸집 종류 3가지를 쓰시오.(6점)   [산기1203/기사1301/산기1602/산기2002/기사2004]

① 갱폼                              ② 슬립폼
③ 클라이밍폼                        ④ 터널라이닝폼

▲ 해당 답안 중 3가지 선택 기재

**116** 거푸집 동바리 등을 조립하는 경우 준수사항으로 다음 빈칸을 채우시오.(6점)   [산기0903/산기1702]

가) 동바리로 사용하는 강관에 대해서는 높이 2m 이내마다 수평연결재를 ( ① )개 방향으로 만들고 수평연결재의 변위는 방지할 것
나) 동바리로 사용하는 파이프 서포트에 대해서는 높이가 ( ② )m를 초과하는 경우에는 높이 2m 이내마다 수평연결재를 ( ③ )개 방향으로 만들고 수평연결새의 변위를 방지할 것
다) 동바리로 사용하는 조립강주에 대해서는 높이가 ( ④ )m를 초과하는 경우에는 높이 4m 이내마다 수평연결재를 ( ⑤ )개 방향으로 설치하고 수평연결재의 변위를 방지할 것
라) 동바리로 사용하는 목재에 대해서는 높이 2m 이내마다 수평연결재를 ( ⑥ )개 방향으로 만들고 수평연결재의 변위를 방지할 것

① 2                    ② 3.5                  ③ 2
④ 4                    ⑤ 2                    ⑥ 2

**117** 굴착작업에 있어서 지반의 붕괴 또는 토석의 낙하에 의하여 근로자에게 위험을 미칠 우려가 있을 때의 위험방지 조치 사항 3가지를 쓰시오.(3점) [산기1203]

① 흙막이 지보공 설치   ② 방호망의 설치   ③ 근로자의 출입 금지

**118** 콘크리트 타설작업을 하기 위하여 콘크리트 펌프 또는 콘크리트 펌프카를 사용하는 경우 사업주의 준수사항을 3가지 쓰시오.(3점) [산기2201]

① 작업을 시작하기 전에 콘크리트 펌프용 비계를 점검하고 이상을 발견하였으면 즉시 보수할 것
② 건축물의 난간 등에서 작업하는 근로자가 호스의 요동·선회로 인하여 추락하는 위험을 방지하기 위하여 안전난간 설치 등 필요한 조치를 할 것
③ 콘크리트타설장비의 붐을 조정하는 경우 주변의 전선 등에 의한 위험을 예방하기 위한 적절한 조치를 할 것
④ 작업 중에 지반의 침하나 아웃트리거 등 콘크리트타설장비 지지구조물의 손상 등에 의하여 콘크리트타설장비가 넘어질 우려가 있는 경우에는 이를 방지하기 위한 적절한 조치를 할 것

▲ 해당 답안 중 3가지 선택 기재

**119** 지반 굴착작업 시 지반종류에 따른 기울기 기준에 대하여 다음 빈칸을 채우시오.(3점) [산기0602/산기1002/산기1501]

| 지반의 종류 | 기울기 |
|---|---|
| ① | 1 : 1.8 |
| 풍 화 암 | ② |
| 경 암 | ③ |

① 모래   ② 1 : 1.0   ③ 1 : 0.5

**120** 터널공사 시 NATM공법 계측방법의 종류 4가지를 쓰시오.(4점) [산기1502]

① 터널내 육안조사   ② 내공변위 측정
③ 천단침하 측정   ④ 록 볼트 인발시험
⑤ 지표면 침하측정   ⑥ 지중변위 측정
⑦ 지중침하 측정   ⑧ 지중수평변위 측정
⑨ 지하수위 측정   ⑩ 록 볼트 축력측정
⑪ 뿜어붙이기 콘크리트 응력측정   ⑫ 터널내 탄성과 속도 측정
⑬ 주변 구조물의 변형상태 조사

▲ 해당 답안 중 4가지 선택 기재

**121** 절토면의 토사붕괴 발생을 예방하기 위하여 점검하여야 하는 시기를 4가지 쓰시오.(4점)

[산기0703/산기1503]

① 작업 전
② 작업 중
③ 작업 후
④ 비온 후 인접 작업구역에서 발파한 경우

**122** 항타기, 항발기의 안전사항이다. 다음 괄호 안을 채우시오.(4점)

[산기1801/산기1802]

> 가) 연약한 지반에 설치하는 때에는 아웃트리거·받침 등 지지구조물의 침하를 방지하기 위하여 ( ① ) 등을
>    사용할 것
> 나) 아웃트리거·받침 등 지지구조물이 미끄러질 우려가 있는 경우에는 ( ② ) 등을 사용하여 해당 지지구조물을
>    고정시킬 것
> 다) 궤도 또는 차로 이동하는 항타기 또는 항발기에 대하여는 불시에 이동하는 것을 방지하기 위하여
>    ( ③ ) 등으로 고정시킬 것
> 라) 상단 부분은 ( ④ )로 고정하여 안정시키고, 그 하단 부분은 견고한 버팀·말뚝 또는 철골 등으로 고정시킬 것

① 깔판, 받침목
② 말뚝 또는 쐐기
③ 레일클램프 및 쐐기
④ 버팀대·버팀줄

**123** 건물 등의 해체작업 시 해체계획서에 포함되어야 할 내용 3가지를 쓰시오.(4점)

[산기2103]

① 해체의 방법 및 해체 순서도면
② 가설설비·방호설비·환기설비 및 살수·방화설비 등의 방법
③ 사업장 내 연락방법
④ 해체물의 저분계획
⑤ 해체작업용 기계·기구 등의 작업계획서
⑥ 해체작업용 화약류 등의 사용계획서

▲ 해당 답안 중 3가지 선택 기재

**124** 아세틸렌 용접장치를 사용하여 금속의 용접 · 용단(溶斷) 또는 가열작업을 하는 경우 준수사항이다. 빈칸을 채우시오.(4점)　　　　　　　　　　　　　　　　　　　　　　　　　　　　　　　　　　　　　　[산기1502]

> 발생기에서 ( ① )m 이내 또는 발생기실에서 ( ② )m 이내의 장소에서는 흡연, 화기의 사용 또는 불꽃이 발생할 위험한 행위를 금지시킬 것

① 5　　　　　　　　　　　　　　　　　　② 3

**125** 관리감독자의 유해 · 위험방지 업무에 있어서 아세틸렌 용접장치를 사용하는 금속의 용접 · 용단 또는 가열 작업에서의 수행업무를 4가지 쓰시오.(4점)　　　　　　　　　　　　　　　　　　　　　　　　　[산기1702]

① 작업방법을 결정하고 작업을 지휘하는 일
② 안전기는 작업 중 그 수위를 쉽게 확인할 수 있는 장소에 놓고 1일 1회 이상 점검하는 일
③ 발생기 사용을 중지하였을 때에는 물과 잔류 카바이드가 접촉하지 않은 상태로 유지하는 일
④ 작업에 종사하는 근로자의 보안경 및 안전장갑의 착용 상황을 감시하는 일
⑤ 아세틸렌 용접작업을 시작할 때에는 아세틸렌 용접장치를 점검하고 발생기 내부로부터 공기와 아세틸렌의 혼합 가스를 배제하는 일
⑥ 아세틸렌 용접장치 내의 물이 동결되는 것을 방지하기 위하여 아세틸렌 용접장치를 보온하거나 가열할 때에는 온수나 증기를 사용하는 등 안전한 방법으로 하도록 하는 일
⑦ 발생기를 수리 · 가공 · 운반 또는 보관할 때에는 아세틸렌 및 카바이드에 접촉하지 않은 상태로 유지하는 일

▲ 해당 답안 중 4가지 선택 기재

**126** 가스 용기의 색채를 쓰시오.(5점)　　　　　　　　　　　　　　　　　　　　　　　　　　　[산기1302]

| 가스 | 수소 | 아세틸렌 | 헬륨 | 산소 | 질소 |
|---|---|---|---|---|---|
| 색채 | ① | ② | ③ | ④ | ⑤ |

① 주황색　　　　　　　② 노란색(황색)　　　　　③ 회색
④ 녹색　　　　　　　　⑤ 회색

**127** 말비계의 조립에 관한 내용이다. 다음 괄호 안을 채우시오.(6점)　　　　　　　　　　　　[산기1802]

> 가) 지주부재와 수평면의 기울기를 ( ① )도 이하로 하고, 지주부재와 지주부재 사이를 고정시키는 ( ② )를 설치할 것
> 나) 말비계의 높이가 2미터를 초과하는 경우에는 작업발판의 폭을 ( ③ )cm 이상으로 할 것

① 75　　　　　　　　　② 보조부재　　　　　　　③ 40

**128** 다음은 비계(달비계, 달대비계 및 말비계 제외)의 높이가 2m 이상인 경우의 작업발판의 구조에 대한 설명이다. ( ) 안을 채우시오.(5점) [기사2102/산기2301]

> 가) 작업발판의 폭은 ( ① )cm 이상으로 하고, 발판재료 간의 틈은 ( ② )cm 이하로 할 것
> 나) 추락의 위험이 있는 장소에는 ( ③ )을 설치할 것. 다만, 작업의 성질상 ( ③ )을 설치하는 것이 곤란한 경우 ( ④ )을 설치하거나 근로자로 하여금 ( ⑤ )를 사용하도록 하는 등 추락위험 방지 조치를 한 경우에는 그러하지 아니하다

① 40      ② 3
③ 안전난간      ④ 추락방호망
⑤ 안전대

> ✔ **비계 높이 2미터 이상인 작업 장소에 설치하는 작업발판의 구조**
> - 발판재료는 작업할 때의 하중을 견딜 수 있도록 견고한 것으로 할 것
> - 작업발판의 폭은 40cm 이상으로 하고, 발판재료 간의 틈은 3cm 이하로 할 것
> - 선박 및 보트 건조작업의 경우 선박블록 또는 엔진실 등의 좁은 작업공간에 작업발판을 설치하기 위하여 필요하면 작업발판의 폭을 30cm 이상으로 할 수 있고, 걸침비계의 경우 강관기둥 때문에 발판재료 간의 틈을 3cm 이하로 유지하기 곤란하면 5cm 이하로 할 수 있다. 이 경우 그 틈 사이로 물체 등이 떨어질 우려가 있는 곳에는 출입금지 등의 조치를 하여야 한다.
> - 추락의 위험이 있는 장소에는 안전난간을 설치할 것
> - 작업발판의 지지물은 하중에 의하여 파괴될 우려가 없는 것을 사용할 것
> - 작업발판재료는 뒤집히거나 떨어지지 않도록 둘 이상의 지지물에 연결하거나 고정시킬 것
> - 작업발판을 작업에 따라 이동시킬 경우는 위험방지에 필요한 조치를 할 것

**129** 달비계의 적재하중을 정하고자 한다. 다음 보기의 안전계수를 쓰시오.(4점) [산기0603/기사1501/산기1503]

> 가) 달기 와이어로프 및 달기 강선의 안전계수 : ( ① )이상
> 나) 달기 체인 및 달기 훅의 안전계수 : ( ② )이상
> 다) 달기강대와 달비계의 하부 및 상부 지점의 안전계수는 강재의 경우 ( ③ )이상, 목재의 경우 ( ④ )이상

① 10      ② 5
③ 2.5      ④ 5

## 130 가설통로의 설치기준에 관한 사항이다. 빈칸을 채우시오.(5점)

[기사0602/산기0901/산기1601/산기1602/기사1703/산기2302]

가) 경사는 ( ① )도 이하일 것
나) 경사가 ( ② )도를 초과하는 경우에는 미끄러지지 아니하는 구조로 할 것
다) 추락할 위험이 있는 장소에는 ( ③ )을 설치할 것
라) 수직갱에 가설된 통로의 길이가 ( ④ )m 이상인 경우에는 ( ⑤ )m 이내마다 계단참을 설치
마) 건설공사에 사용하는 높이 ( ⑥ )m 이상인 비계다리에는 ( ⑦ )m 이내마다 계단참을 설치

① 30              ② 15              ③ 안전난간
④ 15              ⑤ 10              ⑥ 8
⑦ 7

## 131 산업안전보건법에서 정한 가설통로의 설치기준에 관한 내용을 2가지 쓰시오.(단, 견고한 구조, 안전난간 제외)(4점)

[기사0602/산기0901/산기1601/산기1602/기사1703]

① 경사는 30도 이하로 할 것
② 경사가 15도를 초과하는 경우에는 미끄러지지 아니하는 구조로 할 것
③ 수직갱에 가설된 통로의 길이가 15미터 이상인 경우 10미터 이내마다 계단참을 설치할 것
④ 건설공사에 사용하는 높이 8미터 이상인 비계다리에는 7미터 이내마다 계단참을 설치할 것
⑤ 사업주는 근로자가 안전하게 통행할 수 있도록 통로에 75럭스 이상의 채광 또는 조명시설을 할 것

▲ 해당 답안 중 2가지 선택 기재

## 132 사다리식 통로에 대한 내용이다. 다음 괄호 안을 채우시오.(3점)

[산기0802/산기1802]

가) 사다리의 상단은 걸쳐놓은 지점으로부터 ( ① )cm 이상 올라가도록 할 것
나) 사다리식 통로의 길이가 10미터 이상인 경우에는 ( ② )m 이내마다 ( ③ )을 설치할 것

① 60                    ② 5                    ③ 계단참

## 133 산업안전보건법상 계단의 구조에 대한 설명이다.( ) 안을 채우시오.(3점)

[기사1302/기사1603/산기2001/산기2303]

가) 사업주는 계단 및 계단참을 설치하는 경우 매제곱미터당 ( ① )kg 이상의 하중에 견딜 수 있는 강도를 가진 구조로 설치하여야 하며, 안전율은 ( ② ) 이상으로 하여야 한다.

나) 사업주는 계단을 설치하는 경우 그 폭을 1미터 이상으로 하여야 한다.

다) 사업주는 높이가 3미터를 초과하는 계단에 높이 3미터 이내마다 진행방향으로 길이 ( ③ )m 이상의 계단참을 설치하여야 한다.

라) 사업주는 높이 1미터 이상인 계단의 개방된 측면에 안전난간을 설치하여야 한다.

① 500          ② 4          ③ 1.2

✔ **계단 및 계단참**
- 사업주는 계단 및 계단참을 설치하는 경우 매 $m^2$당 500kg 이상의 하중에 견딜 수 있는 강도를 가진 구조로 설치하여야 하며, 안전율은 4 이상으로 하여야 한다.
- 사업주는 계단 및 승강구 바닥을 구멍이 있는 재료로 만드는 경우 렌치나 그 밖의 공구 등이 낙하할 위험이 없는 구조로 하여야 한다.
- 사업주는 계단을 설치하는 경우 그 폭을 1m 이상으로 하여야 한다.
- 사업주는 계단에 손잡이 외의 다른 물건 등을 설치하거나 쌓아 두어서는 아니 된다.
- 사업주는 높이가 3m를 초과하는 계단에 높이 3m 이내마다 진행방향으로 길이 1.2m 이상의 계단참을 설치하여야 한다.
- 사업주는 계단을 설치하는 경우 바닥면으로부터 높이 2m 이내의 공간에 장애물이 없도록 하여야 한다.
- 사업주는 높이 1m 이상인 계단의 개방된 측면에 안전난간을 설치하여야 한다.

## 134 근로자의 추락 등에 의한 위험을 방지하기 위하여 설치하는 안전난간의 주요 구성요소 4가지를 쓰시오. (4점)

[산기1803]

① 상부 난간대          ② 중간 난간대
③ 발끝막이판          ④ 난간기둥

✔ **안전난간의 구조**
- 상부 난간대, 중간 난간대, 발끝막이판 및 난간기둥으로 구성할 것
- 상부 난간대는 바닥면·발판 또는 경사로의 표면으로부터 90cm 이상 지점에 설치하고, 상부 난간대를 120cm 이하에 설치하는 경우는 중간 난간대는 상부 난간대와 바닥면 등의 중간에 설치하여야 하며, 120cm 이상 지점에 설치하는 경우는 중간 난간대를 2단 이상으로 균등하게 설치하고 난간의 상하 간격은 60cm 이하가 되도록 할 것
- 발끝막이판은 바닥면 등으로부터 10cm 이상의 높이를 유지할 것
- 난간기둥은 상부 난간대와 중간 난간대를 견고하게 떠받칠 수 있도록 적정한 간격을 유지할 것
- 상부 난간대와 중간 난간대는 난간 길이 전체에 걸쳐 바닥면등과 평행을 유지할 것
- 난간대는 지름 2.7cm 이상의 금속제 파이프나 그 이상의 강도가 있는 재료일 것
- 안전난간은 구조적으로 가장 취약한 지점에서 가장 취약한 방향으로 작용하는 100kg 이상의 하중에 견딜 수 있는 튼튼한 구조일 것

**135** 다음에 해당되는 비계의 조립간격을 (　)에 기술하시오.(4점)　　　　[산기0601/산기1201/산기1603]

| 종류 | 조립간격(단위 : m) | |
|---|---|---|
| | 수직방향 | 수평방향 |
| 통나무 비계 | 5.5 | (　① 　) |
| 단관 비계 | (　② 　) | 5 |
| 틀비계(높이가 5m 미만의 것을 제외한다) | (　③ 　) | (　④ 　) |

① 7.5　　　　　　　　　　　　　　② 5
③ 6　　　　　　　　　　　　　　 ④ 8

**136** 비계 등 가설재의 구비요건을 3가지 쓰시오.(3점)　　　　[산기1903]

① 안전성　　　　　　② 작업성　　　　　　③ 경제성

**137** 산업안전보건법상 다음 기계·기구에 설치하여야 할 방호장치를 각각 1가지씩 쓰시오.(5점)

[산기1403/산기1901/산기2003/기사2004]

① 예초기　　　　　　② 원심기　　　　　　③ 공기압축기
④ 금속절단기　　　　⑤ 지게차

① 날 접촉예방장치　　　　② 회전체 접촉예방장치
③ 압력방출장치　　　　　④ 날 접촉예방장치
⑤ 헤드가드, 백레스트, 전조등, 후미등, 안전벨트

▲ ⑤의 경우 답안 중 1가지 선택 기재

✔ 위험기계·기구 방호장치

| 기계·기구 | 방호장치 |
|---|---|
| 예초기 | 날 접촉예방장치 |
| 원심기 | 회전체 접촉예방장치 |
| 공기압축기 | 압력방출장치 |
| 금속절단기 | 날 접촉예방장치 |
| 지게차 | 헤드가드, 백레스트, 전조등, 후미등, 안전벨트 |
| 포장기계(진공포장기, 랩핑기) | 구동부 방호연동장치 |

**138** 기계설비의 방호장치 중 위험장소에 따른 분류에서 격리식 방호장치 3가지를 쓰시오.(3점)　　[산기1302]

① 완전 차단형 방호장치
② 덮개형 방호장치
③ 안전 울타리

**139** 가스집합 용접장치에 관한 내용이다. 다음 빈칸을 채우시오.(3점)　　[산기1301]

가) 가스집합장치에 대해서는 화기를 사용하는 설비로부터 ( ① )m 이상 떨어진 장소에 설치하여야 한다.
나) 주관 및 분기관에는 안전기를 설치할 것. 이 경우 하나의 취관에 ( ② )개 이상의 안전기를 설치하여야 한다.
다) 사업주는 용해아세틸렌의 가스집합용접장치의 배관 및 부속기구는 구리나 구리 함유량이 ( ③ )% 이상인 합금을 사용해서는 아니 된다.

① 5　　　　　　　　　　　② 2　　　　　　　　　　　③ 70

**140** 교류아크용접기용 자동전격방지기에 관한 내용이다. 빈칸을 채우시오.(4점)　　[산기1601/산기1803]

( ① ) : 용접봉을 모재로부터 분리시킨 후 주접점이 개로되어 용접기 2차측 ( ② )이 전격방지기의 25V 이하로 될 때까지의 시간

① 지동시간　　　　　　　　　　② 무부하전압

**141** [보기]의 교류아크용접기의 자동전격방지기 표시사항을 상세히 기술하시오.(4점)　　[산기1202/산기1403]

[보 기]
SP － 3A － H
① 　 ②

① SP : 외장형
② 3A : 300A 　　　A － 용접기에 내장되어 있는 콘덴서의 유무에 관계없이 사용할 수 있는 것

## 142 사업주가 교류아크용접기에 자동전격방지기를 설치해야 하는 장소 3가지를 쓰시오.(5점)

[산기2004/산기2101/산기2203/산기2301/산기2303]

① 선박의 이중 선체 내부, 밸러스트 탱크, 보일러 내부 등 도전체에 둘러싸인 장소
② 추락할 위험이 있는 높이 2미터 이상의 장소로 철골 등 도전성이 높은 물체에 근로자가 접촉할 우려가 있는 장소
③ 근로자가 물·땀 등으로 인하여 도전성이 높은 습윤 상태에서 작업하는 장소

## 143 교류아크용접기의 자동전격방지장치를 부착할 때의 주의사항 2가지를 쓰시오.(4점) [산기0703/산기1401]

① 직각으로 부착할 것
② 작동상태를 알기 위한 표시등은 보기 쉬운 곳에 설치할 것
③ 용접기의 이동, 전자접촉기의 작동 등으로 인한 진동, 충격에 견딜 수 있도록 할 것
④ 용접기의 전원측에 접속하는 선과 출력측에 접속하는 선을 혼동되지 않도록 할 것
⑤ 접속부분은 확실하게 접속하여 이완되지 않도록 할 것
⑥ 접속부분을 절연테이프, 절연카바 등으로 절연시킬 것
⑦ 전격방지기의 외함은 접지시킬 것

▲ 해당 답안 중 2가지 선택 기재

## 144 연삭기의 덮개 각도를 쓰시오.(4점) [산기0903/기사1301/산기1401/기사1503]

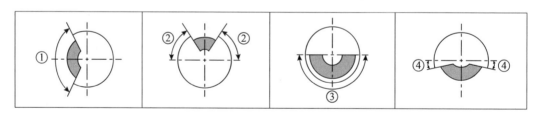

① 일반연삭작업 등에 사용하는 것을 목적으로 하는 탁상용 연삭기
② 연삭숫돌의 상부를 사용하는 것을 목적으로 하는 탁상용 연삭기
③ 휴대용 연삭기, 스윙연삭기, 스라브연삭기, 기타 이와 비슷한 연삭기
④ 평면연삭기, 절단연삭기, 기타 이와 비슷한 연삭기

① 125° 이내
③ 180° 이내

② 60° 이상
④ 15° 이상

**✔ 각종 연삭기 덮개의 최대노출각도**

| 종류 | 덮개의 최대노출각도 |
|---|---|
| 연삭숫돌의 상부를 사용하는 것을 목적으로 하는 탁상용 연삭기 | 60도 이내 |
| 일반 연삭작업 등에 사용하는 것을 목적으로 하는 탁상용 연삭기 | 125도 이내 |
| 평면 연삭기, 절단 연삭기 | 150도 이내 |
| 원통 연삭기, 공구 연삭기, 휴대용 연삭기, 스윙 연삭기, 스라브연삭기 | 180도 이내 |

**145** 다음은 연삭기 덮개에 관한 내용이다. 빈칸을 채우시오.(6점) [산기1303]

> 가) 탁상용 연삭기의 덮개에는 ( ① ) 및 조정편을 구비하여야 한다.
> 나) ( ① )는 연삭숫돌과의 간격을 ( ② )mm 이하로 조정할 수 있는 구조이어야 한다.
> 다) 연삭기 덮개 추가표시사항은 숫돌사용주속도, ( ③ ) 이다.

① 워크레스트
② 3
③ 숫돌회전방향

**146** 연삭기 덮개에 자율안전확인의 표시 외에 추가로 표시해야 할 사항 2가지를 쓰시오.(4점) [산기2101]

① 숫돌사용 주속도
② 숫돌회전방향

**147** 프레스 및 전단기 방호장치 3가지를 적으시오.(3점) [산기1802]

① 광전자식  　② 양수조작식
③ 수인식  　④ 손쳐내기식
⑤ 가드식

▲ 해당 답안 중 3가지 선택 기재

**148** 다음 설명에 맞는 프레스 및 전단기의 방호장치를 각각 쓰시오.(4점)  [산기1503]

> ① 1행정 1정지식 프레스에 사용되는 것으로서 양손으로 동시에 조작하지 않으면 기계가 동작하지 않으며, 한손이라도 떼어내면 기계를 정지시키는 방호장치
> ② 슬라이드와 작업자 손을 끈으로 연결하여 슬라이드 하강 시 작업자 손을 당겨 위험영역에서 빼낼 수 있도록 한 방호장치로서 프레스용으로 확동식 클러치형 프레스에 한해서 사용됨

① 양수조작식 방호장치
② 수인식 방호장치

**149** 프레스의 손쳐내기식 방호장치에 관한 설명 중 (    )안에 알맞은 내용이나, 수치를 써 넣으시오.(4점)  [산기1201/산기1402/산기1501]

> 가) 슬라이드 하행정거리의 ( ① ) 위치에서 손을 완전히 밀어내어야 한다.
> 나) 방호판의 폭은 금형 폭의 ( ② ) 이상이어야 하고, 행정길이가 300mm 이상의 프레스기계에는 방호판 폭을 ( ③ )mm로 해야 한다.

① 3/4              ② 1/2              ③ 300

**150** 수인식 방호장치의 수인끈, 수인끈의 안내통, 손목밴드의 구비조건을 4가지 쓰시오.(4점)  [산기1202/산기1703/산기2002]

① 수인끈은 작업자와 작업공정에 따라 그 길이를 조정할 수 있어야 한다.
② 수인끈의 안내통은 끈의 마모와 손상을 방지할 수 있는 조치를 해야 한다.
③ 수인끈의 재료는 합성섬유로 직경이 4mm 이상이어야 한다.
④ 손목밴드(wrist band)의 재료는 유연한 내유성 피혁 또는 이와 동등한 재료를 사용해야 한다.
⑤ 손목밴드는 착용감이 좋으며 쉽게 착용할 수 있는 구조이어야 한다.

▲ 해당 답안 중 4가지 선택 기재

**151** 롤러의 방호장치에 관한 사항이다. 다음 괄호 안을 채우시오.(6점)   [산기1801/산기1802/산기2202]

| 종류 | 설치위치 |
|------|----------|
| 손 조작식 | 밑면에서 (  ①  )m 이내 |
| (  ②  )조작식 | 밑면에서 0.8m 이상 1.1m 이내 |
| 무릎 조작식 | 밑면에서 (  ③  )m 이내 |

① 1.8               ② 복부               ③ 0.6

**152** 60[rpm]으로 회전하는 롤러기의 앞면 롤러기의 지름이 120[mm]인 경우 앞면 롤러의 표면속도와 관련 규정에 따른 급정지거리[mm]를 구하시오.(4점)   [산기1202/산기2003/산기2301]

• 앞면 롤러의 표면속도 $V = \dfrac{\pi DN}{1,000}$ 이므로 대입하면 $\dfrac{\pi \times 120 \times 60}{1,000} = 22.619$[m/min]이다.

• 급정지거리 기준에서 표면속도가 30[m/min] 미만인 경우 원주($\pi D$)의 $\dfrac{1}{3}$ 이내이므로 대입하면 $\pi \times 120 \times \dfrac{1}{3} = 125.663 = 125.66$[mm] 이내가 되어야 한다.

**153** 동력식 수동대패기의 방호장치 1가지와 그 방호장치와 송급테이블의 간격을 쓰시오.(4점)   [산기1302/산기2004]

① 방호장치 : 칼날 접촉 방지장치(덮개)
② 간격 : 8mm 이하

**154** 목재 가공용 둥근톱에 대한 방호장치 중 분할 날의 두께를 구하는 식을 쓰시오.(4점)   [산기1902]

• $1.1\,t_1 \leqq t_2 < b$ ($t_1$ : 톱 두께, $t_2$ : 분할 날 두께, b : 치진폭(齒振幅))

**155** 다음은 보일러에 설치하는 압력방출장치에 대한 안전기준이다. ( )안에 적당한 수치나 내용을 써 넣으시오. (3점)

[산기1803]

> 가) 사업주는 보일러의 안전한 가동을 위하여 보일러 규격에 맞는 압력방출장치를 1개 또는 2개 이상 설치하고 최고사용압력 이하에서 작동되도록 하여야 한다. 다만 압력방출장치가 2개 이상 설치된 경우에는 최고사용압력 이하에서 1개가 작동되고, 다른 압력방출장치는 최고 사용압력 ( ① )배 이하에서 작동되도록 부착하여야 한다.
> 나) 압력방출장치는 매년 ( ② )회 이상 설정압력에서 압력방출장치가 적정하게 작동하는지를 검사한 후 ( ③ )으로 봉인하여 사용하여야 한다.

① 1.05　　　　　　　　　　② 1　　　　　　　　　　③ 납

**156** 안전인증 파열판에 안전인증 외에 추가로 표시하여야 할 사항 4가지를 쓰시오.(4점)　　[산기1203/산기2004]
① 호칭지름
② 용도(요구성능)
③ 설정파열압력(MPa) 및 설정온도(℃)
④ 파열판의 재질
⑤ 분출용량(kg/h) 또는 공칭분출계수
⑥ 유체의 흐름방향 지시

▲ 해당 답안 중 4가지 선택 기재

**157** 산업안전보건법에 따라 안지름이 150mm를 초과하는 압력용기에 안전밸브를 설치할 때 반드시 파열판을 설치해야 하는 경우 3가지를 쓰시오.(5점)

[기사1003/산기1702/기사1703/기사2004/산기2102/산기2201/산기2303]

① 반응 폭주 등 급격한 압력 상승 우려가 있는 경우
② 급성독성물질의 누출로 인하여 주위의 작업환경을 오염시킬 우려가 있는 경우
③ 운전 중 안전밸브에 이상 물질이 누적되어 안전밸브가 작동되지 아니할 우려가 있는 경우

**158** 산업안전보건법에 따라 반응 폭주 등 급격한 압력 상승 우려가 있는 경우 설치해야 하는 것은?(3점)

[산기1901]

• 파열판

**159** 산업안전보건법상 크레인에 대한 위험방지를 위하여 설치할 방호장치를 3가지만 쓰시오.(5점)

[산기|0603/산기|1902]

① 과부하방지장치
② 권과방지장치
③ 비상정지장치 및 제동장치

**160** 기계 · 기구 중에서 낙하물 보호구조가 필요한 기계 · 기구를 4가지 쓰시오.(4점) [산기|0702/산기|1202/산기|1501]

① 불도저
② 트랙터
③ 굴착기
④ 로더
⑤ 스크레이퍼
⑥ 덤프트럭
⑦ 모터그레이더
⑧ 롤러
⑧ 천공기
⑨ 항타기 및 항발기

▲ 해당 답안 중 4가지 선택 기재

**161** 가스 방폭구조의 종류 5가지를 쓰시오.(5점) [산기|0502/산기|1903]

① 내압방폭구조(d)
② 압력방폭구조(p)
③ 충전방폭구조(q)
④ 유입방폭구조(o)
⑤ 안전증방폭구조(e)
⑥ 본질안전방폭구조(ia, ib)
⑦ 몰드방폭구조(m)
⑧ 비점화방폭구조(n)

▲ 해당 답안 중 5가지 선택 기재

✔ 장소별 방폭구조

| 0종 장소 | 지속적 위험분위기 | • 본질안전방폭구조(Ex ia) |
|---|---|---|
| 1종 장소 | 통상상태에서의 간헐적 위험분위기 | • 내압방폭구조(Ex d)<br>• 압력방폭구조(Ex p)<br>• 충전방폭구조(Ex q)<br>• 유입방폭구조(Ex o)<br>• 안전증방폭구조(Ex e)<br>• 본질안전방폭구조(Ex ib)<br>• 몰드방폭구조(Ex m) |
| 2종 장소 | 이상상태에서의 위험분위기 | • 비점화방폭구조(Ex n) |

• 분진방폭구조 : 용기 분진방폭구조(tD), 본질안전 분진방폭구조(iD), 몰드 분진방폭구조(mD), 압력 분진방폭구조(pD)

## 162 [보기]의 방폭구조 기호을 쓰시오.(4점)

[산기1203]

> **[보기]**
> ① 용기 분진방폭구조  ② 본질안전 분진방폭구조  ③ 몰드 분진방폭구조  ④ 압력 분진방폭구조

① tD                                    ② iD
③ mD                                    ④ pD

## 163 다음 기호의 방폭구조의 명칭을 쓰시오.(5점)

[기사0803/기사1001/산기1003/산기1902/기사2004]

| 방폭기호 | 방폭구조 |
| --- | --- |
| q | ① |
| e | ② |
| m | ③ |
| n | ④ |
| ia, ib | ⑤ |

① 충전방폭구조                          ② 안전증방폭구조
③ 몰드방폭구조                          ④ 비점화방폭구조
⑤ 본질안전방폭구조

## 164 전기기계·기구에 대하여 누전에 의한 감전위험을 방지하기 위하여 해당 전로의 정격에 적합하고 감도가 양호하며 확실하게 작동하는 감전방지용 누전차단기를 설치해야 한다. 이의 기준에 대한 다음 내용의 빈칸을 채우시오.(4점)

[산기2002/기사2003/산기2103]

> 가) 대지전압이 ( ① )V를 초과하는 이동형 또는 휴대형 전기기계·기구
> 나) 물 등 ( ② )이 높은 액체가 있는 습윤장소에서 사용하는 저압용 전기기계·기구
> 다) ( ③ ) 위 등 도전성이 높은 장소에서 사용하는 이동형 또는 휴대형 전기기계·기구
> 라) ( ④ )의 전로가 설치되는 장소에서 사용하는 이동형 또는 휴대형 전기기계·기구

① 150                                   ② 도전성
③ 철판·철골                             ④ 임시배선

**165** 정격부하전류 50[A] 미만이고, 대지전압이 150[V]를 초과하는 이동형 전기기계 · 기구에 감전방지용 누전 차단기의 정격감도전류 및 작동시간을 쓰시오.(4점)  [기사0603/기사0903/기사1502/산기1801]

정격감도전류 ( ① )mA 이하, 작동시간 ( ② )초 이내

① 30                                                ② 0.03

**166** 변전설비에서 MOF의 역할 2가지를 쓰시오.(4점)  [산기0503/산기2003]

① 대전류를 소전류로 변성
② 고전압을 저전압으로 변성

**167** 심실세동(치사)전류를 설명하고 공식을 쓰시오.(4점)  [기사1201]

① 설명 : 심장의 맥동에 영향을 주어 혈액순환이 곤란하게 되고 끝내 심장 기능을 잃게 되는 치사적 전류를 말한다.

② 공식 : $I = \dfrac{165}{\sqrt{T}}[\text{mA}]$  으로 구한다. 이때 T는 통전시간이다.

---

✔ **심실세동 한계전류와 전기에너지**
- 심장의 맥동에 영향을 주어 혈액순환이 곤란하게 되고 끝내는 심장 기능을 잃게 되는 치사적 전류를 심실세동전류라 한다.
- 감전시간과 위험전류와의 관계에서 심실세동 한계전류 I는 $\dfrac{165}{\sqrt{T}}[\text{mA}]$이고, T는 통전시간이다.
- 인체의 접촉저항을 500Ω으로 할 때 심실세동을 일으키는 전류에서의 전기에너지는

$$W = I^2 Rt = \left(\frac{165 \times 10^{-3}}{\sqrt{T}}\right)^2 \times R \times T = (165 \times 10^{-3})^2 \times 500 = 13.612 [\text{J}]$$이 된다.

---

**168** 충전전로에 대한 접근한계거리를 쓰시오.(4점)  [산기1103/기사1301/산기1303/산기1602/기사1703]

| ① 220V | ② 1kV | ③ 22kV | ④ 154kV |

① 접촉금지                              ② 45cm
③ 90cm                                ④ 170cm

✔ 충전전로 접근한계거리

| 충전전로의 선간전압<br>(단위 : KV) | 충전전로에 대한 접근한계거리(단위 : cm) |
|---|---|
| 0.3 이하 | 접촉금지 |
| 0.3 초과 0.75 이하 | 30 |
| 0.75 초과 2 이하 | 45 |
| 2 초과 15 이하 | 60 |
| 15 초과 37 이하 | 90 |
| 37 초과 88 이하 | 110 |
| 88 초과 121 이하 | 130 |
| 121 초과 145 이하 | 150 |
| 145 초과 169 이하 | 170 |
| 169 초과 242 이하 | 230 |
| 242 초과 362 이하 | 380 |
| 362 초과 550 이하 | 550 |
| 550 초과 800 이하 | 790 |

**169** 정전전로에서의 전기작업을 위해 전로를 차단하여야 한다. 전로 차단 절차 6단계를 쓰시오.(5점)

[산기1603/산기1702/산기2302]

① 1단계 : 전원의 확인
② 2단계 : 단로기 등을 개방하고 확인
③ 3단계 : 차단장치나 단로기 등에 잠금장치 및 꼬리표를 부착할 것
④ 4단계 : 잔류전하를 완전히 방전시킬 것
⑤ 5단계 : 검전기를 이용 기기의 충전여부 확인
⑥ 6단계 : 단락 접지기구를 이용하여 접지

**170** 다음은 정전기 대전에 관한 설명이다. 각각 대전의 종류를 쓰시오.(6점)

[산기1302/산기1503]

① 상호 밀착되어 있는 물질이 떨어질 때, 전하분리에 의해 정전기가 발생되는 현상이다.
② 액체류 등을 파이프 등으로 이송할 때 액체류가 파이프 등의 고체류와 접촉하면서 두물질 사이의 경계에서 전기 이중층이 형성되고 이 이중층을 형성하는 전하의 일부가 액체류의 유동과 같이 이동하기 때문에 대전되는 현상이다.
③ 분체류, 액체류, 기체류가 작은 분출구를 통해 공기 중으로 분출 될 때, 분출되는 물질과 분출구의 마찰에 의해 발생되는 현상이다.

① 박리대전
② 유동대전
③ 분출대전

**171** 피뢰기의 구비조건 5가지를 쓰시오.(5점) [산기2001]

① 충격파 방전개시전압이 낮을 것

② 제한전압이 낮을 것

③ 상용주파방전개시전압이 높을 것

④ 방전내량이 클 것

⑤ 속류를 차단할 수 있을 것

**172** 접지시스템을 구성하는 접지도체의 굵기를 쓰시오.(단, 접지선의 굵기는 연동선의 직경을 기준으로 한다)(6점)

[산기0901/산기0902/산기1501/산기2021년 한국전기설비규정 적용]

| 접지도체 종류 | | 접지선의 굵기 |
|---|---|---|
| 특고압·고압 전기설비용 접지도체 | | 단면적( ① )[mm²] 이상의 연동선 |
| 중성점 접지용 접지도체 | | 공칭단면적 ( ② )[mm²] 이상의 연동선 |
| 이동하여 사용하는 전기기계·기구의 금속제 외함 | 특고압·고압 및 중성점 접지용 접지도체 | 클로로프렌캡타이어케이블 또는 클로로설포네이트폴리에틸렌 캡타이어케이블 1개 도체 또는 캡타이어케이블의 차폐 또는 기타 금속체로 단면적 ( ③ )[mm²] 이상인 것 |
| | 저압 전기설비용 접지도체 | 다심 코드 또는 다심 캡타이어케이블 단면적 ( ④ )[mm²] 이상인 것 |

① 6      ② 16      ③ 10      ④ 0.75

**173** 한국전기설비규정에서 저압전로의 보호도체 및 중성선의 접속 방식에 따라 접지계통을 3가지로 분류하시오.(4점) [산기1402]

① TN계통      ② TT계통      ③ IT계통

**174** 전압에 따른 전원의 종류를 구분하여 쓰시오.(6점) [산기0701/산기1101/산기1502/산기1802]

| 구 분 | 직 류 | 교 류 |
|---|---|---|
| 저압 | ( ① )V 이하 | ( ② )V 이하 |
| 고압 | ( ③ )V 초과 ~ ( ④ )V 이하 | ( ⑤ )V 초과 ~ ( ⑥ )V 이하 |
| 특고압 | ( ⑦ )V 초과 | |

① 1,500      ② 1,000      ③ 1,500      ④ 7,000

⑤ 1,000      ⑥ 7,000      ⑦ 7,000

**175** 위험물질에 대한 설명이다. 빈칸을 쓰시오.(4점)  [산기1501/산기1601/산기1802]

> 가) 인화성 액체 : 에틸에테르, 가솔린, 아세트알데히드, 산화프로필렌, 그 밖에 인화점이 섭씨 ( ① ) 미만이고
> 초기끓는점이 섭씨 35℃ 이하인 물질
> 나) 인화성 액체 : 크실렌, 아세트산아밀, 등유, 경유, 테레핀유, 이소아밀알코올, 아세트산, 하이드라진, 그 밖에
> 인화점이 섭씨 ( ② ) 이상 섭씨 60℃ 이하인 물질
> 다) 부식성 산류 : 농도가 ( ③ )% 이상인 염산, 황산, 질산, 그 밖에 이 이상의 부식성을 가지는 물질
> 라) 부식성 산류 : 농도가 ( ④ )% 이상인 인산, 아세트산, 불산, 그 밖에 이 이상의 부식성을 가지는 물질

① 23        ② 23        ③ 20        ④ 60

✔ **위험물질의 분류와 그 종류**

| | |
|---|---|
| 폭발성 물질 및 유기과산화물 | 질산에스테르류, 니트로 화합물, 니트로소 화합물, 아조 화합물, 디아조 화합물, 하이드라진 유도체, 유기과산화물 |
| 물반응성 물질 및 인화성 고체 | 리튬, 칼륨·나트륨, 황, 황린, 황화린·적린, 셀룰로이드류, 알킬알루미늄·알킬리튬, 마그네슘 분말, 금속 분말, 알칼리금속, 유기금속화합물, 금속의 수소화물, 금속의 인화물, 칼슘 탄화물, 알루미늄 탄화물 |
| 산화성 액체 및 산화성 고체 | 차아염소산, 아염소산, 염소산, 과염소산, 브롬산, 요오드산, 과산화수소 및 무기 과산화물, 질산 및 질산칼륨, 질산나트륨, 질산암모늄, 그 밖의 질산염류, 과망간산, 중크롬산 및 그 염류 |
| 인화성 액체 | 에틸에테르, 가솔린, 아세트알데히드, 산화프로필렌, 노말헥산, 아세톤, 메틸에틸케톤, 메틸알코올, 에틸 알코올, 이황화탄소, 크실렌, 아세트산아밀, 등유, 경유, 테레핀유, 이소아밀알코올, 아세트산, 하이드라진 |
| 인화성 가스 | 수소, 아세틸렌, 에틸렌, 메탄, 에탄, 프로판, 부탄 |
| 부식성 물질 | 농도 20% 이상인 염산·황산·질산, 농도 60% 이상인 인산·아세트산·불산, 농도 40% 이상인 수산화나트륨·수산화칼륨 |
| 급성독성물질 | |

**176** 치사량의 기준치를 쓰시오.(6점)  [산기0702/기사1103/산기1402/기사1701]

> ① LD50은 쥐에 대한 경구투입실험에 의하여 실험동물의 50%를 사망케한다.
> ② LD50은 쥐 또는 토끼에 대한 경피흡수실험에서 의하여 실험동물의 50%를 사망케한다.
> ③ LC50은 가스로 쥐에 대한 4시간 동안 흡입실험에 의하여 실험동물의 50%를 사망케한다.

① 300mg/kg        ② 1,000mg/kg        ③ 2,500ppm

> ✔ 급성독성물질
> • 쥐에 대한 경구투입실험에 의하여 실험동물의 50퍼센트를 사망시킬 수 있는 물질의 양, 즉 LD50(경구, 쥐)이 킬로그램당 300밀리그램-(체중) 이하인 화학물질
> • 쥐 또는 토끼에 대한 경피흡수실험에 의하여 실험동물의 50퍼센트를 사망시킬 수 있는 물질의 양, 즉 LD50(경피, 토끼 또는 쥐)이 킬로그램당 1,000밀리그램 -(체중) 이하인 화학물질
> • 쥐에 대한 4시간 동안의 흡입실험에 의하여 실험동물의 50퍼센트를 사망시킬 수 있는 물질의 농도, 즉 가스 LC50(쥐, 4시간 흡입)이 2,500ppm 이하인 화학물질, 증기 LC50(쥐, 4시간 흡입)이 10mg/ℓ 이하인 화학물질, 분진 또는 미스트 1mg/ℓ 이하인 화학물질

**177** TLV-TWA의 정의를 쓰시오.(5점)     [산기0702/산기1903]

• TLV-TWA(Threshold Limit Value-Time Weighted Average)는 1일 8시간 작업하는 동안에 폭로된 유해물질의 시간 가중 평균농도 상한치를 말한다.

**178** 산업안전보건법상 폭발위험이 있는 장소를 설정하여 관리함에 있어서 폭발위험장소의 구분도를 작성하는 경우 폭발위험장소로 설정 관리해야 하는 장소를 2곳 쓰시오.(4점)     [산기2303]

① 인화성 액체의 증기나 인화성 가스 등을 제조·취급 또는 사용하는 장소
② 인화성 고체를 제조·사용하는 장소

**179** 폭발방지를 위한 불활성화방법 중 퍼지의 종류를 3가지 쓰시오.(3점)     [산기0801/산기1002/산기1/03]

① 진공퍼지          ② 압력퍼지
③ 스위프퍼지        ④ 사이펀퍼지

▲ 해당 답안 중 3가지 선택 기재

**180** 사업주는 잠함 또는 우물통의 내부에서 근로자가 굴착작업을 하는 경우에 잠함 또는 우물통의 급격한 침하에 의한 위험을 방지하기 위하여 준수하여야 할 사항을 2가지 쓰시오.(4점)

    [기사1202/기사1302/기사1503/산기1601/기사1901]

① 침하관계도에 따라 굴착방법 및 재하량 등을 정할 것
② 바닥으로부터 천장 또는 보까지의 높이는 1.8미터 이상으로 할 것

**181** 밀폐공간에서 작업 시 밀폐공간 작업프로그램을 수립하여 시행하여야 한다. 밀폐공간 작업프로그램 내용을 3가지 쓰시오.(6점)

[산기1602/산기2002]

① 사업장 내 밀폐공간의 위치 파악 및 관리 방안
② 밀폐공간 작업 시 사전 확인이 필요한 사항에 대한 확인 절차
③ 안전보건교육 및 훈련
④ 밀폐공간 내 질식·중독 등을 일으킬 수 있는 유해·위험 요인의 파악 및 관리 방안

▲ 해당 답안 중 3가지 선택 기재

**182** 관리감독자의 유해·위험방지 업무에 있어서 밀폐공간에서의 작업 시 직무수행내용 4가지를 쓰시오.(4점)

[산기1702]

① 산소가 결핍된 공기나 유해가스에 노출되지 않도록 작업 시작 전에 해당 근로자의 작업을 지휘하는 업무
② 작업을 하는 장소의 공기가 적절한지를 작업 시작 전에 측정하는 업무
③ 측정장비·환기장치 또는 공기호흡기 또는 송기마스크를 작업 시작 전에 점검하는 업무
④ 근로자에게 공기호흡기 또는 송기마스크의 착용을 지도하고 착용 상황을 점검하는 업무

**183** 산업안전보건법에서 정한 위험물질을 기준량 이상 제조, 취급, 사용 또는 저장하는 설비로서 내부의 이상상태를 조기에 파악하기 위하여 필요한 온도계·유량계·압력계 등의 계측장치를 설치하여야 하는 대상을 4가지 쓰시오.(6점)

[산기1401/산기2103]

① 발열반응이 일어나는 반응장치
② 증류·정류·증발·추출 등 분리를 하는 장치
③ 가열로 또는 가열기
④ 가열시켜 주는 물질의 온도가 가열되는 위험물질의 분해온도 또는 발화점보다 높은 상태에서 운전되는 설비
⑤ 반응폭주 등 이상 화학반응에 의하여 위험물질이 발생할 우려가 있는 설비
⑥ 온도가 섭씨 350도 이상이거나 게이지 압력이 980킬로파스칼 이상인 상태에서 운전되는 설비

▲ 해당 답안 중 4가지 선택 기재

**184** 방호조치를 하지 아니하고는 양도, 대여, 설치 또는 사용에 제공하거나, 양도·대여의 목적으로 진열해서는 아니 되는 기계·기구 4가지를 쓰시오.(4점) [산기0903/산기1203/산기1503/기사1602/기사1801/기사2003/산기2102/기사2302]

① 예초기                      ② 원심기
③ 공기압축기                  ④ 지게차
⑤ 금속절단기                  ⑥ 포장기계(진공포장기, 래핑기로 한정)

▲ 해당 답안 중 4가지 선택 기재

**185** 산업안전보건법상 보호구의 안전인증 제품에 표시하여야 하는 사항을 4가지 쓰시오.(단, 인증마크는 제외한다)(4점)

[기사0902/산기1001/산기1902/기사1903/산기2202]

① 형식 또는 모델명　　　　　　　　　② 규격 또는 등급 등
③ 제조자명　　　　　　　　　　　　　④ 제조번호 및 제조연월
⑤ 안전인증번호

▲ 해당 답안 중 4가지 선택 기재

**186** 안전인증대상 설비 방호장치를 4가지 쓰시오.(4점)

[산기1502/산기2202/산기2301]

① 프레스 및 전단기 방호장치　　　　　② 양중기용 과부하방지장치
③ 보일러 압력방출용 안전밸브　　　　④ 압력용기 압력방출용 안전밸브
⑤ 압력용기 압력방출용 파열판　　　　⑥ 절연용 방호구 및 활선작업용기구
⑦ 방폭구조 전기기계·기구 및 부품　　⑧ 추락·낙하 및 붕괴 등의 위험방호에 필요한 가설기자재
⑨ 충돌·협착 등의 위험방지에 필요한 산업용 로봇 방호장치

▲ 해당 답안 중 4가지 선택 기재

| ✔ 안전인증대상 기계·기구·보호구 | |
|---|---|
| **기계·기구** | 프레스, 전단기, 절곡기, 크레인, 리프트, 압력용기, 롤러기, 사출성형기, 고소작업대, 곤돌라 |
| **방호장치** | 프레스 및 전단기 방호장치, 양중기용 과부하방지장치, 보일러 압력방출용 안전밸브, 압력용기 압력방출용 안전밸브, 압력용기 압력방출용 파열판, 절연용 방호구 및 활선작업용기구, 방폭구조 전기기계·기구 및 부품, 추락·낙하 및 붕괴 등의 위험방호에 필요한 가설기자재, 충돌·협착 등의 위험방지에 필요한 산업용 로봇 방호장치 |
| **보호구** | 추락 및 감전 위험방지용 안전모, 안전화, 안전장갑, 방진마스크, 방독마스크, 송기마스크, 전동식 호흡보호구, 보호복, 안전대, 차광 및 비산물 위험방지용 보안경, 용접용 보안면, 방음용 귀마개 또는 귀덮개 |

**187** 안전인증대상 기계·기구를 5가지 쓰시오.(단, 세부사항까지 작성하고, 프레스, 크레인은 제외)(5점)

[산기1402]

① 곤돌라　　　　　　　　　　　　　② 전단기 및 절곡기
③ 고소작업대　　　　　　　　　　　④ 리프트
⑤ 압력용기　　　　　　　　　　　　⑥ 롤러기
⑦ 사출성형기

▲ 해당 답안 중 5가지 선택 기재

**188** 산업안전보건법상 자율안전확인대상 기계·기구를 5가지 쓰시오.(5점)

[기사0901/산기1103/산기1201/산기1303/산기1603/산기1702/기사1803/산기2001/산기2302]

① 컨베이어                  ② 산업용 로봇
③ 파쇄기(분쇄기)         ④ 혼합기
⑤ 인쇄기                 ⑥ 연삭기 또는 연마기(휴대형 제외)
⑦ 식품가공용 기계        ⑧ 자동차정비용 리프트
⑨ 공작기계(선반, 드릴, 평삭·형삭기, 밀링)
⑩ 고정형 목재가공용 기계(둥근톱, 대패, 루타기, 띠톱, 모떼기 기계)

▲ 해당 답안 중 5가지 선택 기재

| ✔ 자율안전확인대상 기계·기구와 방호장치 | |
|---|---|
| 기계·기구 | 연삭기 또는 연마기(휴대형 제외), 산업용 로봇, 혼합기, 파쇄기 또는 분쇄기, 식품가공용 기계, 컨베이어, 자동차정비용 리프트, 공작기계(선반, 드릴, 평삭·형삭기, 밀링), 고정형 목재가공용 기계(둥근톱, 대패, 루타기, 띠톱, 모떼기 기계), 인쇄기 |
| 방호장치 | 아세틸렌 용접장치용 또는 가스집합용접장치용 안전기, 교류 아크용접기용 자동전격방지기, 롤러기 급정지장치, 연삭기 덮개, 목재가공용 둥근톱 반발예방장치와 날 접촉예방장치, 동력식 수동대패용 칼날 접촉방지장치, 추락·낙하 및 붕괴 등의 위험방지 및 보호에 필요한 가설기자재 |
| 보호구 | 안전모(안전인증대상 제외), 보안경(안전인증대상 제외), 보안면(안전인증대상 제외) |

**189** 자율안전확인대상 방호장치의 종류를 4가지 쓰시오.(4점) [산기1103/산기1201/산기1303/산기1603/산기1702/산기2001]

① 아세틸렌 용접장치용 또는 가스집합 용접장치용 안전기
② 교류 아크용접기용 자동전격방지기
③ 롤러기 급정지장치
④ 연삭기 덮개
⑤ 목재 가공용 둥근톱 반발 예방장치와 날 접촉 예방장치
⑥ 동력식 수동대패용 칼날 접촉 방지장치
⑦ 추락·낙하 및 붕괴 등의 위험 방지 및 보호에 필요한 가설기자재 중 고용노동부장관이 정한 것

▲ 해당 답안 중 4가지 선택 기재

**190** 교류아크용접기에 필요한 방호장치를 쓰시오.(4점)             [산기1901]

• 자동전격방지기

**191** 목재가공용 둥근톱기계에 부착하여야 하는 방호장치 2가지를 쓰시오.(4점) [산기1001/산기1803]

① 반발예방장치
② 톱날 접촉예방장치

**192** 산업안전보건법상 안전인증대상 기계·기구 등이 안전기준에 적합한지를 확인하기 위하여 안전인증기관이 심사하는 심사의 종류 3가지와 심사기간을 쓰시오.(단, 국내에서 제조된 것으로 제품 심사에 대한 내용은 제외한다)(3점) [산기1202/산기1803/산기2303]

① 예비심사 : 7일
② 서면심사 : 15일
③ 기술능력 및 생산체계 심사 : 30일

**193** 압력용기 안전검사의 주기에 관한 내용이다. 검사주기를 쓰시오.(6점) [산기1401/기사1703/산기1902/산기2302]

① 사업장에 설치가 끝난 날부터 ( ① )년 이내에 최초 안전검사를 실시한다.
② 그 이후부터 ( ② )년마다 안전검사를 실시한다.
③ 공정안전보고서를 제출하여 확인을 받은 압력용기는 ( ③ )년마다 안전검사를 실시한다.

① 3                    ② 2                    ③ 4

**194** 구축물 또는 이와 유사한 시설물에 대하여 안전진단 등 안전성 평가를 실시하여 근로자에게 미칠 위험성을 미리 제거 하여야하는 경우 2가지를 쓰시오.(단, 그 밖의 잠재위험이 예상될 경우 제외)(4점) [산기1303/산기1602]

① 구축물등의 인근에서 굴착·항타작업 등으로 침하·균열 등이 발생하여 붕괴의 위험이 예상될 경우
② 구축물등에 지진, 동해(凍害), 부동침하(不同沈下) 등으로 균열·비틀림 등이 발생했을 경우
③ 구축물등이 그 자체의 무게·적설·풍압 또는 그 밖에 부가되는 하중 등으로 붕괴 등의 위험이 있을 경우
④ 화재 등으로 구축물등의 내력(耐力)이 심하게 저하됐을 경우
⑤ 오랜 기간 사용하지 않던 구축물등을 재사용하게 되어 안전성을 검토해야 하는 경우
⑥ 구축물등의 주요구조부에 대한 설계 및 시공 방법의 전부 또는 일부를 변경하는 경우

▲ 해당 답안 중 2가지 선택 기재

**195** 기계 및 재료에 대한 검사방법 중 제품의 파괴없이 외부에서 검사하는 방법을 비파괴검사라고 한다. 이에 해당하는 구체적인 검사방법을 4가지만 쓰시오.(4점)  [산기0702/산기1903]

① 음향탐상검사          ② 초음파탐상검사
③ 자분탐상시험          ④ 와류탐상시험
⑤ 방사선투과검사          ⑥ 침투탐상검사
⑦ 누설검사          ⑧ 육안검사
⑨ 적외선탐상검사

▲ 해당 답안 중 4가지 선택 기재

**196** 전기화재의 분류와 적응 소화기 3가지를 쓰시오.(6점)  [산기1201/산기1901]

가) 분류 : C급 화재
나) 소화기 : ① 분말소화기          ② 이산화탄소소화기
            ③ 할론소화기          ④ 무상수 소화기

▲ 나)의 답안 중 3가지 선택 기재

**197** 연소의 종류 중 고체의 연소 형태 4가지를 쓰시오.(4점)  [산기0702/산기1001/산기1103/산기2004]

① 표면연소
② 분해연소
③ 자기연소
④ 증발연소

**198** 가스폭발 위험장소 또는 분진폭발 위험장소에 설치되는 건축물 등에 대해서 해당하는 부분을 내화구조로 하여야 하며, 그 성능이 항상 유지될 수 있도록 점검·보수 등 적절한 조치를 하여야 한다. 해당하는 부분을 2가지 쓰시오.(4점)  [산기1502/기사1703/기사2002]

① 건축물의 기둥 및 보: 지상 1층(지상 1층의 높이가 6미터를 초과하는 경우에는 6미터)까지
② 배관·전선관 등의 지지대: 지상으로부터 1단(1단의 높이가 6미터를 초과하는 경우에는 6미터)까지
③ 위험물 저장·취급 용기의 지지대(높이가 30센티미터 이하 제외) : 지상으로부터 지지대의 끝부분까지

▲ 해당 답안 중 2가지 선택 기재

**199** 산업안전보건법상 사업주가 가스장치실의 설치기준 3가지를 쓰시오.(6점) [산기|2101]

① 가스가 누출된 경우에는 그 가스가 정체되지 않도록 할 것
② 지붕과 천장에는 가벼운 불연성 재료를 사용할 것
③ 벽에는 불연성 재료를 사용할 것

**200** 폭굉현상에서 점화에너지가 클수록 그 유도거리가 짧아지는 조건 3가지를 쓰시오.(3점) [산기|1203]

① 압력이 높을수록
② 관경이 가늘수록
③ 정상연소 속도가 빠른 혼합가스일수록
④ 관 속에 방해물이 있을 때
⑤ 점화원의 에너지가 강할수록

▲ 해당 답안 중 3가지 선택 기재

**201** 이황화탄소의 폭발상한계가 44.0vol%, 하한계가 1.2vol%라면 이 물질의 위험도를 계산하시오.(4점)

[산기|1403/산기|2003]

• 위험도 $= \dfrac{U-L}{L} = \dfrac{44-1.2}{1.2} = 35.666 = 35.67$이다.

---

✔ **가스의 위험도**
• $H = \dfrac{(U-L)}{L}$ 으로 구한다. 이때, H : 위험도, U : 폭발상한계, L : 폭발하한계이다.

✔ **혼합가스의 폭발한계**
• 혼합가스의 폭발한계는 혼합가스를 구성하는 각 가스의 폭발한계당 mol분율 합의 역수로 구한다.
• 혼합가스의 폭발한계 $= \dfrac{1}{\sum\limits_{i=1}^{n} \dfrac{\text{mol분율}}{\text{폭발한계}}}$ 혹은 [vol%]를 구할 때 $= \dfrac{100}{\sum\limits_{i=1}^{n} \dfrac{\text{mol분율}}{\text{폭발한계}}}$ [vol%]로 구한다.

**202** 프로판80%, 부탄15%, 메탄5%로 된 혼합가스의 폭발하한의 값을 계산하시오.(단, 프로판, 부탄, 메탄의 폭발하한계 값은 각각 5, 3, 2.1vol%이다.)(5점)

[산기1303]

- 몰분율은 각 혼합가스의 비율이 제시되어 있으므로 그대로 사용한다.
- $L = \dfrac{100}{\dfrac{V_1}{L_1} + \dfrac{V_2}{L_2} + \dfrac{V_3}{L_3}} = \dfrac{100}{\dfrac{80}{5} + \dfrac{15}{3} + \dfrac{5}{2.1}} = 4.276 = 4.2$

**203** 수소 28%, 메탄 45%, 에탄 27%일 때, 이 혼합 기체의 공기 중 폭발 상한계의 값과 메탄의 위험도를 계산하시오.(4점)

[산기0603/산기1601]

| | 폭발하한계 | 폭발상한계 |
|---|---|---|
| 수소 | 4.0[vol%] | 75[vol%] |
| 메탄 | 5.0[vol%] | 15[vol%] |
| 에탄 | 3.0[vol%] | 12.4[vol%] |

① 상한계값 $U = \dfrac{100}{\dfrac{U_1}{L_1} + \dfrac{U_2}{L_2} + \dfrac{U_3}{L_3}} = \dfrac{100}{\dfrac{28}{75} + \dfrac{45}{15} + \dfrac{27}{12.4}} = 18.015 = 18.02[vol\%]$

② 위험도 $= \dfrac{U-L}{L} = \dfrac{15-5}{5} = 2$

**204** 25℃, 1기압에서 일산화탄소(CO)의 허용농도가 10ppm일 때 이를 $mg/m^3$ 단위로 환산하면 얼마인가?(단, 원자량은 C : 12, O : 16이다)(5점)

[산기1902]

- 일산화탄소의 분자량은 12+16=28g이다.
- 10ppm이므로 이는 $28 \times 10^{-5}$g이고 이는 $28 \times 10^{-2}$mg이다.
- PV=nRT에서 변수에 해당하는 부피과 온도를 묶어내면 V/T = nR/P = 일정해야 하므로 대입하면

    $\dfrac{22.4}{(0+273)} = \dfrac{V}{(25+273)}$ 가 되어야 한다. 즉, $V = \dfrac{22.4 \times 298}{273} = 24.4512 \cdots [L]$가 된다.

- 즉, 일산화탄소 허용농도가 10ppm이라는 것은 $\dfrac{28 \times 10^{-2}}{24.4512}$[mg/L]라는 의미인데 구하고자 하는 바는 $[mg/m^3]$

    이므로 1,000[L]가 $1m^3$을 적용하면 $\dfrac{280}{24.4512} = 11.45[mg/m^3]$가 된다.

**205** 정전용량이 12[pF]인 도체가 프로판가스 상에 존재할 때 폭발사고가 발생할 수 있는 최소 대전전위를 구하시오.(단, 프로판가스의 최소발화에너지는 0.25[mJ])(6점)  [산기0803/산기1701]

- 발화에너지의 양(E)은 $\frac{1}{2}CV^2$ 으로 구한다. 이 식을 대전전위(전압)를 기준으로 정리하면 $V = \sqrt{\frac{2E}{C}}$ 가 된다.

- 주어진 값을 대입하면  $V = \sqrt{\frac{2 \times 0.25 \times 10^{-3}}{12 \times 10^{-12}}}$ = 6454.972 = 6454.97[V]가 된다.

**206** 분진폭발과정을 순서대로 나열하시오.(4점)  [산기0901/산기1503]

> ① 입자표면 열분해 및 기체발생      ② 주위의 공기와 혼합
> ③ 입자표면 온도 상승      ④ 폭발열에 의하여 주위 입자 온도상승 및 열분해
> ⑤ 점화원에 의한 폭발

- ③ → ① → ② → ⑤ → ④

**207** 분진이 발화폭발하기 위한 조건 4가지를 쓰시오.(4점)  [산기0802/산기1102/산기1603]

① 분진이 가연성일 것
② 분진의 상태가 화염을 전파할 수 있는 크기의 분포를 갖고 농도가 폭발범위 이내일 것
③ 충분한 산소가 연소를 지원하고, 가연성 가스 중에서 교반과 유동이 일어날 것
④ 충분한 에너지의 발화원이 존재할 것

**208** 다음 각 물음에 적응성이 있는 소화기를 보기에서 골라 쓰시오.(6점)  [산기1301]

> [보기]
> ① 포소화기      ② 이산화탄소소화기      ③ 봉상수소화기
> ④ 봉상강화액소화기      ⑤ 할로겐화합물소화기      ⑥ 분말소화기

> 가) 전기화재(3가지)      나) 인화성 액체(4가지)      다) 자기반응성 물질(3가지)

가) 전기화재(3가지) : ② ⑤ ⑥
나) 인화성 액체(4가지)　 : ① ② ⑤ ⑥
다) 자기반응성 물질(3가지) : ① ③ ④

**209** 산업안전보건기준에 관한 규칙에서 정의한 각 위험에 맞는 보호구를 쓰시오.(7점)　　　[산기1801]

> ① 물체가 떨어지거나 날아올 위험 또는 근로자가 추락할 위험이 있는 작업
> ② 높이 또는 깊이 2미터 이상의 추락할 위험이 있는 장소에서 하는 작업
> ③ 물체의 낙하·충격, 물체에의 끼임, 감전 또는 정전기의 대전(帶電)에 의한 위험이 있는 작업
> ④ 물체가 흩날릴 위험이 있는 작업
> ⑤ 용접 시 불꽃이나 물체가 흩날릴 위험이 있는 작업
> ⑥ 감전의 위험이 있는 작업
> ⑦ 고열에 의한 화상 등의 위험이 있는 작업

① 안전모　　　　　　　　　② 안전대
③ 안전화　　　　　　　　　④ 보안경
⑤ 보안면　　　　　　　　　⑥ 절연용보호구
⑦ 방열복

**210** 다음은 차광보안경에 관한 내용이다. 빈칸을 채우시오.(3점)　　　[산기1303/산기1701]

> 가) ( ① ) : 착용자의 시야를 확보하는 보안경의 일부로서 렌즈 및 플레이트 등을 말한다.
> 나) ( ② ) : 필터와 플레이트의 유해광선을 차단할 수 있는 능력을 말한다.
> 다) ( ③ ) : 필터 입사에 대한 투과 광속의 비를 말한다.

① 접안경
② 차광도 번호
③ 시감투과율

**211** 보호구 안전인증고시에서 정의한 다음 설명에 해당하는 용어를 쓰시오.(4점)　　　[산기0902/산기1403]

> ① 유기화합물 보호복에 있어 화학물질이 보호복의 재료의 외부표면에 접촉된 후 내부로 확산하여 내부 표면으로부터 탈착되는 현상
> ② 방독마스크에 있어 대응하는 가스에 대하여 정화통 내부의 흡착제가 포화상태가 되어 흡착 능력을 상실한 상태

① 투과　　　　　　　　　　② 파과

**212** 방진마스크에 관한 사항이다. 다음 물음에 답하시오.(5점)  [산기0903/산기1602]

> ① 석면취급 장소에서 착용 가능한 방진마스크의 등급은?
> ② 금속 흄 등과 같이 열적으로 생기는 분진 등 발생장소에서 착용 가능한 방진 마스크의 등급은?
> ③ 베릴륨 등과 같이 독성이 강한 물질을 함유한 장소에서 착용 가능한 방진 마스크의 등급은?
> ④ 산소농도 (     )% 미만인 장소에서는 방진마스크 착용을 금지한다.
> ⑤ 안면부 내부의 이산화탄소 농도가 부피분율 (     )% 이하여야 한다.

① 특급  ② 1급  ③ 특급
④ 18  ⑤ 1

**213** 다음은 방진마스크를 표시한 것이다. 각각의 명칭을 쓰시오.(4점)  [산기2203]

① ② ③ ④

① 직결식 전면형  ② 격리식 반면형
③ 직결식 반면형  ④ 안면부여과식

**214** 분리식, 안면부 여과식 방진마스크의 시험성능기준에 있는 각 등급별 여과제 분진등 포집 효율기준을 [표]의 빈칸에 쓰시오.(4점)  [산기1401]

| 형태 및 등급 | | 염화나트륨(NaCl) 및 파라핀 오일(Paraffin oil) 시험(%) |
|---|---|---|
| 분리식 | 특급 | ( ① ) 이상 |
| | 2급 | ( ② ) 이상 |
| 안면부 여과식 | 특급 | ( ③ ) 이상 |
| | 2급 | ( ④ ) 이상 |

① 99.95  ② 80
③ 99  ④ 80

✔ 방독마스크의 등급

| 특급 | 1급 | 2급 |
|---|---|---|
| • 베릴륨 등과 같이 독성이 강한 물질들을 함유한 분진 등 발생장소<br>• 석면 취급장소 | • 특급마스크 착용장소를 제외한 분진 등 발생장소<br>• 금속흄 등과 같이 열적으로 생기는 분진 등 발생장소<br>• 기계적으로 생기는 분진 등 발생장소 | 특급 및 1급 마스크 착용장소를 제외한 분진 등 발생장소 |
| • 배기밸브가 없는 안면부 여과식 마스크는 특급 및 1급 장소에서 사용해서는 안 된다.<br>• 산소농도 18% 미만인 장소에서는 방진마스크 착용을 금지한다.<br>• 안면부 내부의 이산화탄소 농도가 부피분율 1% 이하여야 한다. | | |

**215** 산업안전보건법상 안전인증 방독마스크에 안전인증의 표시 외에 추가로 표시해야 하는 내용을 3가지 쓰시오.(3점)    [산기1201/산기2303]

① 파과곡선도

② 사용시간 기록카드

③ 정화통의 외부측면의 표시 색

④ 사용상의 주의사항

▲ 해당 답안 중 3가지 선택 기재

**216** 안전모의 3가지 종류를 쓰고 설명하시오.(6점)    [산기1101/산기1601]

| 종류 | 사용구분 |
|---|---|
| AB | 물체의 낙하, 비래, 추락에 의한 위험을 방지 또는 경감 |
| AE | 물체의 낙하, 비래에 의한 위험을 방지 또는 경감하고 머리부위 감전에 의한 위험을 방지 |
| ABE | 물체의 낙하, 비래, 추락에 의한 위험을 방지 또는 경감하고 머리부위 감전에 의한 위험을 방지 |

✔ 안전인증대상 안전모의 종류와 구분

| 종류 | 사용 구분 | 비고 |
|---|---|---|
| AB | 물체의 낙하 또는 비래 및 추락에 의한 위험을 방지 또는 경감시키기 위한 것 | |
| AE | 물체의 낙하 또는 비래에 의한 위험을 방지 또는 경감하고, 머리부위 감전에 의한 위험을 방지하기 위한 것 | • 내전압성(7,000V 이하의<br>전압에 견디는 성질)<br>• 내수성(질량증가율 1% 미만) |
| ABE | 물체의 낙하 또는 비래 및 추락에 의한 위험을 방지 또는 경감하고, 머리부위 감전에 의한 위험을 방지하기 위한 것 | |

**217** 다음은 안전모의 시험성능기준에 대한 설명이다. (  ) 안을 채우시오.(4점)　　　　[산기|2102]

| 항 목 | 시 험 성 능 기 준 |
|---|---|
| 내관통성 | AE, ABE종 안전모는 관통거리가 ( ① )mm 이하이고, AB종 안전모는 관통거리가 ( ② )mm 이하이어야 한다. |
| 충격흡수성 | 최고전달충격력이 ( ③ )N을 초과해서는 안되며, 모체와 착장체의 기능이 상실되지 않아야 한다. |
| 내전압성 | AE, ABE종 안전모는 교류 20kV 에서 1분간 절연파괴 없이 견뎌야 하고, 이때 누설되는 충전전류는 ( ④ )mA 이하이어야 한다. |

① 9.5　　　　　　② 11.1　　　　　　③ 4,450　　　　　　④ 10

**218** 추락, 낙하, 비래, 감전 등의 위험으로부터 근로자를 보호하는 안전모의 성능시험 항목을 5가지 쓰시오.(5점)　　　　[산기|2301]

① 내관통성　　　　　　② 충격흡수성
③ 내전압성　　　　　　④ 내수성
⑤ 난연성　　　　　　⑥ 턱끈풀림

▲ 해당 답안 중 5가지 선택 기재

**219** 그림에 해당하는 안전화 완성품의 성능시험을 2가지 쓰시오.(4점)　　　　[산기|2004/산기|2101]

① 내압박성
② 내충격성
③ 몸통과 겉창의 박리저항
④ 내답발성

▲ 해당 답안 중 2가지 선택 기재

**220** 산업안전보건법상 안전·보건표지 색도기준에 대해서 빈칸을 넣으시오.(5점)  [산기0701/기사1602/산기2001]

| 색채 | 색도 | 용도 | 사용례 |
|---|---|---|---|
| 빨간색 | ( ① ) | 금지 | 정지, 소화설비, 유해행위 금지 |
| | | 경고 | 화학물질 취급장소에서의 유해 및 위험 경고 |
| ( ② ) | 5Y 8.5/12 | 경고 | 화학물질 취급장소에서의 유해·위험경고 이외의 위험경고, 주의표지 또는 기계방호물 |
| 파란색 | 2.5PB 4/10 | ( ③ ) | 특정 행위의 지시 및 사실의 고지 |
| 녹색 | 2.5G 4/10 | ( ④ ) | 비상구 및 피난소, 사람 또는 차량의 통행표지 |
| ( ⑤ ) | N9.5 | | 파란색 또는 녹색에 대한 보조색 |
| 검정색 | N0.5 | | 문자 및 빨간색 또는 노란색에 대한 보조색 |

① 7.5R 4/14
③ 지시
⑤ 흰색
② 노란색
④ 안내

**221** 출입금지표지를 그리고, 표지판의 색과 문자의 색을 적으시오.(3점)  [기사0702/기사1402/산기1803/기사2001]

① 바탕 : 흰색
② 도형 : 빨간색
③ 화살표 : 검정색

**222** 다음에 설명하는 금지표지판 명칭을 쓰시오.(4점)  [산기1503/산기1802/산기2201]

① 사람이 걸어 다녀서는 안 되는 장소
② 엘리베이터 등에 타는 것이나 어떤 장소에 올라가는 것을 금지
③ 수리 또는 고장 등으로 만지거나 작동시키는 것을 금지해야 할 기계·기구 및 설비
④ 정리 정돈 상태의 물체나 움직여서는 안 될 물체를 보존하기 위하여 필요한 장소

① 보행금지
② 탑승금지
③ 사용금지
④ 물체이동금지

**223** 휘발유 저장탱크 안전표지에 관한 기호 및 색을 쓰시오.(4점) [산기|0703/산기|1502]

| ① 산업안전법령 표지종류 | ② 모양 |
| ③ 바탕색 | ④ 그림색 |

| ① 표지종류 : 경고표지 |
| ② 모　양 : 마름모 |
| ③ 바 탕 색 : 무색 |
| ④ 그 림 색 : 검정색 |

**224** 경고표지 중 무색바탕에 그림색은 검정색 또는 빨간색에 해당하는 표지 5개를 쓰시오.(5점) [산기|1703]

① 인화성물질경고　　　　　② 부식성물질경고
③ 급성독성물질경고　　　　④ 산화성물질경고
⑤ 폭발성물질경고

**225** 위험장소경고 표지를 그리고 표지판의 색과 모형의 색을 적으시오.(4점) [산기|1801]

① 바탕 : 노란색
② 도형 및 테두리 : 검은색

**226** 안전표지판의 명칭을 쓰시오.(5점) [산기|2002]

| ① | ② | ③ |
|---|---|---|

① 금연　　　　　　　② 산화성물질경고　　　　③ 고온 경고

## 227 안전표지판 명칭을 쓰시오.(5점)

[산기1402]

| ① | ② | ③ | ④ | ⑤ |
|---|---|---|---|---|

① 사용금지　　　　　　② 인화성물질경고　　　　③ 방사성물질경고
④ 낙하물경고　　　　　⑤ 들것

## 228 안전표지판 명칭을 쓰시오.(4점)

[산기1203/산기1603/산기2003]

| ① | ② | ③ | ④ |
|---|---|---|---|

① 낙하물경고　　　　　　② 폭발성물질경고
③ 보안면착용　　　　　　④ 세안장치

## 229 "관계자 외 출입금지" 표지 종류 3가지를 쓰시오.(6점)

[기사1103/산기1302/기사1603/산기1903]

① 허가대상유해물질 취급　　　② 석면취급 및 해체 · 제거
③ 금지유해물질 취급

## 230 강풍에 대한 주행 크레인, 양중기, 승강기의 안전기준이다. 다음 (　)에 답을 쓰시오.(6점)

[산기0701/산기1301/산기1703]

① 폭풍에 의한 주행 크레인의 이탈방지 조치 : 풍속 (　)m/s 초과
② 폭풍에 의한 건설작업용 리프트에 대하여 받침의 수를 증가시키는 등 그 붕괴 등을 방지하기 위한 조치 :
　풍속 (　)m/s 초과
③ 폭풍에 의한 옥외용 승강기의 받침의 수 증가 등 무너짐 방지 조치 : 풍속 (　)m/s 초과

① 30　　　　　　　　② 35　　　　　　　　③ 35

| ✔ 강풍에 대한 조치 | |
|---|---|
| 순간풍속이 초당 35 미터 초과 | • 건설용 리프트에 대하여 받침의 수를 증가시키는 등의 조치를 하여야 한다.<br>• 옥외에 설치된 승강기에 대하여 받침의 수를 증가시키는 등의 조치를 하여야 한다. |
| 순간풍속이 초당 30 미터 초과 | • 옥외에 설치된 주행 크레인에 대하여 이탈방지장치를 작동시키는 등 이탈 방지를 위한 조치를 하여야 한다.<br>• 옥외에 설치된 양중기를 사용하여 작업을 하는 경우 미리 기계 각 부위에 이상이 있는지를 점검하여야 한다. |
| 순간풍속이 초당 15 미터 초과 | 타워크레인의 운전작업을 중지 |
| 순간풍속이 초당 10 미터 초과 | 타워크레인의 설치·수리·점검 또는 해체작업을 중지 |

**231** 안전보건법상 사업주가 실시해야 하는 건강진단의 종류 5가지를 쓰시오.(5점)  [산기1103/산기1503]

① 일반건강진단  ② 특수건강진단
③ 배치전건강진단  ④ 수시건강진단
⑤ 임시건강진단

**232** 누적외상성질환(CTD) 3가지를 쓰시오.(3점)  [산기1201/산기1701]

① 반복적인 동작
② 부적절한 작업자세
③ 무리한 힘의 사용
④ 날카로운 면과의 신체접촉
⑤ 진동 및 온도 등

▲ 해당 답안 중 3가지 선택 기재

**233** 산업안전보건법상 실시하는 특수건강진단의 시기를 쓰시오.(6점)  [산기1301/산기1701]

| ① 벤젠 | ② 소음 | ③ 석면 |
|---|---|---|
| ① 2개월 이내 | ② 12개월 이내 | ③ 12개월 이내 |

**234** 공기압축기 사용 시 작업 시작 전 점검사항을 3가지 쓰시오.(6점)

[산기0602/산기1003/기사1602/산기1703/산기1801/산기1803/기사1902/산기2202]

① 공기저장 압력용기의 외관 상태
② 회전부의 덮개 또는 울
③ 압력방출장치의 기능
④ 윤활유의 상태
⑤ 드레인밸브(drain valve)의 조작 및 배수
⑥ 언로드밸브(unloading valve)의 기능

▲ 해당 답안 중 3가지 선택 기재

**235** 터널공사 등의 건설작업을 할 때 인화성 가스가 존재하여 폭발이나 화재가 발생할 위험이 있는 경우에는 인화성 가스 농도의 이상 상승을 조기에 파악하기 위하여 그 장소에 자동경보장치를 설치하여야 한다. 설치된 자동경보장치에 대하여 당일의 작업 시작 전에 점검할 사항 3가지를 쓰시오.(6점) [산기2203]

① 계기의 이상 유무
② 검지부의 이상 유무
③ 경보장치의 작동상태

**236** 터널굴착 작업에 있어 근로자 위험방지를 위한 작업계획서에 포함하여야 하는 사항 3가지를 쓰시오.(3점)

[산기1302]

① 굴착의 방법
② 터널지보공 및 복공의 시공방법과 용수의 처리방법
③ 환기 또는 조명시설을 설치할 때에는 그 방법

**237** 차량계 건설기계를 사용하는 작업을 하는 경우에는 작업계획서를 작성하고 그 계획에 따라 작업을 하도록 하여야 한다. 작업계획에 포함되어야 할 내용을 3가지 쓰시오.(3점) [산기1803/산기2001]

① 사용하는 차량계 건설기계의 종류 및 성능
② 차량계 건설기계의 운행경로
③ 차량계 건설기계에 의한 작업방법

**238** 교량작업을 하는 경우 작업계획서 포함사항 4가지를 쓰시오.(단, 그 밖에 안전·보건관리에 필요한 사항 제외)(4점) [산기1303/산기2201]

① 작업 방법 및 순서
② 부재(部材)의 낙하·전도 또는 붕괴를 방지하기 위한 방법
③ 작업에 종사하는 근로자의 추락 위험을 방지하기 위한 안전조치 방법
④ 공사에 사용되는 가설 철구조물 등의 설치·사용·해체 시 안전성 검토 방법
⑤ 사용하는 기계 등의 종류 및 성능, 작업방법
⑥ 작업지휘자 배치계획

▲ 해당 답안 중 4가지 선택 기재

**239** 폭풍, 폭우 및 폭설 등의 악천후로 인하여 작업을 중지시킨 후 또는 비계를 조립·해체하거나 변경한 후 작업재개 시 작업 시작 전 점검하고, 이상이 발견되면 즉각 보수하여야 하는 항목을 구체적으로 3가지를 쓰시오.(6점) [기사0502/기사1003/기사1201/기사1203/기사1302/기사1303/산기1402/산기1602/산기1801/기사2001/산기2004/산기2303]

① 발판 재료의 손상여부 및 부착 또는 걸림 상태
② 해당 비계의 연결부 또는 접속부의 풀림 상태
③ 연결재료 및 연결철물의 손상 또는 부식 상태
④ 손잡이의 탈락 여부
⑤ 기둥의 침하, 변형, 변위(變位) 또는 흔들림 상태
⑥ 로프의 부착 상태 및 매단 장치의 흔들림 상태

▲ 해당 답안 중 3가지 선택 기재

**240** 크레인을 사용하여 작업할 때 작업 시작 전 점검사항을 3가지 쓰시오.(6점) [기사1501/기사1802/산기1901]

① 권과방지장치·브레이크·클러치 및 운전장치의 기능
② 주행로의 상측 및 트롤리(Trolley)가 횡행하는 레일의 상태
③ 와이어로프가 통하고 있는 곳의 상태

**241** 이동식크레인을 이용한 작업을 시작하기 전에 점검해야 할 사항 3가지를 쓰시오.(3점) [기사0803/기사1603/산기1702]

① 권과방지장치나 그 밖의 경보장치의 기능
② 브레이크·클러치 및 조정장치의 기능
③ 와이어로프가 통하고 있는 곳 및 작업 장소의 지반상태

**242** 로봇의 작동범위 내에서 그 로봇에 관하여 교시 등의 작업을 하는 때 작업 시작 전 점검사항 3가지를 쓰시오.(6점)
[산기1101/산기1903/산기2103]

① 외부 전선의 피복 또는 외장의 손상 유무
② 매니퓰레이터(Manipulator) 작동의 이상 유무
③ 제동장치 및 비상정지장치의 기능

**243** 지게차, 구내운반차의 사용 전 점검사항 4가지를 쓰시오.(4점)　　[산기1001/산기1502/산기1702/기사1702/산기1802]

① 제동장치 및 조종장치 기능의 이상 유무
② 하역장치 및 유압장치 기능의 이상 유무
③ 바퀴의 이상 유무
④ 전조등·후미등·방향지시기 및 경음기 기능의 이상 유무

**244** 유해하거나 위험한 설비를 취급하여 공정안전보고서를 제출해야 하는 사업의 종류를 4가지 쓰시오.(4점)
[산기1303/산기2001/산기2301]

① 원유 정제처리업
② 기타 석유정제물 재처리업
③ 석유화학계 기초화학물질 제조업 또는 합성수지 및 기타 플라스틱물질 제조업
④ 질소 화합물, 질소·인산 및 칼리질 화학비료 제조업 중 질소질 비료 제조
⑤ 복합비료 및 기타 화학비료 제조업 중 복합비료 제조(단순혼합 또는 배합은 제외)
⑥ 화학 살균·살충제 및 농업용 약제 제조업[농약 원제(原劑) 제조만 해당]
⑦ 화약 및 불꽃제품 제조업

▲ 해당 답안 중 4가지 선택 기재

**245** 공정안전보고서에 포함되어야 할 사항을 4가지 쓰시오.(4점)

[산기0803/산기0903/기사1001/기사1403/산기1501/기사1602/기사1703/산기1703/산기2103]

① 공정안전자료
② 공정위험성 평가서
③ 안전운전계획
④ 비상조치계획

**246** 공정흐름도에 표시해야 할 사항 3가지를 쓰시오.(6점)  [산기1203/산기1903]

① 물질 및 열수지
② 모든 주요 공정의 유체흐름
③ 공정을 이해할 수 있는 제어계통과 주요 밸브
④ 주요장치 및 회전기기의 명칭과 주요 명세
⑤ 모든 원료 및 공급유체와 중간제품의 압력과 온도
⑥ 주요장치 및 회전기기의 유체 입·출구 표시

▲ 해당 답안 중 3가지 선택 기재

**247** 대상화학물질을 양도하거나 제공하는 자는 물질안전보건자료의 기재내용을 변경할 필요가 생긴 때에는 이를 물질안전보건자료에 반영하여 대상 화학물질을 양도받거나 제공받은 자에게 신속하게 제공하여야 한다. 제공하여야 하는 내용을 3가지 쓰시오.(단, 그 밖에 고용노동부령으로 정하는 사항은 제외)(4점)  [기사1402/산기1801]

① 제품명(구성성분의 명칭 및 함유량의 변경이 없는 경우로 한정한다)
② 물질안전보건자료대상물질을 구성하는 화학물질의 명칭 및 함유량(제품명의 변경 없이 구성성분의 명칭 및 함유량만 변경된 경우로 한정한다)
③ 건강 및 환경에 대한 유해성 및 물리적 위험성

**248** 물질안전보건자료 작성 시 포함되어야 할 항목 16가지 중 5가지를 쓰시오.(단, 그 밖의 참고사항은 제외한다)(5점)  [기사0701/산기0902/기사1101/기사1602/산기2001]

① 유해성·위험성
② 응급조치 요령
③ 폭발·화재 시 대처방법
④ 누출사고 시 대처방법
⑤ 노출방지 및 개인보호구
⑥ 안정성 및 반응성
⑦ 독성에 관한 정보
⑧ 환경에 미치는 영향
⑨ 운송에 필요한 정보
⑩ 법적규제 현황
⑪ 화학제품과 회사에 관한 정보
⑫ 구성성분의 명칭과 함유량
⑬ 취급 및 저장 방법
⑭ 물리화학적 특성
⑮ 폐기 시 주의사항

▲ 해당 답안 중 5가지 선택 기재

**249** 화학물질을 취급하는 작업장에서 취급하는 대상 화학물질의 물질안전보건자료를 근로자에게 교육해야 한다. 이때의 교육내용 4가지를 쓰시오.(4점) [산기1701/산기1702]

① 대상 화학물질의 명칭(또는 제품명)
② 물리적 위험성 및 건강 유해성
③ 취급상의 주의사항
④ 적절한 보호구
⑤ 응급조치 요령 및 사고 시 대처방법
⑥ 물질안전보건자료 및 경고표지를 이해하는 방법

▲ 해당 답안 중 4가지 선택 기재

**250** 산업안전보건법상 건설업 중 유해·위험방지계획서의 제출사업 4가지를 쓰시오.(4점) [산기1002/산기1603/기사1701]

① 터널의 건설 등 공사
② 최대 지간(支間)길이가 50미터 이상인 다리의 건설등 공사
③ 깊이 10미터 이상인 굴착공사
④ 연면적 5천제곱미터 이상인 냉동·냉장 창고시설의 설비공사 및 단열공사
⑤ 다목적댐, 발전용댐, 저수용량 2천만톤 이상의 용수 전용 댐 및 지방상수도 전용 댐의 건설등 공사
⑥ 지상높이가 31미터 이상인 건축물 또는 인공구조물의 건설등 공사
⑦ 연면적 3만제곱미터 이상인 건축물의 건설등 공사

▲ 해당 답안 중 4가지 선택 기재

**251** 산업안전보건법상 설치·이전하거나 그 주요 구조부분을 변경하려는 경우 유해위험방지계획서 작성 대상이 되는 기계·기구 및 설비 5가지를 쓰시오.(5점) [기사2301/산기2303]

① 금속이나 그 밖의 광물의 용해로
② 화학설비
③ 건조설비
④ 가스집합 용접장치
⑤ 근로자의 건강에 상당한 장해를 일으킬 우려가 있는 물질로서 고용노동부령으로 정하는 물질의 밀폐·환기·배기를 위한 설비

**252** 관리대상 유해물질을 제조하거나 사용하는 작업장에 게시하여야 하는 사항을 4가지 쓰시오.(4점)

[산기1901]

① 관리대상 유해물질의 명칭　　　　② 인체에 미치는 영향
③ 취급상의 주의사항　　　　　　　④ 착용하여야 할 보호구
⑤ 응급조치와 긴급 방재 요령

▲ 해당 답안 중 4가지 선택 기재

**253** 화학설비 안전거리를 쓰시오.(4점)　　　　　　　　　[산기1202/산기1701/산기2301]

① 사무실·연구실·실험실·정비실 또는 식당으로부터 단위공정시설 및 설비, 위험물질의 저장탱크, 위험물질
하역설비, 보일러 또는 가열로의 사이
② 위험물질 저장탱크로부터 단위공정 시설 및 설비, 보일러 또는 가열로의 사이

① 20m　　　　　　　　　　　② 20m

**254** 산업안전보건법에 따른 차량계 하역운반기계의 운전자 운전 위치 이탈 시 조치사항 2가지를 쓰시오.(단, 운전석에 잠금장치를 하는 등 운전자가 아닌 사람이 운전하지 못하도록 하는 조치는 제외)(4점)

[기사0601/산기0801/산기1001/산기1403/기사1602/산기2103]

① 포크, 버킷, 디퍼 등의 장치를 가장 낮은 위치 또는 지면에 내려 둘 것
② 원동기를 정지시키고 브레이크를 확실히 거는 등 갑작스러운 주행이나 이탈을 방지하기 위한 조치를 할 것
③ 운전석을 이탈하는 경우에는 시동키를 운전대에서 분리시킬 것

▲ 해당 답안 중 2가지 선택 기재

**255** 지반의 붕괴, 구축물의 붕괴 또는 토석의 낙하 등에 의하여 근로자가 위험해질 우려가 있는 경우 그 위험을 방지하기 위한 조치사항 2가지를 쓰시오.(4점)　　　　[산기1803]

① 지반은 안전한 경사로 하고 낙하의 위험이 있는 토석을 제거하거나 옹벽, 흙막이 지보공 등을 설치할 것
② 지반의 붕괴 또는 토석의 낙하 원인이 되는 빗물이나 지하수 등을 배제할 것
③ 갱내의 낙반·측벽 붕괴의 위험이 있는 경우에는 지보공을 설치하고 부석을 제거하는 등 필요한 조치를 할 것

▲ 해당 답안 중 2가지 선택 기재

**256** 슬레이트, 선라이트(Sunlight) 등 강도가 약한 재료로 덮은 지붕 위에서 작업을 할 때에 발이 빠지는 등 근로자가 위험해질 우려가 있는 경우 사업주가 취해야 할 조치 2가지를 쓰시오.(4점)   [산기2003]

① 폭 30센티미터 이상의 발판을 설치
② 추락방호망을 설치

2024 | 한국산업인력공단 | 국가기술자격

# 고시넷
## 고패스

# 산업안전산업기사 실기
# 필답형 + 작업형
## 기출복원문제 + 유형분석

**필답형 회차별
기출복원문제 31회분
2014~2023년**

[정답표시문제]

gosi*net*
(주)고시넷

**01** 폭풍, 폭우 및 폭설 등의 악천후로 인하여 작업을 중지시킨 후 또는 비계를 조립·해체하거나 변경한 후 작업재개 시 작업 시작 전 점검하고, 이상이 발견되면 즉각 보수하여야 하는 항목을 구체적으로 3가지를 쓰시오.(6점) [기사0502/기사1003/기사1201/기사1203/기사1302/기사1303/산기1402/기사1602/산기1801/기사2001/산기2004/산기2303]

① 발판 재료의 손상여부 및 부착 또는 걸림 상태

② 해당 비계의 연결부 또는 접속부의 풀림 상태

③ 연결재료 및 연결철물의 손상 또는 부식 상태

④ 손잡이의 탈락 여부

⑤ 기둥의 침하, 변형, 변위(變位) 또는 흔들림 상태

⑥ 로프의 부착 상태 및 매단 장치의 흔들림 상태

▲ 해당 답안 중 3가지 선택 기재

**02** FTA에 사용되는 사상기호의 명칭을 쓰시오.(4점) [산기0903/산기1703/산기2303]

| ① | ② | ③ | ④ |
|---|---|---|---|
| | 출력<br>조건<br>입력 | | |

① 생략사상

② 억제게이트

③ 기본사상

④ 통상사상

**03** 정보전달에 있어 청각적 장치보다 시각적 장치를 사용하는 것이 더 좋은 경우를 3가지를 쓰시오.(3점)

[산기1102/산기2004/산기2303]

① 정보의 내용이 복잡하고 길다.

② 직무상 수신자가 한 곳에 머무른다.

③ 정보의 내용이 후에 재 참조된다.

④ 정보가 공간적인 위치를 다룬다.

⑤ 수신장소가 너무 시끄럽다.

⑥ 정보의 내용이 즉각적인 행동을 요구하지 않는다.

▲ 해당 답안 중 3가지 선택 기재

**04** 사업주가 교류아크용접기에 자동전격방지기를 설치해야 하는 장소 3가지를 쓰시오.(5점)

[산기2004/산기2101/산기2203/산기2301/산기2303]

① 선박의 이중 선체 내부, 밸러스트 탱크, 보일러 내부 등 도전체에 둘러싸인 장소
② 추락할 위험이 있는 높이 2미터 이상의 장소로 철골 등 도전성이 높은 물체에 근로자가 접촉할 우려가 있는 장소
③ 근로자가 물·땀 등으로 인하여 도전성이 높은 습윤 상태에서 작업하는 장소

**05** 산업안전보건법상 폭발위험이 있는 장소를 설정하여 관리함에 있어서 폭발위험장소의 구분도를 작성하는
경우 폭발위험장소로 설정 관리해야 하는 장소를 2곳 쓰시오.(4점)   [산기2303]

① 인화성 액체의 증기나 인화성 가스 등을 제조·취급 또는 사용하는 장소
② 인화성 고체를 제조·사용하는 장소

**06** 산업안전보건법에 따라 안지름이 150mm를 초과하는 압력용기에 안전밸브를 설치할 때 반드시 파열판을
설치해야 하는 경우 3가지를 쓰시오.(5점)

[기사1003/산기1702/기사1703/기사2004/산기2102/산기2201/산기2303]

① 반응 폭주 등 급격한 압력 상승 우려가 있는 경우
② 급성독성물질의 누출로 인하여 주위의 작업환경을 오염시킬 우려가 있는 경우
③ 운전 중 안전밸브에 이상 물질이 누적되어 안전밸브가 작동되지 아니할 우려가 있는 경우

**07** 근로자 400명이 일하는 사업장에서 연간 재해건수는 5건(사망 1명, 10급 재해 4명)이 발생했다. 도수율과
강도율을 구하시오(단, 근무시간은 1일 8시간, 근무일수는 연간 300일, 잔업은 1인당 연간 50시간이다)(6점)

[산기2303]

• 잔업은 1인당 50시간이므로 근로자 400명×50 = 20,000시간이다.
• 연간총근로시간은 400명×8시간×300일 = 960,000시간이고, 여기에 잔업시간인 20,000시간을 더해 980,000시
  간이 된다.

① 도수율 = $\dfrac{5}{980,000} \times 1,000,000$ = 5.1020 = 5.10이다.

• 근로손실일수는 사망 1명 7,500일 + 10급 재해 1명당 600일 ×4 = 2,400일이므로 9,900일이다.

② 강도율 = $\dfrac{9,900}{980,000} \times 1,000$ = 10.1020 = 10.10이다.

**08** 적응기제에 관한 설명이다. 빈칸을 채우시오.(4점)  [산기1302/산기1603/산기2303]

| 적응기제 | 설명 |
|---|---|
| ① | 자신의 결함과 무능에 의하여 생긴 열등감이나 긴장을 해소시키기 위하여 장점 같은 것으로 그 결함을 보충하려는 행동 |
| ② | 자기의 실패나 약점을 그럴 듯한 이유를 들어 남에 비난을 받지 않도록 하는 기제 |
| ③ | 억압당한 욕구를 다른 가치 있는 목적을 실현하도록 노력함으로써 욕구를 충족하는 기제 |
| ④ | 자신의 불만이나 불안을 해소시키기 위해서 남에게 뒤집어씌우는 방식의 기제 |

① 보상 ② 합리화
③ 승화 ④ 투사

**09** 산업안전보건법상 설치·이전하거나 그 주요 구조부분을 변경하려는 경우 유해위험방지계획서 작성 대상이 되는 기계·기구 및 설비 5가지를 쓰시오.(5점)  [기사2301/산기2303]

① 금속이나 그 밖의 광물의 용해로
② 화학설비
③ 건조설비
④ 가스집합 용접장치
⑤ 근로자의 건강에 상당한 장해를 일으킬 우려가 있는 물질로서 고용노동부령으로 정하는 물질의 밀폐·환기·배기를 위한 설비

**10** 산업안전보건법상 계단의 구조에 대한 설명이다.(  ) 안을 채우시오.(3점)  [기사1302/기사1603/산기2001/산기2303]

가) 사업주는 계단 및 계단참을 설치하는 경우 매제곱미터당 ( ① )kg 이상의 하중에 견딜 수 있는 강도를 가진 구조로 설치하여야 하며, 안전율은 ( ② ) 이상으로 하여야 한다.
나) 사업주는 계단을 설치하는 경우 그 폭을 1미터 이상으로 하여야 한다.
다) 사업주는 높이가 3미터를 초과하는 계단에 높이 3미터 이내마다 진행방향으로 길이 ( ③ )m 이상의 계단참을 설치하여야 한다.
라) 사업주는 높이 1미터 이상인 계단의 개방된 측면에 안전난간을 설치하여야 한다.

① 500 ② 4 ③ 1.2

**11** 산업안전보건법상 항타기 또는 항발기에 권상용 와이어로프를 사용할 경우 준수해야 할 사항을 쓰시오.(4점)

[산기2303]

> 가) 항타기 또는 항발기의 권상용 와이어로프의 안전계수가 ( ① ) 이상이 아니면 이를 사용해서는 아니 된다.
> 나) 권상용 와이어로프는 추 또는 해머가 최저의 위치에 있을 때 또는 널말뚝을 빼내기 시작할 때를 기준으로 권상장치의 드럼에 적어도 ( ② )회 감기고 남을 수 있는 충분한 길이일 것

① 5                        ② 2

**12** 산업안전보건법상 안전인증 방독마스크에 안전인증의 표시 외에 추가로 표시해야 하는 내용을 3가지 쓰시오.(3점)

[산기1201/산기2303]

① 파과곡선도                     ② 사용시간 기록카드
③ 정화통의 외부측면의 표시 색          ④ 사용상의 주의사항

▲ 해당 답안 중 3가지 선택 기재

**13** 산업안전보건법상 안전인증대상 기계·기구 등이 안전기준에 적합한지를 확인하기 위하여 안전인증기관이 심사하는 심사의 종류 3가지와 심사기간을 쓰시오.(단, 국내에서 제조된 것으로 제품 심사에 대한 내용은 제외한다)(3점)

[산기1202/산기1803/산기2303]

① 예비심사 : 7일
② 서면심사 : 15일
③ 기술능력 및 생산체계 심사 : 30일

**01** 산업안전보건법에 따라 구내운반차를 사용하여 작업을 하고자 할 때 작업 시작 전 점검사항을 3가지 쓰시오. (3점)

[산기1001/산기1502/산기1702/기사1702/산기1802/산기2302]

① 제동장치 및 조종장치 기능의 이상 유무
② 하역장치 및 유압장치 기능의 이상 유무
③ 바퀴의 이상 유무
④ 전조등·후미등·방향지시기 및 경음기 기능의 이상 유무
⑤ 충전장치를 포함한 홀더 등의 결합상태의 이상 유무

▲ 해당 답안 중 3가지 선택 기재

**02** 산업안전보건법상 가연물이 있는 장소에서 하는 화재위험작업 시 사업주가 근로자에게 실시해야 하는 특별 안전·보건교육의 교육내용을 4가지 쓰시오.(단, 그 밖에 안전·보건관리에 필요한 사항은 제외)(4점)

[산기2302]

① 작업준비 및 작업절차에 관한 사항
② 작업장 내 위험물, 가연물의 사용·보관·설치 현황에 관한 사항
③ 화재위험작업에 따른 인근 인화성 액체에 대한 방호조치에 관한 사항
④ 화재위험작업으로 인한 불꽃, 불티 등의 흩날림 방지 조치에 관한 사항
⑤ 인화성 액체의 증기가 남아 있지 않도록 환기 등의 조치에 관한 사항
⑥ 화재감시자의 직무 및 피난교육 등 비상조치에 관한 사항

▲ 해당 답안 중 4가지 선택 기재

**03** 어느 사업장의 도수율이 4이고, 연간 5건의 재해와 350일의 근로손실일수가 발생하였을 경우 이 사업장의 강도율은 얼마인가?(4점)

[산기0702/산기1501/산기2302]

• 도수율과 재해건수, 근로손실일수가 주어졌으나 연간총근로시간이 주어지지 않았다. 도수율과 재해건수를 이용하여 연간총근로시간을 구한다.

• 연간총근로시간 $= \dfrac{\text{재해건수}}{\text{도수율}} \times 1{,}000{,}000 = \dfrac{5}{4} \times 1{,}000{,}000 = 1{,}250{,}000[\text{시간}]$이다.

• 강도율 $= \dfrac{\text{총근로손실일수}}{\text{연근로시간수}} \times 1{,}000 = \dfrac{350}{1{,}250{,}000} \times 1{,}000 = 0.28$이 된다.

**04** 프레스 또는 전단기 방호장치인 수인식 방호장치의 일반구조를 4가지 쓰시오.(4점)     [산기2302]

① 손목밴드(wrist band)의 재료는 유연한 내유성 피혁 또는 이와 동등한 재료를 사용해야 한다.

② 손목밴드는 착용감이 좋으며 쉽게 착용할 수 있는 구조이어야 한다.

③ 수인끈의 재료는 합성섬유로 직경이 4㎜ 이상이어야 한다.

④ 수인끈은 작업자와 작업공정에 따라 그 길이를 조정할 수 있어야 한다.

⑤ 수인끈의 안내통은 끈의 마모와 손상을 방지할 수 있는 조치를 해야 한다.

⑥ 각종 레버는 경량이면서 충분한 강도를 가져야 한다.

⑦ 수인량의 시험은 수인량이 링크에 의해서 조정될 수 있도록 되어야 하며 금형으로부터 위험한계 밖으로 당길 수 있는 구조이어야 한다.

▲ 해당 답안 중 4가지 선택 기재

**05** 산업안전보건법상 자율안전확인대상 기계·기구를 5가지 쓰시오.(5점)

[기사0901/산기1103/산기1201/산기1303/산기1603/산기1702/기사1803/산기2001/산기2302]

① 컨베이어                ② 산업용 로봇              ③ 파쇄기(분쇄기)

④ 혼합기                  ⑤ 인쇄기                   ⑥ 연삭기 또는 연마기(휴대형 제외)

⑦ 식품가공용 기계          ⑧ 자동차정비용 리프트

⑨ 공작기계(선반, 드릴, 평삭·형삭기, 밀링)

⑩ 고정형 목재가공용 기계(둥근톱, 대패, 루타기, 띠톱, 모떼기 기계)

▲ 해당 답안 중 5가지 선택 기재

**06** 산업안전보건법상 정전전로에서의 전기작업을 위해 전로를 차단하여야 한다. 전로 차단 설차에 맞게 ( ) 안을 채우시오.(5점)     [산기1603/산기1702/산기2302]

1단계 : 전원의 확인
2단계 : 단로기 등을 개방하고 확인
3단계 : 차단장치나 단로기 등에 ( ① ) 및 ( ② )를 부착할 것
4단계 : ( ③ )를 완전히 방전시킬 것
5단계 : ( ④ )를 이용 기기의 충전여부 확인
6단계 : ( ⑤ )를 이용하여 접지

① 잠금장치                ② 꼬리표
③ 잔류전하                ④ 검전기
⑤ 단락 접지기구

**07** 휴먼에러에서 SWAIN의 심리적 오류 4가지를 쓰시오.(4점)

[산기0802/산기0902/산기1601/산기1801/산기2004/산기2302]

① 생략오류(Omission error)  ② 실행오류(Commission error)
③ 순서오류(Sequential error)  ④ 시간오류(Timing error)
⑤ 불필요한 행동오류(Extraneous error)  ⑥ 선택오류(Selection error)
⑦ 양적오류(Quantity error)

▲ 해당 답안 중 4가지 선택 기재

**08** 다음 안전표지판 명칭을 쓰시오.(4점)

[산기2302]

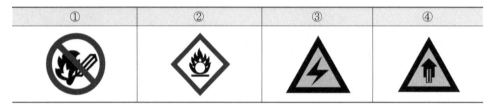

| ① | ② | ③ | ④ |
|---|---|---|---|

① 화기금지  ② 산화성물질경고
③ 고압전기경고  ④ 고온경고

**09** 다음은 안전보건개선계획에 대한 설명이다. 빈칸을 채우시오.(4점)

[산기2002/산기2302]

가) 사업주는 안전보건개선계획서 수립·시행 명령을 받은 날부터 ( ① ) 이내에 관할 지방고용노동관서의 장에게 해당 계획서를 제출(전자문서로 제출하는 것을 포함한다)해야 한다.
나) 지방고용노동관서의 장이 제61조에 따른 안전보건개선계획서를 접수한 경우에는 접수일부터 ( ② ) 이내에 심사하여 사업주에게 그 결과를 알려야 한다.

① 60일  ② 15일

**10** 다음에 해당하는 방폭구조의 기호를 쓰시오.(3점)

[산기2302]

| ① 안전증방폭구조 | ② 내압방폭구조 | ③ 유입방폭구조 |
|---|---|---|

① Ex e  ② Ex d  ③ Ex o

**11** 가설통로의 설치기준에 관한 사항이다. 빈칸을 채우시오.(6점)

[기사0602/산기0901/산기1601/산기1602/기사1703/산기2302]

> 가) 경사는 ( ① )도 이하일 것
> 나) 경사가 ( ② )도를 초과하는 경우에는 미끄러지지 아니하는 구조로 할 것. 다만, 계단을 설치하거나 높이
> ( ③ )미터 미만의 가설통로로서 튼튼한 손잡이를 설치한 경우에는 그러하지 아니하다.
> 다) 추락할 위험이 있는 장소에는 ( ④ )을 설치할 것

① 30                                       ② 15
③ 2                                         ④ 안전난간


**12** 산업안전보건법상 안전검사 주기에 해당하는 (    )를 채우시오.(5점)     [산기1401/기사1703/산기1902/산기2302]

> 가) 크레인(이동식크레인은 제외), 리프트(이삿짐 운반용 리프트는 제외) 및 곤돌라 : 사업장에 설치가 끝난
> 날부터 ( ① ) 이내에 최초 안전검사를 실시하되, 그 이후부터 ( ② )마다 실시한다.
> 나) 프레스, 전단기, 압력용기, 국소 배기장치, 원심기, 롤러기, 사출성형기, 컨베이어 및 산업용 로봇 : 사업장에
> 설치가 끝난 날부터 ( ④ ) 이내에 최초 안전검사를 실시하되, 그 이후부터 2년마다(공정안전보고서를 제출하
> 여 확인을 받은 압력용기는 ( ⑤ )마다) 실시한다.

① 3년                    ② 2년                        ③ 6개월
④ 3년                    ⑤ 4년


**13** 산업안전보건법상 항타기 또는 항발기를 조립하거나 해체하는 경우 사업주가 점검해야 할 사항을 4가지
쓰시오.(4점)                                                              [산기2302]

① 본체 연결부의 풀림 또는 손상의 유무
② 권상용 와이어로프·드럼 및 도르래의 부착상태의 이상 유무
③ 권상장치의 브레이크 및 쐐기장치 기능의 이상 유무
④ 권상기의 설치상태의 이상 유무
⑤ 리더(leader)의 버팀 방법 및 고정상태의 이상 유무
⑥ 본체·부속장치 및 부속품의 강도가 적합한지 여부
⑦ 본체·부속장치 및 부속품에 심한 손상·마모·변형 또는 부식이 있는지 여부

▲ 해당 답안 중 4가지 선택 기재

**01** 안전인증대상 설비 방호장치를 3가지 쓰시오.(6점)  [산기1502/산기2202/산기2301]

① 프레스 및 전단기 방호장치  ② 양중기용 과부하방지장치
③ 보일러 압력방출용 안전밸브  ④ 압력용기 압력방출용 안전밸브
⑤ 압력용기 압력방출용 파열판  ⑥ 절연용 방호구 및 활선작업용기구
⑦ 방폭구조 전기기계·기구 및 부품  ⑧ 추락·낙하 및 붕괴 등의 위험방호에 필요한 가설기자재
⑨ 충돌·협착 등의 위험방지에 필요한 산업용 로봇 방호장치

▲ 해당 답안 중 3가지 선택 기재

**02** 산업안전보건법에서 사업주가 근로자에게 시행해야 하는 안전보건교육의 종류 4가지를 쓰시오.(4점)  [산기0602/산기0701/산기0903/산기1101/기사1601/기사1802/산기2003/산기2301]

① 정기교육
② 채용 시의 교육
③ 작업내용 변경 시의 교육
④ 특별교육
⑤ 건설업 기초안전·보건교육

▲ 해당 답안 중 4가지 선택 기재

**03** 사업장의 안전 및 보건을 유지하기 위해 사업주가 작성하는 것으로 다음 사항을 포함해야 하는 서류의 명칭을 쓰시오.(5점)  [기사1002/산기1502/기사1702/기사2001/산기2301]

1. 안전 및 보건에 관한 관리조직과 그 직무에 관한 사항
2. 안전보건교육에 관한 사항
3. 작업장의 안전 및 보건 관리에 관한 사항
4. 사고 조사 및 대책 수립에 관한 사항
5. 그 밖에 안전 및 보건에 관한 사항

• 안전보건관리규정

**04** 유해하거나 위험한 설비를 취급하여 공정안전보고서를 제출해야 하는 사업의 종류를 4가지 쓰시오.(4점)

[산기1303/산기2001/산기2301]

① 원유 정제처리업
② 기타 석유정제물 재처리업
③ 석유화학계 기초화학물질 제조업 또는 합성수지 및 기타 플라스틱물질 제조업
④ 질소 화합물, 질소·인산 및 칼리질 화학비료 제조업 중 질소질 비료 제조
⑤ 복합비료 및 기타 화학비료 제조업 중 복합비료 제조(단순혼합 또는 배합은 제외)
⑥ 화학 살균·살충제 및 농업용 약제 제조업[농약 원제(原劑) 제조만 해당]
⑦ 화약 및 불꽃제품 제조업

▲ 해당 답안 중 4가지 선택 기재

**05** 추락, 낙하, 비래, 감전 등의 위험으로부터 근로자를 보호하는 안전모의 성능시험 항목을 5가지 쓰시오.(5점)

[산기2301]

① 내관통성                    ② 충격흡수성
③ 내전압성                    ④ 내수성
⑤ 난연성                      ⑥ 턱끈풀림

▲ 해당 답안 중 5가지 선택 기재

**06** 산업안전보건법상 안전보건관리책임자의 업무를 4가지 쓰시오.(단, 그 밖에 근로자의 유해·위험 방지조치
에 관한 사항으로서 고용노동부령으로 정하는 사항은 제외)(4점)          [산기2301]

① 사업장의 산업재해 예방계획의 수립에 관한 사항
② 안전보건관리규정의 작성 및 변경에 관한 사항
③ 안전보건교육에 관한 사항
④ 작업환경측정 등 작업환경의 점검 및 개선에 관한 사항
⑤ 근로자의 건강진단 등 건강관리에 관한 사항
⑥ 산업재해의 원인 조사 및 재발 방지대책 수립에 관한 사항
⑦ 산업재해에 관한 통계의 기록 및 유지에 관한 사항
⑧ 안전장치 및 보호구 구입 시 적격품 여부 확인에 관한 사항

▲ 해당 답안 중 4가지 선택 기재

**07** 고용노동부장관이 사업장의 사업주에게 안전보건진단을 받아 안전보건개선계획을 수립하여 시행할 것을 명할 수 있는 경우에 대한 다음 설명의 (  ) 안을 채우시오.(3점)

[산기1101/산기1602/산기1701/산기1802/산기2001/산기2003/산기2203/산기2301]

가) 산업재해율이 같은 업종 평균 산업재해율의 ( ① )배 이상인 사업장
나) 직업성 질병자가 연간 ( ② )명 이상(상시근로자 1천명 이상 사업장의 경우 ( ③ )명 이상) 발생한 사업장

① 2                          ② 2                          ③ 3

**08** 기계의 신뢰도가 일정할 때 고장률이 0.0004이고, 이 기계가 1,000시간 가동할 경우의 신뢰도를 계산하시오.(4점)

[산기0801/산기2102/산기2301]

• 기계의 신뢰도가 일정하다는 것은 신뢰도가 지수분포를 따른다는 의미이다.
• 작동확률(신뢰도)  $R(t) = e^{-\lambda t} = e^{-0.0004 \times 1000} = 0.67$ 이다.

**09** 사업주가 교류아크용접기에 자동전격방지기를 설치해야 하는 장소 3가지를 쓰시오.(3점)

[산기2004/산기2101/산기2203/산기2301/산기2303]

① 선박의 이중 선체 내부, 밸러스트 탱크, 보일러 내부 등 도전체에 둘러싸인 장소
② 추락할 위험이 있는 높이 2미터 이상의 장소로 철골 등 도전성이 높은 물체에 근로자가 접촉할 우려가 있는 장소
③ 근로자가 물·땀 등으로 인하여 도전성이 높은 습윤 상태에서 작업하는 장소

**10** 사고의 발단이 되는 초기사상이 발생할 경우 그 영향이 시스템에서 어떤 결과(정상 또는 고장)로 진전해 가는지를 나뭇가지가 갈라지는 형태로 분석하는 귀납적이고 정량적인 위험분석방법을 쓰시오.(4점)

[산기2301]

• ETA(사건나무분석)

**11** 60[rpm]으로 회전하는 롤러기의 앞면 롤러기의 지름이 120[mm]인 경우 앞면 롤러의 표면속도와 관련 규정에 따른 급정지거리[mm]를 구하시오.(4점)  [산기1202/산기2003/산기2301]

- 앞면 롤러의 표면속도 $V = \dfrac{\pi DN}{1,000}$ 이므로 대입하면 $\dfrac{\pi \times 120 \times 60}{1,000} = 22.619[m/min]$이다.

- 급정지거리 기준에서 표면속도가 30[m/min] 미만인 경우 원주($\pi D$)의 $\dfrac{1}{3}$ 이내이므로 대입하면 $\pi \times 120 \times \dfrac{1}{3} = 125.663 = 125.66[mm]$ 이내가 되어야 한다.

**12** 화학설비 안전거리를 쓰시오.(4점)  [산기1202/산기1701/산기2301]

> ① 사무실·연구실·실험실·정비실 또는 식당으로부터 단위공정시설 및 설비, 위험물질의 저장탱크, 위험물질 하역설비, 보일러 또는 가열로의 사이
> ② 위험물질 저장탱크로부터 단위공정 시설 및 설비, 보일러 또는 가열로의 사이

① 20m　　　　　　　　　② 20m

**13** 다음은 비계(달비계, 달대비계 및 말비계 제외)의 높이가 2m 이상인 경우의 작업발판의 구조에 대한 설명이다. (　) 안을 채우시오.(5점)  [기사2102/산기2301]

> 가) 작업발판의 폭은 (　①　)cm 이상으로 하고, 발판재료 간의 틈은 (　②　)cm 이하로 할 것
> 나) 추락의 위험이 있는 장소에는 (　③　)을 설치할 것. 다만, 작업의 성질상 (　③　)을 설치하는 것이 곤란한 경우 (　④　)을 설치하거나 근로자로 하여금 (　⑤　)를 사용하도록 하는 등 추락위험 방지 조치를 한 경우에는 그러하지 아니하다

① 40　　　　　　　　　② 3
③ 안전난간　　　　　　　④ 추락방호망
⑤ 안전대

**01** 고용노동부장관이 사업장의 사업주에게 안전보건진단을 받아 안전보건개선계획을 수립하여 시행할 것을 명할 수 있는 경우를 2가지 쓰시오.(4점)  [산기1101/산기1602/산기1701/산기1802/산기2001/산기2003/산기2203/산기2301]

① 산업재해율이 같은 업종 평균 산업재해율의 2배 이상인 사업장

② 사업주가 필요한 안전·보건조치의무를 이행하지 아니하여 중대재해가 발생한 사업장

③ 직업성 질병자가 연간 2명 이상(상시근로자 1천명 이상 사업장의 경우 3명 이상) 발생한 사업장

④ 작업환경 불량, 화재·폭발 또는 누출사고 등으로 사업장 주변까지 피해가 확산된 사업장

▲ 해당 답안 중 2가지 선택 기재

**02** 안전관리자 업무(직무) 5가지를 쓰시오.(5점)

[산기0703/산기1201/산기1301/산기1401/산기1502/산기1603/산기1801/산기2101/산기2203]

① 산업안전보건위원회 또는 안전·보건에 관한 노사협의체에서 심의·의결한 업무와 사업장의 안전보건관리규정 및 취업규칙에서 정한 업무

② 위험성 평가에 관한 보좌 및 조언·지도

③ 안전인증대상과 자율안전확인대상 기계·기구 등 구입 시 적격품의 선정에 관한 보좌 및 조언·지도

④ 사업장 안전교육계획의 수립 및 안전교육 실시에 관한 보좌 및 조언·지도

⑤ 사업장 순회점검·지도 및 조치의 건의

⑥ 산업재해 발생의 원인 조사·분석 및 재발 방지를 위한 기술적 보좌 및 조언·지도

⑦ 산업재해에 관한 통계의 유지·관리·분석을 위한 보좌 및 조언·지도

⑧ 안전에 관한 사항의 이행에 관한 보좌 및 조언·지도

⑨ 업무수행 내용의 기록·유지

▲ 해당 답안 중 5가지 선택 기재

**03** 위험예지훈련 기초 4라운드 기법의 진행순서를 쓰시오.(4점)

[산기0601/산기1003/기사1503/기사1902/산기2001/산기2203]

① 1단계 : 현상파악         ② 2단계 : 본질추구

③ 3단계 : 대책수립         ④ 4단계 : 목표설정

**04** 하인리히의 재해구성 비율을 쓰고 그에 대해 설명하시오.(4점) [기사2102/산기2203]

- 1:29:300으로 총 사고 발생건수 330건이 중상(1) : 경상(29) : 무상해사고(300)으로 구성됨을 의미한다.

**05** 광전자식 방호장치에 관한 설명이다. ( ) 안을 채우시오.(4점) [산기2203]

- 정상동작표시램프는 ( ① ), 위험표시램프는 ( ② )으로 하며, 쉽게 근로자가 볼 수 있는 곳에 설치해야 한다.
- 누름버튼을 양손으로 동시에 조작하지 않으면 작동시킬 수 없는 구조이어야 하며, 양쪽버튼의 작동시간 차이는 최대 ( ③ )초 이내일 때 프레스가 동작되도록 해야 한다.
- 누름버튼의 상호간 내측거리는 ( ④ )mm 이상이어야 한다.

① 녹색          ② 붉은색          ③ 0.5          ④ 300

**06** 다음과 같은 시스템의 직렬 및 병렬 연결에서의 신뢰도(%)를 각각 구하시오.(5점) [산기2203]

- 인간의 신뢰도 : 0.8          • 기계의 신뢰도 : 0.95

① 직렬
- 직렬연결 시 부품 a, b의 신뢰도를 $R_a$, $R_b$라 할 때 전체 시스템 신뢰도 $R = R_a \times R_b$로 구한다.
- 대입하면 신뢰도 $R = 0.8 \times 0.95 = 0.76$이므로 76%가 된다.

② 병렬
- 병렬연결 시 부품 a, b의 신뢰도를 $R_a$, $R_b$라 할 때 전체 시스템 신뢰도 $R = 1 - (1 - R_a) \times (1 - R_b)$로 구한다.
- 대입하면 신뢰도 $R = 1 - (1 - 0.8) \times (1 - 0.95) = 1 - 0.2 \times 0.05 = 0.99$이므로 99%가 된다.

**07** 폭굉현상에서 점화에너지가 클수록 그 유도거리가 짧아지는 조건 4가지를 쓰시오.(4점) [산기1203/산기2203]

① 압력이 높을수록
② 관경이 가늘수록
③ 정상연소 속도가 빠른 혼합가스일수록
④ 관 속에 방해물이 있을 때
⑤ 점화원의 에너지가 강할수록

▲ 해당 답안 중 4가지 선택 기재

**08** 산업안전보건법상 산업재해가 발생한 때에 사업주가 기록 · 보존해야 하는 사항 4가지를 쓰시오.(4점)

[산기1703/산기1803/산기2101/산기2203]

① 사업장의 개요 및 근로자의 인적사항
② 재해 발생의 일시 및 장소
③ 재해 발생의 원인 및 과정
④ 재해 재발방지 계획

**09** 사업주가 교류아크용접기에 자동전격방지기를 설치해야 하는 장소 3가지를 쓰시오.(6점)

[산기2004/산기2101/산기2203/산기2301/산기2303]

① 선박의 이중 선체 내부, 밸러스트 탱크, 보일러 내부 등 도전체에 둘러싸인 장소
② 추락할 위험이 있는 높이 2미터 이상의 장소로 철골 등 도전성이 높은 물체에 근로자가 접촉할 우려가 있는 장소
③ 근로자가 물 · 땀 등으로 인하여 도전성이 높은 습윤 상태에서 작업하는 장소

**10** 다음은 방진마스크를 표시한 것이다. 각각의 명칭을 쓰시오.(4점)

[산기2203]

　　　　①　　　　　　　②　　　　　　　③　　　　　　　④

① 직결식 전면형　　　　　　② 격리식 반면형
③ 직결식 반면형　　　　　　④ 안면부여과식

**11** 인간오류확률을 추정할 수 있는 기법을 4가지 쓰시오.(4점)

[산기1302/산기2203]

① THERP(인간실수율예측기법)　② FTA(결함나무분석)　③ OAT(조작자행동나무)
④ ETA(사건수분석)　　　　　　　⑤ CIT(위급사건기법)　⑥ TCRAM(직무위급도분석)
⑦ HERB(인간실수자료은행)　　　⑧ HES(인간실수모의실험)

▲ 해당 답안 중 4가지 선택 기재

**12** 터널공사 등의 건설작업을 할 때 인화성 가스가 존재하여 폭발이나 화재가 발생할 위험이 있는 경우에는 인화성 가스 농도의 이상 상승을 조기에 파악하기 위하여 그 장소에 자동경보장치를 설치하여야 한다. 설치된 자동경보장치에 대하여 당일의 작업 시작 전에 점검할 사항 3가지를 쓰시오.(3점) [산기2203]

    ① 계기의 이상 유무
    ② 검지부의 이상 유무
    ③ 경보장치의 작동상태

**13** 다음은 교류아크용접기의 방호장치에 관련된 설명이다. (  ) 안을 채우시오.(4점) [산기2203]

| | |
|---|---|
| ① | 대상으로 하는 용접기의 주회로를 제어하는 장치를 가지고 있어, 용접봉의 조작에 따라 용접할 때에만 용접기의 주회로를 형성하고, 그 외에는 용접기의 출력측의 무부하전압을 25볼트 이하로 저하시키도록 동작하는 장치 |
| ② | 용접봉을 피용접물에 접촉시켜서 전격방지기의 주접점이 폐로될(닫힐) 때까지의 시간 |
| ③ | 용접봉 홀더에 용접기 출력측의 무부하전압이 발생한 후 주접점이 개방될 때까지의 시간 |
| ④ | 정격전원전압에 있어서 전격방지기를 시동시킬 수 있는 출력회로의 시동감도로서 명판에 표시된 것 |

    ① 교류아크용접기용 자동전격방지기    ② 시동시간
    ③ 지동시간    ④ 표준시동감도

**01** 조명은 근로자 작업환경에서 중요한 요소이다. 근로자가 상시 작업하는 다음 장소의 작업면 조도(照度) 기준을 쓰시오.(단, 갱내(坑內) 작업장과 감광재료(感光材料)를 취급하는 작업장은 제외한다)(4점)

[기사0503/기사1002/산기1202/산기1602/기사1603/산기1802/산기1803/산기2001/산기2201/산기2202]

- 초정밀작업 : ( ① )Lux 이상
- 정밀작업 : ( ② )Lux 이상
- 보통작업 : ( ③ )Lux 이상
- 그 밖의 작업 : ( ④ )Lux 이상

① 750
② 300
③ 150
④ 75

**02** 안전인증대상 설비 방호장치를 3가지 쓰시오.(6점)　　　　　　[산기1502/산기2202/산기2301]

① 프레스 및 전단기 방호장치
② 양중기용 과부하방지장치
③ 보일러 압력방출용 안전밸브
④ 압력용기 압력방출용 안전밸브
⑤ 압력용기 압력방출용 파열판
⑥ 절연용 방호구 및 활선작업용기구
⑦ 방폭구조 전기기계·기구 및 부품
⑧ 추락·낙하 및 붕괴 등의 위험방호에 필요한 가설기자재
⑨ 충돌·협착 등의 위험방지에 필요한 산업용 로봇 방호장치

▲ 해당 답안 중 3가지 선택 기재

**03** 정전전로에서의 전기작업을 위해 전로를 차단하여야 한다. 전로 차단 절차 6단계를 순서대로 나열하시오. (3점)　　　　　　[산기1603/산기1702/산기2202]

㉠ 전원을 차단한 후 각 단로기 등을 개방하고 확인할 것
㉡ 차단장치나 단로기 등에 잠금장치 및 꼬리표를 부착할 것
㉢ 개로된 전로에서 유도전압 또는 전기에너지가 축적되어 근로자에게 전기위험을 끼칠 수 있는 전기기기 등은 접촉하기 전에 잔류전하를 완전히 방전시킬 것
㉣ 전기기기 등에 공급되는 모든 전원을 관련 도면, 배선도 등으로 확인할 것
㉤ 검전기를 이용하여 작업 대상 기기가 충전되었는지를 확인할 것
㉥ 전기기기등이 다른 노출 충전부와의 접촉, 유도 또는 예비동력원의 역송전 등으로 전압이 발생할 우려가 있는 경우에는 충분한 용량을 가진 단락 접지기구를 이용하여 접지할 것

- ㉣ - ㉠ - ㉡ - ㉢ - ㉤ - ㉥

**04** 평균근로자 100명, 1일 8시간 1년 300일 작업하는 사업장에서 한 해 동안 사망 1명, 14급 장애 2명, 휴업일수가 37일이 발생했을 경우 해당 사업장의 강도율을 계산하시오.(6점)　　　　[산기1903/산기2202]

- 연간총근로시간은 100명×8시간×300일 = 240,000시간이다.
- 사망 1명의 근로손실일수는 7,500일이고, 14급 장애는 50일이다. 휴업일수 37일을 근로손실일수로 변환하면 $37 \times \frac{300}{365} = 30.41$이다. 따라서 근로손실일수의 합계를 구하면 7,500+2×50+30.41=7,630.41이 된다.
- 계산한 값을 대입하면 강도율은 $\frac{7,630.41}{240,000} \times 1,000 = 31.79$가 된다.

**05** 산업안전보건법상 노사협의체의 구성 중 근로자위원과 사용자위원을 각각 2가지씩 쓰시오.(4점)　　　　[기사0903/산기1003/기사1103/산기2202]

가) 근로자위원
① 도급 또는 하도급 사업을 포함한 전체 사업의 근로자대표
② 근로자대표가 지명하는 명예산업안전감독관 1명. 다만, 명예산업안전감독관이 위촉되어 있지 않은 경우에는 근로자대표가 지명하는 해당 사업장 근로자 1명
③ 공사금액이 20억원 이상인 공사의 관계수급인의 각 근로자대표
나) 사용자위원
① 도급 또는 하도급 사업을 포함한 전체 사업의 대표자
② 안전관리자 1명
③ 보건관리자 1명(보건관리자 선임대상 건설업으로 한정)
④ 공사금액이 20억원 이상인 공사의 관계수급인의 각 대표자

▲ 해당 답안 중 각각 2가지씩 선택 기재

**06** 산업안전보건법상 사업 내 안전·보건교육에 대한 교육시간을 쓰시오.(4점)　　　　[산기0802/산기1503/산기1703/산기1901/산기2201/산기2202]

| 교육과정 | 교육 대상 | 교육 시간 |
|---|---|---|
| 정기교육 | 사무직 종사 근로자 | 매반기 ( ① )시간 이상 |
| | 관리감독자의 지위에 있는 사람 | 연간 ( ② )시간 이상 |
| 채용 시의 교육 | 일용근로자 | ( ③ )시간 이상 |
| 작업내용 변경 시의 교육 | 일용근로자 및 기간제 근로자를 제외한 근로자 | ( ④ )시간 이상 |

① 6　　　② 16　　　③ 1　　　④ 2

**07** 달기 체인 사용금지기준의 빈칸을 채우시오.(4점)  [산기1102/산기1402/기사1701/산기1703/기사2001/산기2002/산기2202]

> 가) 달기 체인의 길이가 달기 체인이 제조된 때의 길이의 ( ① )%를 초과한 것
> 나) 링의 단면지름이 달기 체인이 제조된 때의 해당 링의 지름의 ( ② )%를 초과하여 감소한 것

① 5                                              ② 10

**08** 롤러의 방호장치에 관한 사항이다. 다음 괄호 안을 채우시오.(4점)  [산기1801/산기1802/산기2202]

| 종류 | 설치위치 |
|---|---|
| 손 조작식 | 밑면에서 ( ① )m 이내 |
| 복부조작식 | 밑면에서 ( ② )m 이상 ( ③ )m 이내 |
| 무릎 조작식 | 밑면에서 ( ④ )m 이내 |

① 1.8                  ② 0.8                  ③ 1.1                  ④ 0.6

**09** 산업안전보건법상 보호구의 안전인증 제품에 표시하여야 하는 사항을 5가지 쓰시오.(단, 인증마크는 제외한다)(5점)  [기사0902/산기1001/산기1902/기사1903/산기2202]

① 형식 또는 모델명                    ② 규격 또는 등급 등
③ 제조자명                           ④ 제조번호 및 제조연월
⑤ 안전인증번호

**10** 산업현장에서 사용되고 있는 출입금지 표지판의 배경반사율이 80%이고, 관련 그림의 반사율이 20%일 때 이 표지판의 대비를 구하시오.(4점)  [산기0803/산기1403/산기1702/산기2202]

- 대비 $= \dfrac{L_b - L_t}{L_b} \times 100 = \dfrac{80 - 20}{80} \times 100 = 75[\%]$ 이다.

**11** 산업안전보건법에서 정하고 있는 중대재해의 종류를 3가지 쓰시오.(3점)

[산기0602/산기1503/기사1802/기사1902/산기2102/산기2201/산기2202]

① 사망자가 1명 이상 발생한 재해
② 3개월 이상의 요양이 필요한 부상자가 동시에 2명 이상 발생한 재해
③ 부상자 또는 직업성 질병자가 동시에 10명 이상 발생한 재해

**12** 공기압축기 사용 시 작업 시작 전 점검사항을 4가지 쓰시오.(4점)

[산기0602/산기1003/기사1602/산기1703/산기1801/산기1803/기사1902/산기2202]

① 공기저장 압력용기의 외관 상태      ② 회전부의 덮개 또는 울
③ 압력방출장치의 기능              ④ 윤활유의 상태
⑤ 드레인밸브(drain valve)의 조작 및 배수   ⑥ 언로드밸브(unloading valve)의 기능

▲ 해당 답안 중 4가지 선택 기재

**13** 다음 그림을 보고 전등이 점등되지 않을 FT도를 작성하시오.(4점)

[산기1203/산기2202]

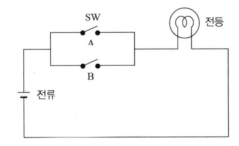

• FT도 (고장사상발생 확률)는 반대로 그려야 한다. 즉, 병렬회로는 AND회로를 그려야 한다.

**01** 산업안전보건법상 사업 내 안전·보건교육에 대한 교육시간을 쓰시오.(4점)

[산기0802/산기1503/산기1703/산기1901/산기2201/산기2202]

| 교육과정 | 교육 대상 | | 교육 시간 |
|---|---|---|---|
| 정기교육 | 사무직 종사 근로자 | | 매반기 ( ① )시간 이상 |
| | 사무직 종사 근로자 외의 근로자 | 판매업무에 직접 종사하는 근로자 | 매반기 ( ② )시간 이상 |
| | | 판매업무에 직접 종사하는 근로자 외의 근로자 | 매반기 ( ③ )시간 이상 |
| | 관리감독자의 지위에 있는 사람 | | 연간 ( ④ )시간 이상 |

① 6　　　　　　② 6　　　　　　③ 12　　　　　　④ 16

**02** 조명은 근로자 작업환경에서 중요한 요소이다. 근로자가 상시 작업하는 다음 장소의 작업면 조도(照度) 기준을 쓰시오.(단, 갱내(坑內) 작업장과 감광재료(感光材料)를 취급하는 작업장은 제외한다)(3점)

[기사0503/기사1002/산기1202/산기1602/기사1603/산기1802/산기1803/산기2001/산기2201/산기2202]

• 초정밀작업 : ( ① )Lux 이상　　　　　　• 정밀작업 : ( ② )Lux 이상
• 보통작업 : ( ③ )Lux 이상

① 750　　　　　　② 300　　　　　　③ 150

**03** 다음 시스템의 신뢰도를 계산하시오.(4점)

[산기0502/산기1801/산기2201]

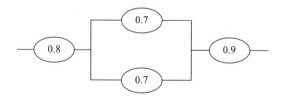

• 신뢰도는 0.8×[1-(1-0.7)(1-0.7)]×0.9 = 0.655 = 0.66이다.

**04** 승강기의 설치·조립·수리·점검 또는 해체 작업을 하는 경우 안전조치 사항 3가지를 쓰시오.(6점)

[산기1202/산기1902/산기2201]

① 작업을 지휘하는 사람을 선임하여 그 사람의 지휘하에 작업을 실시할 것
② 작업할 구역에 관계 근로자가 아닌 사람의 출입을 금지하고 그 취지를 보기 쉬운 장소에 표시할 것
③ 비, 눈, 그 밖에 기상상태의 불안정으로 날씨가 몹시 나쁜 경우에는 그 작업을 중지시킬 것

**05** 보일러의 방호장치에 대한 다음 설명의 ( ) 안을 채우시오.(4점)

[산기2201]

- 사업주는 보일러의 안전한 가동을 위하여 보일러 규격에 맞는 ( ① )를 1개 또는 2개 이상 설치하고 최고사용 압력(설계압력 또는 최고허용압력을 말한다. 이하 같다) 이하에서 작동되도록 하여야 한다.
- 사업주는 보일러의 과열을 방지하기 위하여 최고사용압력과 상용압력 사이에서 보일러의 버너 연소를 차단할 수 있도록 ( ② )를 부착하여 사용하여야 한다.

① 압력방출장치      ② 압력제한스위치

**06** 다음에 설명하는 금지표지판 명칭을 쓰시오.(4점)

[산기1503/산기1802/산기2201]

① 사람이 걸어 다녀서는 안 되는 장소
② 엘리베이터 등에 타는 것이나 어떤 장소에 올라가는 것을 금지
③ 수리 또는 고장 등으로 만지거나 작동시키는 것을 금지해야 할 기계·기구 및 설비
④ 정리 정돈 상대의 물체나 움직여서는 안 될 물체를 보존하기 위하여 필요한 장소

① 보행금지      ② 탑승금지
③ 사용금지      ④ 물체이동금지

**07** 산업안전보건법에 따라 반드시 파열판을 설치해야 하는 경우 3가지를 쓰시오.(6점)

[기사1003/산기1702/기사1703/기사2004/산기2102/산기2201/산기2303]

① 반응 폭주 등 급격한 압력 상승 우려가 있는 경우
② 급성독성물질의 누출로 인하여 주위의 작업환경을 오염시킬 우려가 있는 경우
③ 운전 중 안전밸브에 이상 물질이 누적되어 안전밸브가 작동되지 아니할 우려가 있는 경우

**08** 콘크리트 타설작업을 하기 위하여 콘크리트 펌프 또는 콘크리트 펌프카를 사용하는 경우 사업주의 준수사항을 3가지 쓰시오.(4점)

[산기2201]

① 작업을 시작하기 전에 콘크리트 펌프용 비계를 점검하고 이상을 발견하였으면 즉시 보수할 것
② 건축물의 난간 등에서 작업하는 근로자가 호스의 요동·선회로 인하여 추락하는 위험을 방지하기 위하여 안전난간 설치 등 필요한 조치를 할 것
③ 콘크리트타설장비의 붐을 조정하는 경우 주변의 전선 등에 의한 위험을 예방하기 위한 적절한 조치를 할 것
④ 작업 중에 지반의 침하나 아웃트리거 등 콘크리트타설장비 지지구조물의 손상 등에 의하여 콘크리트타설장비가 넘어질 우려가 있는 경우에는 이를 방지하기 위한 적절한 조치를 할 것

▲ 해당 답안 중 3가지 선택 기재

**09** 산업안전보건법에 따른 사업주가 지켜야 할 산업안전보건위원회의 심의·의결사항을 4가지 쓰시오.(4점)

[기사1301/산기1402/산기2201]

① 사업장의 산업재해 예방계획의 수립에 관한 사항
② 안전보건관리규정의 작성 및 변경에 관한 사항
③ 안전보건교육에 관한 사항
④ 작업환경측정 등 작업환경의 점검 및 개선에 관한 사항
⑤ 근로자의 건강진단 등 건강관리에 관한 사항
⑥ 중대재해의 원인 조사 및 재발 방지대책 수립에 관한 사항
⑦ 산업재해에 관한 통계의 기록 및 유지에 관한 사항
⑧ 유해하거나 위험한 기계·기구·설비를 도입한 경우 안전 및 보건 관련 조치에 관한 사항

▲ 해당 답안 중 4가지 선택 기재

**10** 교량작업을 하는 경우 작업계획서 포함사항 4가지를 쓰시오.(단, 그 밖에 안전·보건관리에 필요한 사항 제외)(4점)

[산기1303/산기2201]

① 작업 방법 및 순서
② 부재(部材)의 낙하·전도 또는 붕괴를 방지하기 위한 방법
③ 작업에 종사하는 근로자의 추락 위험을 방지하기 위한 안전조치 방법
④ 공사에 사용되는 가설 철구조물 등의 설치·사용·해체 시 안전성 검토 방법
⑤ 사용하는 기계 등의 종류 및 성능, 작업방법
⑥ 작업지휘자 배치계획

▲ 해당 답안 중 4가지 선택 기재

**11** 산업안전보건법에서 정하고 있는 중대재해의 종류를 3가지 쓰시오.(3점)

[산기0602/산기1503/기사1802/기사1902/산기2102/산기2201/산기2202]

① 사망자가 1명 이상 발생한 재해
② 3개월 이상의 요양이 필요한 부상자가 동시에 2명 이상 발생한 재해
③ 부상자 또는 직업성 질병자가 동시에 10명 이상 발생한 재해

**12** 목재 가공용 둥근톱의 두께가 0.8mm인 경우 방호장치 중 분할 날의 두께(mm)를 구하시오.(4점)

[산기2201]

• 분할 날의 두께는 $1.1\ t_1 \leqq t_2 < b$ ($t_1$ : 톱 두께, $t_2$ : 분할 날 두께, b : 치진폭(齒振幅))로 구한다.
• 톱의 두께가 0.8이므로 분할 날의 두께는 $0.8 \times 1.1 = 0.88mm$ 이상이어야 한다.

**13** 다음은 충전전로에서의 전기작업시 사업주의 조치사항에 대한 설명이다. ( ) 안을 채우시오.(5점)

[산기2201]

가) 충전전로를 취급하는 근로자에게 그 작업에 적합한 ( ① )를 착용시킬 것
나) 충전전로에 근접한 장소에서 전기작업을 하는 경우에는 해당 전압에 적합한 ( ② )를 설치할 것
다) 유자격자가 아닌 근로자가 충전전로 인근의 높은 곳에서 작업할 때에 근로자의 몸 또는 긴 도전성 물체가 방호되지 않은 충전전로에서 대지전압이 50kV 이하인 경우에는 ( ③ )cm 이내로, 대지전압이 50kV를 넘는 경우에는 ( ④ )kV당 ( ⑤ )cm씩 더한 거리 이내로 각각 접근할 수 없도록 할 것

① 절연용 보호구            ② 절연용 방호구
③ 300                    ④ 10
⑤ 10

**01** 기계설비의 수명곡선을 그리고, 3단계의 명칭 또는 내용을 쓰시오.(4점)  [산기2103]

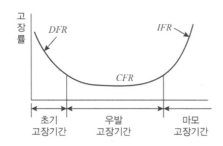

① 초기고장(DFR)
② 우발고장(CFR)
③ 마모고장(IFR)

**02** 다음 안전표지판 명칭을 쓰시오.(4점)  [산기2103]

① 사용금지
③ 낙하물경고

② 산화성물질경고
④ 방진마스크착용

**03** 산업안전보건법에서 정한 위험물질을 기준량 이상 제조, 취급, 사용 또는 저장하는 설비로서 내부의 이상상태를 조기에 파악하기 위하여 필요한 온도계·유량계·압력계 등의 계측장치를 설치하여야 하는 대상을 3가지 쓰시오.(5점)  [산기1401/산기2103]

① 발열반응이 일어나는 반응장치
② 증류·정류·증발·추출 등 분리를 하는 장치
③ 가열로 또는 가열기
④ 가열시켜 주는 물질의 온도가 가열되는 위험물질의 분해온도 또는 발화점보다 높은 상태에서 운전되는 설비
⑤ 반응폭주 등 이상 화학반응에 의하여 위험물질이 발생할 우려가 있는 설비
⑥ 온도가 섭씨 350도 이상이거나 게이지 압력이 980킬로파스칼 이상인 상태에서 운전되는 설비

▲ 해당 답안 중 3가지 선택 기재

**04** 산업안전보건법에 따른 차량계 하역운반기계의 운전자 운전 위치 이탈 시 조치사항 2가지를 쓰시오.(단, 운전석에 잠금장치를 하는 등 운전자가 아닌 사람이 운전하지 못하도록 하는 조치는 제외)(4점)

[기사0601/산기0801/산기1001/산기1403/기사1602/산기2103]

① 포크, 버킷, 디퍼 등의 장치를 가장 낮은 위치 또는 지면에 내려 둘 것
② 원동기를 정지시키고 브레이크를 확실히 거는 등 갑작스러운 주행이나 이탈을 방지하기 위한 조치를 할 것
③ 운전석을 이탈하는 경우에는 시동키를 운전대에서 분리시킬 것

▲ 해당 답안 중 2가지 선택 기재

**05** 다음 보기의 조건에서 근로손실일수를 구하시오.(3점)  [산기2103]

| | |
|---|---|
| • 강도율 0.8 | • 연간 총근로시간 2,400시간 |
| • 연 평균 근로자수 250명 | • 재해건수 5건 |

• 근로손실일수를 구하는 문제이고, 강도율이 주어졌으므로 강도율 공식을 이용해서 구할 수 있다.
• 강도율은 1천시간동안의 근로손실일수이다. 즉, 근로손실일수 = (강도율 × 연간총근로시간)/1,000으로 구할 수 있다.
• 주어진 값을 대입하면 근로손실일수 = (0.8 × 2,400 × 250)/1,000 = 480일이다.

**06** 각 부품고장확률이 0.12인 A, B, C 3개의 부품이 병렬결합모델로 만들어진 시스템이 있다. 시스템 작동안됨을 정상사상으로 하고, A고장, B고장, C고장을 기본사상으로 한 FT도를 작성하고, 정상사상 발생할 확률을 구하시오.(단, 소수 다섯째자리에서 반올림하고, 소수 넷째자리까지 표기할 것)(4점) [산기1102/산기2103]

• 시스템이 작동되지 않음을 정상사상으로 하므로 고장사상 발생확률을 구하는 문제이다.
• 회로가 병렬로 연결되어 있지만 고장사상이므로 AND회로 연결되어야 한다.
① FT도 (고장사상발생 확률)

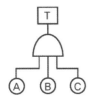

② AND회로 구성된 회로에서 고장 확률 T = 0.12 × 0.12 × 0.12 = 0.00172 = 0.0017

**07** 건물 등의 해체작업 시 해체계획서에 포함되어야 할 내용 3가지를 쓰시오.(4점)　　　　　[산기2103]

① 해체의 방법 및 해체 순서도면

② 가설설비 · 방호설비 · 환기설비 및 살수 · 방화설비 등의 방법

③ 사업장 내 연락방법

④ 해체물의 처분계획

⑤ 해체작업용 기계 · 기구 등의 작업계획서

⑥ 해체작업용 화약류 등의 사용계획서

　　▲ 해당 답안 중 3가지 선택 기재

**08** 로봇의 작동범위 내에서 그 로봇에 관하여 교시 등의 작업을 하는 때 작업 시작 전 점검사항 3가지를 쓰시오.
(6점)　　　　　[산기1101/산기1903/산기2103/기사2203]

① 외부 전선의 피복 또는 외장의 손상 유무

② 매니퓰레이터(Manipulator) 작동의 이상 유무

③ 제동장치 및 비상정지장치의 기능

**09** 재해분석방법으로 개별분석방법과 통계에 의한 분석방법이 있다. 다음에서 설명하는 통계적 분석방법의
이름을 쓰시오.(4점)　　　　　[산기1102/산기1403/산기2103]

> ① 재해의 원인과 결과를 연계하여 상호 관계를 파악하기 위하여 어골상으로 도표화하는 분석방법
> ② 사고의 유형, 기인물 등 분류 항목을 순서대로 도표화하는 분석방법

① 특성요인도　　　　　　　　　　　② 파레토도

**10** 공칭지름 10mm인 와이어로프의 지름 9.2mm인 것은 양중기에 사용가능한지 여부를 판단하시오.(4점)
　　　　　[산기1602/산기2103]

• 지름의 감소가 공칭지름의 7%를 초과하는 것은 사용할 수 없으므로 공칭지름이 10mm인 경우 공칭지름의 7%는
0.7mm이다. 즉, 9.3mm까지는 사용가능하다는 것이다.

• 9.2mm는 공칭지름의 8%를 초과하여 지름이 감소하였으므로 양중기에 사용할 수 없다.

11 전기기계·기구에 대하여 누전에 의한 감전위험을 방지하기 위하여 해당 전로의 정격에 적합하고 감도가 양호하며 확실하게 작동하는 감전방지용 누전차단기를 설치해야 한다. 이의 기준에 대한 다음 내용의 빈칸을 채우시오.(3점)  [산기2002/기사2003/산기2103]

가) 대지전압이 ( ① )V를 초과하는 이동형 또는 휴대형 전기기계·기구
나) 물 등 도전성이 높은 액체가 있는 ( ② )에서 사용하는 저압용 전기기계·기구
다) ( ③ ) 위 등 도전성이 높은 장소에서 사용하는 이동형 또는 휴대형 전기기계·기구
라) 임시배선의 전로가 설치되는 장소에서 사용하는 이동형 또는 휴대형 전기기계·기구

① 150                    ② 습윤장소                    ③ 철판·철골

12 인간의 주의에 대한 특성에 대하여 설명하시오.(6점)  [산기1102/산기1501/산기2103]

① 선택성 : 여러 종류의 자극을 자각할 때, 소수의 특정한 것에 한하여 주의가 집중되는 것
② 변동성(단속성) : 주의는 일정하게 유지되는 것이 아니라 일정한 주기로 부주의하는 리듬이 존재한다.
③ 방향성 : 한 지점에 주의를 집중하면 다른 곳의 주의가 약해지는 성질

13 공정안전보고서에 포함되어야 할 사항을 4가지 쓰시오.(4점)  [산기0803/산기0903/기사1001/기사1403/산기1501/기사1602/기사1703/산기1703/산기2103]

① 공정안전자료
② 공정위험성 평가서
③ 안전운전계획
④ 비상조치계획

**01** 다음은 안전모의 시험성능기준에 대한 설명이다. (  ) 안을 채우시오.(4점)  [산기|2102]

| 항 목 | 시 험 성 능 기 준 |
|---|---|
| 내관통성 | AE, ABE종 안전모는 관통거리가 (  ① )mm 이하이고, AB종 안전모는 관통거리가 (  ② )mm 이하이어야 한다. |
| 충격흡수성 | 최고전달충격력이 (  ③ )N을 초과해서는 안되며, 모체와 착장체의 기능이 상실되지 않아야 한다. |
| 내전압성 | AE, ABE종 안전모는 교류 20kV 에서 1분간 절연파괴 없이 견뎌야 하고, 이때 누설되는 충전전류는 (  ④ )mA 이하이어야 한다. |

① 9.5          ② 11.1          ③ 4,450          ④ 10

**02** 기계의 신뢰도가 일정할 때 고장률이 0.0004이고, 이 기계가 1,000시간 가동할 경우의 신뢰도를 계산하시오.(5점)  [산기0801/산기2102/산기2301]

- 기계의 신뢰도가 일정하다는 것은 신뢰도가 지수분포를 따른다는 의미이다.
- 작동확률(신뢰도)  $R(t) = e^{-\lambda t} = e^{-0.0004 \times 1000} = 0.67$ 이다.

**03** 주어진 이론에 해당하는 [보기]의 개수를 각각 쓰시오.(단, 보기는 중복이 가능하다)(4점))  [산기2102]

[보기]

① 사회적 환경과 유전적인 요소          ② 개인적 결함
③ 불안전한 행동 및 상태                  ④ 관리구조
⑤ 통제부족                                ⑥ 기본원인
⑦ 사고                                    ⑧ 상해
⑨ 전술적 에러                            ⑩ 작전적 에러

가) 하인리히의 재해이론          나) 버드의 재해이론

가) 하인리히의 재해이론 : ①, ②, ③, ⑦, ⑧로 5개
나) 버드의 재해이론 : ⑤, ⑥, ⑦, ⑧로 4개

**04** 다음은 산업안전보건기준에 관한 규칙에서 누전차단기를 접속하는 경우의 준수사항이다. ( ) 안을 채우시오. (4점)

[산기2102]

> 전기기계·기구에 설치된 누전차단기는 정격감도전류가 ( ① )mA 이하이고 작동시간은 ( ② )초 이내일 것. 다만, 정격전부하전류가 50암페어 이상인 전기기계·기구에 접속되는 누전차단기는 오작동을 방지하기 위하여 정격감도전류는 ( ③ )mA 이하로, 작동시간은 ( ④ )초 이내로 할 수 있다.

① 30                                    ② 0.03
③ 200                                   ④ 0.1

**05** 300rpm으로 회전하는 롤러기의 앞면 롤러기의 지름이 30[cm]인 경우 앞면 롤러의 표면속도[m/min]를 구하시오.(4점)

[산기2102]

• 앞면 롤러의 표면속도 $V = \dfrac{\pi DN}{1,000}$ 이므로 대입하면 $\dfrac{\pi \times (30 \times 10) \times 300}{1,000} = 282.74$[m/min]이다.

**06** 다음과 같은 조건에서의 도수율을 구하시오.(3점)

[산기2102]

> • 연천인율 : 3.5                    • 연평균근로자수 : 350명

• 도수율을 구하기 위해서는 연간총근로시간을 알아야 한다. 이를 위해서 근로자의 수뿐만 아니라 근무시간을 알아야 하는데 주어지지 않았다. 다른 조건이 주어지시 않은 상태이므로 연천인율 = 도수율×2.4로 구해야 한다.

• 도수율은 연천인율/2.4 = $\dfrac{3.5}{2.4}$ = 1.458… 이므로 1.46이다.

**07** 방호조치를 하지 아니하고는 양도, 대여, 설치 또는 사용에 제공하거나, 양도·대여의 목적으로 진열해서는 아니 되는 기계·기구 4가지를 쓰시오.(4점)[산기0903/산기1203/산기1503/기사1602/기사801/기사2003/산기2102/기사2302]

① 예초기                              ② 원심기
③ 공기압축기                          ④ 지게차
⑤ 금속절단기                          ⑥ 포장기계(진공포장기, 래핑기로 한정)

▲ 해당 답안 중 4가지 선택 기재

**08** 산업안전보건기준에 관한 규칙에서 정해진 사다리식 통로를 설치할 때의 준수사항 4가지를 쓰시오.(4점)

[산기0802/산기2102]

① 견고한 구조로 할 것
② 발판의 간격은 일정하게 할 것
③ 발판과 벽과의 사이는 15센티미터 이상의 간격을 유지할 것
④ 폭은 30센티미터 이상으로 할 것
⑤ 심한 손상·부식 등이 없는 재료를 사용할 것
⑥ 사다리가 넘어지거나 미끄러지는 것을 방지하기 위한 조치를 할 것
⑦ 사다리의 상단은 걸쳐놓은 지점으로부터 60센티미터 이상 올라가도록 할 것
⑧ 사다리식 통로의 길이가 10미터 이상인 경우 5미터 이내마다 계단참을 설치할 것
⑨ 사다리식 통로의 기울기는 75도 이하로 할 것. 다만, 고정식 사다리식 통로의 기울기는 90도 이하로 하고, 그
   높이가 7미터 이상인 경우 바닥으로부터 높이가 2.5미터 되는 지점부터 등받이울을 설치할 것
⑩ 접이식 사다리 기둥은 사용 시 접혀지거나 펼쳐지지 않도록 철물 등을 사용하여 견고하게 조치할 것

▲ 해당 답안 중 4가지 선택 기재

**09** 밀폐공간에서의 작업에 대한 특별안전보건교육을 실시할 때 정규직 근로자의 교육내용 4가지를 쓰시오.(단,
그 밖에 안전·보건관리에 필요한 사항을 제외함)(4점)

[산기1402/산기1802/산기2102]

① 산소농도 측정 및 작업환경에 관한 사항
② 사고 시의 응급처치 및 비상 시 구출에 관한 사항
③ 보호구 착용 및 사용방법에 관한 사항
④ 작업내용·안전작업방법 및 절차에 관한 사항
⑤ 장비·설비 및 시설 등의 안전점검에 관한 사항

▲ 해당 답안 중 4가지 선택 기재

**10** 흙막이 지보공을 설치하였을 때에는 정기적으로 점검하고 이상을 발견하면 즉시 보수하여야 사항 4가지를
쓰시오.(4점)

[산기1702/기사1903/산기2102]

① 부재의 손상·변형·부식·변위 및 탈락의 유무와 상태
② 버팀대의 긴압의 정도
③ 부재의 접속부·부착부 및 교차부의 상태
④ 침하의 정도

**11** 산업안전보건법에서 정하고 있는 중대재해의 종류를 3가지 쓰시오.(5점)

[산기0602/산기1503/기사1802/기사1902/산기2102]

① 사망자가 1명 이상 발생한 재해
② 3개월 이상의 요양이 필요한 부상자가 동시에 2명 이상 발생한 재해
③ 부상자 또는 직업성 질병자가 동시에 10명 이상 발생한 재해

**12** 산업안전보건법에 따라 반드시 파열판을 설치해야 하는 경우 3가지를 쓰시오.(6점)

[기사1003/산기1702/기사1703/기사2004/산기2102/산기2201/산기2303]

① 반응 폭주 등 급격한 압력 상승 우려가 있는 경우
② 급성독성물질의 누출로 인하여 주위의 작업환경을 오염시킬 우려가 있는 경우
③ 운전 중 안전밸브에 이상 물질이 누적되어 안전밸브가 작동되지 아니할 우려가 있는 경우

**13** 다음 작업영역에 대한 설명에 맞는 용어를 쓰시오.(4점)

[산기2102]

① 전완과 상완을 곧게 펴서 파악할 수 있는 구역
② 상완을 자연스럽게 늘어뜨린 상태에서 전완을 뻗어 파악할 수 있는 영역

① 최대작업영역
② 정상작업영역

**01** 사업주가 가스장치실을 설치하는데 있어서의 구조 기준 3가지를 쓰시오.(6점)   [산기2101]

① 가스가 누출된 경우에는 그 가스가 정체되지 않도록 할 것
② 지붕과 천장에는 가벼운 불연성 재료를 사용할 것
③ 벽에는 불연성 재료를 사용할 것

**02** 다음 괄호에 안전계수를 쓰시오.(3점)   [산기1401/산기2101]

> 가) 근로자가 탑승하는 운반구를 지지하는 달기와이어로프 또는 달기 체인의 경우 : ( ① ) 이상
> 나) 화물의 하중을 직접 지지하는 달기와이어로프 또는 달기 체인의 경우 : ( ② ) 이상
> 다) 훅, 샤클, 클램프, 리프팅 빔의 경우 : ( ③ ) 이상

① 10                     ② 5                     ③ 3

**03** 산업안전보건법상 산업재해가 발생한 때에 사업주가 기록·보존해야 하는 사항 4가지를 쓰시오.(4점)

[산기1703/산기1803/산기2101]

① 사업장의 개요 및 근로자의 인적사항
② 재해 발생의 일시 및 장소
③ 재해 발생의 원인 및 과정
④ 재해 재발방지 계획

**04** 화학설비의 탱크 내 작업 시 특별안전보건교육내용을 3가지 쓰시오.(단, 그 밖에 안전·보건관리에 필요한 사항은 제외)(6점)

[산기0501/산기1801/산기2101]

① 차단장치·정지장치 및 밸브 개폐장치의 점검에 관한 사항
② 탱크 내의 산소농도 측정 및 작업환경에 관한 사항
③ 안전보호구 및 이상 발생 시 응급조치에 관한 사항
④ 작업절차·방법 및 유해·위험에 관한 사항

▲ 해당 답안 중 3가지 선택 기재

**05** Fool Proof를 간단하게 설명하시오.(4점) [산기0603/산기2001/산기2101]

• 기계 조작에 익숙하지 않은 사람이나 기계의 위험성 등을 이해하지 못한 사람이라도 기계 조작 시 조작 실수를 하지 않도록 하는 기능으로 작업자가 기계 설비를 잘못 취급하더라도 사고가 일어나지 않도록 하는 기능을 말한다.

**06** 위험기계의 조종장치를 촉각적으로 암호화할 수 있는 차원 3가지를 쓰시오.(3점) [산기1301/산기1601/산기2101]

① 크기 암호
② 형상 암호
③ 표면 촉감 암호

**07** 안전관리자 업무(직무) 3가지를 쓰시오.(6점) [산기0703/산기1201/산기1301/산기1401/산기1502/산기1603/산기1801/산기2101]

① 산업안전보건위원회 또는 안전·보건에 관한 노사협의체에서 심의·의결한 업무와 사업장의 안전보건관리규정 및 취업규칙에서 정한 업무
② 위험성 평가에 관한 보좌 및 조언·지도
③ 안전인증대상과 자율안전확인대상 기계·기구 등 구입 시 적격품의 선정에 관한 보좌 및 조언·지도
④ 사업장 안전교육계획의 수립 및 안전교육 실시에 관한 보좌 및 조언·지도
⑤ 사업장 순회점검·지도 및 조치의 건의
⑥ 산업재해 발생의 원인 조사·분석 및 재발 방지를 위한 기술적 보좌 및 조언·지도
⑦ 산업재해에 관한 통계의 유지·관리·분석을 위한 보좌 및 조언·지도
⑧ 안전에 관한 사항의 이행에 관한 보좌 및 조언·지도
⑨ 업무수행 내용의 기록·유지

▲ 해당 답안 중 3가지 선택 기재

**08** 산업안전보건기준에 관한 규칙에서 정한 양중기의 종류 4가지를 쓰시오.(단, 세부사항까지 쓰시오)(4점)

[산기2101]

① 크레인(호이스트(Hoist) 포함)
② 이동식크레인
③ 승강기
④ 곤돌라
⑤ 리프트(이삿짐 운반용의 경우 적재하중 0.1톤 이상)

▲ 해당 답안 중 4가지 선택 기재

**09** 연삭기 덮개에 자율안전확인의 표시 외에 추가로 표시해야 할 사항 2가지를 쓰시오.(4점) [산기2101]

① 숫돌사용 주속도
② 숫돌회전방향

**10** 강제 환기에 대해 설명하시오.(3점) [산기2101]

• 실내 공기질의 개선을 위해 기기나 설비 등을 이용해 강제적으로 환기하는 것을 말한다.

**11** 사업주가 교류아크용접기에 자동전격방지기를 설치해야 하는 장소 2가지를 쓰시오.(4점)

[산기2004/산기2101/산기2203/산기2301/산기2303]

① 선박의 이중 선체 내부, 밸러스트 탱크, 보일러 내부 등 도전체에 둘러싸인 장소
② 추락할 위험이 있는 높이 2미터 이상의 장소로 철골 등 도전성이 높은 물체에 근로자가 접촉할 우려가 있는 장소
③ 근로자가 물·땀 등으로 인하여 도전성이 높은 습윤 상태에서 작업하는 장소

▲ 해당 답안 중 2가지 선택 기재

**12** 소음이 심한 기계로부터 4[m]떨어진 곳의 음압수준이 100[dB]이라면 이 기계로부터 30[m] 떨어진 곳의 음압수준을 계산하시오.(4점) [산기0701/산기0803/산기1603/산기2101]

• $dB_2 = dB_1 - 20\log\left(\frac{d_2}{d_1}\right) = 100 - 20\log\left(\frac{30}{4}\right) = 82.4987 \cdots$ 이므로 82.50[dB]이다.

**13** 그림에 해당하는 안전화 완성품의 성능시험 항목 4가지를 쓰시오.(4점)  [산기2004/산기2101]

① 내압박성  ② 내충격성

③ 몸통과 겉창의 박리저항  ④ 내답발성

**01** 근로자 400명이 일하는 사업장에서 연간 재해건수는 20건, 근로손실일수가 150일, 휴업일수 73일이었다. 도수율과 강도율을 구하시오(단, 근무시간은 1일 8시간, 근무일수는 연간 300일, 잔업은 1인당 연간 50시간 이다)(5점)

[산기1101/산기2004]

- 잔업은 1인당 50시간이므로 근로자 400명×50 = 20,000시간이다.
- 연간총근로시간은 400명×8시간×300일 = 960,000시간이고, 여기에 잔업시간인 20,000시간을 더해 980,000시간이 된다.

① 도수율 = $\dfrac{20}{980,000} \times 1,000,000 = 20.408 = 20.41$이다.

- 근로손실일수는 150 + 휴업일수 73 $\times \dfrac{300}{365}$ = 150+60 = 210일이다.

② 강도율 = $\dfrac{210}{980,000} \times 1,000 = 0.214 = 0.21$이다.

**02** 동력식 수동대패기의 방호장치 1가지와 그 방호장치와 송급테이블의 간격을 쓰시오.(4점)

[산기1302/산기2004]

① 방호장치 : 칼날 접촉 방지장치(덮개)
② 간격 : 8mm 이하

**03** 안전보건총괄책임자 지정대상 사업을 2가지 쓰시오.(단, 선박 및 보트 건조업, 1차 금속 제조업 및 토사석 광업의 경우는 제외)(4점)

[산기1601/산기2004]

① 상시근로자가 100명 이상인 사업
② 총 공사금액 20억원 이상인 건설업

**04** 지반의 이상현상 중 보일링 현상이 일어나기 쉬운 지반조건을 쓰시오.(3점)

[산기0803/산기2004]

- 지하수위가 높은 사질토와 같은 투수성이 좋은 지반

**05** 컷 셋과 패스 셋을 간단히 설명하시오.(4점) [산기0503/산기0701/산기2004]

① 컷 셋 : 특정 조합의 기본사상들이 동시에 결함을 발생하였을 때 정상사상을 일으키는 기본사상의 집합
② 패스 셋 : 시스템이 고장나지 않도록 하는 사상, 시스템의 기능을 살리는 데 필요한 최소 요인의 집합

**06** 사업주가 교류아크용접기에 자동전격방지기를 설치해야 하는 장소 3가지를 쓰시오.(6점)

[산기2004/산기2101/산기2203/산기2301/산기2303]

① 선박의 이중 선체 내부, 밸러스트 탱크, 보일러 내부 등 도전체에 둘러싸인 장소
② 추락할 위험이 있는 높이 2미터 이상의 장소로 철골 등 도전성이 높은 물체에 근로자가 접촉할 우려가 있는 장소
③ 근로자가 물·땀 등으로 인하여 도전성이 높은 습윤 상태에서 작업하는 장소

**07** 섬유로프를 화물자동차의 화물운반용 또는 고정용으로 사용해서는 안되는 경우 2가지를 쓰시오.(4점)

[산기2004]

① 꼬임이 끊어진 것
② 심하게 손상되거나 부식된 것

**08** 안전인증 파열판에 안전인증 외에 추가로 표시하여야 할 사항 4가지를 쓰시오.(4점) [산기1203/산기2004]

① 호칭지름 ② 용도(요구성능)
③ 설정파열압력(MPa) 및 설정온도(℃) ④ 파열판의 재질
⑤ 분출용량(kg/h) 또는 공칭분출계수 ⑥ 유체의 흐름방향 지시

▲ 해당 답안 중 4가지 선택 기재

**09** 연소의 종류 중 고체의 연소 형태 4가지를 쓰시오.(4점) [산기0702/산기1001/산기1103/산기2004]

① 표면연소 ② 분해연소
③ 자기연소 ④ 증발연소

**10** 폭풍, 폭우 및 폭설 등의 악천후로 인하여 작업을 중지시킨 후 또는 비계를 조립·해체하거나 변경한 후 작업재개 시 작업 시작 전 점검하고, 이상이 발견되면 즉각 보수하여야 하는 항목을 구체적으로 3가지를 쓰시오.(6점)  [기사0502/기사1003/기사1201/기사1203/기사1302/기사1303/산기1402/기사1602/산기1801/기사2001/산기2004/산기2303]

① 발판 재료의 손상여부 및 부착 또는 걸림 상태
② 해당 비계의 연결부 또는 접속부의 풀림 상태
③ 연결재료 및 연결철물의 손상 또는 부식 상태
④ 손잡이의 탈락 여부
⑤ 기둥의 침하, 변형, 변위(變位) 또는 흔들림 상태
⑥ 로프의 부착 상태 및 매단 장치의 흔들림 상태

▲ 해당 답안 중 3가지 선택 기재

**11** 휴먼에러에서 SWAIN의 심리적 오류 4가지를 쓰시오.(4점)

[산기0802/산기0902/산기1601/산기1801/산기2004/산기2302]

① 생략오류(Omission error)       ② 실행오류(Commission error)
③ 순서오류(Sequential error)      ④ 시간오류(Timing error)
⑤ 불필요한 행동오류(Extraneous error)  ⑥ 선택오류(Selection error)
⑦ 양적오류(Quantity error)

▲ 해당 답안 중 4가지 선택 기재

**12** 정보전달에 있어 청각적 장치보다 시각적 장치를 사용하는 것이 더 좋은 경우를 3가지를 쓰시오.(3점)

[산기1102/산기2004/산기2303]

① 정보의 내용이 복잡하고 길다.
② 정보의 내용이 즉각적인 행동을 요구하지 않는다.
③ 정보의 내용이 후에 재 참조된다.
④ 정보가 공간적인 위치를 다룬다.
⑤ 수신장소가 너무 시끄럽다.
⑥ 직무상 수신자가 한 곳에 머무른다.

▲ 해당 답안 중 3가지 선택 기재

**13** 그림에 해당하는 안전화 완성품의 성능시험 항목을 2가지 쓰시오.(4점) [산기2004/산기2101]

① 내압박성　　　　　　　　② 내충격성
③ 몸통과 겉창의 박리저항　　④ 내답발성

▲ 해당 답안 중 2가지 선택 기재

**01** MTTF와 MTTR를 설명하시오.(4점) [산기0802/산기1501/산기2003]

① MTTF(평균고장시간) : 제품 고장시 수명이 다 하는 것으로 고장까지의 평균시간
② MTTR(평균수리시간) : 고장 발생 순간부터 수리완료 후 정상작동 시까지의 평균시간

**02** 다음 재해를 분석하시오.(3점) [기사2002/산기2003]

> 작업자가 기름으로 인해 미끄러운 작업장 통로를 걷다 미끄러져 넘어지면서 밀링머신에 머리를 부딪쳐 부상을 당해 7일간 병원에 입원하였다.

① 사고유형 : 충돌(=부딪힘)
② 기인물 : 바닥의 기름
③ 가해물 : 밀링머신

**03** 가공기계에 주로 쓰이는 Fool Proof 중 고정가드와 인터록가드에 대한 설명을 쓰시오.(4점)

[산기1403/산기2003]

① 고정가드 : 기계장치에 고정된 가드로 개구부로부터 가공물과 공구 등을 넣어도 손은 위험영역에 머무르지 않게 한다.
② 인터록가드 : 기계식 작동 중에 개폐되는 경우 기계의 작동을 정지하게 한다.

**04** 슬레이트, 선라이트(Sunlight) 등 강도가 약한 재료로 덮은 지붕 위에서 작업을 할 때에 발이 빠지는 등 근로자가 위험해질 우려가 있는 경우 사업주가 취해야 할 조치 2가지를 쓰시오.(4점) [산기2003]

① 폭 30센티미터 이상의 발판을 설치
② 추락방호망을 설치

**05** 60[rpm]으로 회전하는 롤러기의 앞면 롤러기의 지름이 120[mm]인 경우 앞면 롤러의 표면속도와 관련 규정에 따른 급정지거리[mm]를 구하시오.(4점) [산기1202/산기2003/산기2301]

- 앞면 롤러의 표면속도 V = $\dfrac{\pi DN}{1,000}$ 이므로 대입하면 $\dfrac{\pi \times 120 \times 60}{1,000}$ = 22.619[m/min]이다.

- 급정지거리 기준에서 표면속도가 30[m/min] 미만인 경우 원주($\pi D$)의 $\dfrac{1}{3}$ 이내이므로 대입하면 $\pi \times 120 \times \dfrac{1}{3}$ = 125.663 = 125.66[mm] 이내가 되어야 한다.

**06** 고용노동부장관이 사업장의 사업주에게 안전보건진단을 받아 안전보건개선계획을 수립하여 시행할 것을 명할 수 있는 경우를 3가지 쓰시오.(6점) [산기1101/산기1602/산기1701/산기1802/산기2001/산기2003/산기2203/산기2301]

① 산업재해율이 같은 업종 평균 산업재해율의 2배 이상인 사업장
② 사업주가 필요한 안전·보건조치의무를 이행하지 아니하여 중대재해가 발생한 사업장
③ 직업성 질병자가 연간 2명 이상(상시근로자 1천명 이상 사업장의 경우 3명 이상) 발생한 사업장
④ 작업환경 불량, 화재·폭발 또는 누출사고 등으로 사업장 주변까지 피해가 확산된 사업장

▲ 해당 답안 중 3가지 선택 기재

**07** 변전설비에서 MOF의 역할 2가지를 쓰시오.(4점) [산기0503/산기2003]

① 대전류를 소전류로 변성
② 고전압을 저전압으로 변성

**08** 산업안전보건법에서 사업주가 근로자에게 시행해야 하는 안전보건교육의 종류 4가지를 쓰시오.(4점) [산기0602/산기0701/산기0903/산기1101/기사1601/기사1802/산기2003]

① 정기교육
② 채용 시의 교육
③ 작업내용 변경 시의 교육
④ 특별교육
⑤ 건설업 기초안전·보건교육

▲ 해당 답안 중 4가지 선택 기재

**09** 유한사면의 붕괴 유형 3가지를 쓰시오.(3점) [산기1202/산기1701/산기2003]

① 사면 내 붕괴(Slope failure)
② 사면선단 붕괴(Toe failure)
③ 사면저부 붕괴(Base failure)

**10** 안전표지판 명칭을 쓰시오.(6점) [산기1203/산기1603/산기2003]

① 낙하물경고　　　　② 폭발성물질경고　　　　③ 보안면착용

**11** 신뢰도에 따른 고장시기의 고장 종류 3가지와 고장률공식을 쓰시오.(4점) [산기1103/산기2003]

가) 고장종류 :　　　　① 초기고장
　　　　　　　　　　② 우발고장
　　　　　　　　　　③ 마모고장

나) 고장률($\lambda$) = $\dfrac{고장건수(r)}{총가동시간(t)}$

**12** 이황화탄소의 폭발상한계가 44.0vol%, 하한계가 1.2vol%라면 이 물질의 위험도를 계산하시오.(4점)

[산기1403/산기2003]

• 위험도 = $\dfrac{U-L}{L}$ = $\dfrac{44-1.2}{1.2}$ = 35.666 = 35.67이다.

**13** 산업안전보건법상 다음 기계·기구에 설치하여야 할 방호장치를 각각 1가지씩 쓰시오.(5점)

[산기1403/산기1901/산기2003/기사2004]

① 예초기                    ② 원심기                    ③ 공기압축기
④ 금속절단기              ⑤ 지게차

① 날 접촉예방장치
② 회전체 접촉예방장치
③ 압력방출장치
④ 날 접촉예방장치
⑤ 헤드가드, 백레스트, 전조등, 후미등, 안전벨트

▲ ⑤의 경우 답안 중 1가지 선택 기재

**01** 수인식 방호장치의 수인끈, 수인끈의 안내통, 손목밴드의 구비조건을 4가지 쓰시오.(4점)

[산기1202/산기1703/산기2002]

① 수인끈은 작업자와 작업공정에 따라 그 길이를 조정할 수 있어야 한다.
② 수인끈의 안내통은 끈의 마모와 손상을 방지할 수 있는 조치를 해야 한다.
③ 수인끈의 재료는 합성섬유로 직경이 4mm 이상이어야 한다.
④ 손목밴드(wrist band)의 재료는 유연한 내유성 피혁 또는 이와 동등한 재료를 사용해야 한다.
⑤ 손목밴드는 착용감이 좋으며 쉽게 착용할 수 있는 구조이어야 한다.

▲ 해당 답안 중 4가지 선택 기재


**02** 전기기계·기구에 대하여 누전에 의한 감전위험을 방지하기 위하여 해당 전로의 정격에 적합하고 감도가 양호하며 확실하게 작동하는 감전방지용 누전차단기를 설치해야 한다. 이의 기준에 대한 다음 내용의 빈칸을 채우시오.(3점)

[산기2002/기사2003]

> 가) 대지전압이 ( ① )V를 초과하는 이동형 또는 휴대형 전기기계·기구
> 나) 물 등 도전성이 높은 액체가 있는 ( ② )에서 사용하는 저압용 전기기계·기구
> 다) ( ③ ) 위 등 도전성이 높은 장소에서 사용하는 이동형 또는 휴대형 전기기계·기구
> 라) 임시배선의 전로가 설치되는 장소에서 사용하는 이동형 또는 휴대형 전기기계·기구

① 150                    ② 습윤장소                    ③ 철판·철골


**03** 다음은 안전보건개선계획에 대한 설명이다. 빈칸을 채우시오.(4점)

[산기2002/산기2302]

> 가) 사업주는 안전보건개선계획서 수립·시행 명령을 받은 날부터 ( ① ) 이내에 관할 지방고용노동관서의 장에게 해당 계획서를 제출(전자문서로 제출하는 것을 포함한다)해야 한다.
> 나) 지방고용노동관서의 장이 제61조에 따른 안전보건개선계획서를 접수한 경우에는 접수일부터 ( ② ) 이내에 심사하여 사업주에게 그 결과를 알려야 한다.

① 60일                    ② 15일

**04** 작업자가 연삭기 작업 중이다. 회전하는 연삭기와 덮개 사이에 재료가 끼어 숫돌 파편이 작업자에게 튀어 사망 사고가 발생하였다. 재해분석을 하시오.(3점)　　　　　　　　　　　　　　　　[산기1503/산기2002]

| 재해형태 | ① | 기인물 | ② | 가해물 | ③ |
|---|---|---|---|---|---|

① 비래(=맞음)　　　　　　　　② 연삭기　　　　　　　　③ 파편

**05** 화학설비의 안전성 평가 단계를 순서대로 나열하시오.(4점)

[산기0601/산기1002/기사1303/산기1702/기사1703/기사2001/산기2002]

① 정성적 평가　　　　　② 재평가　　　　　③ FTA 재평가
④ 대책검토　　　　　　　⑤ 자료정비　　　　　⑥ 정량적 평가

• ⑤ → ① → ⑥ → ④ → ② → ③

**06** 다음 FT도에서 시스템의 신뢰도는 약 얼마인가?(단, 발생확률은 ①,④는 0.05 ②,③은 0.1)(4점)

[산기1001/산기2002]

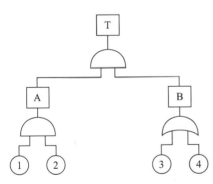

• 각 부품의 신뢰도가 아닌 고장 발생확률이 주어진 후 시스템의 신뢰도를 묻고 있는데 주의한다.
• A = 0.05 × 0.1 = 0.005
• B = 1 − (1 − 0.05)(1 − 0.1) = 0.145
• 발생확률 T = A × B = 0.005 × 0.145 = 0.000725
• 신뢰도 R(t) = 1 − 발생확률 = 1 − 0.000725 = 0.999275 = 1이 된다.

**07** 재해사례 연구순서를 순서대로 나열하시오.(4점)　　　　　　　　　[산기0502/산기1201/산기1401/산기2002]

• 재해 상황 파악 → 사실 확인 → 직접원인과 문제점 확인 → 근본 문제점 결정 → 대책 수립

**08** 밀폐공간에서 작업 시 밀폐공간 작업프로그램을 수립하여 시행하여야 한다. 밀폐공간 작업프로그램 내용을 3가지 쓰시오.(6점) [산기1602/산기2002]

① 사업장 내 밀폐공간의 위치 파악 및 관리 방안
② 밀폐공간 작업 시 사전 확인이 필요한 사항에 대한 확인 절차
③ 안전보건교육 및 훈련
④ 밀폐공간 내 질식·중독 등을 일으킬 수 있는 유해·위험 요인의 파악 및 관리 방안

▲ 해당 답안 중 3가지 선택 기재

**09** 달기 체인 사용금지기준이다. 다음 빈칸을 쓰시오.(4점) [산기1102/산기1402/기사1701/산기1703/기사2001/산기2002]

> 가) 달기 체인의 길이가 달기 체인이 제조된 때의 길이의 ( ① )%를 초과한 것
> 나) 링의 단면지름이 달기 체인이 제조된 때의 해당 링의 지름의 ( ② )%를 초과하여 감소한 것

① 5 ② 10

**10** 작업발판 일체형 거푸집 종류 3가지를 쓰시오.(6점) [산기1203/기사1301/산기1602/산기2002/기사2004]

① 갱폼 ② 슬립폼
③ 클라이밍폼 ④ 터널라이닝폼

▲ 해당 답안 중 3가지 선택 기재

**11** 안전표지판의 명칭을 쓰시오.(5점) [산기2002]

| ① | ② | ③ |
| --- | --- | --- |

① 금연　　　　　　　② 산화성물질경고　　　③ 고온 경고

**12** 크레인을 이용하여 4,200kN의 화물을 각도 60도로 들어 올릴 때 와이어로프 1가닥이 받는 하중[kN]을
계산하시오.(4점)

[산기]2002]

• 화물의 무게는 4,200kN이고, 각도는 60도이므로 대입하면 $\dfrac{\dfrac{4,200}{2}}{\cos\dfrac{60}{2}} = 2,424.87[kN]$이다.

**13** 산업안전보건법상 사업주가 근로자에게 시행해야 하는 근로자 정기안전·보건교육의 내용을 4가지 쓰시오.
(4점)

[산기0901/기사1903/산기2002/기사2203]

① 산업안전 및 사고 예방에 관한 사항
② 산업보건 및 직업병 예방에 관한 사항
③ 위험성 평가에 관한 사항
④ 산업안전보건법령 및 산업재해보상보험 제도에 관한 사항
⑤ 직무스트레스 예방 및 관리에 관한 사항
⑥ 직장 내 괴롭힘, 고객의 폭언 등으로 인한 건강장해 예방 및 관리에 관한 사항
⑦ 유해·위험 작업환경 관리에 관한 사항
⑧ 건강증진 및 질병 예방에 관한 사항

▲ 해당 답안 중 4가지 선택 기재
  ※ ①~⑥은 근로자 및 관리감독자 정기교육, 채용 시 및 작업내용 변경 시 교육의 공통내용임

**01** 물질안전보건자료 작성 시 포함되어야 할 항목 16가지 중 5가지를 쓰시오.(단, 그 밖의 참고사항은 제외한다) (5점)

[기사0701/산기0902/기사1101/기사1602/산기2001]

① 유해성 · 위험성
② 응급조치 요령
③ 폭발 · 화재 시 대처방법
④ 누출사고 시 대처방법
⑤ 노출방지 및 개인보호구
⑥ 안정성 및 반응성
⑦ 독성에 관한 정보
⑧ 환경에 미치는 영향
⑨ 운송에 필요한 정보
⑩ 법적규제 현황
⑪ 화학제품과 회사에 관한 정보
⑫ 구성성분의 명칭과 함유량
⑬ 취급 및 저장 방법
⑭ 물리화학적 특성
⑮ 폐기 시 주의사항

▲ 해당 답안 중 5가지 선택 기재

**02** 조명은 근로자 작업환경에서 중요한 요소이다. 근로자가 상시 작업하는 다음 장소의 작업면 조도(照度) 기준을 쓰시오.(단, 갱내(坑內) 작업장과 감광재료(感光材料)를 취급하는 작업장은 제외한다)(4점)

[기사0503/기사1002/산기1202/산기1602/기사1603/산기1802/산기1803/산기2001]

• 초정밀작업 : ( ① )Lux 이상
• 정밀작업 : ( ② )Lux 이상
• 보통작업 : ( ③ )Lux 이상
• 그 밖의 작업 : ( ④ )Lux 이상

① 750
② 300
③ 150
④ 75

**03** Fool Proof를 간단하게 설명하시오.(4점)

[산기0603/산기2001]

• 기계 조작에 익숙하지 않은 사람이나 기계의 위험성 등을 이해하지 못한 사람이라도 기계 조작 시 조작 실수를 하지 않도록 하는 기능으로 작업자가 기계 설비를 잘못 취급하더라도 사고가 일어나지 않도록 하는 기능을 말한다.

**04** 고용노동부장관이 사업장의 사업주에게 안전보건진단을 받아 안전보건개선계획을 수립하여 시행할 것을 명할 수 있는 경우를 3가지 쓰시오.(6점)  [산기1101/산기1602/산기1701/산기1802/산기2001/산기2003/산기2203/산기2301]

① 산업재해율이 같은 업종 평균 산업재해율의 2배 이상인 사업장
② 사업주가 필요한 안전·보건조치의무를 이행하지 아니하여 중대재해가 발생한 사업장
③ 직업성 질병자가 연간 2명 이상(상시근로자 1천명 이상 사업장의 경우 3명 이상) 발생한 사업장
④ 작업환경 불량, 화재·폭발 또는 누출사고 등으로 사업장 주변까지 피해가 확산된 사업장

▲ 해당 답안 중 3가지 선택 기재

**05** 유해하거나 위험한 설비를 취급하여 공정안전보고서를 제출해야 하는 사업의 종류를 4가지 쓰시오.(4점)  [산기1303/산기2001/산기2301]

① 원유 정제처리업
② 기타 석유정제물 재처리업
③ 석유화학계 기초화학물질 제조업 또는 합성수지 및 기타 플라스틱물질 제조업
④ 질소 화합물, 질소·인산 및 칼리질 화학비료 제조업 중 질소질 비료 제조
⑤ 복합비료 및 기타 화학비료 제조업 중 복합비료 제조(단순혼합 또는 배합은 제외)
⑥ 화학 살균·살충제 및 농업용 약제 제조업[농약 원제(原劑) 제조만 해당]
⑦ 화약 및 불꽃제품 제조업

▲ 해당 답안 중 4가지 선택 기재

**06** 산업안전보건법상 안전·보건표지 색도기준에 대해서 빈칸을 넣으시오.(5점)  [산기0701/기사1602/산기2001]

| 색채 | 색도 | 용도 | 사용례 |
|---|---|---|---|
| 빨간색 | ( ① ) | 금지 | 정지, 소화설비, 유해행위 금지 |
| | | 경고 | 화학물질 취급장소에서의 유해 및 위험 경고 |
| ( ② ) | 5Y 8.5/12 | 경고 | 화학물질 취급장소에서의 유해·위험경고 이외의 위험경고, 주의표지 또는 기계방호물 |
| 파란색 | 2.5PB 4/10 | ( ③ ) | 특정 행위의 지시 및 사실의 고지 |
| 녹색 | 2.5G 4/10 | ( ④ ) | 비상구 및 피난소, 사람 또는 차량의 통행표지 |
| ( ⑤ ) | N9.5 | | 파란색 또는 녹색에 대한 보조색 |
| 검정색 | N0.5 | | 문자 및 빨간색 또는 노란색에 대한 보조색 |

① 7.5R 4/14  ② 노란색  ③ 지시
④ 안내  ⑤ 흰색

**07** 기계설비의 운동부분에 형성되는 위험점의 종류를 3가지 쓰시오.(3점) [산기|2001]

① 협착점        ② 끼임점        ③ 절단점

④ 접선물림점     ⑤ 물림점        ⑥ 회전말림점

▲ 해당 답안 중 3가지 선택 기재

**08** 자율안전확인대상 방호장치의 종류를 4가지 쓰시오.(4점) [산기|1103/산기|1201/산기|1303/산기|1603/산기|1702/산기|2001]

① 아세틸렌 용접장치용 또는 가스집합 용접장치용 안전기

② 교류 아크용접기용 자동전격방지기

③ 롤러기 급정지장치

④ 연삭기 덮개

⑤ 목재 가공용 둥근톱 반발 예방장치와 날 접촉 예방장치

⑥ 동력식 수동대패용 칼날 접촉 방지장치

⑦ 추락·낙하 및 붕괴 등의 위험 방지 및 보호에 필요한 가설기자재 중 고용노동부장관이 정한 것

▲ 해당 답안 중 4가지 선택 기재

**09** 피뢰기의 구비조건 5가지를 쓰시오.(5점) [산기|2001]

① 충격파 방전개시전압이 낮을 것

② 제한전압이 낮을 것

③ 상용주파방전개시전압이 높을 것

④ 방전내량이 클 것

⑤ 속류를 차단할 수 있을 것

**10** 차량계 건설기계를 사용하는 작업을 하는 경우에는 작업계획서를 작성하고 그 계획에 따라 작업을 하도록 하여야 한다. 작업계획에 포함되어야 할 내용을 3가지 쓰시오.(3점) [산기|1803/산기|2001]

① 사용하는 차량계 건설기계의 종류 및 성능

② 차량계 건설기계의 운행경로

③ 차량계 건설기계에 의한 작업방법

**11** 위험예지훈련 기초 4라운드 기법의 진행순서를 쓰시오.(4점)  [산기0601/산기1003/기사1503/기사1902/산기2001]

① 1단계 : 현상파악  ② 2단계 : 본질추구
③ 3단계 : 대책수립  ④ 4단계 : 목표설정

**12** 건설현장의 지난 한 해 동안 근무상황이 다음과 같은 경우에 도수율을 구하시오.(단, 소수점 2번째 자리에서 반올림하시오)(5점)  [산기2001]

- 연평균근로자수 : 540명
- 연간작업일수 : 300일
- 연간재해발생건수 : 30건
- 1일 작업시간 : 8시간
- 근로손실일수 : 27일

• 도수율은 1백만 시간동안 작업 시의 재해발생건수이므로 연간총근로시간을 계산하면 $540 \times 300 \times 8 = 1,296,000$시간이다. 따라서 도수율은 $\frac{30}{1,296,000} \times 1,000,000 = 23.148 \cdots$이다.

• 주어진 조건에 따라 소수점 2번째 자리에서 반올림하면 23.1이 된다.

**13** 산업안전보건법상 계단의 구조에 대한 설명이다.(   ) 안을 채우시오.(3점)  [기사1302/기사1603/산기2001/산기2303]

가) 사업주는 계단 및 계단참을 설치하는 경우 매제곱미터당 ( ① )kg 이상의 하중에 견딜 수 있는 강도를 가진 구조로 설치하여야 하며, 안전율은 ( ② ) 이상으로 하여야 한다.
나) 사업주는 계단을 설치하는 경우 그 폭을 1미터 이상으로 하여야 한다.
다) 사업주는 높이가 3미터를 초과하는 계단에 높이 3미터 이내마다 진행방향으로 길이 ( ③ )m 이상의 계단참을 설치하여야 한다.
라) 사업주는 높이 1미터 이상인 계단의 개방된 측면에 안전난간을 설치하여야 한다.

① 500  ② 4  ③ 1.2

**01** 평균근로자 100명, 1일 8시간 1년 300일 작업하는 사업장에서 한 해 동안 사망 1명, 14급 장애 2명, 휴업일수 가 37일이 발생했을 경우 해당 사업장의 강도율을 계산하시오.(4점)    [산기1903]

- 연간총근로시간은 100명×8시간×300일 = 240,000시간이다.
- 사망 1명의 근로손실일수는 7,500일이고, 14급 장애는 50일이다. 휴업일수 37일을 근로손실일수로 변환하면 $37\times\frac{300}{365}$ = 30.41이다. 따라서 근로손실일수의 합계를 구하면 7,500+2×50+30.41=7,630.41이 된다.

- 계산한 값을 대입하면 강도율은 $\frac{7,630.41}{240,000}\times 1,000 = 31.79$가 된다.

**02** 로봇의 작동범위 내에서 그 로봇에 관하여 교시 등의 작업을 하는 때 작업 시작 전 점검사항 3가지를 쓰시오. (6점)    [산기1101/산기1903]

① 외부 전선의 피복 또는 외장의 손상 유무
② 매니퓰레이터(Manipulator) 작동의 이상 유무
③ 제동장치 및 비상정지장치의 기능

**03** "관계자 외 출입금지" 표지 종류 3가지를 쓰시오.(6점)    [기사1103/산기1302/기사1603/산기1903]

① 허가대상유해물질 취급
② 석면취급 및 해체·제거
③ 금지 유해물질 취급

**04** 공정흐름도에 표시해야 할 사항 3가지를 쓰시오.(6점)    [산기1203/산기1903]

① 물질 및 열수지
② 모든 주요 공정의 유체흐름
③ 공정을 이해할 수 있는 제어계통과 주요 밸브
④ 주요장치 및 회전기기의 명칭과 주요 명세
⑤ 모든 원료 및 공급유체와 중간제품의 압력과 온도
⑥ 주요장치 및 회전기기의 유체 입·출구 표시

▲ 해당 답안 중 3가지 선택 기재

**05** 비계 등 가설재의 구비요건을 3가지 쓰시오.(3점) [산기|1903]

① 안전성
② 작업성
③ 경제성

**06** 가스 방폭구조의 종류 5가지를 쓰시오.(5점) [산기0502/산기1903]

① 내압방폭구조(d)
② 압력방폭구조(p)
③ 충전방폭구조(q)
④ 유입방폭구조(o)
⑤ 안전증방폭구조(e)
⑥ 본질안전방폭구조(ia, ib)
⑦ 몰드방폭구조(m)
⑧ 비점화방폭구조(n)

▲ 해당 답안 중 5가지 선택 기재

**07** TLV-TWA의 정의를 쓰시오.(3점) [산기0702/산기1903]

• TLV-TWA(Threshold Limit Value-Time Weighted Average)는 1일 8시간 작업하는 동안에 폭로된 유해물질의 시간 가중 평균농도 상한치를 말한다.

**08** 히빙이 일어나기 쉬운 지반과 발생원인 2가지를 쓰시오.(4점) [산기0901/산기1401/산기1903]

가) 지반조건 : 연약성 점토지반
나) 발생원인
    ① 흙막이 벽체의 근입장 부족
    ② 흙막이 벽체 내·외의 중량차
    ③ 지표 재하중

▲ 나)의 답안 중 2가지 선택 기재

**09** 부주의 현상 중 다른 곳에 주의를 돌리는 것을 무엇이라고 하는지 쓰시오.(3점)  [산기1903]

- 의식의 우회

**10** 기계 및 재료에 대한 검사방법 중 제품의 파괴없이 외부에서 검사하는 방법을 비파괴검사라고 한다. 이에 해당하는 구체적인 검사방법을 4가지만 쓰시오.(4점)  [산기0702/산기1903]

① 음향탐상검사
② 초음파탐상검사
③ 자분탐상시험
④ 와류탐상시험
⑤ 방사선투과검사
⑥ 침투탐상검사
⑦ 누설검사
⑧ 육안검사
⑨ 적외선탐상검사

▲ 해당 답안 중 4가지 선택 기재

**11** 정량적 지침의 설계 요령을 4가지 쓰시오.(4점)  [산기1903]

① 선각이 약 20도 정도 되는 뾰족한 지침을 사용할 것
② 지침의 끝은 작은 눈금과 맞닿되 겹치지 않도록 할 것
③ 원형 눈금일 경우 지침의 색은 선단에서 눈금의 중심까지 칠할 것
④ 시차를 없애기 위해 지침은 눈금면과 밀착할 것

**12** THERP에 대해서 간략히 설명하시오.(3점)  [산기1903]

- 인간의 과오를 정량적으로 평가하기 위한 기법으로 제품의 결함을 감소시키고, 인간공학적 대책을 수립하는데 사용되는 분석기법이다.

**13** 사업장에서 발생하는 각종 산업재해에 대한 재해조사의 목적을 2가지 쓰시오.(4점) [산기0503/산기1903]

① 재해 발생원인 및 결함 규명
② 동종 및 유사재해 재발 방지
③ 재해예방 자료수집

▲ 해당 답안 중 2가지 선택 기재

**01** 승강기의 설치·조립·수리·점검 또는 해체 작업을 하는 경우 안전조치 사항 3가지를 쓰시오.(3점)

[산기1202/산기1902]

① 작업을 지휘하는 사람을 선임하여 그 사람의 지휘하에 작업을 실시할 것
② 작업할 구역에 관계 근로자가 아닌 사람의 출입을 금지하고 그 취지를 보기 쉬운 장소에 표시할 것
③ 비, 눈, 그 밖에 기상상태의 불안정으로 날씨가 몹시 나쁜 경우에는 그 작업을 중지시킬 것

**02** 기계설비에 형성되는 위험점 5가지를 쓰시오.(5점)

[산기0901/산기0902/산기1301/산기1902/산기2001]

① 협착점      ② 끼임점      ③ 절단점
④ 접선물림점      ⑤ 물림점      ⑥ 회전말림점

▲ 해당 답안 중 5가지 선택 기재

**03** 압력용기 안전검사의 주기에 관한 내용이다. 검사주기를 쓰시오.(3점)

[산기1401/산기1902]

① 사업장에 설치가 끝난 날부터 ( ① )년 이내에 최초 안전검사를 실시한다.
② 그 이후부터 ( ② )년마다 안전검사를 실시한다.
③ 공정안전보고서를 제출하여 확인을 받은 압력용기는 ( ③ )년마다 안전검사를 실시한다.

① 3         ② 2         ③ 4

**04** 콘크리트로 옹벽을 축조할 경우의 안정 검토사항을 3가지 쓰시오.(3점)

[기사0803/기사1403/산기1902]

① 활동에 대한 안정검토
② 전도에 대한 안정검토
③ 지반지지력에 대한 안정검토
④ 원호활동에 대한 안정검토

▲ 해당 답안 중 3가지 선택 기재

**05** 산업안전보건법상 크레인에 대한 위험방지를 위하여 설치할 방호장치를 3가지만 쓰시오.(5점)

[산기0603/산기1902]

① 과부하방지장치
② 권과방지장치
③ 비상정지장치 및 제동장치

**06** 산업안전보건법상 보호구의 안전인증 제품에 표시하여야 하는 사항을 4가지 쓰시오.(단, 인증마크는 제외한다)(4점) [기사0902/산기1001/산기1902/기사1903]

① 형식 또는 모델명      ② 규격 또는 등급 등
③ 제조자명      ④ 제조번호 및 제조연월
⑤ 안전인증번호

▲ 해당 답안 중 4가지 선택 기재

**07** 25℃, 1기압에서 일산화탄소(CO)의 허용농도가 10ppm일 때 이를 $mg/m^3$ 단위로 환산하면 얼마인가?(단, 원자량은 C : 12, O : 16이다)(5점) [산기1902]

• 일산화탄소의 분자량은 12+16=28g이다.
• 10ppm이므로 이는 $28 \times 10^{-5}$g이고 이는 $28 \times 10^{-2}$mg이다.
• PV=nRT에서 변수에 해당하는 부피과 온도를 묶어내면 V/T = nR/P = 일정해야 하므로 대입하면

$$\frac{22.4}{(0+273)} = \frac{V}{(25+273)}$$ 가 되어야 한다. 즉, $V = \frac{22.4 \times 298}{273} - 24.4512 \cdots [L]$가 된다.

• 즉, 일산화탄소 허용농도가 10ppm이라는 것은 $\frac{28 \times 10^{-2}}{24.4512}$[mg/L]라는 의미인데 구하고자 하는 바는 $[mg/m^3]$이

므로 1,000[L]가 $1m^3$을 적용하면 $\frac{280}{24.4512} = 11.45 [mg/m^3]$가 된다.

**08** 목재 가공용 둥근톱에 대한 방호장치 중 분할 날의 두께를 구하는 식을 쓰시오.(4점) [산기1902]

• $1.1\ t_1 \leqq t_2 < b$ ($t_1$ : 톱 두께, $t_2$ : 분할 날 두께, b : 치진폭(齒振幅))

**09** 다음 기호의 방폭구조의 명칭을 쓰시오.(5점)  [기사0803/기사1001/산기1003/산기1902/기사2004]

| 방폭기호 | 방폭구조 |
|---|---|
| q | ① |
| e | ② |
| m | ③ |
| n | ④ |
| ia, ib | ⑤ |

① 충전방폭구조        ② 안전증방폭구조        ③ 몰드방폭구조
④ 비점화방폭구조      ⑤ 본질안전방폭구조

**10** 근로자가 1시간 동안 1분당 7.5[kcal]의 에너지를 소모하는 작업을 수행하는 경우 ① 관계식 ② 휴식시간을 각각 구하시오.(단, 작업에 대한 권장 에너지 소비량은 분당 4[kcal])(6점)  [산기1902]

• 휴식 중 에너지 소모량이 주어지지 않았으므로 1.5kcal로 생각한다.

① 주어진 값을 대입하면 휴식시간 $R = \dfrac{60(E-4)}{E-1.5} = \dfrac{60(7.5-4)}{7.5-1.5}$

② 계산하면 $\dfrac{210}{6} = 35[분]$이다.

**11** 산업안전보건법상 산업안전보건위원회의 구성 중 근로자위원과 사용자위원을 각각 2가지씩 쓰시오.(4점)  [산기1003/산기1902]

가) 근로자위원
   ① 근로자대표
   ② 근로자대표가 지명하는 1명 이상의 명예산업안전감독관
   ③ 근로자대표가 지명하는 9명 이내의 해당 사업장의 근로자
나) 사용자위원
   ① 해당 사업의 대표자
   ② 안전관리자 1명
   ③ 보건관리자 1명
   ④ 산업보건의
   ⑤ 해당 사업의 대표자가 지명하는 9명 이내의 해당 사업장 부서의 장

▲ 해당 답안 중 각각 2가지 선택 기재

**12** 동작경제의 3원칙을 쓰시오.(3점)           [산기1003/산기1902]

① 신체사용에 관한 원칙
② 작업장 배치의 원칙
③ 공구 및 설비 디자인의 원칙

**13** 인간이 현존하는 기계를 능가하는 조건을 5가지 쓰시오.(5점)      [산기1902]

① 관찰을 통해서 일반화하여 귀납적 추리를 한다.
② 완전히 새로운 해결책을 도출할 수 있다.
③ 원칙을 적용하여 다양한 문제를 해결할 수 있다.
④ 상황에 따라 변하는 복잡한 자극 형태를 식별할 수 있다.
⑤ 다양한 경험을 토대로 하여 의사 결정을 한다.
⑥ 주위의 예기치 못한 사건들을 감지하고 처리하는 임기응변 능력이 있다.

▲ 해당 답안 중 5가지 선택 기재

**01** 크레인을 사용하여 작업할 때 작업 시작 전 점검사항을 3가지 쓰시오.(6점)   [기사1501/기사1802/산기1901]

① 권과방지장치·브레이크·클러치 및 운전장치의 기능
② 주행로의 상측 및 트롤리(Trolley)가 횡행하는 레일의 상태
③ 와이어로프가 통하고 있는 곳의 상태

**02** 산업안전보건법에 따라 반응 폭주 등 급격한 압력 상승 우려가 있는 경우 설치해야 하는 것은?(3점)

[산기1901]

• 파열판

**03** 관리대상 유해물질을 제조하거나 사용하는 작업장에 게시하여야 하는 사항을 4가지 쓰시오.(4점)

[산기1901]

① 관리대상 유해물질의 명칭
② 인체에 미치는 영향
③ 취급상의 주의사항
④ 착용하여야 할 보호구
⑤ 응급조치와 긴급 방재 요령

▲ 해당 답안 중 4가지 선택 기재

**04** 소음작업 시 근로자에게 알려줘야 할 사항 3가지를 쓰시오.(6점)   [산기1901]

① 해당 작업장소의 소음 수준
② 인체에 미치는 영향과 증상
③ 보호구의 선정과 착용방법

**05** 하인리히가 제시한 재해예방의 기본 4원칙을 쓰시오.(4점)

[기사0803/기사1001/기사1402/산기1602/기사1803/산기1901]

① 예방가능의 원칙
② 손실우연의 원칙
③ 원인연계의 원칙
④ 대책선정의 원칙

**06** 어느 사업장의 근로자수가 500명이고, 연간 10건의 재해가 발생하고, 6명의 사상자가 발생했을 경우 도수율과 연천인율을 구하시오.(단, 하루 9시간 250일 근무)(4점)

[산기0901/산기1303/산기1901]

① 도수율 $= \dfrac{\text{재해건수}}{\text{연근로시간수}} \times 1,000,000 = \dfrac{10}{500 \times 9 \times 250} \times 1,000,000 = 8.888 = 8.89$이다.

② 연천인율 $= \dfrac{\text{연간재해자수}}{\text{연평균근로자수}} \times 1,000 = \dfrac{6}{500} \times 1,000 = 12$가 된다.

**07** 전기화재의 분류와 적응 소화기 3가지를 쓰시오.(6점)

[산기1201/산기1901]

가) 분류 : C급 화재
나) 소화기 : ① 분말소화기
② 이산화탄소소화기
③ 할론소화기
④ 무상수 소화기

▲ 나)의 답안 중 3가지 선택 기재

**08** 교류아크용접기에 필요한 방호장치를 쓰시오.(3점)

[산기1901]

• 자동전격방지기

**09** 산업안전보건법상 사업 내 안전 · 보건교육에 대한 교육시간을 쓰시오.(3점)

[산기0802/산기1503/산기1703/산기1901]

| 교 육 과 정 | 교 육 대 상 | 교 육 시 간 |
|---|---|---|
| 정기교육 | 사무직 종사 근로자 | 매반기 ( ① )시간 이상 |
| | 관리감독자의 지위에 있는 사람 | 연간 ( ② )시간 이상 |
| 채용 시의 교육 | 일용근로자 및 근로계약기간이 1주일 이하인 기간제 근로자 | ( ③ )시간 이상 |
| | 일용근로자 및 기간제근로자를 제외한 근로자 | ( ④ )시간 이상 |
| 작업내용 변경 시의 교육 | 일용근로자 및 근로계약기간이 1주일 이하인 기간제 근로자 | ( ⑤ )시간 이상 |
| | 일용근로자 및 기간제근로자를 제외한 근로자 | ( ⑥ )시간 이상 |

① 6              ② 16              ③ 1
④ 8              ⑤ 1              ⑥ 2

**10** 산업안전보건법상 다음 기계 · 기구에 설치하여야 할 방호장치를 각각 1가지씩 쓰시오.(4점)

[산기1403/산기1901/산기2003/기사2004]

① 예초기              ② 원심기
③ 공기압축기          ④ 금속절단기

① 날 접촉예방장치
② 회전체 접촉예방장치
③ 압력방출장치
④ 날 접촉예방장치

**11** 다음 보기의 사업장에 선임해야 할 안전관리자의 수와 그 근거를 쓰시오.(4점)

[산기1901]

공사금액 1,600억의 건설공사로 상시근로자 700명이 종사하는 사업장

• 건설업에서의 안전관리자는 상시근로자의 수와는 상관없이 공사금액으로 결정된다.
• 공사금액이 1,600억원이므로 공사금액 1,500억원 이상 2,200억원 미만에 해당하므로 3명이다.
① 3명
② 공사금액 1,500억원 이상 2,200억원 미만에 해당하므로

**12** 안전관리조직의 형태 3가지를 쓰시오.(3점)  [산기0601/산기0602/산기1901]

① 직계식(Line) 조직
② 참모식(Staff) 조직
③ 직계·참모식(Line·Staff) 조직

**13** 다음 FT도에서 정상사상 $G_1$의 고장발생확률을 소수점 아래 넷째자리에서 반올림하여 구하시오.(단, 기본사상 $X_1$, $X_2$, $X_3$, $X_4$의 발생확률은 각각 0.03, 0.37, 0.2, 0.2이다)(5점)  [산기1901]

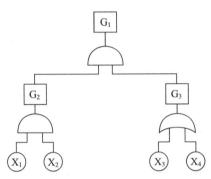

- $G_2 = X_1 \cdot X_2 = 0.03 \times 0.37 = 0.0111$ 이다.
- $G_3 = X_3 + X_4 = 1 - (1-0.2)(1-0.2) = 0.36$ 이다.
- $G_1 = G_2 \cdot G_3 = 0.0111 \times 0.36 = 0.003996 = 0.004$ 이다.

**01** 목재가공용 둥근톱기계에 부착하여야 하는 방호장치 2가지를 쓰시오.(4점)  [산기1001/산기1803]

① 반발예방장치
② 톱날 접촉예방장치

**02** 산업안전보건법상 안전인증대상 기계 · 기구 등이 안전기준에 적합한지를 확인하기 위하여 안전인증기관이 심사하는 심사의 종류 3가지와 심사기간을 쓰시오.(단, 국내에서 제조된 것으로 제품 심사에 대한 내용은 제외한다)(6점)  [산기1202/산기1803/산기2303]

① 예비심사 : 7일
② 서면심사 : 15일
③ 기술능력 및 생산체계 심사 : 30일

**03** 교류아크용접기용 자동전격방지기에 관한 내용이다. 빈칸을 채우시오.(4점)  [산기1601/산기1803]

( ① ) : 용접봉을 모재로부터 분리시킨 후 주접점이 개로되어 용접기 2차측 ( ② )이 전격방지기의 25V 이하로 될 때까지의 시간

① 지동시간                    ② 무부하전압

**04** 지반의 붕괴, 구축물의 붕괴 또는 토석의 낙하 등에 의하여 근로자가 위험해질 우려가 있는 경우 그 위험을 방지하기 위한 조치사항 2가지를 쓰시오.(4점)  [산기1803]

① 지반은 안전한 경사로 하고 낙하의 위험이 있는 토석을 제거하거나 옹벽, 흙막이 지보공 등을 설치할 것
② 지반의 붕괴 또는 토석의 낙하 원인이 되는 빗물이나 지하수 등을 배제할 것
③ 갱내의 낙반 · 측벽 붕괴의 위험이 있는 경우에는 지보공을 설치하고 부석을 제거하는 등 필요한 조치를 할 것

▲ 해당 답안 중 2가지 선택 기재

**05** 근로자의 추락 등에 의한 위험을 방지하기 위하여 설치하는 안전난간의 주요 구성요소 4가지를 쓰시오. (4점) [산기1803]

① 상부 난간대  ② 중간 난간대
③ 발끝막이판  ④ 난간기둥

**06** 산업안전보건법상 산업재해가 발생한 때에 사업주가 기록·보존해야 하는 사항 4가지를 쓰시오.(4점) [산기1703/산기1803]

① 사업장의 개요 및 근로자의 인적사항
② 재해 발생의 일시 및 장소
③ 재해 발생의 원인 및 과정
④ 재해 재발방지 계획

**07** 공기압축기 사용 시 작업 시작 전 점검사항을 3가지 쓰시오.(6점) [산기0602/산기1003/기사1602/산기1703/산기1801/산기1803/기사1902]

① 공기저장 압력용기의 외관 상태
② 회전부의 덮개 또는 울
③ 압력방출장치의 기능
④ 윤활유의 상태
⑤ 드레인밸브(drain valve)의 조작 및 배수
⑥ 언로드밸브(unloading valve)의 기능

▲ 해당 답안 중 3가지 선택 기재

**08** 산업안전보건법상 작업장의 조도기준에 관한 다음 사항에서 (　)에 알맞은 내용을 쓰시오.(3점) [기사0503/기사1002/산기1202/산기1602/기사1603/산기1802/산기1803/산기2001]

• 초정밀작업 : ( ① )Lux 이상
• 정밀작업 : ( ② )Lux 이상
• 보통작업 : ( ③ )Lux 이상

① 750  ② 300  ③ 150

**09** 차량계 건설기계를 사용하는 작업을 하는 경우에는 작업계획서를 작성하고 그 계획에 따라 작업을 하도록 하여야 한다. 작업계획에 포함되어야 할 내용을 3가지 쓰시오.(3점)　　　　　　　[산기1803/산기2001]

① 사용하는 차량계 건설기계의 종류 및 성능
② 차량계 건설기계의 운행경로
③ 차량계 건설기계에 의한 작업방법

**10** 프레스 등의 금형을 부착·해체 또는 조정하는 작업을 할 때에 해당 작업에 종사하는 근로자의 신체가 위험한계 내에 있는 경우 슬라이드가 갑자기 작동함으로써 근로자에게 발생할 우려가 있는 위험을 방지하기 위하여 필요한 조치를 쓰시오.(3점)　　　　　　　[산기1803]

• 안전블록 사용

**11** 다음은 보일러에 설치하는 압력방출장치에 대한 안전기준이다. (　)안에 적당한 수치나 내용을 써 넣으시오. (3점)　　　　　　　[산기1803]

> 가) 사업주는 보일러의 안전한 가동을 위하여 보일러 규격에 맞는 압력방출장치를 1개 또는 2개 이상 설치하고 최고사용압력 이하에서 작동되도록 하여야 한다. 다만 압력방출장치가 2개 이상 설치된 경우에는 최고사용 압력 이하에서 1개가 작동되고, 다른 압력방출장치는 최고 사용압력 ( ① )배 이하에서 작동되도록 부착하여 야 한다.
> 나) 압력방출장치는 매년 ( ② )회 이상 설정압력에서 압력방출장치가 적정하게 작동하는지를 검사한 후 ( ③ )으로 봉인하여 사용하여야 한다.

① 1.05　　　　　　　② 1　　　　　　　③ 납

**12** 출입금지표지를 그리고, 표지판의 색과 문자의 색을 적으시오.(5점)　　　　[기사0702/기사1402/산기1803/기사2001]

① 바탕 : 흰색
② 도형 : 빨간색
③ 화살표 : 검정색

**13** 연평균 근로자의 수가 120명인 A작업장에서 연간 6건의 재해가 발생하였을 경우 도수율은 얼마인가?(단, 일 8시간, 연 300일 작업)(6점)

[산기1803]

• 연간총근로시간은 $120 \times 8 \times 300 = 288,000$시간이다.

• 연간재해건수가 6건이므로 도수율은 $\dfrac{6}{288,000} \times 1,000,000 = 20.83$이 된다.

**01** 항타기, 항발기의 안전사항이다. 다음 괄호 안을 채우시오.(4점)   [산기1801/산기1802]

> 가) 연약한 지반에 설치하는 때에는 아웃트리거·받침 등 지지구조물의 침하를 방지하기 위하여 ( ① ) 등을 사용할 것
> 나) 아웃트리거·받침 등 지지구조물이 미끄러질 우려가 있는 경우에는 ( ② ) 등을 사용하여 해당 지지구조물을 고정시킬 것
> 다) 궤도 또는 차로 이동하는 항타기 또는 항발기에 대하여는 불시에 이동하는 것을 방지하기 위하여 ( ③ ) 등으로 고정시킬 것
> 라) 상단 부분은 ( ④ )로 고정하여 안정시키고, 그 하단 부분은 견고한 버팀·말뚝 또는 철골 등으로 고정시킬 것

① 깔판, 받침목  ② 말뚝 또는 쐐기
③ 레일클램프 및 쐐기  ④ 버팀대·버팀줄

**02** 프레스 및 전단기 방호장치 3가지를 적으시오.(3점)   [산기1802]

① 광전자식  ② 양수조작식
③ 수인식  ④ 손쳐내기식
⑤ 가드식

▲ 해당 답안 중 3가지 선택 기재

**03** 롤러의 방호장치에 관한 사항이다. 다음 괄호 안을 채우시오.(6점)   [기사0802/산기1801/산기1802/기사2101]

| 종류 | 설치위치 |
|---|---|
| 손 조작식 | 밑면에서 ( ① )m 이내 |
| ( ② )조작식 | 밑면에서 0.8m 이상 1.1m 이내 |
| 무릎 조작식 | 밑면에서 ( ③ )m 이내 |

① 1.8  ② 복부  ③ 0.6

**04** 산업안전보건법상 작업장의 조도기준에 관한 다음 사항에서 ( )에 알맞은 내용을 쓰시오.(3점)

[기사0503/기사1002/산기1202/산기1602/기사1603/산기1802/산기1803/산기2001]

- 초정밀작업 : ( ① )Lux 이상
- 보통작업 : ( ③ )Lux 이상
- 정밀작업 : ( ② )Lux 이상

① 750                    ② 300                    ③ 150

**05** 위험물질에 대한 설명이다. 빈칸을 쓰시오.(4점)

[산기1501/산기1601/산기1802]

가) 인화성 액체 : 에틸에테르, 가솔린, 아세트알데히드, 산화프로필렌, 그 밖에 인화점이 섭씨 ( ① ) 미만이고
   초기끓는점이 섭씨 35℃ 이하인 물질
나) 인화성 액체 : 크실렌, 아세트산아밀, 등유, 경유, 테레핀유, 이소아밀알코올, 아세트산, 하이드라진, 그
   밖에 인화점이 섭씨 ( ② ) 이상 섭씨 60℃ 이하인 물질
다) 부식성 산류 : 농도가 ( ③ )% 이상인 염산, 황산, 질산, 그 밖에 이와 같은 정도 이상의 부식성을 가지는
   물질
라) 부식성 산류 : 농도가 ( ④ )% 이상인 인산, 아세트산, 불산, 그 밖에 이와 같은 정도 이상의 부식성을
   가지는 물질

① 23                     ② 23
③ 20                     ④ 60

**06** 강렬한 소음작업을 나타내고 있다. 다음 빈칸을 채우시오.(4점)

[산기1201/산기1802]

가) 90dB 이상의 소음이 1일 ( ① )시간 이상 발생되는 작업
나) 100dB 이상의 소음이 1일 ( ② )시간 이상 발생되는 작업
다) 105dB 이상의 소음이 1일 ( ③ )시간 이상 발생되는 작업
라) 110dB 이상의 소음이 1일 ( ④ )시간 이상 발생되는 작업

① 8                      ② 2
③ 1                      ④ 0.5

**07** 전압에 따른 전원의 종류를 구분하여 쓰시오.(6점)  [산기0701/산기1101/산기1502/산기1802]

| 구 분 | 직 류 | 교 류 |
|---|---|---|
| 저압 | ( ① )V 이하 | ( ② )V 이하 |
| 고압 | ( ③ )V 초과 ~ ( ④ )V 이하 | ( ⑤ )V 초과 ~ ( ⑥ )V 이하 |
| 특고압 | ( ⑦ )V 초과 | |

① 1,500  ② 1,000  ③ 1,500

④ 7,000  ⑤ 1,000  ⑥ 7,000

⑦ 7,000

**08** 지게차의 작업 시작 전 점검사항 4가지를 쓰시오.(4점)  [산기1001/산기1502/산기1702/기사1702/산기1802]

① 제동장치 및 조종장치 기능의 이상 유무
② 하역장치 및 유압장치 기능의 이상 유무
③ 바퀴의 이상 유무
④ 전조등·후미등·방향지시기 및 경음기 기능의 이상 유무

**09** 밀폐공간에서의 작업에 대한 특별안전보건교육을 실시할 때 정규직 근로자의 교육내용 4가지를 쓰시오.(단, 그 밖에 안전·보건관리에 필요한 사항을 제외함)(4점)  [산기1402/산기1802/산기2102]

① 산소농도 측정 및 작업환경에 관한 사항
② 사고 시의 응급처치 및 비상 시 구출에 관한 사항
③ 보호구 착용 및 사용방법에 관한 사항
④ 작업내용·안전작업방법 및 절차에 관한 사항
⑤ 장비·설비 및 시설 등의 안전점검에 관한 사항

▲ 해당 답안 중 4가지 선택 기재

**10** 사다리식 통로에 대한 내용이다. 다음 괄호 안을 채우시오.(3점)  [산기0802/산기1802]

가) 사다리의 상단은 걸쳐놓은 지점으로부터 ( ① )cm 이상 올라가도록 할 것
나) 사다리식 통로의 길이가 10미터 이상인 경우에는 ( ② )m 이내마다 ( ③ )을 설치할 것

① 60  ② 5  ③ 계단참

**11** 말비계의 조립에 관한 내용이다. 다음 괄호 안을 채우시오.(4점)  [산기1802]

> 가) 지주부재와 수평면의 기울기를 ( ① )도 이하로 하고, 지주부재와 지주부재 사이를 고정시키는 ( ② )를 설치할 것
> 나) 말비계의 높이가 2미터를 초과하는 경우에는 작업발판의 폭을 ( ③ )cm 이상으로 할 것

① 75          ② 보조부재          ③ 40

**12** 고용노동부장관이 사업장의 사업주에게 안전보건진단을 받아 안전보건개선계획을 수립하여 시행할 것을 명할 수 있는 경우를 3가지 쓰시오.(6점)  [산기1101/산기1602/산기1701/산기1802/산기2001/산기2003/산기2203/산기2301]

① 산업재해율이 같은 업종 평균 산업재해율의 2배 이상인 사업장
② 사업주가 필요한 안전·보건조치의무를 이행하지 아니하여 중대재해가 발생한 사업장
③ 직업성 질병자가 연간 2명 이상(상시근로자 1천명 이상 사업장의 경우 3명 이상) 발생한 사업장
④ 작업환경 불량, 화재·폭발 또는 누출사고 등으로 사업장 주변까지 피해가 확산된 사업장

▲ 해당 답안 중 3가지 선택 기재

**13** 다음에 설명하는 금지표지판 명칭을 쓰시오.(4점)  [산기1503/산기1802]

> ① 사람이 걸어 다녀서는 안 되는 장소
> ② 엘리베이터 등에 타는 것이나 어떤 장소에 올라가는 것을 금지
> ③ 수리 또는 고장 등으로 만지거나 작동시키는 것을 금지해야 할 기계·기구 및 설비
> ④ 정리 정돈 상태의 물체나 움직여서는 안 될 물체를 보존하기 위하여 필요한 장소

① 보행금지          ② 탑승금지
③ 사용금지          ④ 물체이동금지

**01** 공기압축기 사용 시 작업 시작 전 점검사항을 3가지 쓰시오.(3점)

[산기0602/산기1003/기사1602/산기1703/산기1801/산기1803/기사1902]

① 공기저장 압력용기의 외관 상태　② 회전부의 덮개 또는 울
③ 압력방출장치의 기능　④ 윤활유의 상태
⑤ 드레인밸브(drain valve)의 조작 및 배수　⑥ 언로드밸브(unloading valve)의 기능

▲ 해당 답안 중 3가지 선택 기재

**02** 안전관리자 업무(직무) 4가지를 쓰시오.(4점)　[산기0703/산기1201/산기1301/산기1401/산기1502/산기1603/산기1801]

① 산업안전보건위원회 또는 안전·보건에 관한 노사협의체에서 심의·의결한 업무와 사업장의 안전보건관리규정 및 취업규칙에서 정한 업무
② 위험성 평가에 관한 보좌 및 조언·지도
③ 안전인증대상과 자율안전확인대상 기계·기구 등 구입 시 적격품의 선정에 관한 보좌 및 조언·지도
④ 사업장 안전교육계획의 수립 및 안전교육 실시에 관한 보좌 및 조언·지도
⑤ 사업장 순회점검·지도 및 조치의 건의
⑥ 산업재해 발생의 원인 조사·분석 및 재발 방지를 위한 기술적 보좌 및 조언·지도
⑦ 산업재해에 관한 통계의 유지·관리·분석을 위한 보좌 및 조언·지도
⑧ 안전에 관한 사항의 이행에 관한 보좌 및 조언·지도
⑨ 업무수행 내용의 기록·유지

▲ 해당 답안 중 4가지 선택 기재

**03** 휴먼에러에서 SWAIN의 심리적 오류 4가지를 쓰시오.(4점)

[산기0802/산기0902/산기1601/산기1801/산기2004/산기2302]

① 생략오류(Omission error)　② 실행오류(Commission error)
③ 순서오류(Sequential error)　④ 시간오류(Timing error)
⑤ 불필요한 행동오류(Extraneous error)　⑥ 선택오류(Selection error)
⑦ 양적오류(Quantity error)

▲ 해당 답안 중 4가지 선택 기재

**04** 롤러의 방호장치에 관한 사항이다. 다음 괄호 안을 채우시오.(6점)    [기사0802/산기1801/산기1802/기사2101]

| 종류 | 설치위치 |
|---|---|
| 손 조작식 | 밑면에서 ( ① )m 이내 |
| ( ② ) 조작식 | 밑면에서 0.8m 이상 1.1m 이내 |
| 무릎 조작식 | 밑면에서 ( ③ )m 이내 |

① 1.8                         ② 복부                         ③ 0.6

**05** 위험장소 경고표지를 그리고 표지판의 색과 모형의 색을 적으시오.(4점)    [기사1102/산기1801/기사2102]

① 바탕 : 노란색
② 도형 및 테두리 : 검은색

**06** 폭풍, 폭우 및 폭설 등의 악천후로 인하여 작업을 중지시킨 후 또는 비계를 조립·해체하거나 변경한 후 작업재개 시 작업 시작 전 점검하고, 이상이 발견되면 즉각 보수하여야 하는 항목을 구체적으로 3가지를 쓰시오.(6점)    [기사0502/기사1003/기사1201/기사1203/기사1302/기사1303/산기1402/기사1602/산기1801/기사2001/산기2004/산기2303]

① 발판 재료의 손상여부 및 부착 또는 걸림 상태
② 해당 비계의 연결부 또는 접속부의 풀림 상태
③ 연결재료 및 연결철물의 손상 또는 부식 상태
④ 손잡이의 탈락 여부
⑤ 기둥의 침하, 변형, 변위(變位) 또는 흔들림 상태
⑥ 로프의 부착 상태 및 매단 장치의 흔들림 상태

▲ 해당 답안 중 3가지 선택 기재

**07** 산업안전보건법상 사업주가 기계·기구 또는 설비에 설치한 방호장치를 해체하는 경우와 그 사유가 없어진 후의 조치사항을 쓰시오.(4점)    [산기1801]

① 해체하는 경우 : 방호장치의 수리, 조정, 교체 작업을 하는 경우
② 사유가 없어진 경우 조치사항 : 방호장치가 정상적인 기능을 발휘할 수 있도록 해야 한다.

**08** 항타기, 항발기의 안전사항이다. 다음 괄호 안을 채우시오.(4점)  [산기1801/산기1802]

> 가) 연약한 지반에 설치하는 때에는 아웃트리거·받침 등 지지구조물의 침하를 방지하기 위하여 ( ① ) 등을 사용할 것
> 나) 아웃트리거·받침 등 지지구조물이 미끄러질 우려가 있는 경우에는 ( ② ) 등을 사용하여 해당 지지구조물을 고정시킬 것
> 다) 궤도 또는 차로 이동하는 항타기 또는 항발기에 대하여는 불시에 이동하는 것을 방지하기 위하여 ( ③ ) 등으로 고정시킬 것
> 라) 상단 부분은 ( ④ )로 고정하여 안정시키고, 그 하단 부분은 견고한 버팀·말뚝 또는 철골 등으로 고정시킬 것

① 깔판, 받침목       ② 말뚝 또는 쐐기
③ 레일클램프 및 쐐기       ④ 버팀대·버팀줄

**09** 산업안전보건기준에 관한 규칙에서 정의한 각 위험에 맞는 보호구를 쓰시오.(5점)  [산기1801]

> ① 물체가 떨어지거나 날아올 위험 또는 근로자가 추락할 위험이 있는 작업
> ② 높이 또는 깊이 2미터 이상의 추락할 위험이 있는 장소에서 하는 작업
> ③ 물체의 낙하·충격, 물체에의 끼임, 감전 또는 정전기의 대전(帶電)에 의한 위험이 있는 작업
> ④ 물체가 흩날릴 위험이 있는 작업
> ⑤ 용접 시 불꽃이나 물체가 흩날릴 위험이 있는 작업
> ⑥ 감전의 위험이 있는 작업
> ⑦ 고열에 의한 화상 등의 위험이 있는 작업

① 안전모       ② 안전대       ③ 안전화
④ 보안경       ⑤ 보안면       ⑥ 절연용보호구
⑦ 방열복

**10** 화학설비의 탱크 내 작업 시 특별안전보건교육내용을 4가지 쓰시오.(단, 그 밖에 안전·보건관리에 필요한 사항은 제외)(4점)  [산기0501/산기1801/산기2101]

① 차단장치·정지장치 및 밸브 개폐장치의 점검에 관한 사항
② 탱크 내의 산소농도 측정 및 작업환경에 관한 사항
③ 안전보호구 및 이상 발생 시 응급조치에 관한 사항
④ 작업절차·방법 및 유해·위험에 관한 사항

11 정격부하전류 50[A] 미만이고, 대지전압이 150[V]를 초과하는 이동형 전기기계·기구에 감전방지용 누전 차단기의 정격감도전류 및 작동시간을 쓰시오.(4점) [기사0603/기사0903/기사1502/산기1801]

| 정격감도전류 ( ① )mA 이하, 작동시간 ( ② )초 이내 |
|---|

① 30　　　　　　　　　　　　　　② 0.03

12 다음 시스템의 신뢰도를 계산하시오.(4점) [산기0502/산기1801]

• 신뢰도는 $0.8×[1-(1-0.7)(1-0.7)]×0.9 = 0.655 = 0.66$이다.

13 대상화학물질을 양도하거나 제공하는 자는 물질안전보건자료의 기재내용을 변경할 필요가 생긴 때에는 이를 물질안전보건자료에 반영하여 대상 화학물질을 양도받거나 제공받은 자에게 신속하게 제공하여야 한다. 제공하여야 하는 내용을 3가지 쓰시오.(단, 그 밖에 고용노동부령으로 정하는 사항은 제외)(3점) [기사1402/산기1801]

① 제품명(구성성분의 명칭 및 함유량의 변경이 없는 경우로 한정한다)
② 물질안전보건자료대상물질을 구성하는 화학물질의 명칭 및 함유량(제품명의 변경 없이 구성성분의 명칭 및 함유량만 변경된 경우로 한정한다)
③ 건강 및 환경에 대한 유해성 및 물리적 위험성

**01** FTA에 사용되는 사상기호의 명칭을 쓰시오.(4점)

[산기0903/산기1703/산기2303]

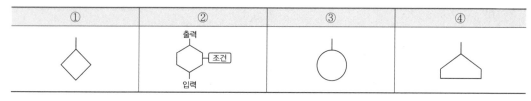

| ① | ② | ③ | ④ |
|---|---|---|---|

① 생략사상
③ 기본사상
② 억제게이트
④ 통상사상

**02** 산업안전보건법상 산업재해가 발생한 때에 사업주가 기록·보존해야 하는 사항 4가지를 쓰시오.(4점)

[산기1703/산기1803]

① 사업장의 개요 및 근로자의 인적사항
② 재해 발생의 일시 및 장소
③ 재해 발생의 원인 및 과정
④ 재해 재발 방지계획

**03** 산업안전보건법상 사업 내 안전·보건교육에 대한 교육시간을 쓰시오.(4점)

[산기0802/산기1503/산기1703/산기1901]

| 교육과정 | 교육 대상 | 교육 시간 |
|---|---|---|
| 정기교육 | 사무직 종사 근로자 | 매반기 ( ① )시간 이상 |
|  | 관리감독자의 지위에 있는 사람 | 연간 ( ② )시간 이상 |
| 채용 시의 교육 | 일용근로자 | ( ③ )시간 이상 |
| 작업내용 변경 시의 교육 | 일용근로자 | ( ④ )시간 이상 |

① 6
③ 1
② 16
④ 1

**04** 공정안전보고서에 포함되어야 할 사항을 4가지 쓰시오.(4점)

[산기0803/산기0903/기사1001/기사1403/산기1501/기사1602/기사1703/산기1703]

① 공정안전자료
② 공정위험성 평가서
③ 안전운전계획
④ 비상조치계획

**05** 공기압축기 사용 시 작업 시작 전 점검사항을 3가지 쓰시오.(6점)

[산기0602/산기1003/기사1602/산기1703/산기1801/산기1803/기사1902]

① 공기저장 압력용기의 외관 상태
② 회전부의 덮개 또는 울
③ 압력방출장치의 기능
④ 윤활유의 상태
⑤ 드레인밸브(drain valve)의 조작 및 배수
⑥ 언로드밸브(unloading valve)의 기능

▲ 해당 답안 중 3가지 선택 기재

**06** 양중기에 사용하는 달기 체인의 사용금지 기준을 2가지 쓰시오.(4점)

[산기1102/산기1402/기사1701/산기1703/기사2001/산기2002]

① 달기 체인의 길이가 달기 체인이 제조된 때의 길이의 5%를 초과한 것
② 링의 단면지름이 달기 체인이 제조된 때의 해당 링의 지름의 10%를 초과하여 감소한 것

**07** 수인식 방호장치의 수인끈, 수인끈의 안내통, 손목밴드의 구비조건을 4가지 쓰시오.(4점)

[산기1202/산기1703/산기2002]

① 수인끈은 작업자와 작업공정에 따라 그 길이를 조정할 수 있어야 한다.
② 수인끈의 안내통은 끈의 마모와 손상을 방지할 수 있는 조치를 해야 한다.
③ 수인끈의 재료는 합성섬유로 직경이 4mm 이상이어야 한다.
④ 손목밴드(wrist band)의 재료는 유연한 내유성 피혁 또는 이와 동등한 재료를 사용해야 한다.
⑤ 손목밴드는 착용감이 좋으며 쉽게 착용할 수 있는 구조이어야 한다.

▲ 해당 답안 중 4가지 선택 기재

**08** 폭발방지를 위한 불활성화방법 중 퍼지의 종류를 3가지 쓰시오.(3점)  [산기0801/산기1002/산기1703]

① 진공퍼지                    ② 압력퍼지
③ 스위프퍼지                  ④ 사이펀퍼지

▲ 해당 답안 중 3가지 선택 기재


**09** 안전보건개선계획에 포함사항 3가지를 쓰시오.(3점)  [산기0503/산기1203/산기1703]

① 시설
② 안전·보건관리체제
③ 안전·보건교육
④ 산업재해예방 및 작업환경의 개선을 위하여 필요한 사항

▲ 해당 답안 중 3가지 선택 기재


**10** 경고표지 중 무색바탕에 그림색은 검정색 또는 빨간색에 해당하는 표지 5개를 쓰시오.(5점)  [산기1703]

① 인화성물질경고
② 부식성물질경고
③ 급성독성물질경고
④ 산화성물질경고
⑤ 폭발성물질경고


**11** 강풍에 대한 주행 크레인, 양중기, 승강기의 안전기준이다. 다음 (  )에 답을 쓰시오.(6점)

[산기0701/산기1301/산기1703]

① 폭풍에 의한 주행 크레인의 이탈방지 조치 : 풍속 (  )m/s 초과
② 폭풍에 의한 건설용 리프트에 대하여 받침의 수를 증가시키는 등 그 붕괴 등을 방지하기 위한 조치 :
   풍속 (  )m/s 초과
③ 폭풍에 의한 옥외용 승강기의 받침의 수 증가 등 무너짐 방지 조치 : 풍속 (  )m/s 초과

① 30                    ② 35                    ③ 35

**12** 2m에서의 조도가 120lux일 경우, 3m에서의 조도는 얼마인지 구하시오.(4점) [산기1703]

- 2m에서 조도가 120lux이므로 광도는 $120 \times 2^2 = 480[cd]$이다.

- 광도가 $480[cd]$이고, 거리가 3m이므로 조도는 $\dfrac{480}{3^2} = 53.33 \text{lux}$이다.

**13** 산업안전보건법상 사업주는 충전전로에서의 전기작업 등에서 절연용 보호구, 절연용 방호구, 활선작업용 기구, 활선작업용 장치에 대하여 각각의 사용목적에 적합한 종별·재질 및 치수의 것을 사용하여야 하는데 이의 적용을 받지 않는 기준을 쓰시오.(4점) [산기1703]

- 대지전압이 30볼트 이하인 전기기계·기구·배선 또는 이동전선

**01** TWI교육내용 4가지를 쓰시오.(4점)  [산기|0902/산기|1702]

① 작업지도기법  ② 작업개선기법
③ 인간관계기법  ④ 안전작업방법

**02** 정전전로에서의 전기작업을 위해 전로를 차단하여야 한다. 전로 차단 절차 6단계를 쓰시오.(5점)

[산기|1603/산기|1702/산기|2302]

① 1단계 : 전원의 확인
② 2단계 : 단로기 등을 개방하고 확인
③ 3단계 : 차단장치나 단로기 등에 잠금장치 및 꼬리표를 부착할 것
④ 4단계 : 잔류전하를 완전히 방전시킬 것
⑤ 5단계 : 검전기를 이용 기기의 충전여부 확인
⑥ 6단계 : 단락 접지기구를 이용하여 접지

**03** 자율안전확인대상 방호장치의 종류를 4가지 쓰시오.(4점)  [산기|1103/산기|1201/산기|1303/산기|1603/산기|1702/산기|2001]

① 아세틸렌 용접장치용 또는 가스집합 용접장치용 안전기
② 교류 아크용접기용 자동전격방지기
③ 롤러기 급정지장치
④ 연삭기 덮개
⑤ 목재 가공용 둥근톱 반발 예방장치와 날 접촉 예방장치
⑥ 동력식 수동대패용 칼날 접촉 방지장치
⑦ 추락·낙하 및 붕괴 등의 위험 방지 및 보호에 필요한 가설기자재 중 고용노동부장관이 정한 것

▲ 해당 답안 중 4가지 선택 기재

**04** 화학설비의 안전성 평가 단계를 순서대로 쓰시오.(5점)

[산기|0601/산기|1002/기사|1303/산기|1702/기사|1703/기사|2001/산기|2002]

• 관계 자료의 검토 → 정성적 평가 → 정량적 평가 → 안전대책 → 재해정보 → FTA에 의한 재평가

**05** 관리감독자의 유해·위험방지 업무에 있어서 밀폐공간에서의 작업 시 직무수행내용 4가지를 쓰시오.(4점)

[산기1702]

① 산소가 결핍된 공기나 유해가스에 노출되지 않도록 작업 시작 전에 해당 근로자의 작업을 지휘하는 업무
② 작업을 하는 장소의 공기가 적절한지를 작업 시작 전에 측정하는 업무
③ 측정장비·환기장치 또는 공기호흡기 또는 송기마스크를 작업 시작 전에 점검하는 업무
④ 근로자에게 공기호흡기 또는 송기마스크의 착용을 지도하고 착용 상황을 점검하는 업무

**06** 화학물질을 취급하는 작업장에서 취급하는 대상 화학물질의 물질안전보건자료를 근로자에게 교육해야 한다. 이때의 교육내용 4가지를 쓰시오.(4점)

[산기1701/산기1702]

① 대상 화학물질의 명칭(또는 제품명)
② 물리적 위험성 및 건강 유해성
③ 취급상의 주의사항
④ 적절한 보호구
⑤ 응급조치 요령 및 사고 시 대처방법
⑥ 물질안전보건자료 및 경고표지를 이해하는 방법

▲ 해당 답안 중 4가지 선택 기재

**07** 관리감독자의 유해·위험방지 업무에 있어서 아세틸렌 용접장치를 사용하는 금속의 용접·용단 또는 가열작업에서의 수행업무를 4가지 쓰시오.(4점)

[산기1702]

① 작업방법을 결정하고 작업을 지휘하는 일
② 안전기는 작업 중 그 수위를 쉽게 확인할 수 있는 장소에 놓고 1일 1회 이상 점검하는 일
③ 발생기 사용을 중지하였을 때에는 물과 잔류 카바이드가 접촉하지 않은 상태로 유지하는 일
④ 작업에 종사하는 근로자의 보안경 및 안전장갑의 착용 상황을 감시하는 일
⑤ 아세틸렌 용접작업을 시작할 때에는 아세틸렌 용접장치를 점검하고 발생기 내부로부터 공기와 아세틸렌의 혼합가스를 배제하는 일
⑥ 아세틸렌 용접장치 내의 물이 동결되는 것을 방지하기 위하여 아세틸렌 용접장치를 보온하거나 가열할 때에는 온수나 증기를 사용하는 등 안전한 방법으로 하도록 하는 일
⑦ 발생기를 수리·가공·운반 또는 보관할 때에는 아세틸렌 및 카바이드에 접촉하지 않은 상태로 유지하는 일

▲ 해당 답안 중 4가지 선택 기재

**08** 흙막이 지보공을 설치하였을 때에는 정기적으로 점검하고 이상을 발견하면 즉시 보수하여야 사항 4가지를 쓰시오.(4점)  [산기1702/기사1903]

① 부재의 손상·변형·부식·변위 및 탈락의 유무와 상태
② 버팀대의 긴압의 정도
③ 부재의 접속부·부착부 및 교차부의 상태
④ 침하의 정도

**09** 산업현장에서 사용되고 있는 출입금지 표지판의 배경반사율이 80%이고, 관련 그림의 반사율이 20%일 때 이 표지판의 대비를 구하시오.(4점)  [산기0803/산기1403/산기1702]

• 대비 $= \dfrac{L_b - L_t}{L_b} \times 100 = \dfrac{80-20}{80} \times 100 = 75[\%]$ 이다.

**10** 지게차, 구내운반차의 사용 전 점검사항 4가지를 쓰시오.(4점)  [산기1001/산기1502/산기1702/기사1702/산기1802]

① 제동장치 및 조종장치 기능의 이상 유무
② 하역장치 및 유압장치 기능의 이상 유무
③ 바퀴의 이상 유무
④ 전조등·후미등·방향지시기 및 경음기 기능의 이상 유무

**11** 산업안전보건법에 따라 반드시 파열판을 설치해야 하는 경우 2가지를 쓰시오.(4점)

[기사1003/산기1702/기사1703/기사2004/산기2102/산기2201/산기2303]

① 반응 폭주 등 급격한 압력 상승 우려가 있는 경우
② 급성독성물질의 누출로 인하여 주위의 작업환경을 오염시킬 우려가 있는 경우
③ 운전 중 안전밸브에 이상 물질이 누적되어 안전밸브가 작동되지 아니할 우려가 있는 경우

▲ 해당 답안 중 2가지 선택 기재

**12** 이동식크레인을 이용한 작업을 시작하기 전에 점검해야 할 사항 3가지를 쓰시오.(3점)

[기사0803/기사1603/산기1702]

① 권과방지장치나 그 밖의 경보장치의 기능
② 브레이크·클러치 및 조정장치의 기능
③ 와이어로프가 통하고 있는 곳 및 작업 장소의 지반상태

**13** 거푸집 동바리 등을 조립하는 경우 준수사항으로 다음 빈칸을 채우시오.(6점)

[산기0903/산기1702]

> 가) 동바리로 사용하는 강관에 대해서는 높이 2m 이내마다 수평연결재를 ( ① )개 방향으로 만들고 수평연결재의 변위는 방지할 것
> 나) 동바리로 사용하는 파이프 서포트에 대해서는 높이가 ( ② )m를 초과하는 경우에는 높이 2m 이내마다 수평연결재를 ( ③ )개 방향으로 만들고 수평연결재의 변위를 방지할 것
> 다) 동바리로 사용하는 조립강주에 대해서는 높이가 ( ④ )m를 초과하는 경우에는 높이 4m 이내마다 수평연결재를 ( ⑤ )개 방향으로 설치하고 수평연결재의 변위를 방지할 것
> 라) 동바리로 사용하는 목재에 대해서는 높이 2m 이내마다 수평연결재를 ( ⑥ )개 방향으로 만들고 수평연결재의 변위를 방지할 것

① 2                    ② 3.5                    ③ 2
④ 4                    ⑤ 2                      ⑥ 2

**01** 정전용량이 12[pF]인 도체가 프로판가스 상에 존재할 때 폭발사고가 발생할 수 있는 최소 대전전위를 구하시오.(단, 프로판가스의 최소발화에너지는 0.25[mJ])(6점)  [산기|0803/산기|1701]

- 발화에너지의 양(E)은 $\frac{1}{2}CV^2$으로 구한다. 이 식을 대전전위(전압)를 기준으로 정리하면 $V = \sqrt{\frac{2E}{C}}$ 가 된다.

- 주어진 값을 대입하면 $V = \sqrt{\frac{2 \times 0.25 \times 10^{-3}}{12 \times 10^{-12}}} = 6454.972 = 6454.97[V]$가 된다.

**02** 화물의 하중을 직접 지지하는 달기와이어로프의 안전계수와 와이어로프를 사용할 수 없는 경우 3가지를 쓰시오.(5점)  [산기|0801/산기|1701]

가) 화물의 하중을 직접 지지하는 달기와이어로프의 안전계수는 5 이상이어야 한다.

나) 와이어로프를 사용할 수 없는 경우

    ① 이음매가 있는 것
    ② 와이어로프의 한 꼬임에서 끊어진 소선의 수가 10퍼센트 이상인 것
    ③ 지름의 감소가 공칭지름의 7퍼센트를 초과하는 것
    ④ 꼬인 것
    ⑤ 심하게 변형되거나 부식된 것
    ⑥ 열과 전기충격에 의해 손상된 것

▲ 나)의 답안 중 3가지 선택 기재

**03** 다음 그림은 와이어로프이다. 아래에 적당한 내용을 쓰시오.(3점)  [산기|0803/산기|1701]

6 × Fi(29)

① 6 :

② Fi :

③ 29 :

① 스트랜드수          ② 필러형          ③ 소선수

**04** 고용노동부장관이 사업장의 사업주에게 안전보건진단을 받아 안전보건개선계획을 수립하여 시행할 것을 명할 수 있는 경우를 2가지 쓰시오.(4점)  [산기1101/산기1602/산기1701/산기1802/산기2001/산기2003/산기2203/산기2301]

① 산업재해율이 같은 업종 평균 산업재해율의 2배 이상인 사업장

② 사업주가 필요한 안전·보건조치의무를 이행하지 아니하여 중대재해가 발생한 사업장

③ 직업성 질병자가 연간 2명 이상(상시근로자 1천명 이상 사업장의 경우 3명 이상) 발생한 사업장

④ 작업환경 불량, 화재·폭발 또는 누출사고 등으로 사업장 주변까지 피해가 확산된 사업장

▲ 해당 답안 중 2가지 선택 기재

**05** 다음은 차광보안경에 관한 내용이다. 빈칸을 채우시오.(3점)  [산기1303/산기1701]

가) ( ① ) : 착용자의 시야를 확보하는 보안경의 일부로서 렌즈 및 플레이트 등을 말한다.
나) ( ② ) : 필터와 플레이트의 유해광선을 차단할 수 있는 능력을 말한다.
다) ( ③ ) : 필터 입사에 대한 투과 광속의 비를 말한다.

① 접안경                    ② 차광도 번호                    ③ 시감투과율

**06** 유한사면의 붕괴 유형 3가지를 쓰시오.(3점)  [산기1202/산기1701/산기2003]

① 사면 내 붕괴(Slope failure)

② 사면선단 붕괴(Toe failure)

③ 사면저부 붕괴(Base failure)

**07** 화학물질을 취급하는 작업장에서 취급하는 대상 화학물질의 물질안전보건자료를 근로자에게 교육해야 한다. 이때의 교육내용 4가지를 쓰시오.(4점)  [산기1701/산기1702]

① 대상 화학물질의 명칭(또는 제품명)

② 물리적 위험성 및 건강 유해성

③ 취급상의 주의사항

④ 적절한 보호구

⑤ 응급조치 요령 및 사고 시 대처방법

⑥ 물질안전보건자료 및 경고표지를 이해하는 방법

▲ 해당 답안 중 4가지 선택 기재

**08** 화학설비 안전거리를 쓰시오.(4점)    [산기1202/산기1701/산기2301]

> ① 사무실·연구실·실험실·정비실 또는 식당으로부터 단위공정시설 및 설비, 위험물질의 저장탱크, 위험물질 하역설비, 보일러 또는 가열로의 사이
> ② 위험물질 저장탱크로부터 단위공정 시설 및 설비, 보일러 또는 가열로의 사이

① 20m                          ② 20m

**09** 산업안전보건법상 실시하는 특수건강진단의 시기를 쓰시오.(6점)    [산기1301/산기1701]

| ① 벤젠 | ② 소음 | ③ 석면 |
|--------|--------|--------|

① 2개월 이내              ② 12개월 이내              ③ 12개월 이내

**10** A, B, C 발생확률이 각각 0.15이고, 직렬로 접속되어 있다. 고장사상을 정상사상으로 하는 FT도와 발생확률을 구하시오.(5점)    [산기1402/산기1701]

• 고장사상을 정상사상으로 하는 경우 직렬인 경우 OR게이트로 연결하고, 병렬인 경우는 AND게이트로 연결한다.

① FT도 (고장사상발생 확률)

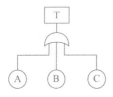

② 확률 T = 1−(1−0.15)(1−0.15)(1−0.15) = 0.385 = 0.39 가 된다.

**11** 10톤 화물을 각도 60도로 들어 올릴 때 1가닥이 받는 하중[ton]은?(5점)    [산기1101/산기1701]

• 화물의 무게는 10톤이고, 각도는 60도이므로 대입하면 $\dfrac{\frac{10}{2}}{\cos\frac{60}{2}}$ = 5.773 = 5.77[ton]이다.

**12** 누적외상성질환(CTD) 3가지를 쓰시오.(3점)  [산기1201/산기1701]

① 반복적인 동작
② 부적절한 작업자세
③ 무리한 힘의 사용
④ 날카로운 면과의 신체접촉
⑤ 진동 및 온도 등

▲ 해당 답안 중 3가지 선택 기재

**13** 경사면에서 드럼통 등의 중량물을 취급하는 경우 준수할 사항을 2가지 쓰시오.(4점)  [산기1701]

① 구름멈춤대, 쐐기 등을 이용하여 중량물의 동요나 이동을 조절할 것
② 중량물이 구르는 방향인 경사면 아래로는 근로자의 출입을 제한할 것

**01** 다음에 해당되는 비계의 조립간격을 ( )에 기술하시오(4점)

[산기0601/산기1201/산기1603]

| 종류 | 조립간격(단위 : m) | |
|---|---|---|
| | 수직방향 | 수평방향 |
| 통나무 비계 | 5.5 | ( ① ) |
| 단관 비계 | ( ② ) | 5 |
| 틀비계(높이가 5m 미만의 것을 제외한다) | ( ③ ) | ( ④ ) |

① 7.5  ② 5

③ 6  ④ 8

**02** 적응기제에 관한 설명이다. 빈칸을 채우시오.(4점)

[산기1302/산기1603/산기2303]

| 적응기제 | 설명 |
|---|---|
| ① | 자신의 결함과 무능에 의하여 생긴 열등감이나 긴장을 해소시키기 위하여 장점 같은 것으로 그 결함을 보충하려는 행동 |
| ② | 자기의 실패나 약점을 그럴 듯한 이유를 들어 남에 비난을 받지 않도록 하는 기제 |
| ③ | 억압당한 욕구를 다른 가치 있는 목적을 실현하도록 노력함으로써 욕구를 충족하는 기제 |
| ④ | 자신의 불만이나 불안을 해소시키기 위해서 남에게 뒤집어씌우는 방식의 기제 |

① 보상  ② 합리화

③ 승화  ④ 투사

**03** 산업안전보건법상 건설업 중 유해·위험방지계획서의 제출사업 4가지를 쓰시오.(4점)

[산기1002/산기1603/기사1701]

① 터널의 건설 등 공사

② 최대 지간(支間)길이가 50미터 이상인 다리의 건설등 공사

③ 깊이 10미터 이상인 굴착공사

④ 연면적 5천제곱미터 이상인 냉동·냉장 창고시설의 설비공사 및 단열공사

⑤ 다목적댐, 발전용댐, 저수용량 2천만톤 이상의 용수 전용 댐 및 지방상수도 전용 댐의 건설등 공사

⑥ 지상높이가 31미터 이상인 건축물 또는 인공구조물의 건설등 공사

⑦ 연면적 3만제곱미터 이상인 건축물의 건설등 공사

▲ 해당 답안 중 4가지 선택 기재

**04** 안전표지판 명칭을 쓰시오.(4점)  [산기1203/산기1603/산기2003]

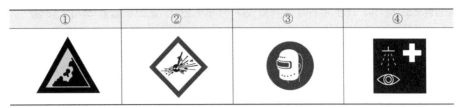

| ① | ② | ③ | ④ |
|---|---|---|---|

① 낙하물경고  ② 폭발성물질경고
③ 보안면착용  ④ 세안장치

**05** 안전관리자 업무(직무) 4가지를 쓰시오.(4점)  [산기0703/산기1201/산기1301/산기1401/산기1502/산기1603/산기1801]

① 산업안전보건위원회 또는 안전·보건에 관한 노사협의체에서 심의·의결한 업무와 사업장의 안전보건관리규정
  및 취업규칙에서 정한 업무
② 위험성 평가에 관한 보좌 및 조언·지도
③ 안전인증대상과 자율안전확인대상 기계·기구 등 구입 시 적격품의 선정에 관한 보좌 및 조언·지도
④ 사업장 안전교육계획의 수립 및 안전교육 실시에 관한 보좌 및 조언·지도
⑤ 사업장 순회점검·지도 및 조치의 건의
⑥ 산업재해 발생의 원인 조사·분석 및 재발 방지를 위한 기술적 보좌 및 조언·지도
⑦ 산업재해에 관한 통계의 유지·관리·분석을 위한 보좌 및 조언·지도
⑧ 안전에 관한 사항의 이행에 관한 보좌 및 조언·지도
⑨ 업무수행 내용의 기록·유지

▲ 해당 답안 중 4가지 선택 기재

**06** 자율안전확인대상 방호장치의 종류를 4가지 쓰시오.(4점)  [산기1103/산기1201/산기1303/산기1603/산기1702/산기2001]

① 아세틸렌 용접장치용 또는 가스집합 용접장치용 안전기
② 교류 아크용접기용 자동전격방지기
③ 롤러기 급정지장치
④ 연삭기 덮개
⑤ 목재 가공용 둥근톱 반발 예방장치와 날 접촉 예방장치
⑥ 동력식 수동대패용 칼날 접촉 방지장치
⑦ 추락·낙하 및 붕괴 등의 위험 방지 및 보호에 필요한 가설기자재 중 고용노동부장관이 정한 것

▲ 해당 답안 중 4가지 선택 기재

**07** 산업안전보건법에서 사업주는 ( ① ), ( ② ), ( ③ ), 플라이 휠 등에 부속되는 키·핀 등의 기계요소는 묻힘형으로 하거나 해당 부위에 덮개를 설치하여야 한다. 괄호에 답을 쓰시오.(3점)　　[산기1601/산기1603]

① 회전축
② 기어
③ 풀리

**08** 정전전로에서의 전기작업을 위해 전로를 차단하여야 한다. 전로 차단 절차 6단계를 쓰시오.(6점)

[산기1603/산기1702/산기2302]

① 1단계 : 전원의 확인
② 2단계 : 단로기 등을 개방하고 확인
③ 3단계 : 차단장치나 단로기 등에 잠금장치 및 꼬리표를 부착할 것
④ 4단계 : 잔류전하를 완전히 방전시킬 것
⑤ 5단계 : 검전기를 이용 기기의 충전여부 확인
⑥ 6단계 : 단락 접지기구를 이용하여 접지

**09** 작업자가 벽돌을 들고 비계위에서 움직이다가 벽돌을 떨어뜨려 발등에 맞아서 뼈가 부러진 사고가 발생하였다. 재해분석을 하시오.(3점)　　[산기0903/산기1603]

| 재해형태 | ① | 기인물 | ② | 가해물 | ③ |
|---|---|---|---|---|---|

① 낙하(=맞음)　　　　② 벽돌
③ 벽돌

**10** 고용노동부장관이 사업장의 사업주에게 안전보건진단을 받아 안전보건개선계획을 수립하여 시행할 것을 명할 수 있는 경우를 4가지 쓰시오.(4점)　　[산기1101/산기1602/산기1701/산기1802/산기2001/산기2003/산기2203/산기2301]

① 산업재해율이 같은 업종 평균 산업재해율의 2배 이상인 사업장
② 사업주가 필요한 안전·보건조치의무를 이행하지 아니하여 중대재해가 발생한 사업장
③ 직업성 질병자가 연간 2명 이상(상시근로자 1천명 이상 사업장의 경우 3명 이상) 발생한 사업장
④ 작업환경 불량, 화재·폭발 또는 누출사고 등으로 사업장 주변까지 피해가 확산된 사업장

**11** 소음이 심한 기계로부터 5[m]떨어진 곳의 음압수준이 125[dB]이라면 이 기계로부터 25[m]떨어진 곳의 음압수준을 계산하시오.(5점) [산기0701/산기0803/산기1603]

- $dB_2 = dB_1 - 20\log\left(\dfrac{d_2}{d_1}\right) = 125 - 20\log\left(\dfrac{25}{5}\right) = 111.02[dB]$이다.

**12** 분진이 발화폭발하기 위한 조건 4가지를 쓰시오.(4점) [산기0802/산기1102/산기1603]

① 분진이 가연성일 것
② 분진의 상태가 화염을 전파할 수 있는 크기의 분포를 갖고 농도가 폭발범위 이내일 것
③ 충분한 산소가 연소를 지원하고, 가연성 가스 중에서 교반과 유동이 일어날 것
④ 충분한 에너지의 발화원이 존재할 것

**13** 다음 FT도에서 정상사상 T의 고장 발생 확률을 구하시오.(단, 발생확률은 각각 0.1이다)(6점) [산기0603/산기1603]

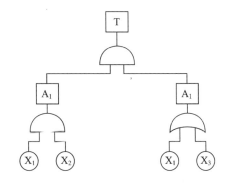

- 단말에 고장발생확률이 직접 명시된 경우는 단말부터 신뢰도 구하는 공식을 적용하면 되지만, 위의 그림과 같이 단말에 부품이 표시되고, 공통의 기기가 배치된 경우 간략화를 먼저 진행해야 한다.
- $T = A_1 \cdot A_2 = X_1 \cdot X_2 \cdot (X_1 + X_3)$
  $= X_1 \cdot X_1 \cdot X_2 + X_1 \cdot X_2 \cdot X_3$
  $= X_1 \cdot X_2 + X_1 \cdot X_2 \cdot X_3 = X_1 \cdot X_2(1 + X_3)$
  $= X_1 \cdot X_2$가 된다.
- 각각의 고장 발생확률이 0.1이므로 $X_1 \cdot X_2 = 0.1 \times 0.1 = 0.01$이 된다.

**01** 고용노동부장관이 사업장의 사업주에게 안전보건진단을 받아 안전보건개선계획을 수립하여 시행할 것을 명할 수 있는 경우를 3가지 쓰시오.(3점)  [산기1101/산기1602/산기1701/산기1802/산기2001/산기2003/산기2203/산기2301]

① 산업재해율이 같은 업종 평균 산업재해율의 2배 이상인 사업장
② 사업주가 필요한 안전·보건조치의무를 이행하지 아니하여 중대재해가 발생한 사업장
③ 직업성 질병자가 연간 2명 이상(상시근로자 1천명 이상 사업장의 경우 3명 이상) 발생한 사업장
④ 작업환경 불량, 화재·폭발 또는 누출사고 등으로 사업장 주변까지 피해가 확산된 사업장

▲ 해당 답안 중 3가지 선택 기재

**02** 밀폐공간에서 작업 시 밀폐공간 작업프로그램을 수립하여 시행하여야 한다. 밀폐공간 작업프로그램 내용을 3가지 쓰시오.(3점)  [산기1602/산기2002]

① 사업장 내 밀폐공간의 위치 파악 및 관리 방안
② 밀폐공간 작업 시 사전 확인이 필요한 사항에 대한 확인 절차
③ 안전보건교육 및 훈련
④ 밀폐공간 내 질식·중독 등을 일으킬 수 있는 유해·위험 요인의 파악 및 관리 방안

▲ 해당 답안 중 3가지 선택 기재

**03** 구축물 또는 이와 유사한 시설물에 대하여 안전진단 등 안전성 평가를 실시하여 근로자에게 미칠 위험성을 미리 제거 하여야하는 경우 2가지를 쓰시오.(단, 그 밖의 잠재위험이 예상될 경우 제외)(4점)

[산기1303/산기1602]

① 구축물등의 인근에서 굴착·항타작업 등으로 침하·균열 등이 발생하여 붕괴의 위험이 예상될 경우
② 구축물등에 지진, 동해(凍害), 부동침하(不同沈下) 등으로 균열·비틀림 등이 발생했을 경우
③ 구축물등이 그 자체의 무게·적설·풍압 또는 그 밖에 부가되는 하중 등으로 붕괴 등의 위험이 있을 경우
④ 화재 등으로 구축물등의 내력(耐力)이 심하게 저하됐을 경우
⑤ 오랜 기간 사용하지 않던 구축물등을 재사용하게 되어 안전성을 검토해야 하는 경우
⑥ 구축물등의 주요구조부에 대한 설계 및 시공 방법의 전부 또는 일부를 변경하는 경우

▲ 해당 답안 중 2가지 선택 기재

**04** 공칭지름 10mm인 와이어로프의 지름 9.2mm인 것은 양중기에 사용가능한지 여부를 판단하시오.(4점)

[산기1602]

• 지름의 감소가 공칭지름의 7%를 초과하는 것은 사용할 수 없으므로 공칭지름이 10mm인 경우 공칭지름의 7%는 0.7mm이다. 즉, 9.3mm까지는 사용가능하다는 것이다.

• 9.2mm는 공칭지름의 8%를 초과하여 지름이 감소하였으므로 양중기에 사용할 수 없다.

**05** 근로자가 1시간 동안 1분당 6[kcal]의 에너지를 소모하는 작업을 수행하는 경우 ① 휴식시간 ② 작업시간을 각각 구하시오.(단, 작업에 대한 권장 에너지 소비량은 분당 5[kcal])(5점) [산기0902/산기1301/산기1602]

• 휴식 중 에너지 소모량이 주어지지 않았으므로 1.5kcal로 생각한다.

① 주어진 값을 대입하면 휴식시간 $R = \dfrac{60(E-5)}{E-1.5} = \dfrac{60(6-5)}{6-1.5} = 13.333 = 13.33$[분]이다.

② 작업시간은 60-13.33 = 46.67[분]이다.

**06** 산업안전보건법상 작업장의 조도기준에 관한 다음 사항에서 (   )에 알맞은 내용을 쓰시오.(4점)

[기사0503/기사1002/산기1202/산기1602/기사1603/산기1802/산기1803/산기2001]

• 초정밀작업 : ( ① )Lux 이상　　　　　• 정밀작업 : ( ② )Lux 이상
• 보통작업 : ( ③ )Lux 이상　　　　　　• 그 밖의 작업 : ( ④ )Lux 이상

① 750　　　　　　　　　　　　② 300
③ 150　　　　　　　　　　　　④ 75

**07** 충전전로에 대한 접근한계거리를 쓰시오.(4점)　　　[산기1103/기사1301/산기1303/산기1602/기사1703]

| ① 220V | ② 1kV | ③ 22kV | ④ 154kV |

① 접촉금지　　　　　　　　　　② 45cm
③ 90cm　　　　　　　　　　　④ 170cm

**08** 하인리히가 제시한 재해예방의 기본 4원칙을 쓰시오.(4점)

[기사0803/기사1001/기사1402/산기1602/기사1803/산기1901]

① 예방가능의 원칙　　　　　　　　② 손실우연의 원칙
③ 원인연계의 원칙　　　　　　　　④ 대책선정의 원칙

**09** 작업발판 일체형 거푸집 종류 4가지를 쓰시오.(4점)　　[산기1203/기사1301/산기1602/산기2002/기사2004]

① 갱폼　　　　　　　　　　　　② 슬립폼
③ 클라이밍폼　　　　　　　　　④ 터널라이닝폼

**10** 산업현장에서 컬러테라피에 관한 내용이다. 알맞은 색채를 쓰시오.(5점)　　[산기1602]

| 색채 | 심리 |
|---|---|
| ① | 열정, 생기, 공포, 애정, 용기 |
| ② | 주의, 조심, 희망, 광명, 향상 |
| ③ | 안전, 안식, 평화, 위안 |
| ④ | 진정, 냉담, 소극, 소원 |
| ⑤ | 우울, 불안, 우미, 고취 |

① 빨간색　　　　　　② 노란색　　　　　　③ 녹색
④ 파란색　　　　　　⑤ 보라색

**11** 가설통로의 설치기준에 관한 사항이다. 빈칸을 채우시오.(6점)

[기사0602/산기0901/산기1601/산기1602/기사1703/산기2302]

가) 경사는 ( ① )도 이하일 것
나) 경사가 ( ② )도를 초과하는 경우에는 미끄러지지 아니하는 구조로 할 것
다) 추락할 위험이 있는 장소에는 ( ③ )을 설치할 것
라) 수직갱에 가설된 통로의 길이가 ( ④ )m 이상인 경우에는 ( ⑤ )m 이내마다 계단참을 설치
마) 건설공사에 사용하는 높이 ( ⑥ )m 이상인 비계다리에는 ( ⑦ )m 이내마다 계단참을 설치

① 30　　　　　　② 15　　　　　　③ 안전난간　　　④ 15
⑤ 10　　　　　　⑥ 8　　　　　　⑦ 7

**12** 방진마스크에 관한 사항이다. 다음 물음에 답하시오.(5점)　　　　　　　　　[산기0903/산기1602]

> ① 석면취급 장소에서 착용 가능한 방진마스크의 등급은?
> ② 금속 흄 등과 같이 열적으로 생기는 분진 등 발생장소에서 착용 가능한 방진 마스크의 등급은?
> ③ 베릴륨 등과 같이 독성이 강한 물질을 함유한 장소에서 착용 가능한 방진 마스크의 등급은?
> ④ 산소농도 (　　)% 미만인 장소에서는 방진마스크 착용을 금지한다.
> ⑤ 안면부 내부의 이산화탄소 농도가 부피분율 (　　)% 이하여야 한다.

① 특급　　　　　　　　　② 1급　　　　　　　　　③ 특급
④ 18　　　　　　　　　　⑤ 1

**13** 공기압축기의 서징 방지대책을 4가지 쓰시오.(4점)　　　　　　　　　[산기1602]

① 배관의 경사를 완만하게 한다.
② 회전수를 변화시킨다.
③ 방출밸브를 이용하여 배관 내의 잔류 공기를 제거한다.
④ 교축밸브를 기계에 근접 설치한다.
⑤ 유량조절밸브를 펌프 토출 측 직후에 위치시킨다.
⑥ 펌프의 H-Q 곡선이 오른쪽 하향 구배 특성을 가진 펌프를 채용한다.

▲ 해당 답안 중 4가지 선택 기재

**01** 로봇을 운전하는 경우에 근로자가 로봇에 부딪칠 위험이 있을 때 위험을 방지하기 위하여 필요한 조치사항 2가지를 쓰시오.(4점) [산기1303/산기1601]

① 1.8미터 이상의 울타리를 설치한다.
② 안전매트를 설치한다.
③ 광전자식 방호장치 등 감응형 방호장치를 설치한다.

▲ 해당 답안 중 2가지 선택 기재

**02** 산업안전보건법에서 사업주는 ( ① ), ( ② ), ( ③ ), 플라이 휠 등에 부속되는 키·핀 등의 기계요소는 묻힘형으로 하거나 해당 부위에 덮개를 설치하여야 한다. 괄호에 답을 쓰시오.(3점) [산기1601/산기1603]

① 회전축              ② 기어              ③ 풀리

**03** 안전모의 3가지 종류를 쓰고 설명하시오.(6점) [산기1101/산기1601]

| 종류 | 사용구분 |
|------|----------|
| AB | 물체의 낙하, 비래, 추락에 의한 위험을 방지 또는 경감 |
| AE | 물체의 낙하, 비래에 의한 위험을 방지 또는 경감하고 머리부위 감전에 의한 위험을 방지 |
| ABE | 물체의 낙하, 비래, 추락에 의한 위험을 방지 또는 경감하고 머리부위 감전에 의한 위험을 방지 |

**04** 산업안전보건법에서 정한 가설통로의 설치기준에 관한 내용을 2가지 쓰시오.(단, 견고한 구조, 안전난간 제외)(4점) [기사0602/산기0901/산기1601/산기1602/기사1703/산기2302]

① 경사는 30도 이하로 할 것
② 경사가 15도를 초과하는 경우에는 미끄러지지 아니하는 구조로 할 것
③ 수직갱에 가설된 통로의 길이가 15미터 이상인 경우 10미터 이내마다 계단참을 설치할 것
④ 건설공사에 사용하는 높이 8미터 이상인 비계다리에는 7미터 이내마다 계단참을 설치할 것
⑤ 사업주는 근로자가 안전하게 통행할 수 있도록 통로에 75럭스 이상의 채광 또는 조명시설을 할 것

▲ 해당 답안 중 2가지 선택 기재

**05** 위험기계의 조종장치를 촉각적으로 암호화할 수 있는 차원 3가지를 쓰시오.(3점) [산기1301/산기1601]

① 크기 암호  ② 형상 암호
③ 표면 촉감 암호

**06** 하인리히 재해 연쇄성이론, 버드의 연쇄성이론, 아담스의 연쇄성이론을 각각 구분하여 쓰시오.(6점)

[산기1103/산기1301/산기1601]

|  | 하인리히 | 버드 | 아담스 |
|---|---|---|---|
| 제1단계 | 사회적 환경과 유전적인 요소 | 통제부족 | 관리구조 |
| 제2단계 | 개인적 결함 | 기본원인 | 작전적 에러 |
| 제3단계 | 불안전한 행동 및 상태 | 직접원인 | 전술적 에러 |
| 제4단계 | 사고 | 사고 | 사고 |
| 제5단계 | 상해 | 상해 | 상해 |

**07** 사업주는 잠함 또는 우물통의 내부에서 근로자가 굴착작업을 하는 경우에 잠함 또는 우물통의 급격한 침하에 의한 위험을 방지하기 위하여 준수하여야 할 사항을 2가지 쓰시오.(4점)

[기사1202/기사1302/기사1503/산기1601/기사1901]

① 침하관계도에 따라 굴착방법 및 재하량 등을 정할 것
② 바닥으로부터 천장 또는 보까지의 높이는 1.8미터 이상으로 할 것

**08** 인화성액체 및 부식성 물질의 내용이다. 다음 빈칸을 채우시오.(5점) [산기1501/산기1601/산기1802]

가) 인화성액체
노르말헥산, 아세톤, 메틸에틸케톤, 메틸알코올, 에틸알코올, 이황화탄소, 그 밖에 인화점이 섭씨 ( ① )℃ 미만이고 초기 끓는점이 섭씨 35℃를 초과하는 물질
나) 부식성산류
농도가 ( ② )% 이상인 염산, 황산, 질산, 그 밖에 이와 같은 정도 이상의 부식성을 가지는 물질
다) 부식성염기류
농도가 ( ③ )% 이상인 수산화나트륨, 수산화칼륨, 그 밖에 이와 같은 정도 이상의 부식성을 가지는 염기류

① 23  ② 20  ③ 40

**09** 안전보건총괄책임자 지정대상 사업을 2가지 쓰시오.(단, 선박 및 보트 건조업, 1차 금속 제조업 및 토사석 광업의 경우는 제외)(4점)  [산기1601/산기2004]

① 상시근로자가 100명 이상인 사업
② 총 공사금액 20억원 이상인 건설업

**10** 휴먼에러에서 SWAIN의 심리적 오류 4가지를 쓰시오.(4점)  [산기0802/산기0902/산기1601/산기1801/산기2004/산기2302]

① 생략오류(Omission error)  ② 실행오류(Commission error)
③ 순서오류(Sequential error)  ④ 시간오류(Timing error)
⑤ 불필요한 행동오류(Extraneous error)  ⑥ 선택오류(Selection error)
⑦ 양적오류(Quantity error)

▲ 해당 답안 중 4가지 선택 기재

**11** 인간공학에서 인간성능 기준 4가지를 쓰시오.(4점)  [산기1601]

① 인간성능 척도
② 생리학적 지표
③ 주관적 반응
④ 사고빈도

**12** 교류아크용접기용 자동전격방지기에 관한 내용이다. 빈칸을 채우시오.(4점)  [산기1601/산기1803]

( ① ) : 용접봉을 모재로부터 분리시킨 후 주접점이 개로되어 용접기 2차측 ( ② )이 전격방지기의 25V 이하로 될 때까지의 시간

① 지동시간
② 무부하전압

**13** 수소 28%, 메탄 45%, 에탄 27%일 때, 이 혼합 기체의 공기 중 폭발 상한계의 값과 메탄의 위험도를 계산하시오.(4점)

[산기0603/산기1601]

|  | 폭발하한계 | 폭발상한계 |
|---|---|---|
| 수소 | 4.0[vol%] | 75[vol%] |
| 메탄 | 5.0[vol%] | 15[vol%] |
| 에탄 | 3.0[vol%] | 12.4[vol%] |

① 상한계값 $U = \dfrac{100}{\dfrac{U_1}{L_1} + \dfrac{U_2}{L_2} + \dfrac{U_3}{L_3}} = \dfrac{100}{\dfrac{28}{75} + \dfrac{45}{15} + \dfrac{27}{12.4}} = 18.015 = 18.02[vol\%]$

② 위험도 $= \dfrac{U-L}{L} = \dfrac{15-5}{5} = 2$

**01** 안전보건법상 사업주가 실시해야 하는 건강진단의 종류 5가지를 쓰시오.(5점) [산기1103/산기1503]

① 일반건강진단       ② 특수건강진단
③ 배치전건강진단     ④ 수시건강진단
⑤ 임시건강진단

**02** 분진폭발 과정을 순서대로 나열하시오.(4점) [산기0901/산기1503]

① 입자표면 열분해 및 기체발생     ② 주위의 공기와 혼합
③ 입자표면 온도 상승            ④ 폭발열에 의하여 주위 입자 온도상승 및 열분해
⑤ 점화원에 의한 폭발

• ③ → ① → ② → ⑤ → ④

**03** 달비계의 적재하중을 정하고자 한다. 다음 보기의 안전계수를 쓰시오.(4점) [산기0603/기사1501/산기1503]

가) 달기 와이어로프 및 달기 강선의 안전계수 : ( ① )이상
나) 달기 체인 및 달기 훅의 안전계수 : ( ② )이상
다) 달기강대와 달비계의 하부 및 상부 지점의 안전계수는 강재의 경우 ( ③ )이상, 목재의 경우 ( ④ )이상

① 10                 ② 5
③ 2.5                ④ 5

**04** 산업안전보건법에서 정하고 있는 중대재해의 종류를 3가지 쓰시오.(5점) [산기0602/산기1503/기사1802/기사1902]

① 사망자가 1명 이상 발생한 재해
② 3개월 이상의 요양이 필요한 부상자가 동시에 2명 이상 발생한 재해
③ 부상자 또는 직업성 질병자가 동시에 10명 이상 발생한 재해

**05** Swain은 인간의 실수를 작위적 실수(Commission Error)와 부작위적 실수(Ommission Error)로 구분한다. 작위적 실수(Commission Error)에 포함되는 착오를 3가지 쓰시오.(3점) [산기0501/산기1103/산기1503]

① 실행오류 　　　　　　　　　　② 순서오류
③ 시간오류 　　　　　　　　　　④ 불필요한 수행오류

▲ 해당 답안 중 3가지 선택 기재

**06** 방호조치를 하지 아니하고는 양도, 대여, 설치 또는 사용에 제공하거나, 양도·대여의 목적으로 진열해서는 아니 되는 기계·기구 4가지를 쓰시오.(4점)[산기0903/산기1203/산기1503/기사1602/기사1801/기사2003/산기2102/기사2302]

① 예초기 　　　　　　　　　　② 원심기
③ 공기압축기 　　　　　　　　　　④ 지게차
⑤ 금속절단기 　　　　　　　　　　⑥ 포장기계(진공포장기, 래핑기로 한정)

▲ 해당 답안 중 4가지 선택 기재

**07** 근로자가 1시간 동안 1분당 6.5[kcal]의 에너지를 소모하는 작업을 수행하는 경우 휴식시간을 구하시오.(단, 작업에 대한 권장 에너지 소비량은 분당 5[kcal])(5점) [산기0502/산기1503]

• 휴식 중 에너지 소모량이 주어지지 않았으므로 1.5kcal로 생각한다.
• 주어진 값을 대입하면 휴식시간 R = $\dfrac{60(\text{E}-\text{작업시평균에너지소비량상한})}{\text{E}-\text{휴식시평균에너지소비량}}=\dfrac{60(6.5-5)}{6.5-1.5}=18[\text{분}]$

**08** 다음 설명에 맞는 프레스 및 전단기의 방호장치를 각각 쓰시오.(4점) [산기1503]

① 1행정 1정지식 프레스에 사용되는 것으로서 양손으로 동시에 조작하지 않으면 기계가 동작하지 않으며, 한손이라도 떼어내면 기계를 정지시키는 방호장치
② 슬라이드와 작업자 손을 끈으로 연결하여 슬라이드 하강 시 작업자 손을 당겨 위험영역에서 빼낼 수 있도록 한 방호장치로서 프레스용으로 확동식 클러치형 프레스에 한해서 사용됨

① 양수조작식 방호장치 　　　　　　② 수인식 방호장치

**09** 다음에 설명하는 금지표지판 명칭을 쓰시오.(4점) [산기1503/산기1802]

① 사람이 걸어 다녀서는 안 되는 장소
② 엘리베이터 등에 타는 것이나 어떤 장소에 올라가는 것을 금지
③ 수리 또는 고장 등으로 만지거나 작동시키는 것을 금지해야 할 기계·기구 및 설비
④ 정리 정돈 상태의 물체나 움직여서는 안 될 물체를 보존하기 위하여 필요한 장소

① 보행금지             ② 탑승금지
③ 사용금지             ④ 물체이동금지

**10** 산업안전보건법상 사업 내 안전·보건교육에 대한 교육시간을 쓰시오.(4점)

[산기0802/산기1503/산기1703/산기1901]

| 교육과정 | 교육 대 상 | 교육 시 간 |
|---|---|---|
| 정기교육 | 사무직 종사 근로자 | 매반기 ( ① )시간 이상 |
| | 관리감독자의 지위에 있는 사람 | 연간 ( ② )시간 이상 |
| 채용 시의 교육 | 일용근로자 | ( ③ )시간 이상 |
| 작업내용 변경 시의 교육 | 일용근로자및 기간제 근로자를 제외한 근로자 | ( ④ )시간 이상 |

① 6             ② 16
③ 1             ④ 2

**11** 다음은 정전기 대전에 관한 설명이다. 각각 대전의 종류를 쓰시오.(6점) [산기1302/산기1503]

① 상호 밀착되어 있는 물질이 떨어질 때, 전하분리에 의해 정전기가 발생되는 현상이다.
② 액체류 등을 파이프 등으로 이송할 때 액체류가 파이프 등의 고체류와 접촉하면서 두 물질 사이의 경계에서 전기 이중층이 형성되고 이 이중층을 형성하는 전하의 일부가 액체류의 유동과 같이 이동하기 때문에 대전되는 현상이다.
③ 분체류, 액체류, 기체류가 작은 분출구를 통해 공기 중으로 분출 될 때, 분출되는 물질과 분출구의 마찰에 의해 발생되는 현상이다.

① 박리대전
② 유동대전
③ 분출대전

**12** 절토면의 토사붕괴 발생을 예방하기 위하여 점검하여야 하는 시기를 4가지 쓰시오.(4점)

[산기0703/산기1503]

① 작업 전
② 작업 중
③ 작업 후
④ 비온 후 인접 작업구역에서 발파한 경우

**13** 작업자가 연삭기 작업 중이다. 회전하는 연삭기와 덮개 사이에 재료가 끼어 숫돌 파편이 작업자에게 튀어 사망 사고가 발생하였다. 재해분석을 하시오.(3점)

[산기1503/산기2002]

| 재해형태 | ① | 기인물 | ② | 가해물 | ③ |
|---|---|---|---|---|---|

① 비래(=맞음)
② 연삭기
③ 파편

신규문제 4문항 중복문제 9문항

**01** 동기요인과 위생요인을 3가지씩 쓰시오.(6점)  [산기1002/산기1502]

가) 동기요인
  ① 성취감       ② 책임감       ③ 인정감       ④ 도전감
나) 위생요인
  ① 감독         ② 임금         ③ 작업조건     ④ 보수

▲ 해당 답안 중 각각 3가지씩 선택 기재

**02** 안전관리자 업무(직무) 4가지를 쓰시오.(4점)
[산기0703/산기1201/산기1301/산기1401/산기1502/산기1603/산기1801/산기2101/산기2203]

① 산업안전보건위원회 또는 안전·보건에 관한 노사협의체에서 심의·의결한 업무와 사업장의 안전보건관리규정 및 취업규칙에서 정한 업무
② 위험성 평가에 관한 보좌 및 조언·지도
③ 안전인증대상과 자율안전확인대상 기계·기구 등 구입 시 적격품의 선정에 관한 보좌 및 조언·지도
④ 사업장 안전교육계획의 수립 및 안전교육 실시에 관한 보좌 및 조언·지도
⑤ 사업장 순회점검·지도 및 조치의 건의
⑥ 산업재해 발생의 원인 조사·분석 및 재발 방지를 위한 기술적 보좌 및 조언·지도
⑦ 산업재해에 관한 통계의 유지·관리·분석을 위한 보좌 및 조언·지도
⑧ 안전에 관한 사항의 이행에 관한 보좌 및 조언·지도
⑨ 업무수행 내용의 기록·유지

▲ 해당 답안 중 4가지 선택 기재

**03** 습구온도 20℃, 건구온도 30℃일 때의 Oxford 지수를 계산하시오.(4점)  [산기0903/산기1502]

• WD = 0.85×W(습구온도) + 0.15×D(건구온도)
• WD = (0.85 × 20) + (0.15 × 30) = 21.5가 된다.

**04** 승강기 종류를 4가지 쓰시오.(단, 법령에서 정한 종류를 작성하시오)(4점)     [산기1301/산기1502]

① 승객용 엘리베이터            ② 승객화물용 엘리베이터
③ 화물용 엘리베이터            ④ 소형화물용 엘리베이터
⑤ 에스컬레이터

▲ 해당 답안 중 4가지 선택 기재

**05** 안전인증대상 설비 방호장치를 4가지 쓰시오.(4점)     [산기1502/산기2202/산기2301]

① 프레스 및 전단기 방호장치          ② 양중기용 과부하방지장치
③ 보일러 압력방출용 안전밸브        ④ 압력용기 압력방출용 안전밸브
⑤ 압력용기 압력방출용 파열판        ⑥ 절연용 방호구 및 활선작업용기구
⑦ 방폭구조 전기기계·기구 및 부품      ⑧ 추락·낙하 및 붕괴 등의 위험방호에 필요한 가설기자재
⑨ 충돌·협착 등의 위험방지에 필요한 산업용 로봇 방호장치

▲ 해당 답안 중 4가지 선택 기재

**06** 아세틸렌 용접장치를 사용하여 금속의 용접·용단(溶斷) 또는 가열작업을 하는 경우 준수사항이다. 빈칸을 채우시오.(4점)     [산기1502]

> 발생기에서 ( ① )m 이내 또는 발생기실에서 ( ② )m 이내의 장소에서는 흡연, 화기의 사용 또는 불꽃이 발생할 위험한 행위를 금지시킬 것

① 5m                          ② 3m

**07** 지게차, 구내운반차의 사용 전 점검사항 4가지를 쓰시오.(4점)     [산기1001/산기1502/산기1702/기사1702/산기1802]

① 제동장치 및 조종장치 기능의 이상 유무
② 하역장치 및 유압장치 기능의 이상 유무
③ 바퀴의 이상 유무
④ 전조등·후미등·방향지시기 및 경음기 기능의 이상 유무

**08** 터널공사 시 NATM공법 계측방법의 종류 4가지를 쓰시오.(4점) [산기1502]

① 터널내 육안조사          ② 내공변위 측정
③ 천단침하 측정           ④ 록 볼트 인발시험
⑤ 지표면 침하측정         ⑥ 지중변위 측정
⑦ 지중침하 측정           ⑧ 지중수평변위 측정
⑨ 지하수위 측정           ⑩ 록 볼트 축력측정
⑪ 뿜어붙이기 콘크리트 응력측정     ⑫ 터널내 탄성과 속도 측정
⑬ 주변 구조물의 변형상태 조사

▲ 해당 답안 중 4가지 선택 기재

**09** 휘발유 저장탱크 안전표지에 관한 기호 및 색을 쓰시오.(6점) [산기0703/산기1502]

① 산업안전법령 표지종류        ② 모양
③ 바탕색                   ④ 그림색

| | |
|---|---|
| ① 표지종류 : 경고표지 | |
| ② 모     양 : 마름모 | |
| ③ 바 탕 색 : 무색 | |
| ④ 그 림 색 : 검정색 | |

**10** 전압에 따른 전원의 종류를 구분하여 쓰시오.(4점) [산기0701/산기1101/산기1502/산기1802]

| 구 분 | 직 류 | 교 류 |
|---|---|---|
| 저압 | ( ① )V 이하 | ( ② )V 이하 |
| 고압 | ( ① )V 초과 ~ 7,000V 이하 | ( ② )V 초과 ~ 7,000V 이하 |
| 특고압 | 7,000[V] 초과 | |

① 1,500
② 1,000

**11** 가스폭발 위험장소 또는 분진폭발 위험장소에 설치되는 건축물 등에 대해서 해당하는 부분을 내화구조로 하여야 하며, 그 성능이 항상 유지될 수 있도록 점검·보수 등 적절한 조치를 하여야 한다. 해당하는 부분을 2가지 쓰시오.(4점)  [산기1502/기사1703/기사2002]

① 건축물의 기둥 및 보: 지상 1층(지상 1층의 높이가 6미터를 초과하는 경우에는 6미터)까지
② 배관·전선관 등의 지지대: 지상으로부터 1단(1단의 높이가 6미터를 초과하는 경우에는 6미터)까지
③ 위험물 저장·취급 용기의 지지대(높이가 30센티미터 이하 제외) : 지상으로부터 지지대의 끝부분까지

▲ 해당 답안 중 2가지 선택 기재

**12** 산업안전보건법상 사업장에 안전보건관리규정을 작성하고자 할 때 포함되어야 할 사항을 4가지 쓰시오.(단, 일반적인 안전·보건에 관한 사항은 제외한다)(4점)  [기사1002/산기1502/기사1702/기사2001/산기2301]

① 안전·보건 관리조직과 그 직무에 관한 사항
② 안전·보건교육에 관한 사항
③ 작업장 안전관리에 관한 사항
④ 작업장 보건관리에 관한 사항
⑤ 사고 조사 및 대책 수립에 관한 사항
⑥ 위험성평가에 관한 사항

▲ 해당 답안 중 4가지 선택 기재

**13** 사업장의 위험성 평가에 관한 내용이다. 설명하는 내용에 용어를 쓰시오.(3점)  [산기1502]

① 유해·위험요인이 부상 또는 질병으로 이어질 수 있는 가능성(빈도)과 중대성(강도)을 조합한 것을 의미한다.
② 유해·위험요인별로 부상 또는 질병으로 이어질 수 있는 가능성과 중대성의 크기를 각각 추정하여 위험성의 크기를 산출하는 것을 말한다.
③ 유해·위험요인별로 추정한 위험성의 크기가 허용 가능한 범위인지 여부를 판단하는 것을 말한다.

① 위험성
② 위험성 추정
③ 위험성 결정

**01** 어느 사업장의 도수율이 4이고, 연간 5건의 재해와 350일의 근로손실일수가 발생하였을 경우 이 사업장의 강도율은 얼마인가?(4점)　　　　　　　　　　　　　　　　　　　[산기0702/산기1501/산기2302]

- 도수율과 재해건수, 근로손실일수가 주어졌으나 연간총근로시간이 주어지지 않았다. 도수율과 재해건수를 이용하여 연간총근로시간을 구한다.

- 연간총근로시간 = $\dfrac{\text{재해건수}}{\text{도수율}} \times 1,000,000 = \dfrac{5}{4} \times 1,000,000 = 1,250,000$[시간]이다.

- 강도율 = $\dfrac{\text{총근로손실일수}}{\text{연근로시간수}} \times 1,000 = \dfrac{350}{1,250,000} \times 1,000 = 0.28$이 된다.

**02** Fool Proof 기계·기구를 4가지 쓰시오.(4점)　　　　　　　　　　　　　　　　　　　　[산기1501]

① 가드　　　　　　　　　　　　　　　② 록 기구
③ 트립 기구　　　　　　　　　　　　　④ 밀어내기 기구
⑤ 오버런 기구　　　　　　　　　　　　⑥ 기동방지 기구

▲ 해당 답안 중 4가지 선택 기재

**03** 위험물질에 대한 설명이다. 빈칸을 쓰시오.(4점)　　　　　　　　　[산기1501/산기1601/산기1802]

가) 인화성 액체 : 에틸에테르, 가솔린, 아세트알데히드, 산화프로필렌, 그 밖에 인화점이 섭씨 ( ① ) 미만이고 초기 끓는점이 섭씨 35℃ 이하인 물질
나) 인화성 액체 : 크실렌, 아세트산아밀, 등유, 경유, 테레핀유, 이소아밀알코올, 아세트산, 하이드라진, 그 밖에 인화점이 섭씨 ( ② ) 이상 섭씨 60℃ 이하인 물질
다) 부식성 산류 : 농도가 ( ③ )% 이상인 염산, 황산, 질산, 그 밖에 이와 같은 정도 이상의 부식성을 가지는 물질
라) 부식성 산류 : 농도가 ( ④ )% 이상인 인산, 아세트산, 불산, 그 밖에 이와 같은 정도 이상의 부식성을 가지는 물질

① 23　　　　　　　　　　　　　　　② 23
③ 20　　　　　　　　　　　　　　　④ 60

**04** 공정안전보고서에 포함되어야 할 사항을 4가지 쓰시오.(4점)

[산기0803/산기0903/기사1001/기사1403/산기1501/기사1602/기사1703/산기1703]

① 공정안전자료              ② 공정위험성 평가서
③ 안전운전계획              ④ 비상조치계획

**05** 인간의 주의에 대한 특성에 대하여 설명하시오.(6점)    [산기1102/산기1501]

① 선택성 : 여러 종류의 자극을 자각할 때, 소수의 특정한 것에 한하여 주의가 집중되는 것
② 변동성(단속성) : 주의는 일정하게 유지되는 것이 아니라 일정한 주기로 부주의하는 리듬이 존재한다.
③ 방향성 : 한 지점에 주의를 집중하면 다른 곳의 주의가 약해지는 성질

**06** 지반 굴착작업 시 지반종류에 따른 기울기 기준에 대하여 다음 빈칸을 채우시오.(3점)

[산기0602/산기1002/산기1501]

| 지반의 종류 | 기울기 |
|---|---|
| ① | 1 : 1.8 |
| 풍 화 암 | ② |
| 경 암 | ③ |

① 모래              ② 1 : 1.0              ③ 1 : 0.5

**07** 가죽제 안전화 완성품의 성능 시험항목을 4가지 쓰시오.(4점)    [기사0501/산기1501/기사1903]

① 내압박성
② 내충격성
③ 몸통과 겉창의 박리저항
④ 내답발성

**08** 다음 설명하는 용어를 쓰시오.(4점) [산기1501]

> ① 단조로운 업무가 장시간 지속될 때 작업자의 감각기능 및 판단기능이 둔화 또는 마비되는 현상
> ② 작업대사량과 기초대사량의 비로서 작업대사량은 작업 시 소비된 에너지와 안정 시 소비된 에너지와의 차를 말한다.
> ③ 기계의 결함을 찾아내 고장율을 안정시키는 ( )기간
> ④ 인간 또는 기계에 과오나 동작상의 실수가 있어도 사고를 발생시키지 않도록 2중, 3중으로 통제를 가하는 것을 말한다.

① 감각차단현상                     ② R. M. R(에너지소비량)
③ 디버깅                           ④ 페일세이프

**09** 접지시스템을 구성하는 접지도체의 굵기를 쓰시오.(단, 접지선의 굵기는 연동선의 직경을 기준으로 한다) (6점) [산기0901/산기0902/산기1501/산기2021년 한국전기설비규정 적용]

| 접지도체 종류 | | 접지선의 굵기 |
|---|---|---|
| 특고압 · 고압 전기설비용 접지도체 | | 단면적( ① )[mm$^2$] 이상의 연동선 |
| 중성점 접지용 접지도체 | | 공칭단면적 ( ② )[mm$^2$] 이상의 연동선 |
| 이동하여 사용하는 전기기계 · 기구의 금속제 외함 | 특고압 · 고압 및 중성점 접지용 접지도체 | 클로로프렌캡타이어케이블 또는 클로로설포네이트폴리에틸렌캡타이어케이블 1개 도체 또는 캡타이어케이블의 차폐 또는 기타 금속체로 단면적 ( ③ )[mm$^2$] 이상인 것 |
| | 저압 전기설비용 접지도체 | 다심 코드 또는 다심 캡타이어케이블 단면적 ( ④ )[mm$^2$] 이상인 것 |

① 6                               ② 16
③ 10                              ④ 0.75

**10** 기계 · 기구 중에서 낙하물 보호구조가 필요한 기계 · 기구를 4가지 쓰시오.(4점) [산기0702/산기1202/산기1501]

① 불도저                          ② 트랙터
③ 굴착기                          ④ 로더
⑤ 스크레이퍼                      ⑥ 덤프트럭
⑦ 모터그레이더                    ⑧ 롤러
⑧ 천공기                          ⑨ 항타기 및 항발기

▲ 해당 답안 중 4가지 선택 기재

**11** 신규·보수교육대상자 4명을 쓰시오.(4점)  [산기|1501]

① 안전관리자  ② 보건관리자
③ 안전보건관리책임자  ④ 재해예방전문지도기관 종사자
⑤ 석면조사기관의 종사자  ⑥ 자율안전검사기관의 종사자

▲ 해당 답안 중 4가지 선택 기재

**12** MTTF와 MTTR를 설명하시오.(4점)  [산기|0802/산기|1501/산기|2003]

① MTTF(평균고장시간) : 제품 고장시 수명이 다 하는 것으로 고장까지의 평균시간
② MTTR(평균수리시간) : 고장 발생 순간부터 수리완료 후 정상작동 시까지의 평균시간

**13** 프레스의 손쳐내기식 방호장치에 관한 설명 중 (    )안에 알맞은 내용이나, 수치를 써 넣으시오.(4점)  [산기|1201/산기|1402/산기|1501]

가) 슬라이드 하행정거리의 ( ① ) 위치에서 손을 완전히 밀어내어야 한다.
나) 방호판의 폭은 금형 폭의 ( ② ) 이상이어야 하고, 행정길이가 300mm 이상의 프레스기계에는 방호판 폭을 ( ③ )mm로 해야 한다.

① 3/4  ② 1/2  ③ 300

**01** 이황화탄소의 폭발상한계가 44.0vol%, 하한계가 1.2vol%라면 이 물질의 위험도를 계산하시오.(4점)

[산기1403/산기2003]

- 위험도 $= \dfrac{U-L}{L} = \dfrac{44-1.2}{1.2} = 35.666 = 35.67$이다.

**02** 휴대용 목재가공용 둥근톱기계의 방호장치와 설치방법에서 덮개에 대한 구조조건을 3가지 쓰시오.(3점)

[산기1403]

① 절단작업이 완료되었을 때 자동적으로 원위치에 되돌아오는 구조일 것
② 이동범위를 임의의 위치로 고정할 수 없을 것
③ 휴대용 둥근톱 덮개의 지지부는 덮개를 지지하기 위한 충분한 강도를 가질 것
④ 휴대용 둥근톱 덮개의 지지부의 볼트 및 이동덮개가 자동적으로 되돌아오는 기계의 스프링 고정볼트는 이완방지 장치가 설치된 것일 것

▲ 해당 답안 중 3가지 선택 기재

**03** 재해분석방법으로 개별분석방법과 통계에 의한 분석방법이 있다. 통계적 분석방법 2가지만 쓰고, 각각의 방법에 대해 설명하시오.(4점)

[산기1102/산기1403]

① 파레토도 : 작업현장에서 발생하는 작업환경 불량이나 고장, 재해 등의 내용을 분류하고 그 건수와 금액을 크기 순으로 나열하여 작성한 그래프
② 특성요인도 : 재해의 원인과 결과를 연계하여 상호 관계를 파악하기 위하여 어골상으로 도표화하는 분석방법

**04** 산업안전보건법에 따른 차량계 하역운반기계의 운전자 운전 위치 이탈 시 조치사항 2가지를 쓰시오.(4점)

[기사0601/산기0801/산기1001/산기1403/기사1602]

① 포크, 버킷, 디퍼 등의 장치를 가장 낮은 위치 또는 지면에 내려 둘 것
② 원동기를 정지시키고 브레이크를 확실히 거는 등 갑작스러운 주행이나 이탈을 방지하기 위한 조치를 할 것
③ 운전석을 이탈하는 경우에는 시동키를 운전대에서 분리시킬 것

▲ 해당 답안 중 2가지 선택 기재

**05** 산업안전보건법상 다음 기계·기구에 설치하여야 할 방호장치를 각각 1가지씩 쓰시오.(5점)

[산기1403/산기1901/산기2003/기사2004]

| | | |
|---|---|---|
| ① 예초기 | ② 원심기 | ③ 공기압축기 |
| ④ 금속절단기 | ⑤ 지게차 | |

① 날 접촉예방장치
② 회전체 접촉예방장치
③ 압력방출장치
④ 날 접촉예방장치
⑤ 헤드가드, 백레스트, 전조등, 후미등, 안전벨트

▲ ⑤의 경우 답안 중 1가지 선택 기재

**06** [보기]의 교류아크용접기의 자동전격방지기 표시사항을 상세히 기술하시오.(4점)   [산기1202/산기1403]

[보 기]

SP – 3A – H
① ②

① SP : 외장형
② 3A : 300A   A – 용접기에 내장되어 있는 콘덴서의 유무에 관계없이 사용할 수 있는 것

**07** 암실에서 정지된 소광점을 응시하면 광점이 움직이는 것 같이 보이는 현상을 운동의 착각현상 중 '자동운동'
이라 한다. 자동운동이 생기기 쉬운 조건을 3가지 쓰시오.(6점)   [산기1403]

① 광점이 작을 것
② 대상이 단순할 것
③ 광의 강도가 작을 것
④ 시야의 다른 부분이 어두운 것

▲ 해당 답안 중 3가지 선택 기재

**08** 보호구 안전인증고시에서 정의한 다음 설명에 해당하는 용어를 쓰시오.(4점)  [산기0902/산기1403]

> ① 유기화합물 보호복에 있어 화학물질이 보호복의 재료의 외부표면에 접촉된 후 내부로 확산하여 내부 표면으로부터 탈착되는 현상
> ② 방독마스크에 있어 대응하는 가스에 대하여 정화통 내부의 흡착제가 포화상태가 되어 흡착 능력을 상실한 상태

① 투과  ② 파과

**09** 아래 표를 보고 열압박지수(HSI), 작업지속시간(WT), 휴식시간을 구하시오.(단, 체온상승 허용치는 1℃를 250Btu로 환산한다)(6점)  [산기1103/산기1403]

| 열부하원 | 작업 | 휴식 |
|---|---|---|
| 대사 | 1,500 | 320 |
| 복사 | 1,000 | −200 |
| 대류 | 500 | −500 |
| $E_{max}$ | 1,500 | 2,300 |

- 필요증산량 $E_{req}$ = M(대사) + R(복사) + C(대류) = 1,500 + 1,000 + 500 = 3,000[Btu/hr]
- $E_{req}{}'$ = M(대사) + R(복사) + C(대류) = 320 + (−200) + (−500) = −380[Btu/hr]

① $HSI = \dfrac{E_{req}}{E_{max}} \times 100\% = \dfrac{3,000}{1,500} \times 100 = 200[\%]$

② $WT = \dfrac{250}{E_{req} - E_{max}} = \dfrac{250}{3,000 - 1,500} = 0.1666 = 0.17[시간]$

③ 휴식시간 $= \dfrac{250}{E_{max}{}' - E_{req}{}'} = \dfrac{250}{2,300 - (-380)} = 0.093 = 0.09[시간]$

**10** 가공기계에 주로 쓰이는 Fool Proof 중 고정가드와 인터록가드에 대한 설명을 쓰시오.(4점)  [산기1403/산기2003]

① 고정가드 : 기계장치에 고정된 가드로 개구부로부터 가공물과 공구 등을 넣어도 손은 위험영역에 머무르지 않게 한다.
② 인터록가드 : 기계식 작동 중에 개폐되는 경우 기계의 작동을 정지하게 한다.

11 양중기에 사용하는 와이어로프의 사용금지 기준을 3가지 쓰시오.(단, 꼬인 것, 부식된 것, 변형된 것 제외)
(3점)
[산기1403/기사1503/기사1601/기사1803/기사1903]

① 이음매가 있는 것
② 와이어로프의 한 꼬임에서 끊어진 소선의 수가 10퍼센트 이상인 것
③ 지름의 감소가 공칭지름의 7퍼센트를 초과하는 것
④ 열과 전기충격에 의해 손상된 것

▲ 해당 답안 중 3가지 선택 기재

12 산업현장에서 사용되고 있는 출입금지 표지판의 배경반사율이 80%이고, 관련 그림의 반사율이 20%일
때 이 표지판의 대비를 구하시오.(4점)
[산기0803/산기1403/산기1702]

• 대비 $= \dfrac{L_b - L_t}{L_b} \times 100 = \dfrac{80 - 20}{80} \times 100 = 75[\%]$이다.

13 다음 형태의 재해발생에서 산업재해 형태를 쓰시오.(4점)
[산기1403]

① 재해자가 구조물 상부에서 전도로 인하여 추락되어 두개골 골절이 발생한 경우
② 재해자가 전도 또는 추락으로 물에 빠져 익사한 경우

① 추락(=떨어짐)
② 유해 · 위험물질 노출 · 접촉

**01** 상시근로자 50명, 재해건수 8건, 1일 9시간 280일 근무, 재해자수 10명, 휴업일수 219일일 때 도수율, 강도율을 구하시오.(4점)  [산기1402]

① 도수율 $= \dfrac{\text{재해건수}}{\text{연근로시간수}} \times 1,000,000 = \dfrac{8}{50 \times 9 \times 280} \times 1,000,000 = 63.492 = 63.49$이다.

② 강도율 $= \dfrac{\text{총근로손실일수}}{\text{연근로시간수}} \times 1,000 = \dfrac{219 \times \dfrac{280}{365}}{50 \times 9 \times 280} \times 1,000 = 1.333 = 1.33$이다.

**02** 안전표지판 명칭을 쓰시오.(5점)  [산기1402]

| ① | ② | ③ | ④ | ⑤ |
|---|---|---|---|---|
| | | | | |

① 사용금지　　　　　　　　② 인화성물질경고
③ 방사성물질경고　　　　　④ 낙하물경고
⑤ 들것

**03** 밀폐공간에서의 작업에 대한 특별안전보건교육을 실시할 때 정규직 근로자의 특별교육시간과 교육내용 3가지를 쓰시오.(단, 그 밖에 안전·보건관리에 필요한 사항을 제외함)(4점)  [산기1402/산기1802/산기2102]

가) 교육시간 : 16시간 이상

나) 교육내용

　　① 산소농도 측정 및 작업환경에 관한 사항
　　② 사고 시의 응급처치 및 비상 시 구출에 관한 사항
　　③ 보호구 착용 및 사용방법에 관한 사항
　　④ 작업내용·안전작업방법 및 절차에 관한 사항
　　⑤ 장비·설비 및 시설 등의 안전점검에 관한 사항

　▲ 나)의 답안 중 3가지 선택 기재

**04** 한국전기설비규정에서 저압전로의 보호도체 및 중성선의 접속 방식에 따라 접지계통을 3가지로 분류하시오.
(3점)  [산기1402]

① TN계통             ② TT계통             ③ IT계통

**05** MIL-STD-882E 카테고리 4가지를 쓰시오.(4점)  [기사1103/기사1302/산기1402/기사1803]

① 1단계 : 파국적                    ② 2단계 : 중대적
③ 3단계 : 한계적                    ④ 4단계 : 무시가능

**06** A, B, C 발생확률이 각각 0.15이고, 직렬로 접속되어 있다. 고장사상을 정상사상으로 하는 FT도와 발생확률
을 구하시오.(6점)  [산기1402/산기1701]

• 고장사상을 정상사상으로 하는 경우는 직렬인 경우 OR게이트로 연결하고, 병렬인 경우는 AND게이트로 연결한다.

① FT도 (고장사상발생 확률)              ② 확률 T = 1-(1-0.15)(1-0.15)(1-0.15) = 0.385 = 0.39
                                          가 된다.

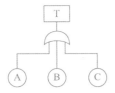

**07** 자율안전확인대상 안전기에 자율안전확인표시 외에 추가로 표시하여야 할 사항 2가지를 쓰시오.(4점)
 [산기1402]

① 가스의 흐름 방향
② 가스의 종류

**08** 양중기에 사용하는 달기 체인의 사용금지 기준을 2가지 쓰시오.(4점)
 [산기1102/산기1402/기사1701/산기1703/기사2001/산기2002]

① 달기 체인의 길이가 달기 체인이 제조된 때의 길이의 5%를 초과한 것
② 링의 단면지름이 달기 체인이 제조된 때의 해당 링의 지름의 10%를 초과하여 감소한 것

**09** 안전인증대상 기계·기구를 5가지 쓰시오.(단, 세부사항까지 작성하고, 프레스, 크레인은 제외)(5점)

[산기1402]

① 곤돌라                    ② 전단기 및 절곡기
③ 고소작업대                ④ 리프트
⑤ 압력용기                  ⑥ 롤러기
⑦ 사출성형기

▲ 해당 답안 중 5가지 선택 기재

**10** 치사량의 기준치를 쓰시오.(3점)

[산기0702/기사1103/산기1402/기사1701]

① LD50은 쥐에 대한 경구투입실험에 의하여 실험동물의 50%를 사망케한다.
② LD50은 쥐 또는 토끼에 대한 경피흡수실험에서 의하여 실험동물의 50%를 사망케한다.
③ LC50은 가스로 쥐에 대한 4시간 동안 흡입실험에 의하여 실험동물의 50%를 사망케한다.

① 300mg/kg                  ② 1,000mg/kg                  ③ 2,500ppm

**11** 산업안전보건법에 따른 사업주가 지켜야 할 산업안전보건위원회의 심의·의결사항을 4가지 쓰시오.(4점)

[산기1402]

① 사업장의 산업재해 예방계획의 수립에 관한 사항
② 안전보건관리규정의 작성 및 변경에 관한 사항
③ 안전보건교육에 관한 사항
④ 작업환경측정 등 작업환경의 점검 및 개선에 관한 사항
⑤ 근로자의 건강진단 등 건강관리에 관한 사항
⑥ 중대재해의 원인 조사 및 재발 방지대책 수립에 관한 사항
⑦ 산업재해에 관한 통계의 기록 및 유지에 관한 사항
⑧ 유해하거나 위험한 기계·기구·설비를 도입한 경우 안전 및 보건 관련 조치에 관한 사항

▲ 해당 답안 중 4가지 선택 기재

**12** 폭풍, 폭우 및 폭설 등의 악천후로 인하여 작업을 중지시킨 후 또는 비계를 조립·해체하거나 변경한 후 작업재개 시 작업 시작 전 점검하고, 이상이 발견되면 즉각 보수하여야 하는 항목을 구체적으로 3가지를 쓰시오.(6점)  [기사0502/기사1003/기사1201/기사1203/기사1302/기사1303/산기1402/기사1602/산기1801/기사2001/산기2004/산기2303]

① 발판 재료의 손상여부 및 부착 또는 걸림 상태
② 해당 비계의 연결부 또는 접속부의 풀림 상태
③ 연결재료 및 연결철물의 손상 또는 부식 상태
④ 손잡이의 탈락 여부
⑤ 기둥의 침하, 변형, 변위(變位) 또는 흔들림 상태
⑥ 로프의 부착 상태 및 매단 장치의 흔들림 상태

▲ 해당 답안 중 3가지 선택 기재


**13** 프레스의 손쳐내기식 방호장치에 관한 설명 중 (   )안에 알맞은 내용이나, 수치를 써 넣으시오.(3점)

[산기1201/산기1402/산기1501]

> 가) 슬라이드 하행정거리의 ( ① ) 위치에서 손을 완전히 밀어내어야 한다.
> 나) 방호판의 폭은 금형 폭의 ( ② ) 이상이어야 하고, 행정길이가 300mm 이상의 프레스기계에는 방호판 폭을 ( ③ )mm로 해야 한다.

① 3/4                    ② 1/2                    ③ 300

**01** 산업안전보건법에서 정한 위험물질을 기준량 이상 제조, 취급, 사용 또는 저장하는 설비로서 내부의 이상상태를 조기에 파악하기 위하여 필요한 온도계·유량계·압력계 등의 계측장치를 설치하여야 하는 대상을 4가지 쓰시오.(6점)   [산기1401/산기2103]

① 발열반응이 일어나는 반응장치

② 증류·정류·증발·추출 등 분리를 하는 장치

③ 가열로 또는 가열기

④ 가열시켜 주는 물질의 온도가 가열되는 위험물질의 분해온도 또는 발화점보다 높은 상태에서 운전되는 설비

⑤ 반응폭주 등 이상 화학반응에 의하여 위험물질이 발생할 우려가 있는 설비

⑥ 온도가 섭씨 350도 이상이거나 게이지 압력이 980킬로파스칼 이상인 상태에서 운전되는 설비

▲ 해당 답안 중 4가지 선택 기재

**02** 인간–기계 기능 체계의 기본 기능 4가지 쓰시오.(4점)   [산기1401/기사1403/기사1502/기사1803]

① 감지기능   ② 정보보관기능

③ 정보처리 및 의사결정기능   ④ 행동기능

**03** 안전관리자 업무(직무) 4가지를 쓰시오.(4점)   [산기0703/산기1201/산기1301/산기1401/산기1502/산기1603/산기1801]

① 산업안전보건위원회 또는 안전·보건에 관한 노사협의체에서 심의·의결한 업무와 사업장의 안전보건관리규정 및 취업규칙에서 정한 업무

② 위험성 평가에 관한 보좌 및 조언·지도

③ 안전인증대상과 자율안전확인대상 기계·기구 등 구입 시 적격품의 선정에 관한 보좌 및 조언·지도

④ 사업장 안전교육계획의 수립 및 안전교육 실시에 관한 보좌 및 조언·지도

⑤ 사업장 순회점검·지도 및 조치의 건의

⑥ 산업재해 발생의 원인 조사·분석 및 재발 방지를 위한 기술적 보좌 및 조언·지도

⑦ 산업재해에 관한 통계의 유지·관리·분석을 위한 보좌 및 조언·지도

⑧ 안전에 관한 사항의 이행에 관한 보좌 및 조언·지도

⑨ 업무수행 내용의 기록·유지

▲ 해당 답안 중 4가지 선택 기재

## 04 인간과오 분류 중 심리적 분류의 종류 4가지를 쓰시오.(4점)

[산기0802/산기1301/산기1401/산기1801/산기2004]

① 생략오류(Omission error)
② 실행오류(Commission error)
③ 순서오류(Sequential error)
④ 시간오류(Timing error)
⑤ 불필요한 수행오류(Extraneous error)

▲ 해당 답안 중 4가지 선택 기재

## 05 교류아크용접기의 자동전격방지장치를 부착할 때의 주의사항 2가지를 쓰시오.(4점)

[산기0703/산기1401]

① 직각으로 부착할 것
② 작동상태를 알기 위한 표시등은 보기 쉬운 곳에 설치할 것
③ 용접기의 이동, 전자접촉기의 작동 등으로 인한 진동, 충격에 견딜 수 있도록 할 것
④ 용접기의 전원측에 접속하는 선과 출력측에 접속하는 선을 혼동되지 않도록 할 것
⑤ 접속부분은 확실하게 접속하여 이완되지 않도록 할 것
⑥ 접속부분을 절연테이프, 절연카바 등으로 절연시킬 것
⑦ 전격방지기의 외함은 접지시킬 것

▲ 해당 답안 중 2가지 선택 기재

## 06 연삭기의 덮개 각도를 쓰시오.(4점)

[산기0903/기사1301/산기1401/기사1503]

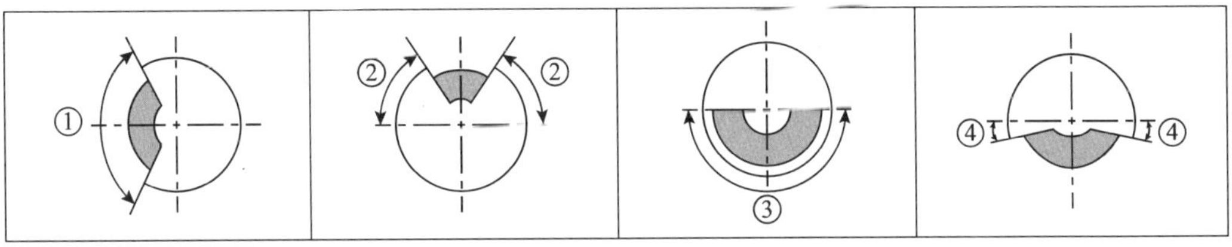


① 일반연삭작업 등에 사용하는 것을 목적으로 하는 탁상용 연삭기
② 연삭숫돌의 상부를 사용하는 것을 목적으로 하는 탁상용 연삭기
③ 휴대용 연삭기, 스윙연삭기, 스라브연삭기, 기타 이와 비슷한 연삭기
④ 평면연삭기, 절단연삭기, 기타 이와 비슷한 연삭기

① 125° 이내　　② 60° 이상
③ 180° 이내　　④ 15° 이상

**07** 프레스 급정지 시간이 200ms일 때 ① 안전거리 ② 안전거리 또는 정지기능에 영향을 받는 방호장치 1가지를 쓰시오.(4점) [기사0902/산기1401/기사1601/기사2002]

① $D = 1.6 \times Tm = 1.6 \times 200 = 320[mm]$
② 방호장치 : 광전자식 방호장치

**08** 다음 괄호에 안전계수를 쓰시오.(3점) [산기1401]

> 가) 근로자가 탑승하는 운반구를 지지하는 달기와이어로프 또는 달기 체인의 경우 : ( ① ) 이상
> 나) 화물의 하중을 직접 지지하는 달기와이어로프 또는 달기 체인의 경우 : ( ② ) 이상
> 다) 훅, 샤클, 클램프, 리프팅 빔의 경우 : ( ③ ) 이상

① 10                    ② 5                    ③ 3

**09** 분리식, 안면부 여과식 방진마스크의 시험성능기준에 있는 각 등급별 여과제 분진등 포집 효율기준을 [표]의 빈칸에 쓰시오.(4점) [산기1401]

| 형태 및 등급 | | 염화나트륨(NaCl) 및 파라핀 오일(Paraffin oil) 시험(%) |
|---|---|---|
| 분리식 | 특급 | ( ① ) 이상 |
| | 1급 | 94.0 이상 |
| | 2급 | ( ② ) 이상 |
| 안면부 여과식 | 특급 | ( ③ ) 이상 |
| | 1급 | 94.0 이상 |
| | 2급 | ( ④ ) 이상 |

① 99.95                    ② 80
③ 99                       ④ 80

**10** 압력용기 안전검사의 주기에 관한 내용이다. 검사주기를 쓰시오.(6점) [산기1401/산기1902]

> ① 사업장에 설치가 끝난 날부터 ( ① )년 이내에 최초 안전검사를 실시한다.
> ② 그 이후부터 ( ② )년마다 안전검사를 실시한다.
> ③ 공정안전보고서를 제출하여 확인을 받은 압력용기는 ( ③ )년마다 안전검사를 실시한다.

① 3                    ② 2                    ③ 4

**11** 히빙이 일어나기 쉬운 지반과 발생원인 2가지를 쓰시오.(4점)  [산기|0901/산기|1401/산기|1903]

가) 지반조건 : 연약성 점토지반

나) 발생원인

① 흙막이 벽체의 근입장 부족

② 흙막이 벽체 내·외의 중량차

③ 지표 재하중

▲ 나)의 답안 중 2가지 선택 기재

**12** 재해사례 연구순서 5단계를 쓰시오.(4점)  [산기|0502/산기|1201/산기|1401/산기|2002]

① 1단계 : 재해 상황 파악

② 2단계 : 사실 확인

③ 3단계 : 직접원인과 문제점 확인

④ 4단계 : 근본 문제점 결정

⑤ 5단계 : 대책 수립

**13** Project method(구안법)의 장점 4가지를 쓰시오.(4점)  [산기|1401]

① 동기부여가 충분하다.

② 창의력이 개발된다.

③ 현실적인 학습방법이다.

④ 협동성, 지도성, 희생정신을 배운다.

MEMO

2024 | 한국산업인력공단 | 국가기술자격

# 고시넷
## 고패스

# 산업안전산업기사 실기
# 필답형 + 작업형
## 기출복원문제 + 유형분석

## 필답형 회차별
## 기출복원문제 31회분
## 2014~2023년

### [실전풀이문제]

**01** 폭풍, 폭우 및 폭설 등의 악천후로 인하여 작업을 중지시킨 후 또는 비계를 조립·해체하거나 변경한 후 작업재개 시 작업 시작 전 점검하고, 이상이 발견되면 즉각 보수하여야 하는 항목을 구체적으로 3가지를 쓰시오.(6점)  [기사0502/기사1003/기사1201/기사1203/기사1302/기사1303/산기1402/기사1602/산기1801/기사2001/산기2004/산기2303]

**02** FTA에 사용되는 사상기호의 명칭을 쓰시오.(4점)  [산기0903/산기1703/산기2303]

| ① | ② | ③ | ④ |
|---|---|---|---|
| ◇ | 출력 ⬡ 조건 입력 | ○ | △ |

**03** 정보전달에 있어 청각적 장치보다 시각적 장치를 사용하는 것이 더 좋은 경우를 3가지를 쓰시오.(3점)  [산기1102/산기2004/산기2303]

**04** 사업주가 교류아크용접기에 자동전격방지기를 설치해야 하는 장소 3가지를 쓰시오.(5점)

[산기|2004/산기|2101/산기|2203/산기|2301/산기|2303]

**05** 산업안전보건법상 폭발위험이 있는 장소를 설정하여 관리함에 있어서 폭발위험장소의 구분도를 작성하는 경우 폭발위험장소로 설정 관리해야 하는 장소를 2곳 쓰시오.(4점) [산기|2303]

**06** 산업안전보건법에 따라 안지름이 150mm를 초과하는 압력용기에 안전밸브를 설치할 때 반드시 파열판을 설치해야 하는 경우 3가지를 쓰시오.(5점)

[기사1003/산기|1702/기사1703/기사2004/산기|2102/산기|2201/산기|2303]

**07** 근로자 400명이 일하는 사업장에서 연간 재해건수는 5건(사망 1명, 10급 재해 4명)이 발생했다. 도수율과 강도율을 구하시오(단, 근무시간은 1일 8시간, 근무일수는 연간 300일, 잔업은 1인당 연간 50시간이다)(6점)

[산기|2303]

**08** 적응기제에 관한 설명이다. 빈칸을 채우시오.(4점) [산기1302/산기1603/산기2303]

| 적응기제 | 설명 |
|---|---|
| ① | 자신의 결함과 무능에 의하여 생긴 열등감이나 긴장을 해소시키기 위하여 장점 같은 것으로 그 결함을 보충하려는 행동 |
| ② | 자기의 실패나 약점을 그럴 듯한 이유를 들어 남에 비난을 받지 않도록 하는 기제 |
| ③ | 억압당한 욕구를 다른 가치 있는 목적을 실현하도록 노력함으로써 욕구를 충족하는 기제 |
| ④ | 자신의 불만이나 불안을 해소시키기 위해서 남에게 뒤집어씌우는 방식의 기제 |

**09** 산업안전보건법상 설치 · 이전하거나 그 주요 구조부분을 변경하려는 경우 유해위험방지계획서 작성 대상이 되는 기계 · 기구 및 설비 5가지를 쓰시오.(5점) [기사2301/산기2303]

**10** 산업안전보건법상 계단의 구조에 대한 설명이다.(    ) 안을 채우시오.(3점) [기사1302/기사1603/산기2001/산기2303]

가) 사업주는 계단 및 계단참을 설치하는 경우 매제곱미터당 ( ① )kg 이상의 하중에 견딜 수 있는 강도를 가진 구조로 설치하여야 하며, 안전율은 ( ② ) 이상으로 하여야 한다.
나) 사업주는 계단을 설치하는 경우 그 폭을 1미터 이상으로 하여야 한다.
다) 사업주는 높이가 3미터를 초과하는 계단에 높이 3미터 이내마다 진행방향으로 길이 ( ③ )m 이상의 계단참을 설치하여야 한다.
라) 사업주는 높이 1미터 이상인 계단의 개방된 측면에 안전난간을 설치하여야 한다.

**11** 산업안전보건법상 항타기 또는 항발기에 권상용 와이어로프를 사용할 경우 준수해야 할 사항을 쓰시오.(4점)

[산기2303]

> 가) 항타기 또는 항발기의 권상용 와이어로프의 안전계수가 ( ① ) 이상이 아니면 이를 사용해서는 아니 된다.
> 나) 권상용 와이어로프는 추 또는 해머가 최저의 위치에 있을 때 또는 널말뚝을 빼내기 시작할 때를 기준으로 권상장치의 드럼에 적어도 ( ② )회 감기고 남을 수 있는 충분한 길이일 것

**12** 산업안전보건법상 안전인증 방독마스크에 안전인증의 표시 외에 추가로 표시해야 하는 내용을 3가지 쓰시오.(3점)

[산기1201/산기2303]

**13** 산업안전보건법상 안전인증대상 기계·기구 등이 안전기준에 적합한지를 확인하기 위하여 안전인증기관이 심사하는 심사의 종류 3가지와 심사기간을 쓰시오.(단, 국내에서 제조된 것으로 제품 심사에 대한 내용은 제외한다)(3점)

[산기1202/산기1803/산기2303]

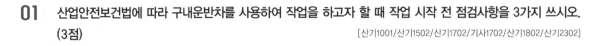

# 2023년

# 2회 필답형 기출복원문제

신규문제 **5문항** 중복문제 **8문항**

☞ 답안은 82Page

**01** 산업안전보건법에 따라 구내운반차를 사용하여 작업을 하고자 할 때 작업 시작 전 점검사항을 3가지 쓰시오.
(3점)

[산기1001/산기1502/산기1702/기사1702/산기1802/산기2302]

**02** 산업안전보건법상 가연물이 있는 장소에서 하는 화재위험작업 시 사업주가 근로자에게 실시해야 하는 특별 안전·보건교육의 교육내용을 4가지 쓰시오.(단, 그 밖에 안전·보건관리에 필요한 사항은 제외)(4점)

[산기2302]

**03** 어느 사업장의 도수율이 4이고, 연간 5건의 재해와 350일의 근로손실일수가 발생하였을 경우 이 사업장의 강도율은 얼마인가?(4점)

[산기0702/산기1501/산기2302]

**04** 프레스 또는 전단기 방호장치인 수인식 방호장치의 일반구조를 4가지 쓰시오.(4점)   [산기2302]

**05** 산업안전보건법상 자율안전확인대상 기계·기구를 5가지 쓰시오.(5점)

[기사0901/산기1103/산기1201/산기1303/산기1603/산기1702/기사1803/산기2001/산기2302]

**06** 산업안전보건법상 정전전로에서의 전기작업을 위해 전로를 차단하여야 한다. 전로 차단 절차에 맞게 ( ) 안을 채우시오.(5점)   [산기1603/산기1702/산기2302]

> 1단계 : 전원의 확인
> 2단계 : 단로기 등을 개방하고 확인
> 3단계 : 차단장치나 단로기 등에 ( ① ) 및 ( ② )를 부착할 것
> 4단계 : ( ③ )를 완전히 방전시킬 것
> 5단계 : ( ④ )를 이용 기기의 충전여부 확인
> 6단계 : ( ⑤ )를 이용하여 접지

**07** 휴먼에러에서 SWAIN의 심리적 오류 4가지를 쓰시오.(4점)

[산기0802/산기0902/산기1601/산기1801/산기2004/산기2302]

**08** 다음 안전표지판 명칭을 쓰시오.(4점)

[산기2302]

| ① | ② | ③ | ④ |
|---|---|---|---|
| | | | |

**09** 다음은 안전보건개선계획에 대한 설명이다. 빈칸을 채우시오.(4점)

[산기2002/산기2302]

가) 사업주는 안전보건개선계획서 수립·시행 명령을 받은 날부터 ( ① ) 이내에 관할 지방고용노동관서의
장에게 해당 계획서를 제출(전자문서로 제출하는 것을 포함한다)해야 한다.
나) 지방고용노동관서의 장이 제61조에 따른 안전보건개선계획서를 접수한 경우에는 접수일부터 ( ② ) 이내에
심사하여 사업주에게 그 결과를 알려야 한다.

**10** 다음에 해당하는 방폭구조의 기호를 쓰시오.(3점)

[산기2302]

① 안전증방폭구조                ② 내압방폭구조                ③ 유입방폭구조

**11** 가설통로의 설치기준에 관한 사항이다. 빈칸을 채우시오.(6점)

[기사0602/산기0901/산기1601/산기1602/기사1703/산기2302]

가) 경사는 ( ① )도 이하일 것
나) 경사가 ( ② )도를 초과하는 경우에는 미끄러지지 아니하는 구조로 할 것. 다만, 계단을 설치하거나 높이
　( ③ )미터 미만의 가설통로로서 튼튼한 손잡이를 설치한 경우에는 그러하지 아니하다.
다) 추락할 위험이 있는 장소에는 ( ④ )을 설치할 것

**12** 산업안전보건법상 안전검사 주기에 해당하는 (　)를 채우시오.(5점)　[산기1401/기사1703/산기1902/산기2302]

가) 크레인(이동식크레인은 제외), 리프트(이삿짐 운반용 리프트는 제외) 및 곤돌라 : 사업장에 설치가 끝난
　날부터 ( ① ) 이내에 최초 안전검사를 실시하되, 그 이후부터 ( ② )마다 실시한다.
나) 프레스, 전단기, 압력용기, 국소 배기장치, 원심기, 롤러기, 사출성형기, 컨베이어 및 산업용 로봇 : 사업장에
　설치가 끝난 날부터 ( ④ ) 이내에 최초 안전검사를 실시하되, 그 이후부터 2년마다(공정안전보고서를 제출하
　여 확인을 받은 압력용기는 ( ⑤ )마다) 실시한다.

**13** 산업안전보건법상 항타기 또는 항발기를 조립하거나 해체하는 경우 사업주가 점검해야 할 사항을 4가지
쓰시오.(4점)　[산기2302]

**01** 안전인증대상 설비 방호장치를 3가지 쓰시오.(6점)

[산기1502/산기2202/산기2301]

**02** 산업안전보건법에서 사업주가 근로자에게 시행해야 하는 안전보건교육의 종류 4가지를 쓰시오.(4점)

[산기0602/산기0701/산기0903/산기1101/기사1601/기사1802/산기2003/산기2301]

**03** 사업장의 안전 및 보건을 유지하기 위해 사업주가 작성하는 것으로 다음 사항을 포함해야 하는 서류의 명칭을 쓰시오.(5점)

[기사1002/산기1502/기사1702/기사2001/산기2301]

1. 안전 및 보건에 관한 관리조직과 그 직무에 관한 사항
2. 안전보건교육에 관한 사항
3. 작업장의 안전 및 보건 관리에 관한 사항
4. 사고 조사 및 대책 수립에 관한 사항
5. 그 밖에 안전 및 보건에 관한 사항

**04** 유해하거나 위험한 설비를 취급하여 공정안전보고서를 제출해야 하는 사업의 종류를 4가지 쓰시오.(4점)

[산기1303/산기2001/산기2301]

**05** 추락, 낙하, 비래, 감전 등의 위험으로부터 근로자를 보호하는 안전모의 성능시험 항목을 5가지 쓰시오.(5점)

[산기2301]

**06** 산업안전보건법상 안전보건관리책임자의 업무를 4가지 쓰시오.(단, 그 밖에 근로자의 유해·위험 방지조치에 관한 사항으로서 고용노동부령으로 정하는 사항은 제외)(4점)

[산기2301]

**07** 고용노동부장관이 사업장의 사업주에게 안전보건진단을 받아 안전보건개선계획을 수립하여 시행할 것을 명할 수 있는 경우에 대한 다음 설명의 (  ) 안을 채우시오.(3점)

[산기1101/산기1602/산기1701/산기1802/산기2001/산기2003/산기2203/산기2301]

> 가) 산업재해율이 같은 업종 평균 산업재해율의 ( ① )배 이상인 사업장
> 나) 직업성 질병자가 연간 ( ② )명 이상(상시근로자 1천명 이상 사업장의 경우 ( ③ )명 이상) 발생한 사업장

**08** 기계의 신뢰도가 일정할 때 고장률이 0.0004이고, 이 기계가 1,000시간 가동할 경우의 신뢰도를 계산하시오.(4점)

[산기0801/산기2102/산기2301]

**09** 사업주가 교류아크용접기에 자동전격방지기를 설치해야 하는 장소 3가지를 쓰시오.(3점)

[산기2004/산기2101/산기2203/산기2301/산기2303]

**10** 사고의 발단이 되는 초기사상이 발생할 경우 그 영향이 시스템에서 어떤 결과(정상 또는 고장)로 진전해 가는지를 나뭇가지가 갈라지는 형태로 분석하는 귀납적이고 정량적인 위험분석방법을 쓰시오.(4점)

[산기2301]

**11** 60[rpm]으로 회전하는 롤러기의 앞면 롤러기의 지름이 120[mm]인 경우 앞면 롤러의 표면속도와 관련 규정에 따른 급정지거리[mm]를 구하시오.(4점)  [산기1202/산기2003/산기2301]

**12** 화학설비 안전거리를 쓰시오.(4점)  [산기1202/산기1701/산기2301]

① 사무실·연구실·실험실·정비실 또는 식당으로부터 단위공정시설 및 설비, 위험물질의 저장탱크, 위험물질 하역설비, 보일러 또는 가열로의 사이
② 위험물질 저장탱크로부터 단위공정 시설 및 설비, 보일러 또는 가열로의 사이

**13** 다음은 비계(달비계, 달대비계 및 말비계 제외)의 높이가 2m 이상인 경우의 작업발판의 구조에 대한 설명이다. (  ) 안을 채우시오.(5점)  [기사2102/산기2301]

가) 작업발판의 폭은 ( ① )cm 이상으로 하고, 발판재료 간의 틈은 ( ② )cm 이하로 할 것
나) 추락의 위험이 있는 장소에는 ( ③ )을 설치할 것. 다만, 작업의 성질상 ( ③ )을 설치하는 것이 곤란한 경우 ( ④ )을 설치하거나 근로자로 하여금 ( ⑤ )를 사용하도록 하는 등 추락위험 방지 조치를 한 경우에는 그러하지 아니하다

**01** 고용노동부장관이 사업장의 사업주에게 안전보건진단을 받아 안전보건개선계획을 수립하여 시행할 것을 명할 수 있는 경우를 2가지 쓰시오.(4점)  [산기1101/산기1602/산기1701/산기1802/산기2001/산기2003/산기2203/산기2301]

**02** 안전관리자 업무(직무) 5가지를 쓰시오.(5점)

[산기0703/산기1201/산기1301/산기1401/산기1502/산기1603/산기1801/산기2101/산기2203]

**03** 위험예지훈련 기초 4라운드 기법의 진행순서를 쓰시오.(4점)

[산기0601/산기1003/기사1503/기사1902/산기2001/산기2203]

**04** 하인리히의 재해구성 비율을 쓰고 그에 대해 설명하시오.(4점)  [기사2102/산기2203]

**05** 광전자식 방호장치에 관한 설명이다. (  ) 안을 채우시오.(4점)  [산기2203]

> • 정상동작표시램프는 ( ① ), 위험표시램프는 ( ② )으로 하며, 쉽게 근로자가 볼 수 있는 곳에 설치해야 한다.
> • 누름버튼을 양손으로 동시에 조작하지 않으면 작동시킬 수 없는 구조이어야 하며, 양쪽버튼의 작동시간 차이는 최대 ( ③ )초 이내일 때 프레스가 동작되도록 해야 한다.
> • 누름버튼의 상호간 내측거리는 ( ④ )mm 이상이어야 한다.

**06** 다음과 같은 시스템의 직렬 및 병렬 연결에서의 신뢰도(%)를 각각 구하시오.(5점)  [산기2203]

> • 인간의 신뢰도 : 0.8          • 기계의 신뢰도 : 0.95

**07** 폭굉현상에서 점화에너지가 클수록 그 유도거리가 짧아지는 조건 4가지를 쓰시오.(4점) [산기1203/산기2203]

**08** 산업안전보건법상 산업재해가 발생한 때에 사업주가 기록·보존해야 하는 사항 4가지를 쓰시오.(4점)

[산기1703/산기1803/산기2101/산기2203]

**09** 사업주가 교류아크용접기에 자동전격방지기를 설치해야 하는 장소 3가지를 쓰시오.(6점)

[산기2004/산기2101/산기2203/산기2301/산기2303]

**10** 다음은 방진마스크를 표시한 것이다. 각각의 명칭을 쓰시오.(4점)

[산기2203]

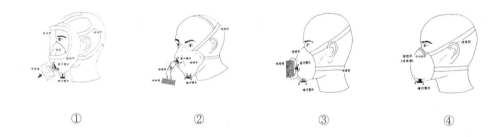

①           ②           ③           ④

**11** 인간오류확률을 추정할 수 있는 기법을 4가지 쓰시오.(4점)

[산기1302/산기2203]

**12** 터널공사 등의 건설작업을 할 때 인화성 가스가 존재하여 폭발이나 화재가 발생할 위험이 있는 경우에는 인화성 가스 농도의 이상 상승을 조기에 파악하기 위하여 그 장소에 자동경보장치를 설치하여야 한다. 설치된 자동경보장치에 대하여 당일의 작업 시작 전에 점검할 사항 3가지를 쓰시오.(3점) [산기2203]

**13** 다음은 교류아크용접기의 방호장치에 관련된 설명이다. ( ) 안을 채우시오.(4점) [산기2203]

| | |
|---|---|
| ① | 대상으로 하는 용접기의 주회로를 제어하는 장치를 가지고 있어, 용접봉의 조작에 따라 용접할 때에만 용접기의 주회로를 형성하고, 그 외에는 용접기의 출력측의 무부하전압을 25볼트 이하로 저하시키도록 동작하는 장치 |
| ② | 용접봉을 피용접물에 접촉시켜서 전격방지기의 주접점이 폐로될(닫힐) 때까지의 시간 |
| ③ | 용접봉 홀더에 용접기 출력측의 무부하전압이 발생한 후 주접점이 개방될 때까지의 시간 |
| ④ | 정격전원전압에 있어서 전격방지기를 시동시킬 수 있는 출력회로의 시동감도로서 명판에 표시된 것 |

**01** 조명은 근로자 작업환경에서 중요한 요소이다. 근로자가 상시 작업하는 다음 장소의 작업면 조도(照度) 기준을 쓰시오.(단, 갱내(坑內) 작업장과 감광재료(感光材料)를 취급하는 작업장은 제외한다)(4점)

[기사0503/기사1002/산기1202/산기1602/기사1603/산기1802/산기1803/산기2001/산기2201/산기2202]

- 초정밀작업 : ( ① )Lux 이상
- 정밀작업 : ( ② )Lux 이상
- 보통작업 : ( ③ )Lux 이상
- 그 밖의 작업 : ( ④ )Lux 이상

**02** 안전인증대상 설비 방호장치를 3가지 쓰시오.(6점)　　　　[산기1502/산기2202/산기2301]

**03** 정전전로에서의 전기작업을 위해 전로를 차단하여야 한다. 전로 차단 절차 6단계를 순서대로 나열하시오. (3점)　　　　[산기1603/산기1702/산기2202]

- ㉠ 전원을 차단한 후 각 단로기 등을 개방하고 확인할 것
- ㉡ 차단장치나 단로기 등에 잠금장치 및 꼬리표를 부착할 것
- ㉢ 개로된 전로에서 유도전압 또는 전기에너지가 축적되어 근로자에게 전기위험을 끼칠 수 있는 전기기기 등은 접촉하기 전에 잔류전하를 완전히 방전시킬 것
- ㉣ 전기기기 등에 공급되는 모든 전원을 관련 도면, 배선도 등으로 확인할 것
- ㉤ 검전기를 이용하여 작업 대상 기기가 충전되었는지를 확인할 것
- ㉥ 전기기기등이 다른 노출 충전부와의 접촉, 유도 또는 예비동력원의 역송전 등으로 전압이 발생할 우려가 있는 경우에는 충분한 용량을 가진 단락 접지기구를 이용하여 접지할 것

**04** 평균근로자 100명, 1일 8시간 1년 300일 작업하는 사업장에서 한 해 동안 사망 1명, 14급 장애 2명, 휴업일수가 37일이 발생했을 경우 해당 사업장의 강도율을 계산하시오.(6점)  [산기1903/산기2202]

**05** 산업안전보건법상 노사협의체의 구성 중 근로자위원과 사용자위원을 각각 2가지씩 쓰시오.(4점)  [기사0903/산기1003/기사1103/산기2202]

**06** 산업안전보건법상 사업 내 안전·보건교육에 대한 교육시간을 쓰시오.(4점)  [산기0802/산기1503/산기1703/산기1901/산기2201/산기2202]

| 교육과정 | 교육 대상 | 교육 시간 |
|---|---|---|
| 정기교육 | 사무직 종사 근로자 | 매반기 ( ① )시간 이상 |
| | 관리감독자의 지위에 있는 사람 | 연간 ( ② )시간 이상 |
| 채용 시의 교육 | 일용근로자 | ( ③ )시간 이상 |
| 작업내용 변경 시의 교육 | 일용근로자 및 기간제 근로자를 제외한 근로자 | ( ④ )시간 이상 |

**07** 달기 체인 사용금지기준의 빈칸을 채우시오.(4점)  [산기1102/산기1402/기사1701/산기1703/기사2001/산기2002/산기2202]

> 가) 달기 체인의 길이가 달기 체인이 제조된 때의 길이의 ( ① )%를 초과한 것
> 나) 링의 단면지름이 달기 체인이 제조된 때의 해당 링의 지름의 ( ② )%를 초과하여 감소한 것

**08** 롤러의 방호장치에 관한 사항이다. 다음 괄호 안을 채우시오.(4점)  [산기1801/산기1802/산기2202]

| 종류 | 설치위치 |
|------|----------|
| 손 조작식 | 밑면에서 ( ① )m 이내 |
| 복부조작식 | 밑면에서 ( ② )m 이상 ( ③ )m 이내 |
| 무릎 조작식 | 밑면에서 ( ④ )m 이내 |

**09** 산업안전보건법상 보호구의 안전인증 제품에 표시하여야 하는 사항을 5가지 쓰시오.(단, 인증마크는 제외한다)(5점)  [기사0902/산기1001/산기1902/기사1903/산기2202]

**10** 산업현장에서 사용되고 있는 출입금지 표지판의 배경반사율이 80%이고, 관련 그림의 반사율이 20%일 때 이 표지판의 대비를 구하시오.(4점)  [산기0803/산기1403/산기1702/산기2202]

**11** 산업안전보건법에서 정하고 있는 중대재해의 종류를 3가지 쓰시오.(3점)

[산기0602/산기1503/기사1802/기사1902/산기2102/산기2201/산기2202]

**12** 공기압축기 사용 시 작업 시작 전 점검사항을 4가지 쓰시오.(4점)

[산기0602/산기1003/기사1602/산기1703/산기1801/산기1803/기사1902/산기2202]

**13** 다음 그림을 보고 전등이 점등되지 않을 FT도를 작성하시오.(4점)

[산기1203/산기2202]

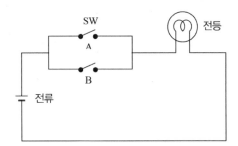

**01** 산업안전보건법상 사업 내 안전·보건교육에 대한 교육시간을 쓰시오.(4점)

[산기0802/산기1503/산기1703/산기1901/산기2201/산기2202]

| 교육과정 | 교육 대상 | | 교육 시간 |
|---|---|---|---|
| 정기교육 | 사무직 종사 근로자 | | 매반기 ( ① )시간 이상 |
| | 사무직 종사 근로자 외의 근로자 | 판매업무에 직접 종사하는 근로자 | 매반기 ( ② )시간 이상 |
| | | 판매업무에 직접 종사하는 근로자 외의 근로자 | 매반기 ( ③ )시간 이상 |
| | 관리감독자의 지위에 있는 사람 | | 연간 ( ④ )시간 이상 |

**02** 조명은 근로자 작업환경에서 중요한 요소이다. 근로자가 상시 작업하는 다음 장소의 작업면 조도(照度) 기준을 쓰시오.(단, 갱내(坑內) 작업장과 감광재료(感光材料)를 취급하는 작업장은 제외한다)(3점)

[기사0503/기사1002/산기1202/산기1602/기사1603/산기1802/산기1803/산기2001/산기2201/산기2202]

- 초정밀작업 : ( ① )Lux 이상
- 정밀작업 : ( ② )Lux 이상
- 보통작업 : ( ③ )Lux 이상

**03** 다음 시스템의 신뢰도를 계산하시오.(4점)

[산기0502/산기1801/산기2201]

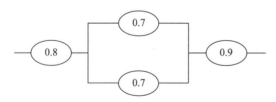

**04** 승강기의 설치·조립·수리·점검 또는 해체 작업을 하는 경우 안전조치 사항 3가지를 쓰시오.(6점)

[산기1202/산기1902/산기2201]

**05** 보일러의 방호장치에 대한 다음 설명의 (  ) 안을 채우시오.(4점)

[산기2201]

- 사업주는 보일러의 안전한 가동을 위하여 보일러 규격에 맞는 ( ① )를 1개 또는 2개 이상 설치하고 최고사용 압력(설계압력 또는 최고허용압력을 말한다. 이하 같다) 이하에서 작동되도록 하여야 한다.
- 사업주는 보일러의 과열을 방지하기 위하여 최고사용압력과 상용압력 사이에서 보일러의 버너 연소를 차단할 수 있도록 ( ② )를 부착하여 사용하여야 한다.

**06** 다음에 설명하는 금지표지판 명칭을 쓰시오.(4점)

[산기1503/산기1802/산기2201]

① 사람이 걸어 다녀서는 안 되는 장소
② 엘리베이터 등에 타는 것이나 어떤 장소에 올라가는 것을 금지
③ 수리 또는 고장 등으로 만지거나 작동시키는 것을 금지해야 할 기계·기구 및 설비
④ 정리 정돈 상태이 물체나 움직여서는 안 될 물체를 보존하기 위하여 필요한 장소

**07** 산업안전보건법에 따라 반드시 파열판을 설치해야 하는 경우 3가지를 쓰시오.(6점)

[기사1003/산기1702/기사1703/기사2004/산기2102/산기2201/산기2303]

**08** 콘크리트 타설작업을 하기 위하여 콘크리트 펌프 또는 콘크리트 펌프카를 사용하는 경우 사업주의 준수사항을 3가지 쓰시오.(4점)

[산기2201]

**09** 산업안전보건법에 따른 사업주가 지켜야 할 산업안전보건위원회의 심의·의결사항을 4가지 쓰시오.(4점)

[기사1301/산기1402/산기2201]

**10** 교량작업을 하는 경우 작업계획서 포함사항 4가지를 쓰시오.(단, 그 밖에 안전·보건관리에 필요한 사항 제외)(4점)

[산기1303/산기2201]

**11** 산업안전보건법에서 정하고 있는 중대재해의 종류를 3가지 쓰시오.(3점)

[산기0602/산기1503/기사1802/기사1902/산기2102/산기2201/산기2202]

**12** 목재 가공용 둥근톱의 두께가 0.8mm인 경우 방호장치 중 분할 날의 두께(mm)를 구하시오.(4점)

[산기2201]

**13** 다음은 충전전로에서의 전기작업시 사업주의 조치사항에 대한 설명이다. (  ) 안을 채우시오.(5점)

[산기2201]

가) 충전전로를 취급하는 근로자에게 그 작업에 적합한 (  ①  )를 착용시킬 것
나) 충전전로에 근접한 장소에서 전기작업을 하는 경우에는 해당 전압에 적합한 (  ②  )를 설치할 것
다) 유자격자가 아닌 근로자가 충전전로 인근의 높은 곳에서 작업할 때에 근로자의 몸 또는 긴 도전성 물체가
   방호되지 않은 충전전로에서 대지전압이 50kV 이하인 경우에는 (  ③  )cm 이내로, 대지전압이 50kV를
   넘는 경우에는 (  ④  )kV당 (  ⑤  )cm씩 더한 거리 이내로 각각 접근할 수 없도록 할 것

**01** 기계설비의 수명곡선을 그리고, 3단계의 명칭 또는 내용을 쓰시오.(4점)　　　　[산기2103]

**02** 다음 안전표지판 명칭을 쓰시오.(4점)　　　　[산기2103]

**03** 산업안전보건법에서 정한 위험물질을 기준량 이상 제조, 취급, 사용 또는 저장하는 설비로서 내부의 이상상태를 조기에 파악하기 위하여 필요한 온도계·유량계·압력계 등의 계측장치를 설치하여야 하는 대상을 3가지 쓰시오.(5점)　　　　[산기1401/산기2103]

**04** 산업안전보건법에 따른 차량계 하역운반기계의 운전자 운전 위치 이탈 시 조치사항 2가지를 쓰시오.(단, 운전석에 잠금장치를 하는 등 운전자가 아닌 사람이 운전하지 못하도록 하는 조치는 제외)(4점)

[기사0601/산기0801/산기1001/산기1403/기사1602/산기2103]

**05** 다음 보기의 조건에서 근로손실일수를 구하시오.(3점)   [산기2103]

- 강도율 0.8
- 연 평균 근로자수 250명
- 연간 총근로시간 2,400시간
- 재해건수 5건

**06** 각 부품고장확률이 0.12인 A, B, C 3개의 부품이 병렬결합모델로 만들어진 시스템이 있다. 시스템 작동안 됨을 정상사상으로 하고, A고장, B고징, C고상을 기본사상으로 한 FT도를 작성하고, 정상사상 발생할 확률 을 구하시오.(단, 소수 다섯째자리에서 반올림하고, 소수 넷째자리까지 표기할 것)(4점) [산기1102/산기2103]

**07** 건물 등의 해체작업 시 해체계획서에 포함되어야 할 내용 3가지를 쓰시오.(4점) [산기2103]

**08** 로봇의 작동범위 내에서 그 로봇에 관하여 교시 등의 작업을 하는 때 작업 시작 전 점검사항 3가지를 쓰시오. (6점) [산기1101/산기1903/산기2103/기사2203]

**09** 재해분석방법으로 개별분석방법과 통계에 의한 분석방법이 있다. 다음에서 설명하는 통계적 분석방법의 이름을 쓰시오.(4점) [산기1102/산기1403/산기2103]

① 재해의 원인과 결과를 연계하여 상호 관계를 파악하기 위하여 어골상으로 도표화하는 분석방법
② 사고의 유형, 기인물 등 분류 항목을 순서대로 도표화하는 분석방법

**10** 공칭지름 10mm인 와이어로프의 지름 9.2mm인 것은 양중기에 사용가능한지 여부를 판단하시오.(4점) [산기1602/산기2103]

11 전기기계ㆍ기구에 대하여 누전에 의한 감전위험을 방지하기 위하여 해당 전로의 정격에 적합하고 감도가 양호하며 확실하게 작동하는 감전방지용 누전차단기를 설치해야 한다. 이의 기준에 대한 다음 내용의 빈칸을 채우시오.(3점)　　　　　　　　　　　　　　　　　　　　　　　　[산기2002/기사2003/산기2103]

> 가) 대지전압이 ( ① )V를 초과하는 이동형 또는 휴대형 전기기계ㆍ기구
> 나) 물 등 도전성이 높은 액체가 있는 ( ② )에서 사용하는 저압용 전기기계ㆍ기구
> 다) ( ③ ) 위 등 도전성이 높은 장소에서 사용하는 이동형 또는 휴대형 전기기계ㆍ기구
> 라) 임시배선의 전로가 설치되는 장소에서 사용하는 이동형 또는 휴대형 전기기계ㆍ기구

12 인간의 주의에 대한 특성에 대하여 설명하시오.(6점)　　　　　　　　[산기1102/산기1501/산기2103]

13 공정안전보고서에 포함되어야 할 사항을 4가지 쓰시오.(4점)
[산기0803/산기0903/기사1001/기사403/산기1501/기사1602/기사1703/산기1703/산기2103]

**01** 다음은 안전모의 시험성능기준에 대한 설명이다. ( ) 안을 채우시오.(4점)    [산기2102]

| 항 목 | 시 험 성 능 기 준 |
|---|---|
| 내관통성 | AE, ABE종 안전모는 관통거리가 ( ① )mm 이하이고, AB종 안전모는 관통거리가 ( ② )mm 이하이어야 한다. |
| 충격흡수성 | 최고전달충격력이 ( ③ )N을 초과해서는 안되며, 모체와 착장체의 기능이 상실되지 않아야 한다. |
| 내전압성 | AE, ABE종 안전모는 교류 20kV 에서 1분간 절연파괴 없이 견뎌야 하고, 이때 누설되는 충전전류는 ( ④ )mA 이하이어야 한다. |

**02** 기계의 신뢰도가 일정할 때 고장률이 0.0004이고, 이 기계가 1,000시간 가동할 경우의 신뢰도를 계산하시오.(5점)    [산기0801/산기2102/산기2301]

**03** 주어진 이론에 해당하는 [보기]의 개수를 각각 쓰시오.(단, 보기는 중복이 가능하다)(4점))    [산기2102]

[보기]

① 사회적 환경과 유전적인 요소  ② 개인적 결함
③ 불안전한 행동 및 상태  ④ 관리구조
⑤ 통제부족  ⑥ 기본원인
⑦ 사고  ⑧ 상해
⑨ 전술적 에러  ⑩ 작전적 에러

가) 하인리히의 재해이론          나) 버드의 재해이론

**04** 다음은 산업안전보건기준에 관한 규칙에서 누전차단기를 접속하는 경우의 준수사항이다. (  ) 안을 채우시오.
(4점) [산기2102]

> 전기기계·기구에 설치된 누전차단기는 정격감도전류가 ( ① )mA 이하이고 작동시간은 ( ② )초 이내일 것.
> 다만, 정격전부하전류가 50암페어 이상인 전기기계·기구에 접속되는 누전차단기는 오작동을 방지하기 위하여 정격감도전류는 ( ③ )mA 이하로, 작동시간은 ( ④ )초 이내로 할 수 있다.

**05** 300rpm으로 회전하는 롤러기의 앞면 롤러기의 지름이 30[cm]인 경우 앞면 롤러의 표면속도[m/min]를 구하시오.(4점) [산기2102]

**06** 다음과 같은 조건에서의 도수율을 구하시오.(3점) [산기2102]

> • 연천인율 : 3.5          • 연평균근로자수 : 350명

**07** 방호조치를 하지 아니하고는 양도, 대여, 설치 또는 사용에 제공하거나, 양도·대여의 목적으로 진열해서는 아니 되는 기계·기구 4가지를 쓰시오.(4점)[산기0903/산기1203/산기1503/기사1602/기사1801/기사2003/산기2102/기사2302]

**08** 산업안전보건기준에 관한 규칙에서 정해진 사다리식 통로를 설치할 때의 준수사항 4가지를 쓰시오.(4점)

[산기|0802/산기|2102]

**09** 밀폐공간에서의 작업에 대한 특별안전보건교육을 실시할 때 정규직 근로자의 교육내용 4가지를 쓰시오.(단, 그 밖에 안전·보건관리에 필요한 사항을 제외함)(4점)

[산기|1402/산기|1802/산기|2102]

**10** 흙막이 지보공을 설치하였을 때에는 정기적으로 점검하고 이상을 발견하면 즉시 보수하여야 사항 4가지를 쓰시오.(4점)

[산기|1702/기사|1903/산기|2102]

**11** 산업안전보건법에서 정하고 있는 중대재해의 종류를 3가지 쓰시오.(5점)

[산기0602/산기1503/기사1802/기사1902/산기2102]

**12** 산업안전보건법에 따라 반드시 파열판을 설치해야 하는 경우 3가지를 쓰시오.(6점)

[기사1003/산기1702/기사1703/기사2004/산기2102/산기2201/산기2303]

**13** 다음 작업영역에 대한 설명에 맞는 용어를 쓰시오.(4점)

[산기2102]

① 전완과 상완을 곧게 펴서 파악할 수 있는 구역
② 상완을 자연스럽게 늘어뜨린 상태에서 전완을 뻗어 파악할 수 있는 영역

**01** 사업주가 가스장치실을 설치하는데 있어서의 구조 기준 3가지를 쓰시오.(6점)    [산기2101]

**02** 다음 괄호에 안전계수를 쓰시오.(3점)    [산기1401/산기2101]

> 가) 근로자가 탑승하는 운반구를 지지하는 달기와이어로프 또는 달기 체인의 경우 : ( ① ) 이상
> 나) 화물의 하중을 직접 지지하는 달기와이어로프 또는 달기 체인의 경우 : ( ② ) 이상
> 다) 훅, 샤클, 클램프, 리프팅 빔의 경우 : ( ③ ) 이상

**03** 산업안전보건법상 산업재해가 발생한 때에 사업주가 기록 · 보존해야 하는 사항 4가지를 쓰시오.(4점)

[산기1703/산기1803/산기2101]

**04** 화학설비의 탱크 내 작업 시 특별안전보건교육내용을 3가지 쓰시오.(단, 그 밖에 안전 · 보건관리에 필요한 사항은 제외)(6점)

[산기0501/산기1801/산기2101]

**05** Fool Proof를 간단하게 설명하시오.(4점) [산기0603/산기2001/산기2101]

**06** 위험기계의 조종장치를 촉각적으로 암호화할 수 있는 차원 3가지를 쓰시오.(3점) [산기1301/산기1601/산기2101]

**07** 안전관리자 업무(직무) 3가지를 쓰시오.(6점) [산기0703/산기1201/산기1301/산기1401/산기1502/산기1603/산기1801/산기2101]

**08** 산업안전보건기준에 관한 규칙에서 정한 양중기의 종류 4가지를 쓰시오.(단, 세부사항까지 쓰시오)(4점)
[산기2101]

**09** 연삭기 덮개에 자율안전확인의 표시 외에 추가로 표시해야 할 사항 2가지를 쓰시오.(4점)  [산기|2101]

**10** 강제 환기에 대해 설명하시오.(3점)  [산기|2101]

**11** 사업주가 교류아크용접기에 자동전격방지기를 설치해야 하는 장소 2가지를 쓰시오.(4점)

[산기|2004/산기|2101/산기|2203/산기|2301/산기|2303]

**12** 소음이 심한 기계로부터 4[m]떨어진 곳의 음압수준이 100[dB]이라면 이 기계로부터 30[m] 떨어진 곳의 음압수준을 계산하시오.(4점)  [산기|0701/산기|0803/산기|1603/산기|2101]

13 그림에 해당하는 안전화 완성품의 성능시험 항목 4가지를 쓰시오.(4점)    [산기2004/산기2101]

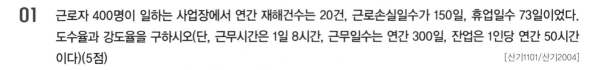
**01** 근로자 400명이 일하는 사업장에서 연간 재해건수는 20건, 근로손실일수가 150일, 휴업일수 73일이었다. 도수율과 강도율을 구하시오(단, 근무시간은 1일 8시간, 근무일수는 연간 300일, 잔업은 1인당 연간 50시간 이다)(5점)

[산기1101/산기2004]

**02** 동력식 수동대패기의 방호장치 1가지와 그 방호장치와 송급테이블의 간격을 쓰시오.(4점)

[산기1302/산기2004]

**03** 안전보건총괄책임자 지정대상 사업을 2가지 쓰시오.(단, 선박 및 보트 건조업, 1차 금속 제조업 및 토사석 광업의 경우는 제외)(4점)

[산기1601/산기2004]

**04** 지반의 이상현상 중 보일링 현상이 일어나기 쉬운 지반조건을 쓰시오.(3점)

[산기0803/산기2004]

**05** 컷 셋과 패스 셋을 간단히 설명하시오.(4점) [산기0503/산기0701/산기2004]

**06** 사업주가 교류아크용접기에 자동전격방지기를 설치해야 하는 장소 3가지를 쓰시오.(6점)

[산기2004/산기2101/산기2203/산기2301/산기2303]

**07** 섬유로프를 화물자동차의 화물운반용 또는 고정용으로 사용해서는 안되는 경우 2가지를 쓰시오.(4점)

[산기2004]

**08** 안전인증 파열판에 안전인증 외에 추가로 표시하여야 할 사항 4가지를 쓰시오.(4점) [산기1203/산기2004]

**09** 연소의 종류 중 고체의 연소 형태 4가지를 쓰시오.(4점) [산기0702/산기1001/산기1103/산기2004]

**10** 폭풍, 폭우 및 폭설 등의 악천후로 인하여 작업을 중지시킨 후 또는 비계를 조립·해체하거나 변경한 후 작업재개 시 작업 시작 전 점검하고, 이상이 발견되면 즉각 보수하여야 하는 항목을 구체적으로 3가지를 쓰시오.(6점)  [기사0502/기사1003/기사1201/기사1203/기사1302/기사1303/산기1402/기사1602/산기1801/기사2001/산기2004/산기2303]

**11** 휴먼에러에서 SWAIN의 심리적 오류 4가지를 쓰시오.(4점)

[산기0802/산기0902/산기1601/산기1801/산기2004/산기2302]

**12** 정보전달에 있어 청각적 장치보다 시각적 장치를 사용하는 것이 더 좋은 경우를 3가지를 쓰시오.(3점)

[산기1102/산기2004/산기2303]

**13** 그림에 해당하는 안전화 완성품의 성능시험 항목을 2가지 쓰시오.(4점)  [산기2004/산기2101]

신규문제 1문항 중복문제 12문항

☞ 답안은 118Page

**01** MTTF와 MTTR를 설명하시오.(4점) [산기0802/산기1501/산기2003]

**02** 다음 재해를 분석하시오.(3점) [기사2002/산기2003]

작업자가 기름으로 인해 미끄러운 작업장 통로를 걷다 미끄러져 넘어지면서 밀링머신에 머리를 부딪쳐 부상을 당해 7일간 병원에 입원하였다.

**03** 가공기계에 주로 쓰이는 Fool Proof 중 고정가드와 인터록가드에 대한 설명을 쓰시오.(4점) [산기1403/산기2003]

**04** 슬레이트, 선라이트(Sunlight) 등 강도가 약한 재료로 덮은 지붕 위에서 작업을 할 때에 발이 빠지는 등 근로자가 위험해질 우려가 있는 경우 사업주가 취해야 할 조치 2가지를 쓰시오.(4점) [산기2003]

**05** 60[rpm]으로 회전하는 롤러기의 앞면 롤러기의 지름이 120[mm]인 경우 앞면 롤러의 표면속도와 관련 규정에 따른 급정지거리[mm]를 구하시오.(4점) [산기1202/산기2003/산기2301]

**06** 고용노동부장관이 사업장의 사업주에게 안전보건진단을 받아 안전보건개선계획을 수립하여 시행할 것을 명할 수 있는 경우를 3가지 쓰시오.(6점) [산기1101/산기1602/산기1701/산기1802/산기2001/산기2003/산기2203/산기2301]

**07** 변전설비에서 MOF의 역할 2가지를 쓰시오.(4점) [산기0503/산기2003]

**08** 산업안전보건법에서 사업주가 근로자에게 시행해야 하는 안전보건교육의 종류 4가지를 쓰시오.(4점) [산기0602/산기0701/산기0903/산기1101/기시1001/기사1802/산기2003]

**09** 유한사면의 붕괴 유형 3가지를 쓰시오.(3점)  [산기1202/산기1701/산기2003]

**10** 안전표지판 명칭을 쓰시오.(6점)  [산기1203/산기1603/산기2003]

| ① | ② | ③ |
|---|---|---|

**11** 신뢰도에 따른 고장시기의 고장 종류 3가지와 고장률공식을 쓰시오.(4점)  [산기1103/산기2003]

**12** 이황화탄소의 폭발상한계가 44.0vol%, 하한계가 1.2vol%라면 이 물질의 위험도를 계산하시오.(4점)  [산기1403/산기2003]

**13** 산업안전보건법상 다음 기계·기구에 설치하여야 할 방호장치를 각각 1가지씩 쓰시오.(5점)

[산기1403/산기1901/산기2003/기사2004]

① 예초기                 ② 원심기                 ③ 공기압축기
④ 금속절단기             ⑤ 지게차

**01** 수인식 방호장치의 수인끈, 수인끈의 안내통, 손목밴드의 구비조건을 4가지 쓰시오.(4점)

[산기1202/산기1703/산기2002]

**02** 전기기계 · 기구에 대하여 누전에 의한 감전위험을 방지하기 위하여 해당 전로의 정격에 적합하고 감도가 양호하며 확실하게 작동하는 감전방지용 누전차단기를 설치해야 한다. 이의 기준에 대한 다음 내용의 빈칸을 채우시오.(3점)

[산기2002/기사2003]

> 가) 대지전압이 ( ① )V를 초과하는 이동형 또는 휴대형 전기기계 · 기구
> 나) 물 등 도전성이 높은 액체가 있는 ( ② )에서 사용하는 저압용 전기기계 · 기구
> 다) ( ③ ) 위 등 도전성이 높은 장소에서 사용하는 이동형 또는 휴대형 전기기계 · 기구
> 라) 임시배선의 전로가 설치되는 장소에서 사용하는 이동형 또는 휴대형 전기기계 · 기구

**03** 다음은 안전보건개선계획에 대한 설명이다. 빈칸을 채우시오.(4점)

[산기2002/산기2302]

> 가) 사업주는 안전보건개선계획서 수립 · 시행 명령을 받은 날부터 ( ① ) 이내에 관할 지방고용노동관서의 장에게 해당 계획서를 제출(전자문서로 제출하는 것을 포함한다)해야 한다.
> 나) 지방고용노동관서의 장이 제61조에 따른 안전보건개선계획서를 접수한 경우에는 접수일부터 ( ② ) 이내에 심사하여 사업주에게 그 결과를 알려야 한다.

**04** 작업자가 연삭기 작업 중이다. 회전하는 연삭기와 덮개 사이에 재료가 끼어 숫돌 파편이 작업자에게 튀어 사망 사고가 발생하였다. 재해분석을 하시오.(3점)  [산기1503/산기2002]

| 재해형태 | ① | 기인물 | ② | 가해물 | ③ |
|---|---|---|---|---|---|

**05** 화학설비의 안전성 평가 단계를 순서대로 나열하시오.(4점)

[산기0601/산기1002/기사1303/산기1702/기사1703/기사2001/산기2002]

① 정성적 평가      ② 재평가      ③ FTA 재평가
④ 대책검토      ⑤ 자료정비      ⑥ 정량적 평가

**06** 다음 FT도에서 시스템의 신뢰도는 약 얼마인가?(단, 발생확률은 ①,④는 0.05 ②,③은 0.1)(4점)

[산기1001/산기2002]

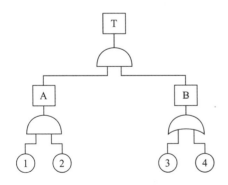

**07** 재해사례 연구순서를 순서대로 나열하시오.(4점)  [산기0502/산기1201/산기1401/산기2002]

**08** 밀폐공간에서 작업 시 밀폐공간 작업프로그램을 수립하여 시행하여야 한다. 밀폐공간 작업프로그램 내용을 3가지 쓰시오.(6점)      [산기1602/산기2002]

**09** 달기 체인 사용금지기준이다. 다음 빈칸을 쓰시오.(4점)      [산기1102/산기1402/기사1701/산기1703/기사2001/산기2002]

> 가) 달기 체인의 길이가 달기 체인이 제조된 때의 길이의 ( ① )%를 초과한 것
> 나) 링의 단면지름이 달기 체인이 제조된 때의 해당 링의 지름의 ( ② )%를 초과하여 감소한 것

**10** 작업발판 일체형 거푸집 종류 3가지를 쓰시오.(6점)      [산기1203/기사1301/산기1602/산기2002/기사2004]

**11** 안전표지판의 명칭을 쓰시오.(5점)      [산기2002]

| ① | ② | ③ |
|---|---|---|
|   |   |   |

12  크레인을 이용하여 4,200kN의 화물을 각도 60도로 들어 올릴 때 와이어로프 1가닥이 받는 하중[kN]을
   계산하시오.(4점)

[산기|2002]

13  산업안전보건법상 사업주가 근로자에게 시행해야 하는 근로자 정기안전 · 보건교육의 내용을 4가지 쓰시오.
   (4점)

[산기|0901/기사1903/산기|2002/기사2203]

**01** 물질안전보건자료 작성 시 포함되어야 할 항목 16가지 중 5가지를 쓰시오.(단, 그 밖의 참고사항은 제외한다) (5점)

[기사0701/산기0902/기사1101/기사1602/산기2001]

**02** 조명은 근로자 작업환경에서 중요한 요소이다. 근로자가 상시 작업하는 다음 장소의 작업면 조도(照度) 기준을 쓰시오.(단, 갱내(坑內) 작업장과 감광재료(感光材料)를 취급하는 작업장은 제외한다)(4점)

[기사0503/기사1002/산기1202/산기1602/기사1603/산기1802/산기1803/산기2001]

- 초정밀작업 : ( ① )Lux 이상
- 보통작업 : ( ③ )Lux 이상
- 정밀작업 : ( ② )Lux 이상
- 그 밖의 작업 : ( ④ )Lux 이상

**03** Fool Proof를 간단하게 설명하시오.(4점)

[산기0603/산기2001]

**04** 고용노동부장관이 사업장의 사업주에게 안전보건진단을 받아 안전보건개선계획을 수립하여 시행할 것을 명할 수 있는 경우를 3가지 쓰시오.(6점) [산기1101/산기1602/산기1701/산기1802/산기2001/산기2003/산기2203/산기2301]

**05** 유해하거나 위험한 설비를 취급하여 공정안전보고서를 제출해야 하는 사업의 종류를 4가지 쓰시오.(4점)

[산기1303/산기2001/산기2301]

**06** 산업안전보건법상 안전·보건표지 색도기준에 대해서 빈칸을 넣으시오.(5점) [산기0701/기사1602/산기2001]

| 색채 | 색도 | 용도 | 사용례 |
|---|---|---|---|
| 빨간색 | ( ① ) | 금지 | 정지, 소화설비, 유해행위 금지 |
|  |  | 경고 | 화학물질 취급장소에서의 유해 및 위험 경고 |
| ( ② ) | 5Y 8.5/12 | 경고 | 화학물질 취급장소에서의 유해·위험경고 이외의 위험경고, 주의표지 또는 기계방호물 |
| 파란색 | 2.5PB 4/10 | ( ③ ) | 특정 행위의 지시 및 사실의 고지 |
| 녹색 | 2.5G 4/10 | ( ④ ) | 비상구 및 피난소, 사람 또는 차량의 통행표지 |
| ( ⑤ ) | N9.5 |  | 파란색 또는 녹색에 대한 보조색 |
| 검정색 | N0.5 |  | 문자 및 빨간색 또는 노란색에 대한 보조색 |

**07** 기계설비의 운동부분에 형성되는 위험점의 종류를 3가지 쓰시오.(3점) [산기|2001]

**08** 자율안전확인대상 방호장치의 종류를 4가지 쓰시오.(4점) [산기|1103/산기|1201/산기|1303/산기|1603/산기|1702/산기|2001]

**09** 피뢰기의 구비조건 5가지를 쓰시오.(5점) [산기|2001]

**10** 차량계 건설기계를 사용하는 작업을 하는 경우에는 작업계획서를 작성하고 그 계획에 따라 작업을 하도록 하여야 한다. 작업계획에 포함되어야 할 내용을 3가지 쓰시오.(3점) [산기|1803/산기|2001]

**11** 위험예지훈련 기초 4라운드 기법의 진행순서를 쓰시오.(4점) [산기0601/산기1003/기사1503/기사1902/산기2001]

**12** 건설현장의 지난 한 해 동안 근무상황이 다음과 같은 경우에 도수율을 구하시오.(단, 소수점 2번째 자리에서 반올림하시오)(5점) [산기2001]

- 연평균근로자수 : 540명
- 연간작업일수 : 300일
- 연간재해발생건수 : 30건
- 1일 작업시간 : 8시간
- 근로손실일수 : 27일

**13** 산업안전보건법상 계단의 구조에 대한 설명이다.( ) 안을 채우시오.(3점) [기사1302/기사1603/산기2001/산기2303]

가) 사업주는 계단 및 계단참을 설치하는 경우 매제곱미터당 ( ① )kg 이상의 하중에 견딜 수 있는 강도를 가진 구조로 설치하여야 하며, 안전율은 ( ② ) 이상으로 하여야 한다.
나) 사업주는 계단을 설치하는 경우 그 폭을 1미터 이상으로 하여야 한다.
다) 사업주는 높이가 3미터를 초과하는 계단에 높이 3미터 이내마다 진행방향으로 길이 ( ③ )m 이상의 계단참을 설치하여야 한다.
라) 사업주는 높이 1미터 이상인 계단의 개방된 측면에 안전난간을 설치하여야 한다.

**01** 평균근로자 100명, 1일 8시간 1년 300일 작업하는 사업장에서 한 해 동안 사망 1명, 14급 장애 2명, 휴업일수가 37일이 발생했을 경우 해당 사업장의 강도율을 계산하시오.(4점)  [산기1903]

**02** 로봇의 작동범위 내에서 그 로봇에 관하여 교시 등의 작업을 하는 때 작업 시작 전 점검사항 3가지를 쓰시오. (6점)  [산기1101/산기1903]

**03** "관계자 외 출입금지" 표지 종류 3가지를 쓰시오.(6점)  [기사1103/산기1302/기사1603/산기1903]

**04** 공정흐름도에 표시해야 할 사항 3가지를 쓰시오.(6점)  [산기1203/산기1903]

**05**  비계 등 가설재의 구비요건을 3가지 쓰시오.(3점)  [산기1903]

**06**  가스 방폭구조의 종류 5가지를 쓰시오.(5점)  [산기0502/산기1903]

**07**  TLV-TWA의 정의를 쓰시오.(3점)  [산기0702/산기1903]

**08**  히빙이 일어나기 쉬운 지반과 발생원인 2가지를 쓰시오.(4점)  [산기0901/산기1401/산기1903]

**09** 부주의 현상 중 다른 곳에 주의를 돌리는 것을 무엇이라고 하는지 쓰시오.(3점)  [산기1903]

**10** 기계 및 재료에 대한 검사방법 중 제품의 파괴없이 외부에서 검사하는 방법을 비파괴검사라고 한다. 이에 해당하는 구체적인 검사방법을 4가지만 쓰시오.(4점)  [산기0702/산기1903]

**11** 정량적 지침의 설계 요령을 4가지 쓰시오.(4점)  [산기1903]

**12** THERP에 대해서 간략히 설명하시오.(3점)  [산기1903]

**13** 사업장에서 발생하는 각종 산업재해에 대한 재해조사의 목적을 2가지 쓰시오.(4점)  [산기0503/산기1903]

신규문제 4문항  중복문제 9문항

☞ 답안은 134Page

**01** 승강기의 설치 · 조립 · 수리 · 점검 또는 해체 작업을 하는 경우 안전조치 사항 3가지를 쓰시오.(3점)

[산기1202/산기1902]

**02** 기계설비에 형성되는 위험점 5가지를 쓰시오.(5점)

[산기0901/산기0902/산기1301/산기1902/산기2001]

**03** 압력용기 안전검사의 주기에 관한 내용이다. 검사주기를 쓰시오.(3점)

[산기1401/산기1902]

① 사업장에 설치가 끝난 날부터 ( ① )년 이내에 최초 안전검사를 실시한다.
② 그 이후부터 ( ② )년마다 안전검사를 실시한다.
③ 공정안전보고서를 제출하여 확인을 받은 압력용기는 ( ③ )년마다 안전검사를 실시한다.

**04** 콘크리트로 옹벽을 축조할 경우의 안정 검토사항을 3가지 쓰시오.(3점)

[기사0803/기사1403/산기1902]

**05** 산업안전보건법상 크레인에 대한 위험방지를 위하여 설치할 방호장치를 3가지만 쓰시오.(5점)

[산기0603/산기1902]

**06** 산업안전보건법상 보호구의 안전인증 제품에 표시하여야 하는 사항을 4가지 쓰시오.(단, 인증마크는 제외한다)(4점)

[기사0902/산기1001/산기1902/기사1903]

**07** 25℃, 1기압에서 일산화탄소(CO)의 허용농도가 10ppm일 때 이를 $mg/m^3$ 단위로 환산하면 얼마인가?(단, 원자량은 C : 12, O : 16이다)(5점)

[산기1902]

**08** 목재 가공용 둥근톱에 대한 방호장치 중 분할 날의 두께를 구하는 식을 쓰시오.(4점)

[산기1902]

**09** 다음 기호의 방폭구조의 명칭을 쓰시오.(5점)  [기사0803/기사1001/산기1003/산기1902/기사2004]

| 방폭기호 | 방폭구조 |
|---|---|
| q | ① |
| e | ② |
| m | ③ |
| n | ④ |
| ia, ib | ⑤ |

**10** 근로자가 1시간 동안 1분당 7.5[kcal]의 에너지를 소모하는 작업을 수행하는 경우 ① 관계식 ② 휴식시간을 각각 구하시오.(단, 작업에 대한 권장 에너지 소비량은 분당 4[kcal])(6점)  [산기1902]

**11** 산업안전보건법상 산업안전보건위원회의 구성 중 근로자위원과 사용자위원을 각각 2가지씩 쓰시오.(4점)  [산기1003/산기1902]

**12**  동작경제의 3원칙을 쓰시오.(3점)  [산기1003/산기1902]

**13**  인간이 현존하는 기계를 능가하는 조건을 5가지 쓰시오.(5점)  [산기1902]

**01** 크레인을 사용하여 작업할 때 작업 시작 전 점검사항을 3가지 쓰시오.(6점) [기사1501/기사1802/산기1901]

**02** 산업안전보건법에 따라 반응 폭주 등 급격한 압력 상승 우려가 있는 경우 설치해야 하는 것은?(3점) [산기1901]

**03** 관리대상 유해물질을 제조하거나 사용하는 작업장에 게시하여야 하는 사항을 4가지 쓰시오.(4점) [산기1901]

**04** 소음작업 시 근로자에게 알려줘야 할 사항 3가지를 쓰시오.(6점) [산기1901]

**05** 하인리히가 제시한 재해예방의 기본 4원칙을 쓰시오.(4점)

[기사0803/기사1001/기사1402/산기1602/기사1803/산기1901]

**06** 어느 사업장의 근로자수가 500명이고, 연간 10건의 재해가 발생하고, 6명의 사상자가 발생했을 경우 도수율
과 연천인율을 구하시오.(단, 하루 9시간 250일 근무)(4점)

[산기0901/산기1303/산기1901]

**07** 전기화재의 분류와 적응 소화기 3가지를 쓰시오.(6점)

[산기1201/산기1901]

**08** 교류아크용접기에 필요한 방호장치를 쓰시오.(3점)

[산기1901]

**09** 산업안전보건법상 사업 내 안전·보건교육에 대한 교육시간을 쓰시오.(3점)

[산기0802/산기1503/산기1703/산기1901]

| 교육과정 | 교육 대상 | 교육 시간 |
|---|---|---|
| 정기교육 | 사무직 종사 근로자 | 매반기 ( ① )시간 이상 |
| | 관리감독자의 지위에 있는 사람 | 연간 ( ② )시간 이상 |
| 채용 시의 교육 | 일용근로자 및 근로계약기간이 1주일 이하인 기간제 근로자 | ( ③ )시간 이상 |
| | 일용근로자 및 기간제근로자를 제외한 근로자 | ( ④ )시간 이상 |
| 작업내용 변경 시의 교육 | 일용근로자 및 근로계약기간이 1주일 이하인 기간제 근로자 | ( ⑤ )시간 이상 |
| | 일용근로자 및 기간제근로자를 제외한 근로자 | ( ⑥ )시간 이상 |

**10** 산업안전보건법상 다음 기계·기구에 설치하여야 할 방호장치를 각각 1가지씩 쓰시오.(4점)

[산기1403/산기1901/산기2003/기사2004]

① 예초기　　　　　　　　　② 원심기
③ 공기압축기　　　　　　　④ 금속절단기

**11** 다음 보기의 사업장에 선임해야 할 안전관리자의 수와 그 근거를 쓰시오.(4점)　　[산기1901]

공사금액 1,600억의 건설공사로 상시근로자 700명이 종사하는 사업장

**12** 안전관리조직의 형태 3가지를 쓰시오.(3점)  [산기0601/산기0602/산기1901]

**13** 다음 FT도에서 정상사상 $G_1$의 고장발생확률을 소수점 아래 넷째자리에서 반올림하여 구하시오.(단, 기본사상 $X_1$, $X_2$, $X_3$, $X_4$의 발생확률은 각각 0.03, 0.37, 0.2, 0.20이다)(5점)  [산기1901]

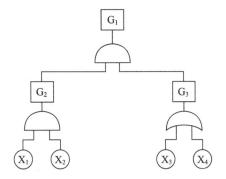

**01** 목재가공용 둥근톱기계에 부착하여야 하는 방호장치 2가지를 쓰시오.(4점)  [산기1001/산기1803]

**02** 산업안전보건법상 안전인증대상 기계·기구 등이 안전기준에 적합한지를 확인하기 위하여 안전인증기관이 심사하는 심사의 종류 3가지와 심사기간을 쓰시오.(단, 국내에서 제조된 것으로 제품 심사에 대한 내용은 제외한다)(6점)  [산기1202/산기1803/산기2303]

**03** 교류아크용접기용 자동전격방지기에 관한 내용이다. 빈칸을 채우시오.(4점)  [산기1601/산기1803]

( ① ) : 용접봉을 모재로부터 분리시킨 후 주접점이 개로되어 용접기 2차측 ( ② )이 전격방지기의 25V 이하로 될 때까지의 시간

**04** 지반의 붕괴, 구축물의 붕괴 또는 토석의 낙하 등에 의하여 근로자가 위험해질 우려가 있는 경우 그 위험을 방지하기 위한 조치사항 2가지를 쓰시오.(4점)  [산기1803]

**05** 근로자의 추락 등에 의한 위험을 방지하기 위하여 설치하는 안전난간의 주요 구성요소 4가지를 쓰시오. (4점)

[산기1803]

**06** 산업안전보건법상 산업재해가 발생한 때에 사업주가 기록·보존해야 하는 사항 4가지를 쓰시오.(4점)

[산기1703/산기1803]

**07** 공기압축기 사용 시 작업 시작 전 점검사항을 3가지 쓰시오.(6점)

[산기0602/산기1003/기사1602/산기1703/산기1801/산기1803/기사1902]

**08** 산업안전보건법상 작업장의 조도기준에 관한 다음 사항에서 (  )에 알맞은 내용을 쓰시오.(3점)

[기사0503/기사1002/산기1202/산기1602/기사1603/산기1802/산기1803/산기2001]

- 초정밀작업 : ( ① )Lux 이상
- 정밀작업 : ( ② )Lux 이상
- 보통작업 : ( ③ )Lux 이상

**09** 차량계 건설기계를 사용하는 작업을 하는 경우에는 작업계획서를 작성하고 그 계획에 따라 작업을 하도록 하여야 한다. 작업계획에 포함되어야 할 내용을 3가지 쓰시오.(3점)  [산기1803/산기2001]

**10** 프레스 등의 금형을 부착·해체 또는 조정하는 작업을 할 때에 해당 작업에 종사하는 근로자의 신체가 위험한계 내에 있는 경우 슬라이드가 갑자기 작동함으로써 근로자에게 발생할 우려가 있는 위험을 방지하기 위하여 필요한 조치를 쓰시오.(3점)  [산기1803]

**11** 다음은 보일러에 설치하는 압력방출장치에 대한 안전기준이다. (   )안에 적당한 수치나 내용을 써 넣으시오. (3점)  [산기1803]

> 가) 사업주는 보일러의 안전한 가동을 위하여 보일러 규격에 맞는 압력방출장치를 1개 또는 2개 이상 설치하고 최고사용압력 이하에서 작동되도록 하여야 한다. 다만 압력방출장치가 2개 이상 설치된 경우에는 최고사용압력 이하에서 1개가 작동되고, 다른 압력방출장치는 최고 사용압력 ( ① )배 이하에서 작동되도록 부착하여야 한다.
> 나) 압력방출장치는 매년 ( ② )회 이상 설정압력에서 압력방출장치가 적정하게 작동하는지를 검사한 후 ( ③ )으로 봉인하여 사용하여야 한다.

**12** 출입금지표지를 그리고, 표지판의 색과 문자의 색을 적으시오.(5점)  [기사0702/기사1402/산기1803/기사2001]

**13** 연평균 근로자의 수가 120명인 A작업장에서 연간 6건의 재해가 발생하였을 경우 도수율은 얼마인가?(단, 일 8시간, 연 300일 작업)(6점)

[산기1803]

**01** 항타기, 항발기의 안전사항이다. 다음 괄호 안을 채우시오.(4점)     [산기1801/산기1802]

> 가) 연약한 지반에 설치하는 때에는 아웃트리거·받침 등 지지구조물의 침하를 방지하기 위하여 ( ① ) 등을 사용할 것
> 나) 아웃트리거·받침 등 지지구조물이 미끄러질 우려가 있는 경우에는 ( ② ) 등을 사용하여 해당 지지구조물을 고정시킬 것
> 다) 궤도 또는 차로 이동하는 항타기 또는 항발기에 대하여는 불시에 이동하는 것을 방지하기 위하여 ( ③ ) 등으로 고정시킬 것
> 라) 상단 부분은 ( ④ )로 고정하여 안정시키고, 그 하단 부분은 견고한 버팀·말뚝 또는 철골 등으로 고정시킬 것

**02** 프레스 및 전단기 방호장치 3가지를 적으시오.(3점)     [산기1802]

**03** 롤러의 방호장치에 관한 사항이다. 다음 괄호 안을 채우시오.(6점)     [기사0802/산기1801/산기1802/기사2101]

| 종류 | 설치위치 |
|---|---|
| 손 조작식 | 밑면에서 ( ① )m 이내 |
| ( ② )조작식 | 밑면에서 0.8m 이상 1.1m 이내 |
| 무릎 조작식 | 밑면에서 ( ③ )m 이내 |

**04** 산업안전보건법상 작업장의 조도기준에 관한 다음 사항에서 ( )에 알맞은 내용을 쓰시오.(3점)

[기사0503/기사1002/산기1202/산기1602/기사1603/산기1802/산기1803/산기2001]

- 초정밀작업 : ( ① )Lux 이상
- 정밀작업 : ( ② )Lux 이상
- 보통작업 : ( ③ )Lux 이상

**05** 위험물질에 대한 설명이다. 빈칸을 쓰시오.(4점)

[산기1501/산기1601/산기1802]

가) 인화성 액체 : 에틸에테르, 가솔린, 아세트알데히드, 산화프로필렌, 그 밖에 인화점이 섭씨 ( ① ) 미만이고 초기끓는점이 섭씨 35℃ 이하인 물질
나) 인화성 액체 : 크실렌, 아세트산아밀, 등유, 경유, 테레핀유, 이소아밀알코올, 아세트산, 하이드라진, 그 밖에 인화점이 섭씨 ( ② ) 이상 섭씨 60℃ 이하인 물질
다) 부식성 산류 : 농도가 ( ③ )% 이상인 염산, 황산, 질산, 그 밖에 이와 같은 정도 이상의 부식성을 가지는 물질
라) 부식성 산류 : 농도가 ( ④ )% 이상인 인산, 아세트산, 불산, 그 밖에 이와 같은 정도 이상의 부식성을 가지는 물질

**06** 강렬한 소음작업을 나타내고 있다. 다음 빈칸을 채우시오.(4점)

[산기1201/산기1802]

가) 90dB 이상의 소음이 1일 ( ① )시간 이상 발생되는 작업
나) 100dB 이상의 소음이 1일 ( ② )시간 이상 발생되는 작업
나) 105dB 이상의 소음이 1일 ( ③ )시간 이상 발생되는 작업
라) 110dB 이상의 소음이 1일 ( ④ )시간 이상 발생되는 작업

**07** 전압에 따른 전원의 종류를 구분하여 쓰시오.(6점)    [산기0701/산기1101/산기1502/산기1802]

| 구 분 | 직 류 | 교 류 |
|---|---|---|
| 저압 | ( ① )V 이하 | ( ② )V 이하 |
| 고압 | ( ③ )V 초과 ~ ( ④ )V 이하 | ( ⑤ )V 초과 ~ ( ⑥ )V 이하 |
| 특고압 | ( ⑦ )V 초과 | |

**08** 지게차의 작업 시작 전 점검사항 4가지를 쓰시오.(4점)    [산기1001/산기1502/산기1702/기사1702/산기1802]

**09** 밀폐공간에서의 작업에 대한 특별안전보건교육을 실시할 때 정규직 근로자의 교육내용 4가지를 쓰시오.(단, 그 밖에 안전 · 보건관리에 필요한 사항을 제외함)(4점)    [산기1402/산기1802/산기2102]

**10** 사다리식 통로에 대한 내용이다. 다음 괄호 안을 채우시오.(3점)    [산기0802/산기1802]

> 가) 사다리의 상단은 걸쳐놓은 지점으로부터 ( ① )cm 이상 올라가도록 할 것
> 나) 사다리식 통로의 길이가 10미터 이상인 경우에는 ( ② )m 이내마다 ( ③ )을 설치할 것

**11** 말비계의 조립에 관한 내용이다. 다음 괄호 안을 채우시오.(4점)  [산기1802]

> 가) 지주부재와 수평면의 기울기를 ( ① )도 이하로 하고, 지주부재와 지주부재 사이를 고정시키는 ( ② )를 설치할 것
> 나) 말비계의 높이가 2미터를 초과하는 경우에는 작업발판의 폭을 ( ③ )cm 이상으로 할 것

**12** 고용노동부장관이 사업장의 사업주에게 안전보건진단을 받아 안전보건개선계획을 수립하여 시행할 것을 명할 수 있는 경우를 3가지 쓰시오.(6점)  [산기1101/산기1602/산기1701/산기1802/산기2001/산기2003/산기2203/산기2301]

**13** 다음에 설명하는 금지표지판 명칭을 쓰시오.(4점)  [산기1503/산기1802]

> ① 사람이 걸어 다녀서는 안 되는 장소
> ② 엘리베이터 등에 타는 것이나 어떤 장소에 올라가는 것을 금지
> ③ 수리 또는 고장 등으로 만지거나 작동시키는 것을 금지해야 할 기계·기구 및 설비
> ④ 정리 정돈 상태의 물체나 움직여서는 안 될 물체를 보존하기 위하여 필요한 장소

**01** 공기압축기 사용 시 작업 시작 전 점검사항을 3가지 쓰시오.(3점)

[산기0602/산기1003/기사1602/산기1703/산기1801/산기1803/기사1902]

**02** 안전관리자 업무(직무) 4가지를 쓰시오.(4점)　　[산기0703/산기1201/산기1301/산기1401/산기1502/산기1603/산기1801]

**03** 휴먼에러에서 SWAIN의 심리적 오류 4가지를 쓰시오.(4점)

[산기0802/산기0902/산기1601/산기1801/산기2004/산기2302]

**04** 롤러의 방호장치에 관한 사항이다. 다음 괄호 안을 채우시오.(6점)  [기사0802/산기1801/산기1802/기사2101]

| 종류 | 설치위치 |
|---|---|
| 손 조작식 | 밑면에서 ( ① )m 이내 |
| ( ② ) 조작식 | 밑면에서 0.8m 이상 1.1m 이내 |
| 무릎 조작식 | 밑면에서 ( ③ )m 이내 |

**05** 위험장소 경고표지를 그리고 표지판의 색과 모형의 색을 적으시오.(4점)  [기사1102/산기1801/기사2102]

**06** 폭풍, 폭우 및 폭설 등의 악천후로 인하여 작업을 중지시킨 후 또는 비계를 조립·해체하거나 변경한 후 작업재개 시 작업 시작 전 점검하고, 이상이 발견되면 즉각 보수하여야 하는 항목을 구체적으로 3가지를 쓰시오.(6점)  [기사0502/기사1003/기사1201/기사1203/기사1302/기사1303/산기1402/기사1602/산기1801/기사2001/산기2004/산기2303]

**07** 산업안전보건법상 사업주가 기계·기구 또는 설비에 설치한 방호장치를 해체하는 경우와 그 사유가 없어진 후의 조치사항을 쓰시오.(4점)  [산기1801]

**08** 항타기, 항발기의 안전사항이다. 다음 괄호 안을 채우시오.(4점) [산기1801/산기1802]

> 가) 연약한 지반에 설치하는 때에는 아웃트리거·받침 등 지지구조물의 침하를 방지하기 위하여 ( ① ) 등을 사용할 것
>
> 나) 아웃트리거·받침 등 지지구조물이 미끄러질 우려가 있는 경우에는 ( ② ) 등을 사용하여 해당 지지구조물을 고정시킬 것
>
> 다) 궤도 또는 차로 이동하는 항타기 또는 항발기에 대하여는 불시에 이동하는 것을 방지하기 위하여 ( ③ ) 등으로 고정시킬 것
>
> 라) 상단 부분은 ( ④ )로 고정하여 안정시키고, 그 하단 부분은 견고한 버팀·말뚝 또는 철골 등으로 고정시킬 것

**09** 산업안전보건기준에 관한 규칙에서 정의한 각 위험에 맞는 보호구를 쓰시오.(5점) [산기1801]

> ① 물체가 떨어지거나 날아올 위험 또는 근로자가 추락할 위험이 있는 작업
> ② 높이 또는 깊이 2미터 이상의 추락할 위험이 있는 장소에서 하는 작업
> ③ 물체의 낙하·충격, 물체에의 끼임, 감전 또는 정전기의 대전(帶電)에 의한 위험이 있는 작업
> ④ 물체가 흩날릴 위험이 있는 작업
> ⑤ 용접 시 불꽃이나 물체가 흩날릴 위험이 있는 작업
> ⑥ 감전의 위험이 있는 작업
> ⑦ 고열에 의한 화상 등의 위험이 있는 작업

**10** 화학설비의 탱크 내 작업 시 특별안전보건교육내용을 4가지 쓰시오.(단, 그 밖에 안전·보건관리에 필요한 사항은 제외)(4점) [산기0501/산기1801/산기2101]

**11** 정격부하전류 50[A] 미만이고, 대지전압이 150[V]를 초과하는 이동형 전기기계·기구에 감전방지용 누전 차단기의 정격감도전류 및 작동시간을 쓰시오.(4점)　　　　　　　[기사0603/기사0903/기사1502/산기1801]

정격감도전류 ( ① )mA 이하, 작동시간 ( ② )초 이내

**12** 다음 시스템의 신뢰도를 계산하시오.(4점)　　　　　　　[산기0502/산기1801]

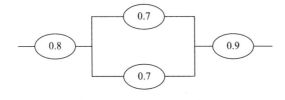

**13** 대상화학물질을 양도하거나 제공하는 자는 물질안전보건자료의 기재내용을 변경할 필요가 생긴 때에는 이를 물질안전보건자료에 반영하여 대상 화학물질을 양도받거나 제공받은 자에게 신속하게 제공하여야 한다. 제공하여야 하는 내용을 3가지 쓰시오.(단, 그 밖에 고용노동부령으로 정하는 사항은 제외)(3점)

[기사1402/산기1801]

**01** FTA에 사용되는 사상기호의 명칭을 쓰시오.(4점)  [산기0903/산기1703/산기2303]

| ① | ② | ③ | ④ |
|---|---|---|---|
| | | | |

**02** 산업안전보건법상 산업재해가 발생한 때에 사업주가 기록·보존해야 하는 사항 4가지를 쓰시오.(4점)  [산기1703/산기1803]

**03** 산업안전보건법상 사업 내 안전·보건교육에 대한 교육시간을 쓰시오.(4점)  [산기0802/산기1503/산기1703/산기1901]

| 교육과정 | 교육 대상 | 교육 시간 |
|---|---|---|
| 정기교육 | 사무직 종사 근로자 | 매반기 ( ① )시간 이상 |
| | 관리감독자의 지위에 있는 사람 | 연간 ( ② )시간 이상 |
| 채용 시의 교육 | 일용근로자 | ( ③ )시간 이상 |
| 작업내용 변경 시의 교육 | 일용근로자 | ( ④ )시간 이상 |

**04** 공정안전보고서에 포함되어야 할 사항을 4가지 쓰시오.(4점)

[산기0803/산기0903/기사1001/기사1403/산기1501/기사1602/기사1703/산기1703]

**05** 공기압축기 사용 시 작업 시작 전 점검사항을 3가지 쓰시오.(6점)

[산기0602/산기1003/기사1602/산기1703/산기1801/산기1803/기사1902]

**06** 양중기에 사용하는 달기 체인의 사용금지 기준을 2가지 쓰시오.(4점)

[산기1102/산기1402/기사1701/산기1703/기사2001/산기2002]

**07** 수인식 방호장치의 수인끈, 수인끈의 안내통, 손목밴드의 구비조건을 4가지 쓰시오.(4점)

[산기1202/산기1703/산기2002]

**08** 폭발방지를 위한 불활성화방법 중 퍼지의 종류를 3가지 쓰시오.(3점)  [산기|0801/산기|1002/산기|1703]

**09** 안전보건개선계획에 포함사항 3가지를 쓰시오.(3점)  [산기|0503/산기|1203/산기|1703]

**10** 경고표지 중 무색바탕에 그림색은 검정색 또는 빨간색에 해당하는 표지 5개를 쓰시오.(5점)  [산기|1703]

**11** 강풍에 대한 주행 크레인, 양중기, 승강기의 안전기준이다. 다음 (  )에 답을 쓰시오.(6점)  [산기|0701/산기|1301/산기|1703]

① 폭풍에 의한 주행 크레인의 이탈방지 조치 : 풍속 (  )m/s 초과
② 폭풍에 의한 건설용 리프트에 대하여 받침의 수를 증가시키는 등 그 붕괴 등을 방지하기 위한 조치 : 풍속 (  )m/s 초과
③ 폭풍에 의한 옥외용 승강기의 받침의 수 증가 등 무너짐 방지 조치 : 풍속 (  )m/s 초과

**12** 2m에서의 조도가 120lux일 경우, 3m에서의 조도는 얼마인지 구하시오.(4점) [산기1703]

**13** 산업안전보건법상 사업주는 충전전로에서의 전기작업 등에서 절연용 보호구, 절연용 방호구, 활선작업용 기구, 활선작업용 장치에 대하여 각각의 사용목적에 적합한 종별 · 재질 및 치수의 것을 사용하여야 하는데 이의 적용을 받지 않는 기준을 쓰시오.(4점) [산기1703]

신규문제 2문항  중복문제 11문항

☞ 답안은 158Page

**01** TWI교육내용 4가지를 쓰시오.(4점)    [산기0902/산기1702]

**02** 정전전로에서의 전기작업을 위해 전로를 차단하여야 한다. 전로 차단 절차 6단계를 쓰시오.(5점)

[산기1603/산기1702/산기2302]

**03** 자율안전확인대상 방호장치의 종류를 4가지 쓰시오.(4점)    [산기1103/산기1201/산기1303/산기1603/산기1702/산기2001]

**04** 화학설비의 안전성 평가 단계를 순서대로 쓰시오.(5점)

[산기0601/산기1002/기사1303/산기1702/기사1703/기사2001/산기2002]

**05** 관리감독자의 유해 · 위험방지 업무에 있어서 밀폐공간에서의 작업 시 직무수행내용 4가지를 쓰시오.(4점)

[산기|1702]

**06** 화학물질을 취급하는 작업장에서 취급하는 대상 화학물질의 물질안전보건자료를 근로자에게 교육해야 한다. 이때의 교육내용 4가지를 쓰시오.(4점)

[산기|1701/산기|1702]

**07** 관리감독자의 유해 · 위험방지 업무에 있어서 아세틸렌 용접장치를 사용하는 금속의 용접 · 용단 또는 가열작업에서의 수행업무를 4가지 쓰시오.(4점)

[산기|1702]

**08** 흙막이 지보공을 설치하였을 때에는 정기적으로 점검하고 이상을 발견하면 즉시 보수하여야 사항 4가지를 쓰시오.(4점)　　　　　　　　　　　　　　　　　　　　　　　　[산기1702/기사1903]

**09** 산업현장에서 사용되고 있는 출입금지 표지판의 배경반사율이 80%이고, 관련 그림의 반사율이 20%일 때 이 표지판의 대비를 구하시오.(4점)　　　　　　　　　[산기0803/산기1403/산기1702]

**10** 지게차, 구내운반차의 사용 전 점검사항 4가지를 쓰시오.(4점)　　[산기1001/산기1502/산기1702/기사1702/산기1802]

**11** 산업안전보건법에 따라 반드시 파열판을 설치해야 하는 경우 2가지를 쓰시오.(4점)
[기사1003/산기1702/기사1703/기사2004/산기2102/산기2201/산기2303]

**12** 이동식크레인을 이용한 작업을 시작하기 전에 점검해야 할 사항 3가지를 쓰시오.(3점)

[기사0803/기사1603/산기1702]

**13** 거푸집 동바리 등을 조립하는 경우 준수사항으로 다음 빈칸을 채우시오.(6점)   [산기0903/산기1702]

> 가) 동바리로 사용하는 강관에 대해서는 높이 2m 이내마다 수평연결재를 ( ① )개 방향으로 만들고 수평연결재의 변위는 방지할 것
> 나) 동바리로 사용하는 파이프 서포트에 대해서는 높이가 ( ② )m를 초과하는 경우에는 높이 2m 이내마다 수평연결재를 ( ③ )개 방향으로 만들고 수평연결재의 변위를 방지할 것
> 다) 동바리로 사용하는 조립강주에 대해서는 높이가 ( ④ )m를 초과하는 경우에는 높이 4m 이내마다 수평연결재를 ( ⑤ )개 방향으로 설치하고 수평연결재의 변위를 방지할 것
> 라) 동바리로 사용하는 목재에 대해서는 높이 2m 이내마다 수평연결재를 ( ⑥ )개 방향으로 만들고 수평연결재의 변위를 방지할 것

# 2017년 1회 필답형 기출복원문제

신규문제 1문항 중복문제 12문항

☞ 답안은 162Page

**01** 정전용량이 12[pF]인 도체가 프로판가스 상에 존재할 때 폭발사고가 발생할 수 있는 최소 대전전위를 구하시오.(단, 프로판가스의 최소발화에너지는 0.25[mJ])(6점) [산기0803/산기1701]

**02** 화물의 하중을 직접 지지하는 달기와이어로프의 안전계수와 와이어로프를 사용할 수 없는 경우 3가지를 쓰시오.(5점) [산기0801/산기1701]

**03** 다음 그림은 와이어로프이다. 아래에 적당한 내용을 쓰시오.(3점) [산기0803/산기1701]

| | |
|---|---|
| 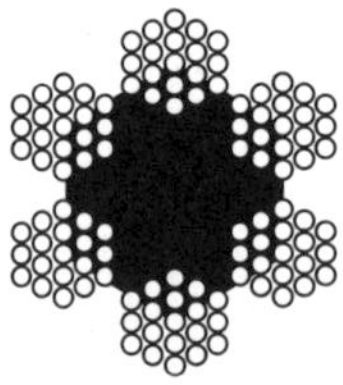 | ① 6 : |
| | ② Fi : |
| 6 × Fi(29) | ③ 29 : |

**04** 고용노동부장관이 사업장의 사업주에게 안전보건진단을 받아 안전보건개선계획을 수립하여 시행할 것을 명할 수 있는 경우를 2가지 쓰시오.(4점)　　[산기1101/산기1602/산기1701/산기1802/산기2001/산기2003/산기2203/산기2301]

**05** 다음은 차광보안경에 관한 내용이다. 빈칸을 채우시오.(3점)　　[산기1303/산기1701]

> 가) ( ① ) : 착용자의 시야를 확보하는 보안경의 일부로서 렌즈 및 플레이트 등을 말한다.
> 나) ( ② ) : 필터와 플레이트의 유해광선을 차단할 수 있는 능력을 말한다.
> 다) ( ③ ) : 필터 입사에 대한 투과 광속의 비를 말한다.

**06** 유한사면의 붕괴 유형 3가지를 쓰시오.(3점)　　[산기1202/산기1701/산기2003]

**07** 화학물질을 취급하는 작업장에서 취급하는 대상 화학물질의 물질안전보건자료를 근로자에게 교육해야 한다. 이때의 교육내용 4가지를 쓰시오.(4점)　　[산기1701/산기1702]

**08** 화학설비 안전거리를 쓰시오.(4점)  [산기|1202/산기|1701/산기|2301]

> ① 사무실 · 연구실 · 실험실 · 정비실 또는 식당으로부터 단위공정시설 및 설비, 위험물질의 저장탱크, 위험물질 하역설비, 보일러 또는 가열로의 사이
> ② 위험물질 저장탱크로부터 단위공정 시설 및 설비, 보일러 또는 가열로의 사이

**09** 산업안전보건법상 실시하는 특수건강진단의 시기를 쓰시오.(6점)  [산기|1301/산기|1701]

> ① 벤젠          ② 소음          ③ 석면

**10** A, B, C 발생확률이 각각 0.15이고, 직렬로 접속되어 있다. 고장사상을 정상사상으로 하는 FT도와 발생확률을 구하시오.(5점)  [산기|1402/산기|1701]

**11** 10톤 화물을 각도 60도로 들어 올릴 때 1가닥이 받는 하중[ton]은?(5점)  [산기|1101/산기|1701]

**12** 누적외상성질환(CTD) 3가지를 쓰시오.(3점) [산기1201/산기1701]

**13** 경사면에서 드럼통 등의 중량물을 취급하는 경우 준수할 사항을 2가지 쓰시오.(4점) [산기1701]

**01** 다음에 해당되는 비계의 조립간격을 (    )에 기술하시오(4점)    [산기0601/산기1201/산기1603]

| 종류 | 조립간격(단위 : m) | |
| --- | --- | --- |
| | 수직방향 | 수평방향 |
| 통나무 비계 | 5.5 | ( ① ) |
| 단관 비계 | ( ② ) | 5 |
| 틀비계(높이가 5m 미만의 것을 제외한다) | ( ③ ) | ( ④ ) |

**02** 적응기제에 관한 설명이다. 빈칸을 채우시오.(4점)    [산기1302/산기1603/산기2303]

| 적응기제 | 설명 |
| --- | --- |
| ① | 자신의 결함과 무능에 의하여 생긴 열등감이나 긴장을 해소시키기 위하여 장점 같은 것으로 그 결함을 보충하려는 행동 |
| ② | 자기의 실패나 약점을 그럴 듯한 이유를 들어 남에 비난을 받지 않도록 하는 기제 |
| ③ | 억압당한 욕구를 다른 가치 있는 목적을 실현하도록 노력함으로써 욕구를 충족하는 기제 |
| ④ | 자신의 불만이나 불안을 해소시키기 위해서 남에게 뒤집어씌우는 방식의 기제 |

**03** 산업안전보건법상 건설업 중 유해·위험방지계획서의 제출사업 4가지를 쓰시오.(4점)    [산기1002/산기1603/기사1701]

**04** 안전표지판 명칭을 쓰시오.(4점)  [산기1203/산기1603/산기2003]

| ① | ② | ③ | ④ |
|---|---|---|---|
| | | | |

**05** 안전관리자 업무(직무) 4가지를 쓰시오.(4점)  [산기0703/산기1201/산기1301/산기1401/산기1502/산기1603/산기1801]

**06** 자율안전확인대상 방호장치의 종류를 4가지 쓰시오.(4점)  [산기1103/산기1201/산기1303/산기1603/산기1702/산기2001]

**07** 산업안전보건법에서 사업주는 ( ① ), ( ② ), ( ③ ), 플라이 휠 등에 부속되는 키·핀 등의 기계요소는 묻힘형으로 하거나 해당 부위에 덮개를 설치하여야 한다. 괄호에 답을 쓰시오.(3점)  [산기1601/산기1603]

**08** 정전전로에서의 전기작업을 위해 전로를 차단하여야 한다. 전로 차단 절차 6단계를 쓰시오.(6점)
[산기1603/산기1702/산기2302]

**09** 작업자가 벽돌을 들고 비계위에서 움직이다가 벽돌을 떨어뜨려 발등에 맞아서 뼈가 부러진 사고가 발생하였다. 재해분석을 하시오.(3점)  [산기0903/산기1603]

| 재해형태 | ① | 기인물 | ② | 가해물 | ③ |
|---|---|---|---|---|---|

**10** 고용노동부장관이 사업장의 사업주에게 안전보건진단을 받아 안전보건개선계획을 수립하여 시행할 것을 명할 수 있는 경우를 4가지 쓰시오.(4점)  [산기1101/산기1602/산기1701/산기1802/산기2001/산기2003/산기2203/산기2301]

11   소음이 심한 기계로부터 5[m]떨어진 곳의 음압수준이 125[dB]이라면 이 기계로부터 25[m]떨어진 곳의
음압수준을 계산하시오.(5점)

[산기0701/산기0803/산기1603]

12   분진이 발화폭발하기 위한 조건 4가지를 쓰시오.(4점)

[산기0802/산기1102/산기1603]

13   다음 FT도에서 정상사상 T의 고장 발생 확률을 구하시오.(단, 발생확률은 각각 0.1이다)(6점)

[산기0603/산기1603]

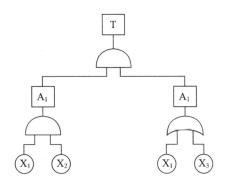

**01** 고용노동부장관이 사업장의 사업주에게 안전보건진단을 받아 안전보건개선계획을 수립하여 시행할 것을 명할 수 있는 경우를 3가지 쓰시오.(3점)  [산기|1101/산기|1602/산기|1701/산기|1802/산기|2001/산기|2003/산기|2203/산기|2301]

**02** 밀폐공간에서 작업 시 밀폐공간 작업프로그램을 수립하여 시행하여야 한다. 밀폐공간 작업프로그램 내용을 3가지 쓰시오.(3점)  [산기|1602/산기|2002]

**03** 구축물 또는 이와 유사한 시설물에 대하여 안전진단 등 안전성 평가를 실시하여 근로자에게 미칠 위험성을 미리 제거 하여야하는 경우 2가지를 쓰시오.(단, 그 밖의 잠재위험이 예상될 경우 제외)(4점)  [산기|1303/산기|1602]

**04** 공칭지름 10mm인 와이어로프의 지름 9.2mm인 것은 양중기에 사용가능한지 여부를 판단하시오.(4점)

[산기1602]

**05** 근로자가 1시간 동안 1분당 6[kcal]의 에너지를 소모하는 작업을 수행하는 경우 ① 휴식시간 ② 작업시간을 각각 구하시오.(단, 작업에 대한 권장 에너지 소비량은 분당 5[kcal])(5점) [산기0902/산기1301/산기1602]

**06** 산업안전보건법상 작업장의 조도기준에 관한 다음 사항에서 ( )에 알맞은 내용을 쓰시오.(4점)

[기사0503/기사1002/산기1202/산기1602/기사1603/산기1802/산기1803/산기2001]

- 초정밀작업 : ( ① )Lux 이상
- 정밀작업 : ( ② )Lux 이상
- 보통작업 : ( ③ )Lux 이상
- 그 밖의 작업 : ( ④ )Lux 이상

**07** 충전전로에 대한 접근한계거리를 쓰시오.(4점) [산기1103/기사1301/산기1303/산기1602/기사1703]

| ① 220V | ② 1kV | ③ 22kV | ④ 154kV |

**08** 하인리히가 제시한 재해예방의 기본 4원칙을 쓰시오.(4점)

[기사0803/기사1001/기사1402/산기1602/기사1803/산기1901]

**09** 작업발판 일체형 거푸집 종류 4가지를 쓰시오.(4점)    [산기1203/기사1301/산기1602/산기2002/기사2004]

**10** 산업현장에서 컬러테라피에 관한 내용이다. 알맞은 색채를 쓰시오.(5점)    [산기1602]

| 색채 | 심리 |
|---|---|
| ① | 열정, 생기, 공포, 애정, 용기 |
| ② | 주의, 조심, 희망, 광명, 향상 |
| ③ | 안전, 안식, 평화, 위안 |
| ④ | 진정, 냉담, 소극, 소원 |
| ⑤ | 우울, 불안, 우미, 고취 |

**11** 가설통로의 설치기준에 관한 사항이다. 빈칸을 채우시오.(6점)

[기사0602/산기0901/산기1601/산기1602/기사1703/산기2302]

가) 경사는 ( ① )도 이하일 것
나) 경사가 ( ② )도를 초과하는 경우에는 미끄러지지 아니하는 구조로 할 것
다) 추락할 위험이 있는 장소에는 ( ③ )을 설치할 것
라) 수직갱에 가설된 통로의 길이가 ( ④ )m 이상인 경우에는 ( ⑤ )m 이내마다 계단참을 설치
마) 건설공사에 사용하는 높이 ( ⑥ )m 이상인 비계다리에는 ( ⑦ )m 이내마다 계단참을 설치

**12** 방진마스크에 관한 사항이다. 다음 물음에 답하시오.(5점)  [산기0903/산기1602]

① 석면취급 장소에서 착용 가능한 방진마스크의 등급은?
② 금속 흄 등과 같이 열적으로 생기는 분진 등 발생장소에서 착용 가능한 방진 마스크의 등급은?
③ 베릴륨 등과 같이 독성이 강한 물질을 함유한 장소에서 착용 가능한 방진 마스크의 등급은?
④ 산소농도 (      )% 미만인 장소에서는 방진마스크 착용을 금지한다.
⑤ 안면부 내부의 이산화탄소 농도가 부피분율 (      )% 이하여야 한다.

**13** 공기압축기의 서징 방지대책을 4가지 쓰시오.(4점)  [산기1602]

**01** 로봇을 운전하는 경우에 근로자가 로봇에 부딪칠 위험이 있을 때 위험을 방지하기 위하여 필요한 조치사항 2가지를 쓰시오.(4점)    [산기1303/산기1601]

**02** 산업안전보건법에서 사업주는 ( ① ), ( ② ), ( ③ ), 플라이 휠 등에 부속되는 키·핀 등의 기계요소는 묻힘형으로 하거나 해당 부위에 덮개를 설치하여야 한다. 괄호에 답을 쓰시오.(3점)    [산기1601/산기1603]

**03** 안전모의 3가지 종류를 쓰고 설명하시오.(6점)    [산기1101/산기1601]

| 종류 | 사용구분 |
|---|---|
|  |  |
|  |  |
|  |  |

**04** 산업안전보건법에서 정한 가설통로의 설치기준에 관한 내용을 2가지 쓰시오.(단, 견고한 구조, 안전난간 제외)(4점)    [기사0602/산기0901/산기1601/산기1602/기사1703/산기2302]

**05** 위험기계의 조종장치를 촉각적으로 암호화할 수 있는 차원 3가지를 쓰시오.(3점)  [산기1301/산기1601]

**06** 하인리히 재해 연쇄성이론, 버드의 연쇄성이론, 아담스의 연쇄성이론을 각각 구분하여 쓰시오.(6점)  [산기1103/산기1301/산기1601]

|  | 하인리히 | 버 드 | 아담스 |
|---|---|---|---|
| 제1단계 |  |  |  |
| 제2단계 |  |  |  |
| 제3단계 |  |  |  |
| 제4단계 |  |  |  |
| 제5단계 |  |  |  |

**07** 사업주는 잠함 또는 우물통의 내부에서 근로자가 굴착작업을 하는 경우에 잠함 또는 우물통의 급격한 침하에 의한 위험을 방지하기 위하여 준수하여야 할 사항을 2가지 쓰시오.(4점)  [기사1202/기사1302/기사1503/산기1601/기사1901]

**08** 인화성액체 및 부식성 물질의 내용이다. 다음 빈칸을 채우시오.(5점)  [산기1501/산기1601/산기1802]

가) 인화성액체
　　노르말헥산, 아세톤, 메틸에틸케톤, 메틸알코올, 에틸알코올, 이황화탄소, 그 밖에 인화점이 섭씨 ( ① )℃ 미만이고 초기 끓는점이 섭씨 35℃를 초과하는 물질
나) 부식성산류
　　농도가 ( ② )% 이상인 염산, 황산, 질산, 그 밖에 이와 같은 정도 이상의 부식성을 가지는 물질
다) 부식성염기류
　　농도가 ( ③ )% 이상인 수산화나트륨, 수산화칼륨, 그 밖에 이와 같은 정도 이상의 부식성을 가지는 염기류

**09** 안전보건총괄책임자 지정대상 사업을 2가지 쓰시오.(단, 선박 및 보트 건조업, 1차 금속 제조업 및 토사석 광업의 경우는 제외)(4점)   [산기1601/산기2004]

**10** 휴먼에러에서 SWAIN의 심리적 오류 4가지를 쓰시오.(4점)

[산기0802/산기0902/산기1601/산기1801/산기2004/산기2302]

**11** 인간공학에서 인간성능 기준 4가지를 쓰시오.(4점)   [산기1601]

**12** 교류아크용접기용 자동전격방지기에 관한 내용이다. 빈칸을 채우시오.(4점)   [산기1601/산기1803]

( ① ) : 용접봉을 모재로부터 분리시킨 후 주접점이 개로되어 용접기 2차측 ( ② )이 전격방지기의 25V 이하로 될 때까지의 시간

**13** 수소 28%, 메탄 45%, 에탄 27%일 때, 이 혼합 기체의 공기 중 폭발 상한계의 값과 메탄의 위험도를 계산하시오.(4점)

[산기|0603/산기|1601]

| | 폭발하한계 | 폭발상한계 |
|---|---|---|
| 수소 | 4.0[vol%] | 75[vol%] |
| 메탄 | 5.0[vol%] | 15[vol%] |
| 에탄 | 3.0[vol%] | 12.4[vol%] |

신규문제 1문항  중복문제 12문항

☞ 답안은 178Page

**01** 안전보건법상 사업주가 실시해야 하는 건강진단의 종류 5가지를 쓰시오.(5점)  [산기1103/산기1503]

**02** 분진폭발 과정을 순서대로 나열하시오.(4점)  [산기0901/산기1503]

① 입자표면 열분해 및 기체발생  ② 주위의 공기와 혼합
③ 입자표면 온도 상승  ④ 폭발열에 의하여 주위 입자 온도상승 및 열분해
⑤ 점화원에 의한 폭발

**03** 달비계의 적재하중을 정하고자 한다. 다음 보기의 안전계수를 쓰시오.(4점)  [산기0603/기사1501/산기1503]

가) 달기 와이어로프 및 달기 강선의 안전계수 : ( ① )이상
나) 달기 체인 및 달기 훅의 안전계수 : ( ② )이상
다) 달기강대와 달비계의 하부 및 상부 지점의 안전계수는 강재의 경우 ( ③ )이상, 목재의 경우 ( ④ )이상

**04** 산업안전보건법에서 정하고 있는 중대재해의 종류를 3가지 쓰시오.(5점)  [산기0602/산기1503/기사1802/기사1902]

**05** Swain은 인간의 실수를 작위적 실수(Commission Error)와 부작위적 실수(Ommission Error)로 구분한다. 작위적 실수(Commission Error)에 포함되는 착오를 3가지 쓰시오.(3점) [산기0501/산기1103/산기1503]

**06** 방호조치를 하지 아니하고는 양도, 대여, 설치 또는 사용에 제공하거나, 양도ㆍ대여의 목적으로 진열해서는 아니 되는 기계ㆍ기구 4가지를 쓰시오.(4점) [산기0903/산기1203/산기1503/기사1602/기사1801/기사2003/산기2102/기사2302]

**07** 근로자가 1시간 동안 1분당 6.5[kcal]의 에너지를 소모하는 작업을 수행하는 경우 휴식시간을 구하시오.(단, 작업에 대한 권장 에너지 소비량은 분당 5[kcal])(5점) [산기0502/산기1503]

**08** 다음 설명에 맞는 프레스 및 전단기의 방호장치를 각각 쓰시오.(4점) [산기1503]

① 1행정 1정지식 프레스에 사용되는 것으로서 양손으로 동시에 조작하지 않으면 기계가 동작하지 않으며, 한손이라도 떼어내면 기계를 정지시키는 방호장치
② 슬라이드와 작업자 손을 끈으로 연결하여 슬라이드 하강 시 작업자 손을 당겨 위험영역에서 빼낼 수 있도록 한 방호장치로서 프레스용으로 확동식 클러치형 프레스에 한해서 사용됨

**09** 다음에 설명하는 금지표지판 명칭을 쓰시오.(4점)  [산기1503/산기1802]

① 사람이 걸어 다녀서는 안 되는 장소
② 엘리베이터 등에 타는 것이나 어떤 장소에 올라가는 것을 금지
③ 수리 또는 고장 등으로 만지거나 작동시키는 것을 금지해야 할 기계·기구 및 설비
④ 정리 정돈 상태의 물체나 움직여서는 안 될 물체를 보존하기 위하여 필요한 장소

**10** 산업안전보건법상 사업 내 안전·보건교육에 대한 교육시간을 쓰시오.(4점)

[산기0802/산기1503/산기1703/산기1901]

| 교육과정 | 교육 대 상 | 교 육 시 간 |
|---|---|---|
| 정기교육 | 사무직 종사 근로자 | 매반기 ( ① )시간 이상 |
| | 관리감독자의 지위에 있는 사람 | 연간 ( ② )시간 이상 |
| 채용 시의 교육 | 일용근로자 | ( ③ )시간 이상 |
| 작업내용 변경 시의 교육 | 일용근로자및 기간제 근로자를 제외한 근로자 | ( ④ )시간 이상 |

**11** 다음은 정전기 대전에 관한 설명이다. 각각 대전의 종류를 쓰시오.(6점)  [산기1302/산기1503]

① 상호 밀착되어 있는 물질이 떨어질 때, 전하분리에 의해 정전기가 발생되는 현상이다.
② 액체류 등을 파이프 등으로 이송할 때 액체류가 파이프 등의 고체류와 접촉하면서 두 물질 사이의 경계에서 전기 이중층이 형성되고 이 이중층을 형성하는 전하의 일부가 액체류의 유동과 같이 이동하기 때문에 대전되는 현상이다.
③ 분체류, 액체류, 기체류가 작은 분출구를 통해 공기 중으로 분출 될 때, 분출되는 물질과 분출구의 마찰에 의해 발생되는 현상이다.

**12** 절토면의 토사붕괴 발생을 예방하기 위하여 점검하여야 하는 시기를 4가지 쓰시오.(4점)

[산기|0703/산기|1503]

**13** 작업자가 연삭기 작업 중이다. 회전하는 연삭기와 덮개 사이에 재료가 끼어 숫돌 파편이 작업자에게 튀어 사망 사고가 발생하였다. 재해분석을 하시오.(3점)

[산기|1503/산기|2002]

| 재해형태 | ① | 기인물 | ② | 가해물 | ③ |
|---|---|---|---|---|---|

# 2015년 2회 필답형 기출복원문제

신규문제 4문항 중복문제 9문항

☞ 답안은 182Page

**01** 동기요인과 위생요인을 3가지씩 쓰시오.(6점) [산기1002/산기1502]

**02** 안전관리자 업무(직무) 4가지를 쓰시오.(4점)
[산기0703/산기1201/산기1301/산기1401/산기1502/산기1603/산기1801/산기2101/산기2203]

**03** 습구온도 20℃, 건구온도 30℃일 때의 Oxford 지수를 계산하시오.(4점) [산기0903/산기1502]

**04** 승강기 종류를 4가지 쓰시오.(단, 법령에서 정한 종류를 작성하시오)(4점)  [산기1301/산기1502]

**05** 안전인증대상 설비 방호장치를 4가지 쓰시오.(4점)  [산기1502/산기2202/산기2301]

**06** 아세틸렌 용접장치를 사용하여 금속의 용접·용단(熔斷) 또는 가열작업을 하는 경우 준수사항이다. 빈칸을 채우시오.(4점)  [산기1502]

발생기에서 ( ① )m 이내 또는 발생기실에서 ( ② )m 이내의 장소에서는 흡연, 화기의 사용 또는 불꽃이 발생할 위험한 행위를 금지시킬 것

**07** 지게차, 구내운반차의 사용 전 점검사항 4가지를 쓰시오.(4점)  [산기1001/산기1502/산기1702/기사1702/산기1802]

**08**  터널공사 시 NATM공법 계측방법의 종류 4가지를 쓰시오.(4점)  [산기|1502]

**09**  휘발유 저장탱크 안전표지에 관한 기호 및 색을 쓰시오.(6점)  [산기|0703/산기|1502]

① 산업안전법령 표지종류          ② 모양
③ 바탕색                          ④ 그림색

**10**  전압에 따른 전원의 종류를 구분하여 쓰시오.(4점)  [산기|0701/산기|1101/산기|1502/산기|1802]

| 구 분 | 직 류 | 교 류 |
|---|---|---|
| 저압 | ( ① )V 이하 | ( ② )V 이하 |
| 고압 | ( ① )V 초과 ~ 7,000V 이하 | ( ② )V 초과 ~ 7,000V 이하 |
| 특고압 | 7,000[V] 초과 | |

**11** 가스폭발 위험장소 또는 분진폭발 위험장소에 설치되는 건축물 등에 대해서 해당하는 부분을 내화구조로 하여야 하며, 그 성능이 항상 유지될 수 있도록 점검·보수 등 적절한 조치를 하여야 한다. 해당하는 부분을 2가지 쓰시오.(4점)

[산기1502/기사1703/기사2002]

**12** 산업안전보건법상 사업장에 안전보건관리규정을 작성하고자 할 때 포함되어야 할 사항을 4가지 쓰시오.(단, 일반적인 안전·보건에 관한 사항은 제외한다)(4점)

[기사1002/산기1502/기사1702/기사2001/산기2301]

**13** 사업장의 위험성 평가에 관한 내용이다. 설명하는 내용에 용어를 쓰시오.(3점)

[산기1502]

① 유해·위험요인이 부상 또는 질병으로 이어질 수 있는 가능성(빈도)과 중대성(강도)을 조합한 것을 의미한다.
② 유해·위험요인별로 부상 또는 질병으로 이어질 수 있는 가능성과 중대성의 크기를 각각 추정하여 위험성의 크기를 산출하는 것을 말한다.
③ 유해·위험요인별로 추정한 위험성의 크기가 허용 가능한 범위인지 여부를 판단하는 것을 말한다.

**01** 어느 사업장의 도수율이 4이고, 연간 5건의 재해와 350일의 근로손실일수가 발생하였을 경우 이 사업장의 강도율은 얼마인가?(4점) [산기0702/산기1501/산기2302]

**02** Fool Proof 기계·기구를 4가지 쓰시오.(4점) [산기1501]

**03** 위험물질에 대한 설명이다. 빈칸을 쓰시오.(4점) [산기1501/산기1601/산기1802]

> 가) 인화성 액체 : 에틸에테르, 가솔린, 아세트알데히드, 산화프로필렌, 그 밖에 인화점이 섭씨 ( ① ) 미만이고 초기 끓는점이 섭씨 35℃ 이하인 물질
> 나) 인화성 액체 : 크실렌, 아세트산아밀, 등유, 경유, 테레핀유, 이소아밀알코올, 아세트산, 하이드라진, 그 밖에 인화점이 섭씨 ( ② ) 이상 섭씨 60℃ 이하인 물질
> 다) 부식성 산류 : 농도가 ( ③ )% 이상인 염산, 황산, 질산, 그 밖에 이와 같은 정도 이상의 부식성을 가지는 물질
> 라) 부식성 산류 : 농도가 ( ④ )% 이상인 인산, 아세트산, 불산, 그 밖에 이와 같은 정도 이상의 부식성을 가지는 물질

**04** 공정안전보고서에 포함되어야 할 사항을 4가지 쓰시오.(4점)

[산기0803/산기0903/기사1001/기사1403/산기1501/기사1602/기사1703/산기1703]

**05** 인간의 주의에 대한 특성에 대하여 설명하시오.(6점)

[산기1102/산기1501]

**06** 지반 굴착작업 시 지반종류에 따른 기울기 기준에 대하여 다음 빈칸을 채우시오.(3점)

[산기0602/산기1002/산기1501]

| 지반의 종류 | 기울기 |
|---|---|
| ① | 1 : 1.8 |
| 풍 화 암 | ② |
| 경 암 | ③ |

**07** 가죽제 안전화 완성품의 성능 시험항목을 4가지 쓰시오.(4점)

[기사0501/산기1501/기사1903]

**08** 다음 설명하는 용어를 쓰시오.(4점)  [산기|1501]

> ① 단조로운 업무가 장시간 지속될 때 작업자의 감각기능 및 판단기능이 둔화 또는 마비되는 현상
> ② 작업대사량과 기초대사량의 비로서 작업대사량은 작업 시 소비된 에너지와 안정 시 소비된 에너지와의 차를 말한다.
> ③ 기계의 결함을 찾아내 고장율을 안정시키는 (   )기간
> ④ 인간 또는 기계에 과오나 동작상의 실수가 있어도 사고를 발생시키지 않도록 2중, 3중으로 통제를 가하는 것을 말한다.

**09** 접지시스템을 구성하는 접지도체의 굵기를 쓰시오.(단, 접지선의 굵기는 연동선의 직경을 기준으로 한다)
(6점)  [산기|0901/산기|0902/산기|1501/산기2021년 한국전기설비규정 적용]

| 접지도체 종류 | | 접지선의 굵기 |
|---|---|---|
| 특고압 · 고압 전기설비용 접지도체 | | 단면적( ① )[mm$^2$] 이상의 연동선 |
| 중성점 접지용 접지도체 | | 공칭단면적 ( ② )[mm$^2$] 이상의 연동선 |
| 이동하여 사용하는 전기기계 · 기구의 금속제 외함 | 특고압 · 고압 및 중성점 접지용 접지도체 | 클로로프렌캡타이어케이블 또는 클로로설포네이트폴리에틸렌캡타이어케이블 1개 도체 또는 캡타이어케이블의 차폐 또는 기타 금속체로 단면적 ( ③ )[mm$^2$] 이상인 것 |
| | 저압 전기설비용 접지도체 | 다심 코드 또는 다심 캡타이어케이블 단면적 ( ④ )[mm$^2$] 이상인 것 |

**10** 기계 · 기구 중에서 낙하물 보호구조가 필요한 기계 · 기구를 4가지 쓰시오.(4점) [산기|0702/산기|1202/산기|1501]

**11** 신규ㆍ보수교육대상자 4명을 쓰시오.(4점)                    [산기|1501]

**12** MTTF와 MTTR를 설명하시오.(4점)                    [산기|0802/산기|1501/산기|2003]

**13** 프레스의 손쳐내기식 방호장치에 관한 설명 중 (    )안에 알맞은 내용이나, 수치를 써 넣으시오.(4점)

[산기|1201/산기|1402/산기|1501]

가) 슬라이드 하행정거리의 ( ① ) 위치에서 손을 완전히 밀어내어야 한다.
나) 방호판의 폭은 금형 폭의 ( ② ) 이상이어야 하고, 행정길이가 300mm 이상의 프레스기계에는 방호판 폭을 ( ③ )mm로 해야 한다.

**01** 이황화탄소의 폭발상한계가 44.0vol%, 하한계가 1.2vol%라면 이 물질의 위험도를 계산하시오.(4점)

[산기1403/산기2003]

**02** 휴대용 목재가공용 둥근톱기계의 방호장치와 설치방법에서 덮개에 대한 구조조건을 3가지 쓰시오.(3점)

[산기1403]

**03** 재해분석방법으로 개별분석방법과 통계에 의한 분석방법이 있다. 통계적 분석방법 2가지만 쓰고, 각각의 방법에 대해 설명하시오.(4점)

[산기1102/산기1403]

**04** 산업안전보건법에 따른 차량계 하역운반기계의 운전자 운전 위치 이탈 시 조치사항 2가지를 쓰시오.(4점)

[기사0601/산기0801/산기1001/산기1403/기사1602]

**05** 산업안전보건법상 다음 기계·기구에 설치하여야 할 방호장치를 각각 1가지씩 쓰시오.(5점)

[산기1403/산기1901/산기2003/기사2004]

① 예초기        ② 원심기        ③ 공기압축기
④ 금속절단기       ⑤ 지게차

**06** [보기]의 교류아크용접기의 자동전격방지기 표시사항을 상세히 기술하시오.(4점)    [산기1202/산기1403]

[보 기]
SP – 3A – H
①    ②

**07** 암실에서 정지된 소광점을 응시하면 광점이 움직이는 것 같이 보이는 현상을 운동의 착각현상 중 '자동운동' 이라 한다. 자동운동이 생기기 쉬운 조건을 3가지 쓰시오.(6점)    [산기1403]

**08** 보호구 안전인증고시에서 정의한 다음 설명에 해당하는 용어를 쓰시오.(4점) [산기|0902/산기|1403]

① 유기화합물 보호복에 있어 화학물질이 보호복의 재료의 외부표면에 접촉된 후 내부로 확산하여 내부 표면으로부터 탈착되는 현상
② 방독마스크에 있어 대응하는 가스에 대하여 정화통 내부의 흡착제가 포화상태가 되어 흡착 능력을 상실한 상태

**09** 아래 표를 보고 열압박지수(HSI), 작업지속시간(WT), 휴식시간을 구하시오.(단, 체온상승 허용치는 1℃를 250Btu로 환산한다)(6점) [산기|1103/산기|1403]

| 열부하원 | 작업 | 휴식 |
|---|---|---|
| 대사 | 1,500 | 320 |
| 복사 | 1,000 | −200 |
| 대류 | 500 | −500 |
| $E_{max}$ | 1,500 | 2,300 |

**10** 가공기계에 주로 쓰이는 Fool Proof 중 고정가드와 인터록가드에 대한 설명을 쓰시오.(4점) [산기|1403/산기|2003]

**11** 양중기에 사용하는 와이어로프의 사용금지 기준을 3가지 쓰시오.(단, 꼬인 것, 부식된 것, 변형된 것 제외)
(3점)  [산기1403/기사1503/기사1601/기사1803/기사1903]

**12** 산업현장에서 사용되고 있는 출입금지 표지판의 배경반사율이 80%이고, 관련 그림의 반사율이 20%일 때 이 표지판의 대비를 구하시오.(4점)  [산기0803/산기1403/산기1702]

**13** 다음 형태의 재해발생에서 산업재해 형태를 쓰시오.(4점)  [산기1403]

① 재해자가 구조물 상부에서 전도로 인하여 추락되어 두개골 골절이 발생한 경우
② 재해자가 전도 또는 추락으로 물에 빠져 익사한 경우

**01** 상시근로자 50명, 재해건수 8건, 1일 9시간 280일 근무, 재해자수 10명, 휴업일수 219일일 때 도수율, 강도율을 구하시오.(4점)                                                                                         [산기1402]

**02** 안전표지판 명칭을 쓰시오.(5점)                                                                                         [산기1402]

| ① | ② | ③ | ④ | ⑤ |
|---|---|---|---|---|
|  |  |  |  |  |

**03** 밀폐공간에서의 작업에 대한 특별안전보건교육을 실시할 때 정규직 근로자의 특별교육시간과 교육내용 3가지를 쓰시오.(단, 그 밖에 안전·보건관리에 필요한 사항을 제외함)(4점)       [산기1402/산기1802/산기2102]

**04** 한국전기설비규정에서 저압전로의 보호도체 및 중성선의 접속 방식에 따라 접지계통을 3가지로 분류하시오. (3점)                                      [산기1402]

**05** MIL-STD-882E 카테고리 4가지를 쓰시오.(4점)                           [기사1103/기사1302/산기1402/기사1803]

**06** A, B, C 발생확률이 각각 0.15이고, 직렬로 접속되어 있다. 고장사상을 정상사상으로 하는 FT도와 발생확률을 구하시오.(6점)                                      [산기1402/산기1701]

**07** 자율안전확인대상 안전기에 자율안전확인표시 외에 추가로 표시하여야 할 사항 2가지를 쓰시오.(4점)                                      [산기1402]

**08** 양중기에 사용하는 달기 체인의 사용금지 기준을 2가지 쓰시오.(4점)
[산기1102/산기1402/기사1701/산기1703/기사2001/산기2002]

**09** 안전인증대상 기계 · 기구를 5가지 쓰시오.(단, 세부사항까지 작성하고, 프레스, 크레인은 제외)(5점)

[산기1402]

**10** 치사량의 기준치를 쓰시오.(3점)

[산기0702/기사1103/산기1402/기사1701]

① LD50은 쥐에 대한 경구투입실험에 의하여 실험동물의 50%를 사망케한다.
② LD50은 쥐 또는 토끼에 대한 경피흡수실험에서 의하여 실험동물의 50%를 사망케한다.
③ LC50은 가스로 쥐에 대한 4시간 동안 흡입실험에 의하여 실험동물의 50%를 사망케한다.

**11** 산업안전보건법에 따른 사업주가 지켜야 할 산업안전보건위원회의 심의 · 의결사항을 4가지 쓰시오.(4점)

[산기1402]

**12** 폭풍, 폭우 및 폭설 등의 악천후로 인하여 작업을 중지시킨 후 또는 비계를 조립·해체하거나 변경한 후 작업재개 시 작업 시작 전 점검하고, 이상이 발견되면 즉각 보수하여야 하는 항목을 구체적으로 3가지를 쓰시오.(6점) [기사0502/기사1003/기사1201/기사1203/기사1302/기사1303/산기1402/기사1602/산기1801/기사2001/산기2004/산기2303]

**13** 프레스의 손쳐내기식 방호장치에 관한 설명 중 ( )안에 알맞은 내용이나, 수치를 써 넣으시오.(3점)

[산기1201/산기1402/산기1501]

> 가) 슬라이드 하행정거리의 ( ① ) 위치에서 손을 완전히 밀어내어야 한다.
> 나) 방호판의 폭은 금형 폭의 ( ② ) 이상이어야 하고, 행정길이가 300mm 이상의 프레스기계에는 방호판 폭을 ( ③ )mm로 해야 한다.

**01** 산업안전보건법에서 정한 위험물질을 기준량 이상 제조, 취급, 사용 또는 저장하는 설비로서 내부의 이상상태를 조기에 파악하기 위하여 필요한 온도계·유량계·압력계 등의 계측장치를 설치하여야 하는 대상을 4가지 쓰시오.(6점) [산기1401/산기2103]

**02** 인간-기계 기능 체계의 기본 기능 4가지 쓰시오.(4점) [산기1401/기사1403/기사1502/기사1803]

**03** 안전관리자 업무(직무) 4가지를 쓰시오.(4점) [산기0703/산기1201/산기1301/산기1401/산기1502/산기1603/산기1801]

**04** 인간과오 분류 중 심리적 분류의 종류 4가지를 쓰시오.(4점) [산기0802/산기1301/산기1401/산기1801/산기2004]

**05** 교류아크용접기의 자동전격방지장치를 부착할 때의 주의사항 2가지를 쓰시오.(4점) [산기0703/산기1401]

**06** 연삭기의 덮개 각도를 쓰시오.(4점) [산기0903/기사1301/산기1401/기사1503]

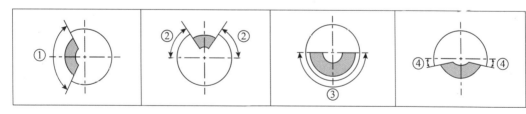

① 일반연삭작업 등에 사용하는 것을 목적으로 하는 탁상용 연삭기
② 연삭숫돌의 상부를 사용하는 것을 목적으로 하는 탁상용 연삭기
③ 휴대용 연삭기, 스윙연삭기, 스라브연삭기, 기타 이와 비슷한 연삭기
④ 평면연삭기, 절단연삭기, 기타 이와 비슷한 연삭기

**07** 프레스 급정지 시간이 200ms일 때 ① 안전거리 ② 안전거리 또는 정지기능에 영향을 받는 방호장치 1가지를 쓰시오.(4점)           [기사0902/산기1401/기사1601/기사2002]

**08** 다음 괄호에 안전계수를 쓰시오.(3점)           [산기1401]

> 가) 근로자가 탑승하는 운반구를 지지하는 달기와이어로프 또는 달기 체인의 경우 : ( ① ) 이상
> 나) 화물의 하중을 직접 지지하는 달기와이어로프 또는 달기 체인의 경우 : ( ② ) 이상
> 다) 훅, 샤클, 클램프, 리프팅 빔의 경우 : ( ③ ) 이상

**09** 분리식, 안면부 여과식 방진마스크의 시험성능기준에 있는 각 등급별 여과제 분진등 포집 효율기준을 [표]의 빈칸에 쓰시오.(4점)           [산기1401]

| 형태 및 등급 | | 염화나트륨(NaCl) 및 파라핀 오일(Paraffin oil) 시험(%) |
|---|---|---|
| 분리식 | 특급 | ( ① ) 이상 |
| | 1급 | 94.0 이상 |
| | 2급 | ( ② ) 이상 |
| 안면부 여과식 | 특급 | ( ③ ) 이상 |
| | 1급 | 94.0 이상 |
| | 2급 | ( ④ ) 이상 |

**10** 압력용기 안전검사의 주기에 관한 내용이다. 검사주기를 쓰시오.(6점)           [산기1401/산기1902]

> ① 사업장에 설치가 끝난 날부터 ( ① )년 이내에 최초 안전검사를 실시한다.
> ② 그 이후부터 ( ② )년마다 안전검사를 실시한다.
> ③ 공정안전보고서를 제출하여 확인을 받은 압력용기는 ( ③ )년마다 안전검사를 실시한다.

**11** 히빙이 일어나기 쉬운 지반과 발생원인 2가지를 쓰시오.(4점)  [산기|0901/산기|1401/산기|1903]

**12** 재해사례 연구순서 5단계를 쓰시오.(4점)  [산기|0502/산기|1201/산기|1401/산기|2002]

**13** Project method(구안법)의 장점 4가지를 쓰시오.(4점)  [산기|1401]

MEMO

2024 | 한국산업인력공단 | 국가기술자격

# 고시넷
## 고패스

# 산업안전산업기사 실기
# 필답형 + 작업형
## 기출복원문제 + 유형분석

## 작업형 유형별
## 기출복원문제
## 160題

gosinet
(주)고시넷

**001** 화면은 형강에 걸린 줄걸이 와이어를 빼내고 있는 상황하에서 발생된 사고사례이다. 가해물과 와이어 빼기에 적합한 안전작업방법 2가지를 쓰시오.(6점) [산기1301A/산기1402A/산기1601B/산기2004B]

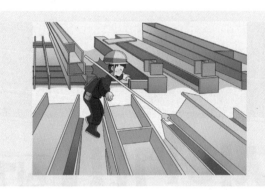

작업자가 형강에 걸린 줄걸이 와이어를 빼내고 있는 중이다. 형강을 들어올리는 순간 줄걸이 와이어로프가 작업자의 얼굴을 치는 재해가 발생했다.

가) 가해물 : 와이어로프

나) 작업방식

① 지렛대를 와이어가 물려있는 형강 사이에 넣어 형강이 무너져 내리지 않을 정도로 들어 올려 와이어를 빼낸다.
② 반드시 2인 이상이 한조를 이뤄 작업을 한다.


**002** 화면은 LPG 저장소에서 폭발사고가 발생한 상황이다. 사고의 형태와 기인물을 쓰시오.(4점) [산기1601A/산기1802B/산기2004B]

LPG 저장소에서 작업자가 전등을 켜다 스파크에 의해 폭발이 일어나는 상황을 보여주고 있다.

① 재해의 형태 : 폭발
② 기인물 : LPG

**003** 작업자가 대형 관의 플랜지 아래쪽 부분에 대한 교류 아크용접작업 하는 중 재해사례를 보여주고 있다. 영상을 보고 ① 기인물과 작업 중 눈과 감전재해를 방지하기 위해 작업자가 착용해야 할 ② 보호구 2가지를 쓰시오.(4점) [기사1203C/기사1401B/산기1403A/산기1602B/기사1603A/산기1703B/기사1803B/산기1901B/산기2003B]

교류아크용접 작업장에서 작업자 혼자 대형 관의 플랜지 아래 부위를 아크 용접하는 상황이다. 작업자의 왼손은 플랜지 회전 스위치를 조작하고 있으며, 오른손으로는 용접을 하고 있다. 작업장 주위에는 인화성 물질로 보이는 깡통 등이 용접작업장 주변에 쌓여있는 상황이다.

① 기인물 : 교류 아크 용접기
② 보호구 : 용접용 보안면, 용접용 안전장갑

✔ 보호구

| | |
|---|---|
| 안전모 | 물체가 떨어지거나 날아올 위험 또는 근로자가 추락할 위험이 있는 작업 |
| 안전대(安全帶) | 높이 또는 깊이 2미터 이상의 추락할 위험이 있는 장소에서 하는 작업 |
| 안전화 | 물체의 낙하·충격, 물체에의 끼임, 감전 또는 정전기의 대전(帶電) 위험이 있는 작업 |
| 보안경 | 물체가 흩날릴 위험이 있는 작업 |
| 보안면 | 용접 시 불꽃이나 물체가 흩날릴 위험이 있는 작업 |
| 절연용 보호구 | 감전의 위험이 있는 작업 |
| 방열복 | 고열에 의한 화상 등의 위험이 있는 작업 |
| 방진마스크 | 선창 등 분진(粉塵)이 심하게 발생하는 하역작업 |
| 방한모·방한복·방한화·방한장갑 | 섭씨 영하 18도 이하인 급냉동어창에서 하는 하역작업 |
| 승차용 안전모 | 물건을 운반하거나 수거·배달하기 위하여 이륜자동차를 운행하는 작업 |

**004** 철골 위에서 발판을 설치하는 도중에 발생한 재해 영상이다. 여기서 ① 재해발생형태, ② 기인물을 각각 쓰시오.(4점) [산기1401B/산기2003C]

작업자가 철골 위 나무발판을 난간에 걸치고 올라서서 비계를 건네받다가 땅으로 떨어지는 재해장면을 보여주고 있다.

① 재해발생형태 : 추락(=떨어짐)
② 기인물 : 작업발판

**005** 영상은 작업 중 작업발판을 밑에 두고 위로 지나가다가 떨어지는 재해사례이다. 동영상에서와 같이 기인물과 가해물을 쓰시오.(4점)

[산기18021B]

작업자가 작업발판을 밑에 두고 위로 지나가다가 떨어지는 재해상황을 보여준다.

① 기인물 : 작업발판
② 가해물 : 바닥

**006** 영상은 전기환풍기 팬 수리 작업 중 선반에 부딪혀 부상을 당한 재해사례이다. ① 재해형태, ② 기인물, ③ 가해물을 쓰시오.(4점)

[산기1201B/산기1302B/산기1601B/산기2002A/산기2201B]

높이 1m 정도의 씽크대 위에서 전기환풍기 팬 수리 작업을 하던 중 잔류전기에 놀라 씽크대에서 떨어지면서 뒤에 위치한 선반에 부딪히는 재해가 발생하였다.

① 재해형태 : 추락(=떨어짐)
② 기인물 : 전기환풍기 팬
③ 가해물 : 선반

**007** 화면에서 발생한 재해의 ① 기인물, ② 가해물을 각각 구분하여 쓰시오.(4점)

[산기1201A/산기1303B/산기1502B/산기1503A/산기1702A/산기2001A/산기2301B]

작업자가 장갑을 착용하지 않고 작동 중인 사출성형기에 끼인 이물질을 잡아당기다, 감전과 함께 뒤로 넘어지는 사고영상이다.

① 기인물 : 사출성형기
② 가해물 : 사출성형기 노즐 충전부

**008** 동영상은 전주를 옮기다 재해가 발생한 영상이다. 가해물과 작업자가 착용해야 할 안전모의 종류를 쓰시오. (6점)

[산기1202A/기사1203C/기사1401C/산기1402B/기사1502B/산기1503A/
기사1603B/산기1701B/산기1802B/기사1902B/기사1903A/산기1903A/기사2002A/기사2302B/산기2303B]

항타기를 이용하여 콘크리트 전주를 세우는 작업을 보여주고 있다. 항타기에 고정된 콘크리트 전주가 불안하게 흔들리고 있다. 작업자가 항타기를 조정하는 순간, 전주가 인접한 활선전로에 접촉되면서 스파크가 발생한다. 안전모를 착용한 3명의 작업자가 보인다.

① 가해물 : 전주(재해는 비래에 해당한다)
② 전기용 안전모의 종류 : AE형, ABE형

**009** 영상은 아파트 창틀에서 작업 중 발생한 재해사례를 보여주고 있다. 기인물과 가해물을 쓰시오.(4점)

[산기1501A/산기1602A/산기1903B/산기2201A]

A, B 2명의 작업자가 아파트 창틀에서 작업 중에 A가 작업발판을 처마 위의 B에게 건네 준 후, B가 있는 옆 처마 위로 이동하려 발을 헛디뎌 바닥으로 추락하는 재해 상황을 보여주고 있다. 이때 주변에 정리정돈이 되어 있지 않고, A작업자가 밟고 있던 콘크리트 부스러기가 추락할 때 같이 떨어진다.

① 기인물 : 콘크리트 부스러기
② 가해물 : 바닥

**010** 영상은 컨베이어의 갑작스러운 중지에 이를 점검하던 중 발생한 사례를 보여주고 있다. 가해물과 재해원인을 쓰시오.(4점)

[산기1902A/산기2102A]

롤러체인에 의해 구동되는 컨베이어의 작업영상이다. 갑작스러운 고장으로 인해 컨베이어가 구동을 중지하자 이를 점검하다가 재해를 당하는 영상을 보여주고 있다. 점검자는 면장갑을 끼고 컨베이어 구동부를 조작하다가 사고를 당하였다.

① 가해물 : 롤러체인
② 재해원인 : 기계의 전원을 차단하지 않고 면장갑을 낀 상태로 회전부를 점검하였다.

**011** 화면은 봉강 연마작업 중 발생한 사고사례이다. 기인물은 무엇이며, 봉강 연마작업 시 파편이나 칩의 비래에 의한 위험에 대비하기 위해 설치해야 하는 장치를 쓰시오. 또 작업 시 숫돌과 가공면과의 각도는 어느 범위가 적당한지 쓰시오.(5점)  [기사1203A/산기1301A/기사1402B/산기1502A/기사1602B/기사1703A/산기1901B/기사2004C]

수도 배관용 파이프 절단 바이트 날을 탁상용 연마기로 연마작업을 하던 중 연삭기에 튕긴 칩이 작업자 얼굴을 강타하는 재해가 발생하는 영상이다.

① 기인물 : 탁상공구 연삭기(가해물은 환봉)
② 위험 대비 장치명 : 칩비산방지투명판
③ 각도 : 15~30°

**012** 실내 인테리어 작업을 하는 중 발생한 재해사례를 보여주고 있다. 가) 재해의 유형과 나) 부주의한 행동 1가지를 쓰시오.(4점)  [산기2001B/산기2004A/산기2203A/산기2203B]

실내 인테리어 작업을 하는 중 작업자 A가 작업자 B에게 근처에 있는 차단기를 내려달라고 해서 맨손의 작업자 B가 차단기를 내리려다 쓰러지는 재해가 발생하였다.

가) 재해의 유형 : 감전(=전류접촉)
나) 부주의한 행동
  ① 내전압용 절연장갑 등 절연용 보호구를 착용하지 않았다.
  ② 작업시작 전 전원을 차단하지 않았다.

▲ 나)의 답안 중 1가지 선택 기재

**013** 영상은 납땜 작업 중 발생한 재해상황을 보여준다. 재해형태와 위험요인을 간단하게 쓰시오.(4점)

[산기|2004B]

납땜 작업을 하고 있는 작업자들의 모습을 보여준다. 납땜 중 발생한 연기가 국소배기장치를 통해서 빠져나간다. 다른 작업자가 납땜작업이 끝난 자재를 국소배기장치 안쪽에 쌓아두고 있다. 납땜 작업을 끝낸 작업자가 맨손으로 납땜기계를 만지다가 갑자기 쓰러진다.

① 재해형태 : 유해·위험물질 노출·접촉
② 위험요인 : 납땜이 끝난 자재가 국소배기장치의 순환통로를 막아 환기 불량

**014** 실험실에서 유해물질을 취급하는 중 발생한 재해영상을 보여주고 있다. 재해의 형태와 정의를 쓰시오.(4점)

[산기|1801A/산기|2003C]

작업자는 맨손에 마스크도 착용하지 않고 황산을 비커에 따르다 실수로 손에 묻는 장면을 보여주고 있다.

① 재해의 형태 : 유해·위험물질 노출·접촉
② 정의 : 유해·위험물질에 노출·접촉 또는 흡입하였거나 독성동물에 쏘이거나 물린 경우를 말한다.

**015** 영상은 변압기 볼트를 조이는 작업 중 재해상황을 보여주고 있다. 재해의 형태와 위험요인 2가지를 쓰시오.
(5점)　　　　　　　　[기사1302A/기사1403C/기사1601A/기사1702B/기사1803C/산기1901B/기사2001A/산기2002C/산기2301A]

작업자가 안전대를 착용하고 있으나 이를 전주에 걸지 않은 상태에서 전주에 올라서서 작업발판(볼트)을 딛고 면장갑을 착용한 상태에서 변압기 볼트를 조이는 중 추락하는 영상이다. 작업자는 안전대를 착용하지 않고, 안전화의 끈이 풀려있는 상태에서 불안정한 발판 위에서 작업 중 사고를 당했다.

가) 재해형태 : 추락(=떨어짐)
나) 위험요인
　　① 작업자가 딛고 서는 발판이 불안하다.
　　② 작업자가 안전대를 체결하지 않고 작업하고 있어 위험에 노출되어 있다.
　　③ 작업자가 내전압용 절연장갑을 착용하지 않고 작업하고 있다.

▲ 나)의 답안 중 2가지 선택 기재

**016** 영상은 고소 작업 중 발생한 재해상황을 보여주고 있다. 재해형태와 위험요인 2가지를 쓰시오.(6점)
　　　　　　　　　　　　　　　　　　　　　　　　　　　　　　　　　　　　　　　[산기1801A]

높이가 2m 이상의 고소에서 사다리 2개에 발판을 깔고 작업하던 근로자가 떨어지는 재해 상황을 보여주고 있나.

가) 재해형태 : 추락(=떨어짐)
나) 위험요인
① 작업자가 안전대를 착용하지 않고 작업하고 있어 위험에 노출되어 있다.
② 추락방호망이 설치되지 않아 위험에 노출되어 있다.

**017** 영상은 이동식크레인을 이용한 작업 중 발생한 재해사례를 보여주고 있다. 영상에서 발생한 사고의 재해형태와 정의를 각각 쓰시오.(4점)  [산기1302A/산기1502C/산기2001B]

신호수의 신호에 의해 이동식크레인을 이용하여 배관을 위로 올리는 작업현장을 보여주고 있다. 보조로프가 없어 배관이 근처 H빔에 부딪혀 흔들린다. 훅 해지장치는 보이지 않으며 배관 양쪽 끝에 와이어로 두바퀴를 감고 샤클로 채결한 상태이다. 흔들리는 배관을 아래쪽의 근로자가 손으로 지탱하려다가 배관이 근로자의 상체에 부딪혀 근로자가 넘어지는 사고가 발생한다.

① 재해형태 : 낙하 · 비래(=맞음)
② 정의 : 물건이 떨어지거나 날아서 사람에게 부딪히는 것

**018** 화면은 사출성형기 V형 금형작업 중 재해가 발생한 사례이다. 동영상에서 발생한 ① 재해형태, ② 법적인 방호장치를 2가지 쓰시오.(6점)

[산기1201A/산기1301B/산기1501B/산기1503B/산기1702A/산기1703B/산기1901A/산기2101B/산기2102B]

동영상은 사출성형기가 개방된 상태에서 금형에 잔류물을 제거하다가 손이 눌리는 상황이다.

가) 재해형태 : 협착(=끼임)
나) 법적인 방호장치
   ① 게이트가드식                    ② 양수조작식
   ③ 광전자식 방호장치                ④ 비상정지장치

▲ 나)의 답안 중 2가지 선택 기재

**019** 영상은 스팀노출 부위를 점검하던 중 발생한 재해사례이다. 동영상에서와 같은 재해를 산업재해 기록, 분류에 관한 기준에 따라 분류할 때 해당되는 재해발생형태를 쓰시오.(3점)

[기사1203B/기사1401A/기사1501B/기사1603B/기사1801B/산기1803A/기사2003B]

스팀배관의 보수를 위해 노출부위를 점검하던 중 스팀이 노출되면서 작업자에게 화상을 입히는 영상이다.

● 이상온도 노출·접촉에 의한 화상

**020** 영상은 목재를 톱질하다가 발생한 재해 상황을 보여주고 있다. ① 재해형태와 ② 가해물을 쓰시오.(4점)

[기사1402A/기사1503A/기사2004C/산기2103A]

작업발판용 목재토막을 가공대 위에 올려놓고 목재를 고정하고 톱질을 하다 작업발판이 흔들림으로 인해 작업자가 균형을 잃고 넘어지는 재해발생 장면을 보여준다.

① 재해형태 : 전도(=넘어짐)        ② 가해물 : 바닥

**021** 영상은 자동차 정비 중 발생한 사고를 보여주고 있다. 해당 사고의 가) 가해물, 나) 재해 발생원인을 1가지 쓰시오.(4점)

[산기2301B]

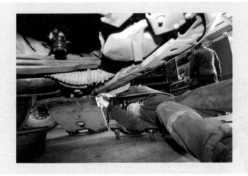

자동차 정비소에서 45도 앞으로 들려있는 자동차 아래에 고정장치가 고장난 유압잭을 이용해 차량을 들어 올린 후 그 아래에서 정비를 하다가 실수로 유압잭을 건드려 차량에 깔리는 사고를 보여준다.

가) 가해물 : 자동차(차량)

나) 재해 발생원인

　① 고장난 유압잭을 사용해 차량을 들어올렸다.

　② 별도의 안전지지대나 안전블록을 사용하지 않았다.

▲ 나)의 답안 중 1가지 선택 기재

**022** 영상은 인쇄 윤전기를 청소하는 중에 발생한 재해사례이다. 이 동영상을 보고 작업 시 발생한 ① 위험점, ② 정의를 쓰시오.(4점)

[기사1202C/산기1203A/기사1303B/산기1501A/산기1502C/
기사1601C/산기1603B/산기1701A/기사1703C/산기1802A/기사1803C/산기2004B/산기2103B/산기2202C/산기2302B/산기2303A]

작업자가 인쇄용 윤전기의 전원을 끄지 않고 서로 맞물려서 돌아가는 롤러를 걸레로 닦고 있다. 작업자는 체중을 실어서 위험하게 맞물리는 지점까지 걸레를 집어넣고 열심히 닦고 있던 중, 손이 롤러기 사이에 끼어서 사고를 당하고, 사고 발생 후 전원을 차단하고 손을 빼내는 장면을 보여준다.

① 위험점 : 물림점

② 정의 : 롤러기의 두 롤러 사이와 같이 회전하는 두 개의 회전체에 물려 들어갈 위험이 있는 점을 말한다.

**023** 영상은 선반작업 중 발생한 재해사례를 나타내고 있다. 화면에서와 같은 ① 위험점 명칭, ② 정의를 쓰시오.
(4점)

[산기1601B/산기2202A]

회전하는 선반을 이용해서 철제
대상물을 절삭하다 작업복의 일부
가 선반의 회전부위에 말려 들어
가 발생한 재해를 보여주고 있다.

① 위험점 : 회전말림점
② 정의 : 회전하는 기계의 운동부 자체에 작업복 등이 말려들 위험이 존재하는 점을 말한다.

**024** 영상의 작업상황에서와 같이 작업자의 손이 말려 들어가는 부분에서 형성되는 ① 위험점, ② 정의를 쓰시오.
(5점)

[산기1203B/산기1303A/기사1402C/산기1403B/기사1503B/
산기1603A/산기1303A/산기1702B/기사1702C/산기2002B/산기2003C/기사2004A]

작업자가 회전물에 샌드페이퍼(사포)를
감아 손으로 지지하고 있다. 위험점에 작
업복과 손이 감겨 들어가는 동영상이다.

① 위험점 : 회전말림점
② 정의 : 회전하는 기계의 운동부 자체에 작업복 등이 말려들 위험이 존재하는 점을 말한다.

**025** 영상은 버스 정비작업 중 재해가 발생한 사례를 보여주고 있다. 기계설비의 위험점, 미 준수사항 3가지를 쓰시오.(6점) [기사1203B/기사1402A/기사1501B/기사1603C/신기1802A/신기2201A/신기2203A]

버스를 정비하기 위해 차량용 리프트로 차량을 들어 올린 상태에서, 한 작업자가 버스 밑에 들어가 차량의 샤프트를 점검하고 있다. 그런데 다른 사람이 주변상황을 살피지 않고 버스에 올라 엔진을 시동하였다. 그 순간 밑에 있던 작업자의 팔이 버스의 회전하는 샤프트에 말려 들어가 협착사고가 일어나는 상황이다.(이때 작업장 주변에는 작업감시자가 없었다.)

가) 위험점 : 회전말림점

나) 미 준수사항

① 정비작업 중임을 보여주는 표지판을 설치하지 않았다.

② 작업과정을 지휘하고 감독할 감시자를 배치하지 않았다.

③ 기동장치에 잠금장치를 하지 않았고 열쇠의 별도관리가 이뤄지지 않았다.

**026** 영상은 산업용 로봇의 오작동과 관련된 영상이다. 영상을 참고하여 로봇의 오작동 및 오조작에 의한 위험을 방지하기 위한 지침에 포함되어야 할 사항 3가지를 쓰시오.(단, 기타 로봇의 예기치 못한 작동 또는 오동작에 의한 위험 방지를 위해 필요한 조치 제외)(6점) [신기1903B/신기2202C]

산업용 로봇이 자동차를 생산하고 있는 모습을 보여주고 있다. 정상작동 중 로봇이 오작동을 하는 모습이다.

① 로봇의 조작방법 및 순서　　② 작업 중의 매니퓰레이터의 속도

③ 이상을 발견한 경우의 조치　　④ 2명 이상의 근로자에게 작업을 시킬 경우의 신호방법

⑤ 이상을 발견하여 로봇의 운전을 정지시킨 후 이를 재가동시킬 경우의 조치

▲ 해당 답안 중 3가지 선택 기재

**027** 영상은 작업자가 용광로 근처에서 작업하고 있는 상황을 보여주고 있다. 위험요인 3가지를 찾아서 쓰시오. (4점)

[산기1801B/산기2001B/산기2004B/산기2202C]

아무런 보호구를 착용하지 않은 작업자가 쇳물이 들어가는 탕도 내에 고무래로 출렁이는 쇳물 표면을 젓고 당기면서 굳은 찌꺼기를 긁어내는 작업을 하고 있다. 찌꺼기를 긁어낸 후 고무래에 털어내는 영상이 보인다.

① 보안면을 착용하지 않고 있다.
② 방열복을 착용하지 않고 있다.
③ 방열장갑을 착용하지 않고 있다.

**028** 컨베이어 작업 중 재해가 발생한 영상이다. 불안전한 행동 3가지를 쓰시오.(6점)

[산기1802B/산기2001A/기사2003A/산기2103A/산기2301B]

파지 압축장의 컨베이어 위에서 작업자가 집게암으로 파지를 들어서 작업자 머리 위를 통과한 후 집게암을 흔들어서 파지를 떨어뜨리는 영상을 보여주고 있다.

① 작업자가 안전모를 착용하지 않고 있다.
② 파지를 작업자 머리 위로 옮기고 있어 위험하다.
③ 작업자가 컨베이어 위에서 작업을 하고 있어 위험하다.
④ 파지가 떨어지지 않는다고 집게암을 흔들어서 떨어뜨리고 있어 위험하다.

▲ 해당 답안 중 3가지 선택 기재

**029** 컨베이어 작업 중 재해가 발생한 영상이다. 위험요인 2가지를 쓰시오.(4점)   [산기1902B]

건축폐기물 처리 라인에서 작업자가 벨트 위에 떨어진 나무조각을 제거하던 중 가동중인 컨베이터 벨트와 롤러 사이에 감겨들어가 끼이는 재해를 보여주고 있다.

① 청소 등의 작업을 컨베이어 운전 중에 실시하였다.
② 컨베이터 벨트 구동부 및 웨이트부에 안전덮개 또는 접근 방지울을 설치하지 않았다.
③ 신체의 일부가 말려드는 등 비상시에 즉시 멈출 수 있는 비상정지장치가 설치되지 않았다.

▲ 해당 답안 중 2가지 선택 기재

**030** 영상은 크레인을 이용한 양중작업 중 발생한 재해상황을 보여주고 있다. 영상과 같은 작업 중 재해를 방지하기 위하여 관리감독자가 해야 할 유해·위험방지 업무 3가지를 쓰시오.(6점)   [산기2004A/산기2102A/산기2301B]

타워크레인을 이용하여 철제 비계를 옮기는 중 안전모와 안전대를 미착용한 신호수가 있는 곳에서 흔들리다 작업자 위로 비계가 낙하하는 사고가 발생한 사례를 보여주고 있다.

① 작업방법과 근로자 배치를 결정하고 그 작업을 지휘하는 일
② 재료의 결함 유무 또는 기구 및 공구의 기능을 점검하고 불량품을 제거하는 일
③ 작업 중 안전대 또는 안전모의 착용 상황을 감시하는 일

**031** 타워크레인으로 커다란 통을 인양중에 있는 장면을 보여주고 있다. 동영상을 참고하여 크레인 작업 시의 준수사항을 3가지 쓰시오.(6점)  [산기2101A/기사2101C/산기2301A]

크레인으로 형강의 인양작업을 준비중이다. 유도로프를 사용해 작업자가 형강을 1줄걸이로 인양하고 있다. 인양된 형강은 철골 작업자에게 전달되어진다.

① 인양할 하물(荷物)을 바닥에서 끌어당기거나 밀어내는 작업을 하지 아니할 것
② 고정된 물체를 직접 분리·제거하는 작업을 하지 아니할 것
③ 미리 근로자의 출입을 통제하여 인양 중인 하물이 작업자의 머리 위로 통과하지 않도록 할 것
④ 유류드럼이나 가스통 등 운반 도중에 떨어져 폭발하거나 누출될 가능성이 있는 위험물 용기는 보관함(또는 보관고)에 담아 안전하게 매달아 운반할 것
⑤ 인양할 하물이 보이지 아니하는 경우에는 어떠한 동작도 하지 아니할 것

▲ 해당 답안 중 3가지 선택 기재

**032** 영상은 천장크레인으로 물건을 옮기다 재해가 발생하는 장면을 보여주고 있다. 주요 위험요인과 관련된 방호장치를 각각 1가지 쓰시오.(4점)  [기사1302C/기사1403C/기사1502B/기사2001B/산기2002B]

천장크레인으로 물건을 옮기는 동영상으로 마그네틱을 금형 위에 올리고 손잡이를 작동시켜 이동시키고 있다. 작업자는 안전모를 미착용하고, 목장갑 착용하고 오른손으로 금형을 잡고, 왼손으로 상하좌우 조정장치(전기배선 외관에 피복이 벗겨져 있음)를 누르면서 이동 중이다. 갑자기 작업자가 쓰러지면서 오른손이 마그네틱 ON/OFF 봉을 건드려 금형이 발등으로 떨어지는 사고가 발생한다.이때 크레인에는 훅 해지장치가 없고, 훅에 샤클이 3개 연속으로 걸려있는 상태이다.

① 주요 위험요인 : 훅에 해지장치가 없어 슬링와이어가 이탈 위험을 가지고 있다.
② 방호장치 : 훅 해지장치

**033** 영상은 이동식크레인을 이용한 작업 동영상이다. 영상에서 위험요인 2가지 찾아 쓰시오.(4점)

[산기1201B/산기1302B/산기1403B/산기1903A/산기1903B/기사2001B/기사2002B/기사2003B]

신호수의 신호에 의해 이동식크레인을 이용하여 배관을 위로 올리는 작업현장을 보여주고 있다. 보조로프가 없어 배관이 근처 H빔에 부딪혀 흔들린다. 훅 해지장치는 보이지 않으며 배관 양쪽 끝에 와이어로 두바퀴를 감고 샤클로 채결한 상태이다. 흔들리는 배관을 아래쪽의 근로자가 손으로 지탱하려다가 배관이 근로자의 상체에 부딪혀 근로자가 넘어지는 사고가 발생한다.

① 작업 반경 내 작업과 관계없는 근로자가 출입하고 있다.
② 보조(유도)로프를 설치하지 않아 화물이 빠질 위험이 있다.
③ 훅의 해지장치 및 안전상태를 점검하지 않았다.
④ 와이어로프가 불안정 상태를 안정시킬 방안을 마련하지 않고 인양하여 위험에 노출되었다.

▲ 해당 답안 중 3가지 선택 기재

**034** 영상은 이동식크레인을 이용한 작업 동영상이다. 영상을 보고 화물의 낙하 및 비래 위험을 방지하기 위한 예방대책 3가지를 쓰시오.(6점) [기사1403B/기사1501A/기사1501B/기사1601B/산기1601B/산기1602A/기사1602C/기사1603C/ 기사1701A/산기1702B/기사1801C/산기1802B/기사1802C/산기1901A/산기1901B/기사1903A/기사1902B/기사1903D/산기2001B/산기2003B]

신호수의 신호에 의해 이동식크레인을 이용하여 배관을 위로 올리는 작업현장을 보여주고 있다. 보조로프가 없어 배관이 근처 H빔에 부딪혀 흔들린다. 훅 해지장치는 보이지 않으며 배관 양쪽 끝에 와이어로 두바퀴를 감고 샤클로 채결한 상태이다. 흔들리는 배관을 아래쪽의 근로자가 손으로 지탱하려다가 배관이 근로자의 상체에 부딪혀 근로자가 넘어지는 사고가 발생한다.

① 작업반경 내 관계 근로자 이외의 자에 대한 출입을 금한다.
② 와이어로프의 안전상태를 점검한다.
③ 훅의 해지장치 및 안전상태를 점검한다.
④ 인양 도중에 화물이 빠질 우려가 있는지에 대해 확인한다.
⑤ 보조(유도)로프를 설치하여 화물의 흔들림을 방지한다.

▲ 해당 답안 중 3가지 선택 기재

**035** 동영상은 건설현장에서 사용하는 리프트의 위치별 방호장치를 보여주고 있다. 그림에 맞는 장치의 이름을 쓰시오.(6점)

[기사1803A/기사2001A/산기2003A]

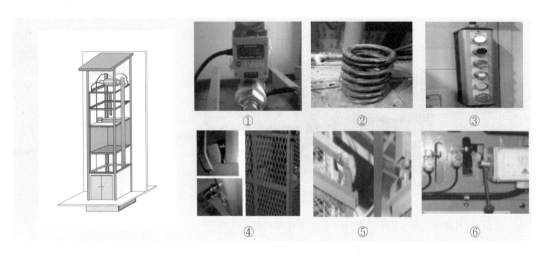

① 과부하방지장치      ② 완충스프링      ③ 비상정지장치

④ 출입문연동장치      ⑤ 방호울출입문연동장치      ⑥ 3상전원차단장치

✔ 건설용 리프트의 구조

**036** 화면에서 가이데릭 설치작업 시 불안전한 상태 2가지를 쓰시오.(4점)   [산기1302A/산기1502C/산기1702A]

화면은 갱폼 인양을 위한 가이데릭 설치작업을 하는 상황인데 계절은 겨울이고 바닥에는 눈이 많이 쌓여있는 상태이다. 작업자가 파이프를 세우고 밑에는 철사로 고정하고 지렛대 역할을 하는 버팀대는 눈바닥 위에 그대로 나무토막 하나에 고정시키는 화면을 보여준다.

① 파이프의 아랫부분에만 철사로 고정해서 무너질 위험이 있다.
② 버팀대가 미끄러져 사고의 위험이 있다.

**037** 건설작업용 리프트를 이용한 작업현장을 보여주고 있다. 리프트의 방호장치 4가지를 쓰시오.(4점)

[산기1301B/산기1402B/산기1503A/산기1702A/산기1801B/산기1802B/산기2002B]

테이블리프트(승강기)를 타고 이동한 후 고공에서 용접하는 영상을 보여주고 있다.

① 과부하방지장치               ② 권과방지장치
③ 비상정지장치               ④ 제동장치

| ✔ 방호장치의 조정 | |
|---|---|
| 대상 | • 크레인<br>• 이동식 크레인<br>• 리프트<br>• 곤돌라<br>• 승강기 |
| 방호장치 | 과부하방지장치, 권과방지장치, 비상정지장치 및 제동장치, 그 밖의 방호장치(승강기의 파이널리미트스위치, 속도조절기, 출입문 인터록 등) |

**038** 영상은 고소작업대 이동 중 발생한 재해영상이다. 고소작업대 이동 시 준수사항을 3가지 쓰시오.(4점)

[기사1903D/기사2201B/산기2201B/산기2303B]

고소작업대가 이동 중 부하를 이기지 못하고 옆으로 넘어지는 전도재해가 발생한 상황을 보여주고 있다.

① 작업대를 가장 낮게 내릴 것
② 작업자를 태우고 이동하지 말 것
③ 이동통로의 요철상태 또는 장애물의 유무 등을 확인할 것


**039** 영상은 양중작업을 보여주고 있다. 다음 물음에 답하시오.(6점)  [산기2302A]

건설현장에서 외관 마무리를 위해 곤돌라를 이용해 청소작업을 진행하고 있다.

가) 동영상의 양중기 이름을 쓰시오.
나) 해당 양중기에 근로자를 탑승시키기 위해서 필요한 조치 2가지를 쓰시오.

가) 곤돌라
나)① 탑승설비가 뒤집히거나 떨어지지 않도록 필요한 조치를 할 것
　② 안전대나 구명줄을 설치하고, 안전난간을 설치할 수 있는 구조인 경우에는 안전난간을 설치할 것
　③ 탑승설비를 하강시킬 때에는 동력하강방법으로 할 것

▲ 나)의 답안 중 2가지 선택 기재

**040** 영상은 흙막이 공사를 하면서 흙막이 지보공을 설치하는 작업을 보여주고 있다. 흙막이 지보공을 설치하였을 때에는 정기적으로 점검하고 이상을 발견하면 즉시 보수하여야 사항 3가지를 쓰시오.(6점)

[산기1902A/기사2002B/산기2003C/기사2201B/기사2301A/산기2303A]

대형건물의 건축현장이다. 굴착공사를 하면서 흙막이 지보공을 설치하고 이를 점검하는 모습을 보여준다.

① 부재의 손상·변형·부식·변위 및 탈락의 유무와 상태
② 버팀대의 긴압의 정도
③ 부재의 접속부·부착부 및 교차부의 상태
④ 침하의 정도

▲ 해당 답안 중 3가지 선택 기재

**041** 영상은 터널 지보공 공사현장을 보여주고 있다. 터널 지보공을 설치한 경우에 수시로 점검하여 이상을 발견 시 즉시 보강하거나 보수해야 할 사항 3가지를 쓰시오.(5점)

[산기1203A/산기1402A/산기1601A/산기1703A/산기1801A/기사1802A]

터널 지보공을 보여주고 있다.

① 부재의 긴압 정도
② 기둥침하의 유무 및 상태
③ 부재의 접속부 및 교차부의 상태
④ 부재의 손상·변형·부식·변위 및 탈락의 유무와 상태

▲ 해당 답안 중 3가지 선택 기재

**042** 영상은 콘크리트 전주를 세우기 작업하는 도중에 발생한 사례를 보여주고 있다. 항타기·항발기 조립 시 점검사항 3가지를 쓰시오.(6점)

[기사1401C/기사1603B/기사1702B/기사1801A/기사1902A/기사2002A/산기2004B/산기2103A/산기2201C/기사2303A]

콘크리트 전주를 세우기 작업하는 도중에 전도사고가 발생한 사례를 보여주고 있다.

① 본체 연결부의 풀림 또는 손상의 유무
② 권상용 와이어로프·드럼 및 도르래의 부착상태의 이상 유무
③ 권상장치의 브레이크 및 쐐기장치 기능의 이상 유무
④ 권상기의 설치상태의 이상 유무
⑤ 리더(leader)의 버팀 방법 및 고정상태의 이상 유무
⑥ 본체·부속장치 및 부속품의 강도가 적합한지 여부
⑦ 본체·부속장치 및 부속품에 심한 손상·마모·변형 또는 부식이 있는지 여부

▲ 해당 답안 중 3가지 선택 기재

**043** 영상은 터널 내 발파작업을 보여주고 있다. 이때 사용하는 장전구의 구비조건 1가지와 발파공의 충진재료는 어떤 것을 사용해야 하는지를 쓰시오.(6점)

[산기1303A/산기2002C/신기2302B]

터널 굴착을 위한 터널 내 발파작업을 보여주고 있다. 장전구 안으로 화약을 집어넣는데 길고 얇은 철물을 이용해서 화약을 장전구 안으로 3~4개 정도 밀어 넣은 다음 접속한 전선을 꼬아 주변 선에 올려놓고 있다.

가) 장전구(裝塡具)는 마찰·충격·정전기 등에 의한 폭발의 위험이 없는 안전한 것을 사용할 것
나) 발파공의 충진재료는 점토·모래 등 발화성 또는 인화성의 위험이 없는 재료를 사용할 것

**044** 화면은 터널 내 발파작업에 관한 사항이다. 동영상 내용 중 화약장전 시 위험요인을 적으시오.(4점)

[산기1202A/기사1301C/기사1402C/산기1502B/기사1602B/기사1902C/기사1903A/산기1903A/기사2003C]

장전구 안으로 화약을 집어넣는데 작업자가 길고 얇은 철물을 이용해서 화약을 장전구 안으로 밀어 넣고 있다. 3~4개 정도 밀어넣고, 접속한 전선을 꼬아서 주변선에 올려놓는다. 폭파스위치 장비를 보여주고 터널을 보여주는 동영상이다.

• 길고 얇은 철물을 이용해서 화약을 장전할 경우 충격이나 정전기, 마찰 등에 의해 폭발의 위험이 증가되므로 규정된 장전봉을 이용해 화약을 장전하여야 한다.

**045** 화면상에서 발파 후에는 낙반의 위험을 방지하기 위한 부석의 유무 또는 불발화약의 유무를 확인하기 위해 발파작업장에 접근한다. 발파 후 몇 분이 경과한 후에 접근해야 하는지 쓰시오.(4점) [산기1603B]

터널 내에서 발파작업을 진행하고 있다. 발파 후 낙반의 위험 등을 확인하기 위하여 조심스럽게 발파현장에 접근하는 모습을 보여주고 있다.

① 전기뇌관에 의한 발파인 경우 : (   )분 이상
② 전기뇌관 이에에 의한 발파인 경우 : (   )분 이상

① 5분
② 15분

**046** 영상은 건물의 해체작업을 보여주고 있다. 화면상에 나타난 해체작업의 해체계획서 작성 시 포함사항 4가지
를 쓰시오.(4점) [산기1301A/산기1403A/산기1702B/산기1902A/산기2003A]

영상은 건물해체에 관한 장면으로
작업자가 위험부분에 머무르고 있
어 사고 발생의 위험을 내포하고 있
다.

① 사업장 내 연락방법            ② 해체물의 처분계획
③ 가설설비·방호설비·환기설비 및 살수·방화설비 등의 방법
④ 해체의 방법 및 해체 순서도면
⑤ 해체작업용 기계·기구 등의 작업계획서
⑥ 해체작업용 화약류 등의 사용계획서

▲ 해당 답안 중 4가지 선택 기재

**047** LPG 저장소에서 발생한 폭발사고 영상을 보여주고 있다. 폭발 등의 재해를 방지하기 위해서 프로판가스
용기를 저장하기에 부적절한 장소 3가지를 쓰시오.(6점) [산기1302A/산기1403B/산기1702B/산기2003A]

작업자가 LPG저장소라고 표시되어
있는 문을 열고 들어가려니 어두워
서 들어가자마자 왼쪽에 있는 스위
치를 눌러서 전등을 점등하려는 순
간 스파크로 인해 폭발이 일어나는
화면을 보여준다.

① 통풍이나 환기가 불충분한 장소
② 화기를 사용하는 장소 및 그 부근
③ 위험물 또는 인화성 액체를 취급하는 장소 및 그 부근

**048** 배관용접작업 중 감전되기 쉬운 장비의 위치를 4가지 쓰시오.(4점)

[산기1301B/산기1402A/산기1503B/산기1702A/산기1802B/산기2003A]

작업자가 용접용 보안면을 착용한
상태로 배관에 용접작업을 하고 있
으며 배관은 작업자의 가슴부분에
위치하고 있고 용접장치 조작스위
치는 복부 정도에 위치하고 있다.

① 용접기 케이스
② 용접봉 홀드
③ 용접봉 케이블
④ 용접기의 리드단자

**049** 작업자가 대형 관의 플랜지 아랫부분에 교류 아크용접작업을 하고 있는 영상이다. 확인되는 작업 중 위험요
인 2가지를 쓰시오.(4점)

[기사1903D/기사2001C/산기2002A/기사2102C/기사2103C]

교류아크용접 작업장에서 작업자 혼자
대형 관의 플랜지 아래 부위를 아크 용접
하는 상황이다. 작업자의 왼손은 플랜지
회전 스위치를 조작하고 있으며, 오른손
으로는 용접을 하고 있다. 작업장 주위에
는 인화성 물질로 보이는 깡통 등이 용접
작업장 주변에 쌓여있는 상황이다.

① 단독작업으로 감시인이 없어 작업장 상황파악이 어렵다.
② 작업현장에 인화성 물질이 쌓여있는 등 화재의 위험이 높다.
③ 용접불티 비산방지덮개, 용접방화포 등 불꽃, 불티 등의 비산방지조치가 되어있지 않다.
④ 화기작업에 따른 인근 가연성물질에 대한 방호조치 및 소화기구 비치가 되어있지 않다.
⑤ 케이블이 정리되지 않아 전도의 위험에 노출되어 있다.

▲ 해당 답안 중 2가지 선택 기재

**050** 용접작업장에서 발생한 재해장면을 보여주고 있다. 영상을 참조하여 전격의 위험요인을 3가지 쓰시오.(6점)

[산기|2004A]

교류 아크용접작업장에서 면장갑을 착용한 작업자가 용접기의 전원부를 만지다가 감전되어 쓰러진다. 절연장갑을 착용한 동료가 누전차단기를 가동한 후 쓰러진 작업자의 의식과 호흡을 확인한 후 인공호흡을 실시하는 장면을 보여준다.

① 기계 전원을 차단하지 않았다.
② 절연용 보호구(내전압용 절연장갑)를 착용하지 않았다.
③ 전원측에 누전차단기를 설치하지 않았으며, 접지를 실시하지 않았다.

**051** 화면은 가스용접작업 진행 중 발생된 재해사례를 나타내고 있다. 가) 위험요인(=문제점), 나) 안전대책을 각각 2가지씩 쓰시오.(4점) [산기|1201A/산기|1303B/산기|1501B/산기|1602A/산기|1801A/기사|2002C/산기|2101B]

가스 용접작업 중 맨 얼굴과 목장갑을 끼고 작업하면서 산소통 줄을 당겨서 호스가 뽑혀 산소가 새어나오고 불꽃이 튀는 동영상이다. 가스용기가 눕혀진 상태이고 별도의 안전장치가 없다.

가) 위험요인
   ① 용기가 눕혀진 상태에서 작업을 실시하고 별도의 안전장치가 없어 폭발위험이 존재한다.
   ② 작업자가 작업 중 용접용 보안면과 용접용 안전장갑을 미착용하고 있어 화상의 위험이 존재한다.
   ③ 산소 호스를 잡아당기면 호스가 통에서 분리되어 산소가 유출될 수 있다.
나) 안전대책
   ① 가스용기는 세워서 취급해야 하므로 세운 후 넘어지지 않도록 체인 등으로 고정한다.
   ② 작업자는 작업 중 용접용 보안면과 용접용 안전장갑을 착용하도록 한다.
   ③ 가스 호스를 잡아당기지 않는다.

▲ 해당 답안 중 각각 2가지씩 선택 기재

**052** 동영상은 높이가 2m 이상인 조립식 비계의 작업발판을 설치하던 중 발생한 재해 상황을 보여주고 있다. 높이가 2m 이상인 작업장소에서의 작업발판 설치기준을 3가지 쓰시오.(단, 작업발판 폭과 틈의 크기는 제외한다)(6점)　[기사1203B/기사1401A/기사1501B/기사1703A/기사1802A/기사1802B/기사1803A/기사1903C/기사2001A/산기2003B]

작업자 2명이 비계 최상단에서 비계설치를 위해 발판을 주고 받다가 균형을 잡지 못하고 추락하는 재해상황을 보여주고 있다.

① 발판재료는 작업할 때의 하중을 견딜 수 있도록 견고한 것으로 할 것
② 추락의 위험이 있는 장소에는 안전난간을 설치할 것
③ 작업발판의 지지물은 하중에 의하여 파괴될 우려가 없는 것을 사용할 것
④ 작업발판재료는 뒤집히거나 떨어지지 않도록 둘 이상의 지지물에 연결하거나 고정시킬 것
⑤ 작업발판을 작업에 따라 이동시킬 경우에는 위험 방지에 필요한 조치를 할 것

▲ 해당 답안 중 3가지 선택 기재

**053** 영상은 조립식 비계발판을 설치하던 중 발생한 재해상황을 보여주고 있다. 높이가 2m 이상인 작업장소에 설치하는 작업발판의 설치기준을 쓰시오.(4점)　[산기1201A/산기1603A/산기1803A/산기2001B]

높이가 2m 이상인 조립식 비계의 작업발판을 설치하던 중 발생한 재해 상황을 보여주고 있다.

① 작업발판의 폭　　　　② 발판재료간의 틈

① 40cm 이상　　　　　② 3cm 이하

## 054 영상에서 표시하는 구조물이 갖춰야 할 구조사항 3가지를 쓰시오.(6점) [기사1803B/신기2003C]

가설통로를 지나던 작업자가 쌓아
둔 적재물을 피하다가 추락하는 영
상이다.

① 견고한 구조로 할 것
② 경사는 30도 이하로 할 것
③ 경사가 15도를 초과하는 경우에는 미끄러지지 아니하는 구조로 할 것
④ 추락할 위험이 있는 장소에는 안전난간을 설치할 것. 다만, 작업상 부득이한 경우에는 필요한 부분만 임시로
   해체할 수 있다.
⑤ 수직갱에 가설된 통로의 길이가 15미터 이상인 경우 10미터 이내마다 계단참을 설치할 것
⑥ 건설공사에 사용하는 높이 8미터 이상인 비계다리에는 7미터 이내마다 계단참을 설치할 것
⑦ 사업주는 근로자가 안전하게 통행할 수 있도록 통로에 75럭스 이상의 채광 또는 조명시설을 할 것

▲ 해당 답안 중 3가지 선택 기재

> ✔ **사다리식 통로의 구조**
> • 견고한 구조로 할 것
> • 심한 손상·부식 등이 없는 재료를 사용할 것
> • 발판의 간격은 일정하게 할 것
> • 발판과 벽과의 사이는 15센티미터 이상의 간격을 유지할 것
> • 폭은 30센티미터 이상으로 할 것
> • 사다리가 넘어지거나 미끄러지는 것을 방지하기 위한 조치를 할 것
> • 사다리의 상단은 걸쳐놓은 지점으로부터 60센티미터 이상 올라가도록 할 것
> • 사다리식 통로의 길이가 10미터 이상인 경우 5미터 이내마다 계단참을 설치할 것
> • 사다리식 통로의 기울기는 75도 이하로 할 것. 다만, 고정식 사다리식 통로의 기울기는 90도 이하로 하고, 그 높이가 7미터
>   이상인 경우 바닥으로부터 높이가 2.5미터 되는 지점부터 등받이울을 설치할 것
> • 접이식 사다리 기둥은 사용 시 접혀지거나 펼쳐지지 않도록 철물 등을 사용하여 견고하게 조치할 것

**055** 영상은 전주에 사다리를 기대고 작업하는 도중 넘어지는 재해를 보여주고 있다. 동영상에서와 같이 이동식 사다리의 설치기준(=사용상 주의사항) 3가지를 쓰시오.(6점)

[산기1401A/산기1502C/산기1603B/산기1903B/기사2003C]

작업자 1명이 전주에 사다리를 기대고 작업하는 도중 사다리가 미끄러지면서 작업자와 사다리가 넘어지는 재해상황을 보여주고 있다.

① 이동식 사다리의 길이는 6m를 초과해서는 안 된다.
② 사다리의 상단은 걸쳐놓은 지점으로부터 60cm 이상 또는 사다리 발판 3개 이상을 연장하여 설치한다.
③ 사다리 기둥 하부에 마찰력이 큰 재질의 미끄러짐 방지조치가 된 사다리를 사용한다.
④ 이동식 사다리 발판의 수직간격은 25~35cm 사이, 폭은 30cm 이상으로 제작된 사다리를 사용한다.
⑤ 다리의 벌림은 벽 높이의 1/4 정도가 적당하다.
⑥ 이동식 사다리를 수평으로 눕히거나 계단식 사다리를 펼쳐 사용하는 것을 제한한다.

▲ 해당 답안 중 3가지 선택 기재

✔ 계단 및 계단참
• 사업주는 계단 및 계단참을 설치하는 경우 매 m²당 500kg 이상의 하중에 견딜 수 있는 강도를 가진 구조로 설치하여야 하며, 안전율은 4 이상으로 하여야 한다.
• 사업주는 계단 및 승강구 바닥을 구멍이 있는 재료로 만드는 경우 렌치나 그 밖의 공구 등이 낙하할 위험이 없는 구조로 하여야 한다.
• 사업주는 계단을 설치하는 경우 그 폭을 1m 이상으로 하여야 한다.
• 사업주는 계단에 손잡이 외의 다른 물건 등을 설치하거나 쌓아 두어서는 아니 된다.
• 사업주는 높이가 3m를 초과하는 계단에 높이 3m 이내마다 진행방향으로 길이 1.2m 이상의 계단참을 설치하여야 한다.
• 사업주는 계단을 설치하는 경우 바닥면으로부터 높이 2m 이내의 공간에 장애물이 없도록 하여야 한다.
• 사업주는 높이 1m 이상인 계단의 개방된 측면에 안전난간을 설치하여야 한다.

**056** 화면 속 작업자는 교류 아크용접작업을 한창 진행하고 있다. 이 용접기를 사용할 시에 사용 전 점검사항 3가지를 쓰시오.(6점) [신기1403B/신기1603A/신기1802A/신기1803B]

교류 아크용접 작업장에서 작업자 혼자 대형 관의 플랜지 아래 부위를 전격방지기를 설치한 용접기를 사용하여 용접하는 상황이다.

① 전격방지기 외함의 접지상태
② 전격방지기 외함의 뚜껑상태
③ 전자접촉기의 작동상태
④ 이상소음, 이상냄새의 발생유무
⑤ 전격방지기와 용접기와의 배선 및 이에 부속된 접속기구의 피복 또는 외장의 손상유무

▲ 해당 답안 중 3가지 선택 기재


**057** 동영상에서 사용하고 있는 프레스에는 급정지기구가 부착되어있지 않다. 이 경우 설치하여야 하는 유효한 방호장치를 4가지 쓰시오.(4점) [신기1202B/기사1302B/신기1402A/신기1503A/기사1603B/기사1802A/신기2001B]

급정지장치가 없는 프레스로 철판에 구멍을 뚫는 작업을 보여주고 있다.

① 가드식                    ② 수인식
③ 손처내기식                ④ 양수기동식

**058** 영상은 컨베이어 위에서의 작업 중 사고사례를 보여주고 있다. 영상을 보고 재해방지를 위한 안전장치 3가지를 쓰시오.(6점)

[산기1203A/산기1303B/산기1401B/산기1501A/ 산기1502B/산기1603B/산기1701A/산기1901B/산기2004B/산기2102B/산기2103B/산기2202B/산기2302A]

작업자가 컨베이어 위에서 벨트 양쪽의 기계에 두 발을 걸치고 물건을 올리는 작업 중 벨트에 신발 밑창이 딸려가서 넘어지고 옆에 다른 근로자가 부축하는 동영상임

① 비상정지장치　　　② 덮개　　　③ 울
④ 건널다리　　　⑤ 이탈 및 역전방지장치

▲ 해당 답안 중 3가지 선택 기재

✔ 산업용 기계와 방호장치

| 기계 · 기구 | 방호장치 |
|---|---|
| 연삭기 | 덮개 |
| 산업용 로봇 | 안전매트 |
| 컨베이어 | 덮개나 울타리, 비상정지장치, 건널다리 |
| 자동차 정비용리프트 | 비상정지장치 |
| 공작기계(선반, 드릴기, 평삭 · 형삭기, 밀링) | 가드 |
| 목재가공기계(둥근톱, 대패, 루타기, 띠톱, 모떼기 기계) | 날 접촉예방장치 |
| 선반 | 덮개, 울, 가드 |

**059** 위험 기계를 보여주고 있다. 방호장치와 관련한 다음 설명의 (   ) 안을 채우시오.(4점)

[산기|2203B/산기|2301B]

3개의 위험한 기계설비를 보여주고 있다.
①은 컨베이어로 가득찬 작업장 모습이다. 작업자가 이동이 어렵다.
②는 사출성형기이다.
③은 연삭기이다.

- 가) 작동 중인 ①기계 위를 작업자가 넘어가는 경우의 위험을 방지하는 장치 : ( ㉠ )
- ②와 ③에 공통으로 사용되는 방호장치 : ( ㉡ )

㉠ 건널다리                    ㉡ 덮개

**060** 영상은 목재가공용 둥근톱을 이용한 작업현장을 보여주고 있다. 해당 설비의 방호장치와 해당 방호장치에 추가로 표시해야 할 사항을 2가지 쓰시오.(6점)

[산기|1203B/산기|1701B/산기|1903B]

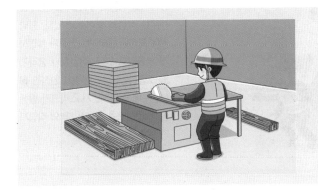

영상은 일반장갑을 착용한 작업자가 둥근톱을 이용하여 나무판자를 자르는 작업을 보여주고 있다. 둥근톱에 덮개가 없으며, 작업자는 보안경 및 방진마스크 등을 착용하지 않고 있다. 작업 중 곁눈질을 하는 등 부주의로 작업자의 손가락이 절단되는 재해가 발생한다.

가) 방호장치 : 분할날과 덮개
나) 추가로 표시해야할 사항
　① 덮개의 종류
　② 둥근톱의 사용가능 치수

**061** 화면상에서 분전반 전면에 위치한 그라인더 기기를 활용한 작업에서 위험요인 2가지를 쓰시오.(4점)

[산기1202A/산기1401B/산기1402B/산기1502C/산기1701A/기사1802B/기사1903B/기사2002B/기사2004B/산기2103A/산기2302A]

작업자 한 명이 콘센트에 플러그를 꽂고 그라인더 작업 중이고, 다른 작업자가 다가와서 작업을 위해 콘센트에 플러그를 꽂고 주변을 만지는 도중 감전이 발생하는 동영상이다.

① 작업자가 절연용 보호구를 착용하지 않았다.
② 감전방지용 누전차단기를 설치하지 않았다.

**062** 동영상은 전주를 옮기다 재해가 발생한 영상이다. 재해 발생원인 중 직접원인에 해당하는 것을 2가지 쓰시오.(4점)

[산기1801B/산기1903B]

항타기를 이용하여 콘크리트 전주를 세우는 작업을 보여주고 있다. 항타기에 고정된 콘크리트 전주가 불안하게 흔들리고 있다. 작업자가 항타기를 조정하는 순간, 전주가 인접한 활선전로에 접촉되면서 스파크가 발생한다. 안전모를 착용한 3명의 작업자가 보이고 있다.

① 충전전로에 대한 접근 한계거리 이내에서 작업하였다.
② 인접 충전전로에 대하여 절연용 방호구를 설치하지 않았다.
③ 작업자가 내전압용 절연장갑을 착용하지 않고 작업하고 있다.

▲ 해당 답안 중 2가지 선택 기재

**063** 영상은 항타기·항발기 장비로 땅을 파고 전주를 묻는 작업 중 발생한 재해상황을 보여주고 있다. 고압선 주위에서 항타기·항발기 작업 시 동종의 재해를 예방하기 위한 대책 중 감전방지대책을 3가지를 쓰시오. (6점)

[산기1303B/산기1801A]

항타기로 땅을 파고 전주를 묻는 작업현장에서 2~3명의 작업자가 안전모를 착용하고 작업하는 상황이다. 항타기에 고정된 전주가 조금 불안전한 듯 싶더니 조금씩 돌아가서 항타기로 전주를 조금 움직이는 순간 인접 활선전로에 접촉되어서 스파크가 일어난 상황을 보여준다.

① 충전전로에 대한 접근 한계거리 이상을 유지한다.
② 인접 충전전로에 대하여 절연용 방호구를 설치한다.
③ 해당 충전전로에 접근이 되지 않도록 방책을 설치하거나 감시인을 배치한다.
④ 작업자는 해당 전압에 적합한 절연용 보호구 등을 착용하거나 사용한다.
⑤ 충전전로 인근에서 접지된 차량 등이 충전전로와 접촉할 우려가 있을 경우 지상의 근로자가 접지점에 접촉하지 않도록 조치한다.

▲ 해당 답안 중 3가지 선택 기재

**064** 영상은 변압기 측정 중 일어난 재해 상황이다. 작업자가 착용하여야 할 보호장구 3가지를 쓰시오.(4점)

[산기1302A/산기1703A/산기1901A/산기2003C]

영상에서 A작업자가 변압기의 2차 전압을 측정하기 위해 유리창 너머의 B작업자에게 전원을 투입하라는 신호를 보낸다. A작업자의 측정 완료 후 다시 차단하라고 신호를 보내고 전원이 차단되었다고 생각하고 측정기기를 철거하다 감전사고가 발생되는 장면을 보여주고 있다.(이때 작업자 A는 맨손에 슬리퍼를 착용하고 있다.)

① 내전압용 절연장갑          ② 절연장화
③ 안전모

**065** 영상은 전기형강작업을 보여주고 있다. 작업 중 안전을 위한 조치사항 3가지를 쓰시오.(6점)

[산기1301A/산기1403A/산기1602B/산기1703B/산기1802B/산기1903A/산기2101B]

작업자 2명이 전주 위에서 작업을 하고 있는 장면을 보여주고 있다. 작업자 1명은 발판이 안정되지 않은 변압기 위에 올라가서 담배를 입에 물고 볼트를 푸는 작업을 하고 있으며 작업자의 아래쪽 발판용 볼트에 C.O.S (Cut Out Switch)가 임시로 걸쳐있음을 보여주고 있다. 다른 한명의 작업자는 근처에선 이동식 크레인에 작업대를 매달고 또 다른 작업을 하고 있는 상황을 보여주고 있다.

① 작업 중 흡연을 금지하여야 한다.
② 작업자가 딛고 서는 안전한 발판을 사용하여야 한다.
③ C.O.S(Cut Out Switch)를 안전한 곳에 보관하여야 한다.

**066** 영상은 MCC 패널 차단기의 전원을 투입하여 발생한 재해사례이다. 동종의 재해방지 대책 3가지를 서술하시오.(6점)

[산기1202B/기사1302B/산기1303B/산기1501A/기사1503C/산기1703B/기사1802C/산기1803B/산기2002A/산기2002C]

작업자가 MCC 패널의 문을 열고 스피커를 통해 나오는 지시사항을 정확히 듣지 못한 상태에서, 차단기 2개를 쳐다보며 망설이다가 그중 하나를 투입하였는데, 잘못 투입하여 원하지 않은 상황이 발생하여 당황하는 표정을 짓고 있다.

① 차단기 별로 회로명을 표기하여 오작동을 막는다.
② 잠금장치 및 표찰을 부착하여 해당 작업자 이외의 자에 의한 오작동을 막는다.
③ 작업자 간의 정확성을 기하기 위해 무전기 등 연락가능 장비를 이용하여 여러 차례 확인하는 절차를 준수한다.

**067** 영상은 변압기에서의 작업영상을 보여주고 있다. 화면의 전주 변압기가 활선인지 아닌지를 확인할 수 있는 방법을 3가지 쓰시오.(6점)
[산기1203A/산기1403B/산기1601A/산기1902A/산기2003A/산기2303A]

영상은 전신주 위의 변압기를 교체하기 위해 작업자가 전신주 위에서 작업하고 있는 모습을 보여준다. 현재 변압기가 활선인지 여부를 확인하기 위해 여러 가지 방법을 사용중이다.

① 검전기로 확인한다.
② 테스트 지시치를 확인한다.
③ 각 단로기 등의 개방상태를 확인한다.

**068** 영상은 작업자가 차단기를 점검하다 감전되어 쓰러지는 영상이다. 위험요인 3가지를 서술하시오.(6점)
[산기1303A/산기1801B/기사1901A/기사1901C/산기1902B/산기2001A/산기2002C/기사2002E/산기2202A]

배전반 뒤쪽에서 작업자 1명이 보수작업을 하고 있다. 화면이 배전반 앞쪽으로 이동하면서 다른 작업자 1명을 보여준다. 해당 작업자가 절연내력시험기를 들고 한 선은 배전반 접지에 꽂은 후 장비의 스위치를 ON 시키고 배선용 차단기에 나머지 한 선을 여기저기 대보고 있는데 뒤쪽 작업자가 배전반 작업 중 쓰러졌는지 놀라서 일어나는 동영상이다.

① 작업 시작 전 내전압용 절연장갑 등 절연용 보호구를 착용하지 않았다.
② 개폐기 문에 통전금지 표지판을 설치하고, 감시인을 배치한 후 작업을 하여야 하나 그러하지 않았다.
③ 작업 시작 전 전원을 차단하지 않았다.
④ 잠금장치 및 표찰을 부착하여 해당 작업자 이외의 자에 의한 오작동을 막아야 하나 그러하지 않았다.

▲ 해당 답안 중 3가지 선택 기재

**069** 영상은 작업자가 차단기를 점검하다 감전되어 쓰러지는 영상이다. 안전조치사항 3가지를 서술하시오.(6점)

[산기1501B/산기1602A/산기1703A]

배전반 뒤쪽에서 작업자 1명이 보수작업을 하고 있다. 화면이 배전반 앞쪽으로 이동하면서 다른 작업자 1명을 보여준다. 해당 작업자가 절연내력시험기를 들고 한 선은 배전반 접지에 꽂은 후 장비의 스위치를 ON시키고 배선용 차단기에 나머지 한 선을 여기저기 대보고 있는데 뒤쪽 작업자가 배전반 작업 중 쓰러졌는지 놀라서 일어나는 동영상이다.

① 작업 시작 전 내전압용 절연장갑 등 절연용 보호구를 착용한다.
② 개폐기 문에 통전금지 표지판을 설치하고, 감시인을 배치한 후 작업을 한다.
③ 작업 시작 전 전원을 차단한다.
④ 잠금장치 및 표찰을 부착하여 해당 작업자 이외의 자에 의한 오작동을 막아야 한다.

▲ 해당 답안 중 3가지 선택 기재

**070** 화면은 작업 시작 전 차단기를 내리고 작업자가 승강기 컨트롤 패널 점검 중 감전재해를 당했다. 감전원인을 쓰시오.(4점)

[산기1202B/산기1303A/산기1501B/산기1603A/산기2102A]

작업자가 승강기 컨트롤 패널을 점검하기 위해 작업 시작 전 전원을 차단하고 패널을 손으로 만지다가 감전당해 쓰러지는 모습을 보여주고 있다.

• 잔류전하에 의한 감전

**071** 영상은 감전사고를 보여주고 있다. 동종의 재해를 방지하기 위해 설치해야 할 방호장치를 쓰시오.(4점)

[산기1203B/산기1401A/산기1502B/산기1702B/산기2002C]

영상은 작업자가 단무지가 들어있는 수조에 수중펌프를 설치하는 작업을 하고 있는 상황이다. 설치를 끝내고 펌프를 작동시킴과 동시에 작업자가 감전되는 재해가 발생하는 상황을 보여주고 있다.

● 감전방지용 누전차단기

**072** 화면은 작업자가 가정용 배전반 점검을 하다 추락하는 재해사례이다. 화면에서 점검 시 불안전한 행동 2가지를 쓰시오.(4점)

[산기1203A/산기1501A/산기1602A/기사2003A/산기2102B/산기2203A/산기2301B]

작업자가 가정용 배전반 점검을 하다가 딛고 있던 의자가 불안정하여 추락하는 재해사례를 보여주고 있다.

① 전원을 차단하지 않고 배전반을 점검하고 있어 감전의 위험이 있다.
② 절연용 보호구를 착용하지 않아 감전의 위험에 노출되어 있다.
③ 작업자가 딛고 있는 의자(발판)가 불안정하여 추락위험이 있다.

▲ 해당 답안 중 2가지 선택 기재

**073** 동영상은 도자기 공방에서 일어난 재해상황을 보여준다. 재해의 발생형태와 불안전한 행동 1가지를 쓰시오. (4점)

[산기2101A]

작업장에서 남녀 작업자가 전동물레 위에서 도자기를 빚고 있다. 갑자기 전동물레가 멈추자 남자 작업자가 손에 물이 묻은 상태에서 전원스위치를 껐다 켰다를 반복하다가 쓰러진다.

① 재해발생형태 : 감전(=전류접촉)
② 불안전한 행동 : 물이 묻은 손으로 전원스위치를 조작하고 있다.

**074** 영상은 변전실 근처에서 발생한 재해상황을 보여주고 있다. 영상을 보고 동종 재해의 방지를 위한 안전대책을 3가지 쓰시오.(6점)

[산기1201A/산기1302B/산기1502A/산기1701A/산기2203B]

화면은 옥상 변전실 근처에서 작업자 몇명이 공놀이를 하다가 공이 변전실에 들어가는 바람에 작업자 1인이 단독으로 공을 꺼내오려 하다가 변전실 안에서 감전당하는 사고장면을 보여주고 있다.

① 관계자 외 출입금지를 위해 잠금장치를 한다.
② 변전실에 접근하지 못하게 울타리를 치고 위험 안내표지판을 부착한다.
③ 작업자들에게 변전실의 전기위험에 대한 안전교육을 실시한다.
④ 부득이하게 접근해야 할 필요가 있을 때는 사전에 정전을 확인한 후 접근하도록 한다.

▲ 해당 답안 중 3가지 선택 기재

**075** 영상은 도로상의 가설전선 점검 작업 중 발생한 재해사례이다. 사고 예방대책 3가지를 쓰시오.(6점)

[산기1301B/산기1402A/산기1503B/산기1702A/산기1801A/산기2003B]

도로공사 현장에서 공사구획을 점검하던 중 안전화를 착용한 작업자가 절연테이프로 테이핑 된 전선을 맨손으로 만지다 감전사고가 발생하는 영상이다.

① 점검 시에는 전원을 내린다.
② 누전차단기를 설치한다.
③ 내전압용 절연장갑 등 절연용 보호구를 착용하고 전기를 점검한다.
④ 착용하거나 취급하고 있는 도전성 공구·장비 등이 노출 충전부에 닿지 않도록 주의한다.
⑤ 젖은 손으로 전기기계·기구의 플러그를 꽂거나 제거하지 않도록 주의한다.

▲ 해당 답안 중 3가지 선택 기재

**076** 화면은 작업자가 퓨즈교체 작업 중 감전사고가 발생한 화면이다. 감전의 원인을 2가지 쓰시오.(4점)

[산기1301A/산기1402A/산기1503B/산기1701B/산기2003A]

동영상은 작업자(맨손)가 작업을 진행하는 중 퓨즈가 끊어져 전원이 OFF되어 퓨즈를 교체하는 것을 보여주고 있다. 작업진행 중 퓨즈교체가 완전한지를 확인하기 위해서 전원을 그대로 연결한 상태에서 퓨즈교체 작업을 수행 중임을 보여준다.

① 전원을 차단하지 않고 퓨즈교체 작업을 진행함으로써 위험에 노출되었다.
② 절연용 보호구(절연장갑 등)를 착용하지 않고 작업을 수행하여 위험에 노출되었다.

> ✔ 습윤한 장소에서 이동전선 사용하기 전 점검사항
> • 절연저항 측정 실시
> • 접속부위 절연상태 점검
> • 전선의 피복 또는 외장의 손상유무 점검

**077** 영상은 인화성 액체를 보관하는 저장탱크의 모습을 보여주고 있다. 산업안전보건법상 인화성 물질이나 부식성 물질을 액체 상태로 저장하는 저장탱크를 설치하는 때에 위험물질이 누출되어 확산되는 것을 방지하기 위해 설치하는 것을 무엇이라고 하는지 쓰시오.(4점)  [산기2203A]

콘크리트 담으로 둘러쌓여진 공간 안에 위험물질을 저장하는 저장탱크를 보여주고 있다. 마지막에 저장탱크를 둘러싼 콘크리트 담을 집중적으로 보여준다.

- 방유제

**078** 위험물을 다루는 바닥이 갖추어야 할 조건 2가지를 쓰시오.(4점)

[산기1201A/산기1302A/산기1403B/산기1603B/산기1802A/산기2101B/산기2301B/산기2303A]

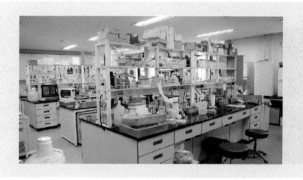

유해물질 작업장에서 위험물(황산)이 든 갈색병을 실수로 발로 차서 유리병이 깨지는 장면을 보여준다.

① 불침투성의 재료를 사용한다.
② 청소하기 쉬운 구조로 한다.

**079** 영상은 작업자가 DMF를 옮기고 있는 모습을 보여준다. DMF 사용 작업장에서 물질안전보건자료를 취급 근로자가 쉽게 볼 수 있도록 비치·게시·정기·수시 관리해야 하는 장소 3가지를 쓰시오.(6점)

[산기1401A/산기1502A/산기1703A/산기1803B/산기2004B]

차량으로 실어온 DMF 물질을 작업자가 차량에서 작업장으로 옮기는 모습을 보여주고 있다.

① 대상 화학물질 취급작업 공정 내
② 안전사고 또는 직업병 발생 우려가 있는 장소
③ 사업장 내 근로자가 가장 보기 쉬운 장소

**080** 밀폐공간의 작업환경에 대한 다음 물음에 답하시오.(4점)

[산기2003C]

하수처리장의 폐수처리조의 밀폐공간에서 하수처리 작업을 진행하고 있다. 작업 중에 작업자가 갑자기 쓰러지는 모습을 보여준다.

① 산소결핍은 산소가 몇 % 미만을 말하는가?
② 산소결핍장소에서 사람을 구조할 때 구조장비 1가지를 쓰시오.

① 18%
② 송기마스크, 공기호흡기, 사다리, 섬유로프

▲ ②의 답안 중 1가지 선택 기재

**081** 영상은 밀폐공간에서 작업하는 근로자들을 보여주고 있다. 아래 빈칸을 채우시오.(6점)

[기사1602A/기사1703A/기사1801C/신기1803A/기사1903C/신기2001A/신기2103A]

지하 탱크 내부의 밀폐공간에서 작업자들이 작업하기 전 산소농도 및 유해가스의 농도를 측정하고 있다.

적정공기란 산소농도의 범위가 ( ① )% 이상, ( ② )% 미만, 이산화탄소의 농도가 ( ③ )% 미만, 황화수소의 농도가 ( ④ )ppm 미만인 수준의 공기를 말한다.

① 18

② 23.5

③ 1.5

④ 10

**082** 화면에서 그라인더 작업 시 위험요인과 조치사항 각각 3가지씩 쓰시오.(6점)

[신기1601B]

동영상은 탱크 내부 밀폐된 공간에서 작업자가 그라인더 작업을 하고 있고, 다른 작업자가 외부에 설치된 국소배기장치를 발로 차서 전원공급이 차단되어 내부 작업자가 의식을 잃고 쓰러지는 화면을 보여주고 있다.

가) 위험요인

① 작업 시작 전 산소농도 및 유해가스 농도를 측정하지 않았고, 작업 중 꾸준히 환기를 시키지 않았다.

② 산소결핍 장소에 작업을 위해 들어갈 때는 호흡용 보호구를 착용하지 않았다.

③ 국소배기장치의 전원부에 잠금장치가 없다.

④ 감시인을 배치하지 않아 위험에 노출되었다.

나) 조치사항

① 작업 시작 전 산소농도 및 유해가스 농도를 측정하고, 작업 중 꾸준히 환기를 시키도록 한다.

② 산소결핍 장소에 작업을 위해 들어갈 때는 호흡용 보호구를 착용하도록 한다.

③ 국소배기장치의 전원부에 잠금장치를 한다.

④ 감시인을 배치하도록 한다.

▲ 해당 답안 중 각각 3가지씩 선택 기재

**083** 영상은 밀폐공간에서 작업하는 근로자의 재해상황을 보여주고 있다. 밀폐공간에서 작업을 실시하는 경우 사업자가 수립 및 시행해야 하는 밀폐공간 작업프로그램의 내용을 3가지 쓰시오.(단, 그 밖에 밀폐공간 작업근로자의 건강장해 예방에 관한 사항은 제외)(6점)　[산기1203B/산기1402B/산기1602A/산기1703B/산기1803A/산기2001B]

지하 피트 내부의 밀폐공간에서 작업자들이 작업하던 중 다른 작업자가 밀폐공간 외부에 설치된 국소배기장치를 발로 차면서 전원공급이 단절되어 내부의 작업자가 의식을 잃고 쓰러지는 영상이다.

① 사업장 내 밀폐공간의 위치 파악 및 관리 방안
② 밀폐공간 내 질식·중독 등을 일으킬 수 있는 유해·위험 요인의 파악 및 관리 방안
③ 밀폐공간 작업 시 사전 확인이 필요한 사항에 대한 확인 절차
④ 안전보건교육 및 훈련

▲ 해당 답안 중 3가지 선택 기재

**084** 맨홀(밀폐공간)에서 전화선 작업 중 발생한 재해영상이다. 재해피해자를 구호하기 위한 구조자가 착용해야 할 호흡용 보호구 2가지를 쓰시오.(3점)　[기사1302C/기사1601A/기사1703B/산기1901A/기사1902A/기사2002B/기사2002C/산기2003B/산기2201A]

맨홀(밀폐공간)에서 전화선 작업 중 작업자가 갑자기 쓰러지는 재해가 발생하였다. 바깥에서 이를 지켜보던 감독자가 재해자를 구호하기 위해서 맨홀로 내려가는 모습을 보여준다.

① 공기호흡기
② 송기마스크

**085** 영상은 특수 화학설비를 보여주고 있다. 화면과 연관된 특수 화학설비 내부의 이상상태를 조기에 파악하기 위하여 설치해야 할 계측장치 3가지를 쓰시오.(6점)  [기사1302A/산기1303A/기사1403A/산기1502C/기사1503B/
산기1603A/기사1801C/기사1803B/기사1902C/산기2001B/기사2002E/산기2102A/산기2201C]

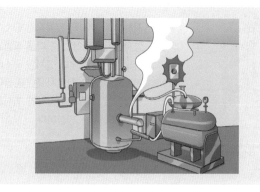

화학공장의 특수화학설비를 보여주고 있다. 갑자기 배관에서 증기가 배출되면서 비상벨이 울리는 모습을 보여주고 있다.

① 온도계            ② 유량계            ③ 압력계

**086** 영상은 특수 화학설비를 보여주고 있다. 화면과 연관된 특수 화학설비 내부의 이상상태를 조기에 파악하기 위하여 설치해야 할 장치 등의 대책 2가지를 쓰시오.(단, 계측장비는 제외)(4점)

[기사1902C/기사2003B/산기2201C/기사2202C/기사2303B]

화학공장 내부의 특수 화학설비를 보여주고 있다. 갑자기 배관에서 가스가 누출되면서 비상벨이 울리는 장면이다.

① 자동경보장치                    ② (원재료 공급) 긴급차단장치
③ (제품 등의)방출장치             ④ 불활성가스의 주입장치
⑤ 냉각용수 등의 공급장치

▲ 해당 답안 중 2가지 선택 기재

**087** 화면에서 나타난 작업장에 국소배기장치를 설치할 때 준수하여야 할 사항 3가지를 쓰시오.(6점)

[산기1203A/산기1501B/산기1603B/산기2002C]

밀폐된 작업장에서 국소배기장치를 설치하는 모습을 보여주고 있다.

① 국소배기장치의 후드는 유해물질이 발생하는 곳마다 설치하고 외부식 또는 리시버식 후드는 해당 분진 등의 발산원에 가장 가까운 위치에 설치할 것
② 국소배기장치의 덕트는 가능한 길이를 짧게 하고, 청소하기 쉬운 구조로 할 것
③ 국소배기장치에 공기정화장치를 설치하는 경우 정화 후의 공기가 통하는 위치에 배풍기를 설치할 것
④ 외부식 또는 리시버식 후드는 해당 분진 등의 발산원에 가장 가까운 위치에 설치할 것
⑤ 후드(Hood) 형식은 가능하면 포위식 또는 부스식 후드를 설치할 것
⑥ 분진 등을 배출하기 위하여 설치하는 국소배기장치의 배기구를 직접 외부로 향하도록 개방하여 실외에 설치하는 등 배출되는 분진 등이 작업장으로 재유입되지 않는 구조로 할 것

▲ 해당 답안 중 3가지 선택 기재

**088** 영상은 밀폐공간 내에서의 작업상황을 보여주고 있다. 이와 같은 환경의 작업장에서 사고방지대책 3가지를 쓰시오.(6점)

[산기1401B/산기1702A/산기1902B/산기2002C]

지하 피트 내부의 밀폐공간에서 작업자들이 작업하던 중 다른 작업자가 밀폐공간 외부에 설치된 국소배기장치를 발로 차면서 전원공급이 단절되어 내부의 작업자가 의식을 잃고 쓰러지는 영상이다.

① 밀폐공간의 산소 및 유해가스 농도를 측정하여 적정공기가 유지되게 한다.
② 작업장을 환기시키거나, 근로자에게 공기호흡기 또는 송기마스크를 지급하여 착용하도록 한다.
③ 국소배기장치의 전원부에 잠금장치를 한다.
④ 감시인을 배치한다.
⑤ 작업 시작 전에 작업자에게 작업에 대한 위험요인을 알리고 이의 대응방법에 대한 교육을 한다.

▲ 해당 답안 중 3가지 선택 기재

**089** 영상은 스팀노출 부위를 점검하던 중 발생한 재해사례이다. 동영상에서와 같은 배관작업 시 위험요인을 3가지 쓰시오.(4점)

[기사2004A/산기2004B/산기2303B]

스팀배관의 보수를 위해 노출부위를 점검하던 중 스팀이 노출되면서 작업자에게 화상을 입히는 영상이다. 작업자는 안전모와 장갑을 착용하고 플라이어로 작업하고 있다.

① 작업자가 보안경을 착용하지 않고 작업하고 있다.
② 작업 전 배관의 내용물을 제거하지 않았다.
③ 전용공구를 사용하지 않았다.
④ 방열장갑을 착용하지 않고 혼자서 작업하였다.

▲ 해당 답안 중 3가지 선택 기재

**090** 영상은 고소에 위치한 에어배관 작업 중 고압의 증기 누출로 작업자가 눈에 재해를 당하는 영상이다. 에어배관 작업 시 위험요인을 3가지 쓰시오.(6점)

[산기1202A/산기1301B/산기1303B/산기1402A/산기1501A/산기1503A/산기1701A/산기1702B/산기1902A/기사2001B/산기2002B]

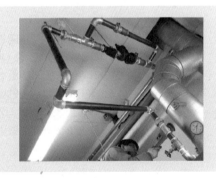

에어배관을 파이프렌치나 전용공구가 아닌 일반 빼찌로 작업하다 고압의 증기가 누출되면서 이를 피하다가 추락하는 재해가 발생하는 동영상이다.(안전모 착용했으나 보안경은 미착용했으며, 밟고 있는 사다리의 설치상태도 불안정하다. 주변에 작업지휘자가 없다)

① 보안경을 착용하지 않아 고압증기에 의한 눈 부위 손상의 위험에 노출되어 있다.
② 전용공구를 사용하지 않아 작업 중 위험에 노출되어 있다.
③ 작업자가 밟고 선 사다리의 설치상태가 불안정하여 위험에 노출되었다.
④ 배관 내 가스 및 압력을 미제거하여 위험에 노출되었다.
⑤ 보호구(방열장갑, 방열복 등)를 미착용하고 있다.

▲ 해당 답안 중 3가지 선택 기재

**091** 영상은 석면을 취급하는 장면을 보여주고 있다. 작업자가 마스크를 착용하고 있으나 석면분진 폭로위험성에 노출되어 있어 작업자에게 직업성 질환으로 이환될 우려가 있다. 그 이유를 설명하시오.(4점) [기사1301B/ 기사1301C/기사1303A/기사1402A/기사1501A/기사1502B/산기1502C/기사1601A/산기1701B/기사1701C/기사1703A/기사1901C/산기1903B]

송기마스크를 착용한 작업자가 석면을 취급하는 상황을 보여주고 있다.

- 석면 취급장소는 특급 방진마스크를 착용하여야 하는데, 해당 작업자가 착용한 마스크는 방진전용마스크가 아니어서 석면분진이 마스크를 통해 흡입될 수 있다.

> ✔ **석면취급장소에서의 방진마스크**
> - 석면취급장소는 특급 방진마스크를 착용하여야 한다.
> - 석면에 장기폭로 시 발생하는 직업병에는 폐암, 석면폐증, 악성중피종 등이 있다.
> - 배기밸브가 없는 안면부 여과식 마스크는 특급 및 1급 장소에 사용해서는 안 된다.

**092** 섬유공장에서 기계가 돌아가고 있는 영상이다. 적절한 보호구를 3가지 쓰시오.(5점)

[기사1801B/산기1803A/기사2001C]

돌아가는 회전체가 보이고 작업자가 목장갑만 끼고 전기기구를 만지고 있음. 먼지가 많이 날리는지 먼지를 손으로 닦아내고 있고, 소음으로 인해 계속 얼굴 찡그리고 있는 것과 작업자의 귀와 눈을 많이 보여준다.

① 방진마스크(호흡용 보호구)
② 비산물방지용보안경(유리 및 플라스틱 재질)
③ 귀덮개

**093** 실험실에서 유해물질을 취급하는 영상을 보여주고 있다. 유해물질이 인체에 흡수되는 경로를 2가지 쓰시오. (4점) [산기1202B/기사1203B/기사1301A/산기1402B/기사1402C/기사1501C/산기1601B/기사1702B/기사1901B/기사1902B/기사1903A/산기1903A/기사2002A/기사2003A]

작업자는 맨손에 마스크도 착용하지 않고 황산을 비커에 따르다 실수로 손에 묻는 장면을 보여주고 있다.

① 호흡기           ② 소화기           ③ 피부점막

▲ 해당 답안 중 2가지 선택 기재

**094** 영상은 폭발성 화학물질 취급 중 작업자의 부주의로 발생한 사고 사례를 보여주고 있다. 영상에서와 같이 폭발성 물질 저장소에 들어가는 작업자가 신발에 물을 묻히는 ① 이유는 무엇인지 상세히 설명하고, 화재 시 적합한 ② 소화방법은 무엇인지 쓰시오.(4점) [기사1403C/기사1502C/기사1603C/기사1803B/기사2002C/산기2003B/산기2301A]

작업자가 폭발성 물질 저장소에 들어가는 장면을 보여주고 있다. 먼저 들어오는 작업자는 입구에서 신발 바닥에 물을 묻힌 후 들어오는데 반해 뒤에 들어오는 작업자는 그냥 들어오고 있다. 뒤의 작업자 이동에 따라 작업자 신발 바닥에서 불꽃이 발생되는 모습을 보여준다.

① 이유 : 정전기에 의한 폭발위험에 대비해 신발과 바닥면의 접촉으로 인한 정전기 발생을 예방하기 위해서이다.
② 소화방법 : 다량 주수에 의한 냉각소화

**095** 영상은 인화성 물질의 취급 및 저장소에서의 재해상황을 보여주고 있다. 이 동영상을 참고하여 인화성 물질의 증기, 가연성 가스 또는 가연성 분진이 존재하는 장소에서 폭발이나 화재를 방지하기 위한 대책 3가지를 쓰시오.(단, 점화원에 관한 내용은 제외)(6점) [산기1201B/산기1302B/산기1403A/산기1602B/산기1901B/산기2002B/산기2202B]

인화성 물질 저장창고에 인화성 물질을 저장한 드럼이 여러 개 있고 한 작업자가 인화성 물질이 든 운반용 캔을 몇 개 운반하다가 잠시 쉬려고 드럼 옆에서 웃옷을 벗는 순간 "퍽" 하는 소리와 함께 폭발이 일어나는 사고상황을 보여주고 있다.

① 통풍·환기 및 분진 제거 등의 조치를 한다.
② 가스 검지 및 경보 성능을 갖춘 가스 검지 및 경보장치를 설치한다.
③ 작업자에게 사전에 인화성 물질 등에 대한 안전교육을 실시한다.

**096** 크롬 또는 크롬화합물의 흄, 분진, 미스트를 장기간 흡입하여 발생되는 ① 직업병, ② 증상은 무엇인지 쓰시오.(4점) [산기1502B/산기1701B/산기1901B/산기2101A]

유해화학물질 취급장소에서 오랫동안 일해 온 근로자가 병원에서 치료를 받는 모습을 보여준다.

① 직업병 : 비중격천공증
② 증상 : 콧속 가운데 물렁뼈가 손상되어 구멍이 생기는 증상

**097** 영상은 크롬도금작업을 보여준다. 동영상에서와 같이 유해물질(화학물질) 취급장소에서의 미스트 억제방법을 2가지 쓰시오.(4점)　　　　　　　　　　　　　　　　　　　　[산기|2002A]

크롬도금작업을 하고 있는 작업자의 모습을 보여준다.

① 도금조에 플라스틱 볼을 넣어 크롬산 미스트의 발생을 억제한다.
② 계면활성제를 도금액과 같이 투입하여 크롬산 미스트의 발생을 억제한다.

**098** 영상은 크롬도금작업을 보여준다. 동영상에서와 같이 유해물질(화학물질) 취급장소에 설치하는 국소배기장치의 종류 2가지와 미스트 억제방법을 1가지 쓰시오.(4점)　　[신기|1203A/신기|1403A/신기|1601A/신기|1801B]

크롬도금작업을 하고 있는 작업자의 모습을 보여준다.

가) 국소배기장치의 종류
　　① 측방형　　　　　　　　② 슬롯형　　　　　　　③ Push-Pull형
나) 미스트 억제방법
　　① 도금조에 플라스틱 볼을 넣어 크롬산 미스트의 발생을 억제한다.
　　② 계면활성제를 도금액과 같이 투입하여 크롬산 미스트의 발생을 억제한다.

▲ 가)의 답안 중 2가지, 나)의 답안 중 1가지 선택 기재

**099** 영상은 아세틸렌 가스를 취급·보관하는 저장소를 보여주고 있다. 영상을 참고하여 아세틸렌 보관장소의 위험요인을 2가지 쓰시오.(4점)  [산기|2003C]

아세틸렌 저장고를 보여준다. 환풍기는 보이지 않고 작은 창문이 보인다. 앞쪽에 회색의 가스용기가, 뒤쪽으로 노란색의 가스용기가 보여준다. 별도의 소화설비가 보이지 않는다. 그 후 보관소 밖으로 이동해서 약 3m 떨어진 곳에서 연삭숫돌로 강관을 연마하는 곳을 보여주는데 불꽃이 튀는 모습이다.

① 인화성 가스를 보관하는 곳에서 인접한 곳에서 연삭장치 사용하여 불꽃 발생 위험이 있다.
② 저장고 내 환기장치가 불충분하다.
③ 소화설비가 설치되지 않았다.

▲ 해당 답안 중 2가지 선택 기재

**100** 화면은 LPG 저장소에서 전기 스파크에 의해 폭발사고가 발생한 상황이다. 대기압상태의 저장용기에 저장된 LPG가 대기 중에 유출되어 순간적으로 기화가 일어나 점화원에 의해 발생되는 폭발을 무슨 현상이라고 하는가?(4점)  [기사1303C/산기1503B/기사1503C/기사1701A/기사1802B/산기1901A/산기2002A/기사2004C/산기2301A]

LPG 저장소에서 전기스파크에 의해 폭발사고가 발생한 상황을 보여주고 있다.

● 증기운폭발(UVCE)

✔ 용접·용단 작업 시 화재감시자를 배치해야 하는 장소
• 작업반경 11미터 이내에 건물구조 자체나 내부(개구부 등으로 개방된 부분을 포함한다)에 가연성물질이 있는 장소
• 작업반경 11미터 이내의 바닥 하부에 가연성물질이 11미터 이상 떨어져 있지만 불꽃에 의해 쉽게 발화될 우려가 있는 장소
• 가연성물질이 금속으로 된 칸막이·벽·천장 또는 지붕의 반대쪽 면에 인접해 있어 열전도나 열복사에 의해 발화될 우려가 있는 장소

**101** 화면에서 보여주는 작업자가 착용해야 할 보안경의 법적인 사용구분에 따른 종류 3가지로 구분하시오.(4점)

[산기1202A/산기1301A/산기1303B/산기1501B/산기1502C/산기1603A/산기1702B]

작업자들이 작업장을 청소하는 모습을 보여주고 있다. 그중 한 작업자가 에어컴프레셔를 이용해 배관 위의 분진을 제거하는데 분진이 날리면서 작업자가 눈을 찡그리고, 기침을 하는 장면을 보여준다.

① 유리보안경
② 플라스틱보안경
③ 도수렌즈보안경


**102** 영상은 화학약품을 사용하는 작업영상이다. 동영상에서 작업자가 착용하여야 하는 마스크와 마스크의 흡수제 종류 3가지를 쓰시오.(6점)

[산기1202B/기사1203C/기사1301B/기사1402A/산기1501A/산기1502B

기사1601B/산기1602B/기사1603B/기사1702A/산기1703A/산기1801B/기사1903B/기사1903C/산기2003C/기사2302A/산기2303B]

작업자가 스프레이건으로 쇠파이프 여러 개를 눕혀놓고 페인트칠을 하는 작업영상을 보여주고 있다.

가) 마스크 : 방독마스크

나) 흡수제 :    ① 활성탄    ② 큐프라마이트    ③ 소다라임
            ④ 실리카겔    ⑤ 호프카라이트

▲ 나)의 답안 중 3가지 선택 기재

**103** 영상은 자동차 브레이크 라이닝을 세척하는 것을 보여주고 있다. 작업자가 착용해야 할 보호구 3가지를 쓰시오.(4점)  [기사1303A/기사1502A/기사1603C/기사1801B/산기1803B/산기2001A/기사2004A]

작업자들이 브레이크 라이닝을 화학약품을 사용하여 세척하는 작업과정을 보여주고 있다. 세정제가 바닥에 흩어져 있으며, 고무장화 등을 착용하지 않고 작업을 하고 있는 상태를 보여준다.

① 보안경
② 불침투성 보호복
③ 불침투성 보호장갑
④ 송기마스크(방독마스크)
⑤ 불침투성 보호장화

▲ 해당 답안 중 3가지 선택 기재

**104** 영상은 위험기계를 점검하는 중 발생한 사고를 보여준다. 영상과 같은 사고를 방지하기 위한 대책을 2가지 쓰시오.(단, 작업지휘자 배치 및 안전교육 관련 내용은 제외)(4점)  [산기2301A]

안전모를 착용한 작업자가 원심분리기 입구를 열어본 후 점검하고 있는데 다른 작업자가 원심분리기의 작동버튼을 눌러 점검중이던 작업자가 원심분리기 안으로 빨려들어가는 사고가 발생한다.

① 점검 작업 중 기계의 운전을 정지하지 않았다.
② 기계의 기동장치에 잠금장치를 하고 그 열쇠를 별도로 관리하거나 표지판을 설치하는 등 다른 사람이 기계를 운전하는 것을 방지하기 위한 조치를 취하지 않았다.
③ 해당 장치를 점검하면서 안전한 보조기구를 사용하지 않았다.
④ 사람이 빨려들어갈 위험이 있는 부분에 필요한 방호조치를 하지 않았다.

▲ 해당 답안 중 2가지 선택 기재

**105** 항타기를 이용하여 작업 중인 영상이다. 작업 중 작업자가 착용하는 안전모의 3가지 종류를 쓰고 설명하시오.(6점)

[산기1902B]

항타기를 이용하여 콘크리트 전주를 세우는 작업을 보여주고 있다. 항타기에 고정된 콘크리트 전주가 불안하게 흔들리고 있다. 작업자가 항타기를 조정하는 순간, 전주가 인접한 활선전로에 접촉되면서 스파크가 발생한다. 안전모를 착용한 3명의 작업자가 보인다.

| 종류 | 사용 구분 |
|---|---|
| AB | 물체의 낙하, 비래, 추락에 의한 위험을 방지 또는 경감 |
| AE | 물체의 낙하, 비래에 의한 위험을 방지 또는 경감하고 머리부위 감전에 의한 위험을 방지 |
| ABE | 물체의 낙하, 비래, 추락에 의한 위험을 방지 또는 경감하고 머리부위 감전에 의한 위험을 방지 |

**106** 영상은 작업자의 추락을 방지하는 보호구를 보여주고 있다. 화면에 표시되는 장치의 명칭과 갖추어야 하는 구조를 2가지 쓰시오.(5점)

[기사1202A/기사1301A/기사1402B/기사1501B/기사1602A/기사1603B/기사1703C/기사1801C/산기1803A/기사1901A]

안전그네와 연결하여 작업자의 추락을 방지하는 장치를 보여주고 있다

가) 명칭 : 안전블록

나) 갖추어야 하는 구조

① 자동잠김장치를 갖출 것

② 안전블록의 부품은 부식방지처리를 할 것

**107** 화면과 같은 안전대의 명칭과 ① 위쪽, ② 아래쪽의 명칭을 쓰시오.(5점)

[산기1202B/산기1301B/산기1402A/산기1503B/산기1601A/산기1701B/기사1702C/기사1901B]

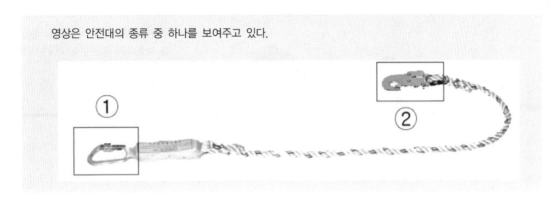

영상은 안전대의 종류 중 하나를 보여주고 있다.

가) 안전대의 명칭 : 죔줄
나) ① 위쪽 명칭 : 카라비나          ② 아래쪽 명칭 : 훅

**108** 화면에서 보여주고 있는 안전대의 ① 명칭, ② 구조 및 치수 1가지를 쓰시오.(6점) [산기1502B/산기1702A]

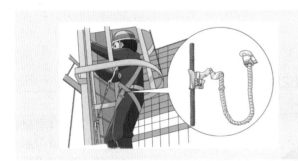

고소작업 시 안전그네와 연결하여 근로자가 상하로 자유롭게 이동할 수 있게 하는 안전대의 한 종류를 보여준다.

① 추락방지대
② 구명줄의 임의의 위치에 설치와 해체가 용이한 구조로서 이탈방지 장치가 2중으로 되어 있을 것

✔ 안전대의 종류와 특징

| 벨트식 안전대 | | 안전그네식 안전대 | |
|---|---|---|---|
| | •U자 걸이 전용<br>•착용이 편리하다. | | •벨트식에 비해 추락할 때 받는 충격하중을 신체 곳곳에 분산시켜 충격을 최소화한다.<br>•추락방지대와 안전블록을 함께 연결하여 사용한다. |

**109** 화면은 방음보호구를 보여주고 있다. 등급과 기호, 성능을 쓰시오.(5점)

[기사1401A/산기1601B/기사1602B/산기1703A/산기1901B]

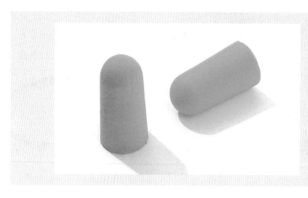

소음이 심한 곳에서 작업자의 청각을 보호하기 위해 귀에 끼우는 귀마개를 보여주고 있다.

| 등급 | 기호 | 성능 |
|------|------|------|
| 1종 | EP-1 | 저음부터 고음까지 차음하는 것 |
| 2종 | EP-2 | 주로 고음을 차음하고 저음(회화음영역)은 차음하지 않는 것 |

**110** 화면은 방음보호구를 보여준다. 종류와 기호를 쓰시오.(5점)

[산기1401B/산기1502A/산기1603B/산기1802B]

소음이 심한 곳에서 작업자의 청각을 보호하기 위해 사용하는 귀덮개를 보여주고 있다.

① 종류 : 귀덮개
② 기호 : EM

**111** 영상은 유해물질 취급 시 사용하는 보호구이다. 동영상에서 표시된 C보호구의 사용 장소에 따른 분류 2가지를 쓰시오.(5점)  [산기1203A/기사1302A/산기1403A/기사1501A/기사1701A/기사1901C/산기1902A]

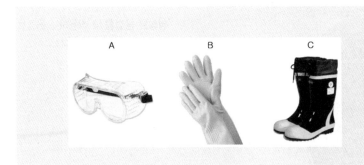

도금작업에 사용하는 보호구 사진 A, B, C 3가지를 보여준 후 C보호구에 노란색 동그라미가 표시되면서 정지된다.

① 일반용 : 일반작업장
② 내유용 : 탄화수소류의 윤활유 등을 취급하는 작업장

**112** 영상은 개인보호구의 한 종류를 보여주고 있다. 이 보호구의 성능기준 항목 4가지를 쓰시오.(4점)  [산기1201B/산기1302A/기사1402C/산기1403B/기사1502A/산기1602B/기사1703B/산기1801A]

화면에서 보여주는 개인용 보호구는 가죽제 안전화이다.

① 내압박성                    ② 내충격성
③ 내답발성                    ④ 몸통과 겉창의 박리저항

**113** 영상에 나오는 보호장구(보안면)의 등급을 나누는 기준과 투과율의 종류를 쓰시오.(5점)

[산기1203B/산기1402B/산기1501A/산기1701A/산기1802A/기사1901C]

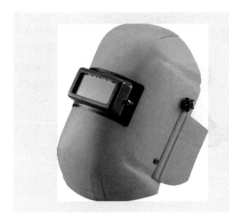

영상은 용접할 때 착용하는 용접용 보안면을 보여주고 있다.

① 보안면의 등급을 나누는 기준 : 차광도 번호
② 기준에 적합해야하는 투과율의 종류 : 자외선투과율, 적외선투과율, 시감투과율

**114** 영상은 개인보호장구를 보여주고 있다. 해당 보호구의 시험성능기준 3가지를 쓰시오.(5점)

[산기1401A/산기1602A/산기1801B/산기1902B]

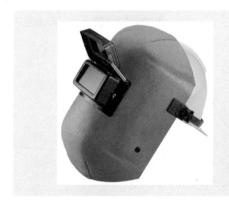

영상은 용접할 때 착용하는 용접용 보안면을 보여주고 있다.

① 보호범위　　　　　② 내충격성　　　　　③ 투과율

✔ **보안면의 시험성능기준**
* 보호범위　　　　* 투시부(그물형)　　　* 내충격성
* 굴절력　　　　　* 투과율　　　　　　* 표면
* 내노후성　　　　* 내식성　　　　　　* 내발화성

**115** 영상에서 표시되는 보호구 시험성능기준에 대한 설명의 (　)안을 채우시오.(5점)　[산기1703B/기사1802B]

영상은 용접할 때 착용하는 용접용 보안면을 보여주고 있다.

| 구분 | | 투과율(%) |
|---|---|---|
| 투명 투시부 | | ( ① ) 이상 |
| 채색<br>투시부 | 밝음 | ( ② ) ±7 |
| | 중간밝기 | ( ③ ) ±( ④ ) |
| | 어두움 | ( ⑤ ) ±4 |

① 85　　　　　　② 50　　　　　　③ 23

④ 4　　　　　　⑤ 14

**116** 영상은 철골구조물 작업 중 재해상황을 보여준다. 철골구조물 작업 시 중지해야하는 기상상황 3가지를 쓰시오.(6점)　[산기1201B/산기1301A/산기1403A/산기1502A/

산기1603A/산기1701A/산기1802A/산기1803A/산기2002B/산기2003A/산기2201B/산기2302B]

추락방지망 설치되지 않은 철골구조물에서 작업자 2명이 안전대를 착용하지 않고 볼트 체결작업을 하던 중 1명이 추락하는 영상을 보여준다.

① 풍속이 초당 10m 이상인 경우
② 강우량이 시간당 1mm 이상인 경우
③ 강설량이 시간당 1cm 이상인 경우

**117** 동영상을 참고하여 산업안전보건법령상 사업주가 근골격계질환 예방관리 프로그램을 수립하여 시행하는 것과 관련된 다음 설명의 ( ) 안을 채우시오.(6점)
[산기2203B/산기2303B]

김치공장에서 근로자들이 배추를 씻고, 배추에 속을 채우는 작업을 계속하는 모습을 보여주고 있다.

사업주는 근골격계질환으로 업무상 질병으로 인정받은 근로자가 연간 ( ① )명 이상 발생한 사업장 또는 ( ② )명 이상 발생한 사업장으로서 발생 비율이 그 사업장 근로자 수의 ( ③ )퍼센트 이상인 경우 근골격계질환 예방관리 프로그램을 시행하여야 한다.

① 10 　　　　　　　　　② 5 　　　　　　　　　③ 10

**118** 동영상은 교류아크용접기를 이용한 용접작업을 보여준다. 해당 기계를 이용한 작업을 시작하기 전 사업주가 관리감독자로 하여금 점검하게 해야하는 사항을 2가지 쓰시오.(4점)
[산기2202A]

작업자가 용접용 보안면을 착용한 상태로 배관에 용접작업을 하고 있으며 배관은 작업자의 가슴부분에 위치하고 있고 용접장치 조작스위치는 복부 정도에 위치하고 있다.

① 작업 준비 및 작업 절차 수립 여부
② 작업근로자에 대한 화재예방 및 피난교육 등 비상조치 여부
③ 화기작업에 따른 인근 가연성물질에 대한 방호조치 및 소화기구 비치 여부
④ 용접불티 비산방지덮개 또는 용접방화포 등 불꽃·불티 등의 비산을 방지하기 위한 조치 여부
⑤ 인화성 액체의 증기 또는 인화성 가스가 남아 있지 않도록 하는 환기 조치 여부

▲ 해당 답안 중 2가지 선택 기재

**119** 영상은 프레스기 외관을 점검하고 있는 모습을 보여주고 있다. 프레스 작업 시작 전 점검사항 3가지를 쓰시오.(6점)

[기사2002B/기사2102C/신기2103A/기사2301A]

작업자가 프레스의 외관을 살펴보면서 페달을 밟거나 전원을 올려 작동시험을 하는 등 점검작업을 수행 중이다.

① 클러치 및 브레이크의 기능
② 프레스의 금형 및 고정볼트 상태
③ 방호장치의 기능
④ 전단기의 칼날 및 테이블의 상태
⑤ 크랭크축·플라이휠·슬라이드·연결봉 및 연결 나사의 풀림 여부
⑥ 1행정 1정지기구·급정지장치 및 비상정지장치의 기능
⑦ 슬라이드 또는 칼날에 의한 위험방지 기구의 기능

▲ 해당 답안 중 3가지 선택 기재


**120** 영상은 컨베이어 관련 재해사례를 보여주고 있다. 컨베이어 작업 시작 전 점검사항 3가지를 쓰시오.(6점)

[기사1301C/기사1402C/신기1403A/기사1501C/신기1602B/기사1702B/신기1803A/신기2001B/기사2004B/신기2201B]

작은 공장에서 볼 수 있는 소규모 작업용 컨베이어를 작업자가 점검 중이다. 이때 다른 작업자가 전원스위치 쪽으로 서서히 다가오더니 전원버튼을 누르는 순간 점검 중이던 작업자의 손이 벨트에 끼이는 사고가 발생하는 영상을 보여준다.

① 원동기 및 풀리(Pulley) 기능의 이상 유무
② 이탈 등의 방지장치 기능의 이상 유무
③ 비상정지장치 기능의 이상 유무
④ 원동기·회전축·기어 및 풀리 등의 덮개 또는 울 등의 이상 유무

▲ 해당 답안 중 3가지 선택 기재

**121** 영상은 지게차를 운행하기 전 운전자가 유압장치, 조정장치, 경보등 등을 점검하고 있음을 보여주고 있다. 지게차의 작업 시작 전 점검사항 3가지를 쓰시오.(6점)

[기사1103C/기사1803A/기사1902A/기사2001A/산기2102B/기사2103A/산기2103B/산기2303A]

작업자가 지게차를 사용하기 전에 지게차의 바퀴를 발로 차보고 조명을 켜보는 등 점검을 하고 있는 모습을 보여주고 있다.

① 제동장치 및 조종장치 기능의 이상 유무
② 하역장치 및 유압장치 기능의 이상 유무
③ 바퀴의 이상 유무
④ 전조등·후미등·방향지시기 및 경보장치 기능의 이상 유무

▲ 해당 답안 중 3가지 선택 기재

**122** 동영상을 보고 해당 작업장에서 근로자가 쉽게 볼 수 있는 장소에 게시하여야 할 사항 3가지를 쓰시오.(단, 그 밖에 근로자의 건강장해 예방에 관한 사항은 제외)(6점)

[산기1201A/산기1301A/산기1603A/산기1802A/산기1903B/산기2004A/산기2102B/산기2203A/산기2203B/산기2303B]

DMF작업장에서 한 작업자가 방독마스크, 안전장갑, 보호복 등을 착용하지 않은 채 유해물질 DMF 작업을 하고 있는 것을 보여주고 있다.

① 관리대상 유해물질의 명칭 및 물리적·화학적 특성
② 취급상의 주의사항    ③ 착용하여야 할 보호구와 착용방법
④ 인체에 미치는 영향과 증상    ⑤ 위급상황 시 대처방법과 응급조치 요령

▲ 해당 답안 중 3가지 선택 기재

**123** 영상은 화학설비의 수리를 위해 분해된 설비를 인양하는 모습이다. 화학설비와 그 부속설비의 개조·수리 및 청소 등을 위하여 해당 설비를 분해하거나 해당 설비의 내부에서 작업하는 경우 준수사항 2가지를 쓰시오.(4점)    [산기2203B/산기2303B]

화학설비의 수리를 위해 분해된 설비를 양중기를 이용해서 인양하고 있다.

① 작업책임자를 정하여 해당 작업을 지휘하도록 할 것
② 작업장소에 위험물 등이 누출되거나 고온의 수증기가 새어나오지 않도록 할 것
③ 작업장 및 그 주변의 인화성 액체의 증기나 인화성 가스의 농도를 수시로 측정할 것

▲ 해당 답안 중 2가지 선택 기재


**124** 화면은 프레스기에 금형 교체작업을 하고 있다. 작업 중 안전상 점검사항 2가지를 쓰시오.(4점)    [기사1203B/산기1401A/산기1602B/기사1701B]

프레스기의 금형을 교체하는 작업을 보여 주고 있다.

① 펀치와 다이의 평행도
② 펀치와 볼스터면의 평행도
③ 다이와 볼스터의 평행도
④ 다이홀더와 펀치의 직각도
⑤ 생크홀과 펀치의 직각도

▲ 해당 답안 중 2가지 선택 기재

**125** 동영상은 프레스의 금형 교체작업을 보여주고 있다. 위험요인 3가지를 쓰시오.(6점) [산기2001A]

프레스기 금형 교체작업을 보여주고 있다. 보호구를 착용하지 않고 목장갑을 착용한 작업자가 스패너를 이용해서 금형의 고정 볼트를 풀어 금형을 느슨하게 만든 후 프레스 버튼을 눌러 프레스 장치를 올린 후 느슨해진 금형을 분리시켜 옮기는 중 혼자 들기 무거운 금형을 놓쳐 금형이 작업자의 발등에 떨어지는 재해가 발생한다. 프레스에는 별도의 안전장치가 설치되어있지 않다.

① 중량물을 이동할 때는 도구를 사용하여야 하지만 그러지 않았다.
② 전원을 차단하지 않았다.
③ 안전장치가 설치되지 않았다.


**126** 프레스를 이용한 작업 중 발생한 재해상황을 보여준다. 작업자의 부주의한 행동 2가지와 필요한 방호장치 1가지를 쓰시오.(6점) [산기2004A/산기2102A/산기2201A/산기2202A]

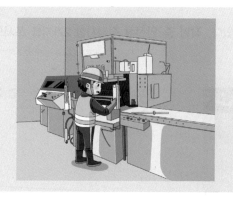

발광부와 수광부가 설치된 프레스를 보여준다. 페달로 작동시켜 철판에 구멍을 뚫는 작업 중 작업자가 방호장치(발광부, 수광부)를 젖히고 2회 더 작업을 한다. 그 후 작업대 위에 손으로 청소를 하다가 페달을 밟아 작업자의 손이 끼이는 사고가 발생하는 장면을 보여준다.

가) 부주의한 행동
　① 방호장치를 해제하였다.
　② 청소할 때 전원을 차단하지 않았다.
나) 방호장치
　① 안전블록
　② U자형 페달 덮개

▲ 나)의 답안 중 1가지 선택 기재

✔ **프레스 안전작업수칙**
- 작업 시작 전 복장, 작업장 정리정돈, 기계점검을 실시한다.
- 작업자가 작업 중 사용하는 손·발 디딤부를 일정한 장소에 위치시킨다.
- 작업자의 자세가 무리하거나 불편하지 않도록 보조도구를 사용한다.
- 급정지장치 및 안전장치 등의 기능을 수시 점검한다.
- 프레스 페달의 부주의 작동으로 인한 사고를 예방하기 위해 페달 위에 설치한 U자형 커버는 작업을 일시 정지할 때 반드시 씌우도록 한다.
- 정해진 수공구 및 지그를 사용한다.

**127** 화면은 드릴작업을 보여주고 있다. 위험요인과 안전대책을 각각 1가지씩 쓰시오.(4점)

[산기1202B/산기1401A/산기1502A/기사1601A/산기1903A/산기2201C]

작업자가 공작물을 맨손으로 잡고 전기드릴을 이용해서 작업물의 구멍을 넓히는 작업을 하는 것을 보여주고 있다. 안전모와 보안경을 착용하지 않고 있으며, 방호장치도 설치되어있지 않은 상태에서 작업하다가 공작물이 튀는 장면을 보여주고 있다.

가) 위험요인
   ① 작은 공작물을 가공하는데 손으로 공작물을 잡고 작업하고 있다.
   ② 보안경과 작업모 등의 안전보호구를 미착용하고 있다.
   ③ 안전덮개 등 방호장치가 설치되어있지 않다.
   ④ 회전기계로 작업 중인데도 목장갑을 착용하고 있다.
   ⑤ 작업 중에 칩을 제거한다.
나) 안전대책
   ① 작은 공작물을 가공할 때 공작물은 전용공구인 바이스를 사용하여 잡고 작업해야 한다.
   ② 보안경과 작업모 등의 안전보호구를 착용하여야 한다.
   ③ 안전덮개 등 방호장치를 설치하여야 한다.
   ④ 회전기계이므로 장갑을 착용하지 않는다.
   ⑤ 칩은 와이어브러시로 작업이 끝난 후에 제거한다.

▲ 해당 답안 중 각각 1가지씩 선택 기재

**128** 영상은 목재가공용 둥근톱을 이용한 작업현장을 보여주고 있다. 해당 설비의 안전 및 보조장치 3가지를 쓰시오.(6점)

[산기1202A/산기1303A/산기1502C/산기1603A/산기2002B]

영상은 일반장갑을 착용한 작업자가 둥근톱을 이용하여 나무판자를 자르는 작업을 보여주고 있다. 둥근톱에 덮개가 없으며, 작업자는 보안경 및 방진마스크 등을 착용하지 않고 있다. 작업 중 곁눈질을 하는 등 부주의로 작업자의 손가락이 절단되는 재해가 발생한다.

① 밀대(푸시스틱)
② 분할 날
③ 톱날(방호)덮개

**129** 목재 가공작업 중 발생한 재해상황을 보여주고 있다. 재해를 방지하기 위한 올바른 작업방법을 2가지 쓰시오.(4점)

[산기1201B/산기1302A/산기1702B/산기2102B/산기2103B/산기2201A]

영상은 일반장갑을 착용한 작업자가 둥근톱을 이용하여 나무판자를 자르는 작업을 보여주고 있다. 둥근톱에 덮개가 없으며, 작업자는 보안경 및 방진마스크 등을 착용하지 않고 있다. 작업 중 곁눈질을 하는 등 부주의로 작업자의 손가락이 절단되는 재해가 발생한다.

① 작업자에게 작업 시 보안경, 방진마스크, 안전모 등 보호구를 착용하도록 한다.
② 톱날접촉예방장치 등 방호장치를 설치한다.
③ 작업 시에는 작업에 집중하도록 교육한다.

▲ 해당 답안 중 2가지 선택 기재

**130** 영상은 섬유기계의 운전 중 발생한 재해사례를 보여주고 있다. 영상에 나오는 기계 작업 시 핵심위험요인 3가지를 쓰시오.(6점)

[기사1203C/기사1401C/기사1503C/기사1703B/기사2003A/신기2003B]

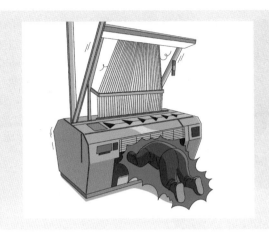

섬유공장에서 실을 감는 기계를 운전 중에 갑자기 실이 끊어지며 기계가 정지한다. 이때 목장갑을 착용한 작업자가 회전하는 대형 회전체의 문을 열고 허리까지 안으로 집어넣고 안을 들여다보며 점검하다가 갑자기 기계가 동작하면서 작업자의 몸이 회전체에 끼이는 상황을 보여주고 있다.

① 기계의 전원을 차단하지 않은 상태에서 점검을 하여 사고위험에 노출되었다.
② 목장갑을 착용한 상태에서 회전체를 점검할 경우 장갑으로 인해 회전체에 끼일 위험에 노출된다.
③ 기계에 안전장치가 설치되지 않아 사고위험이 있다.

**131** 영상은 사고가 발생하는 재해사례를 보여주고 있다. 동종 재해를 방지하기 위한 대책을 3가지 쓰시오.(6점)

[신기1203B/기사1301B/신기1401B/기사1403A/기사1501B/기사1602B/
신기1603B/기사1703C/기사1801B/신기1902A/기사1902B/기사2003B/신기2103B/신기2201B/신기2202B/신기2301A]

작업자가 장갑을 착용하지 않고 작동 중인 사출성형기에 끼인 이물질을 잡아당기다, 감전과 함께 뒤로 넘어지는 사고영상이다.

① 잔류물 제거를 위해서는 제거작업을 시작하기 전 기계의 전원을 차단한다.
② 잔류전하 등으로 인한 방전위험을 방지하기 위해 제거작업 시 절연용 보호구를 착용한다.
③ 금형의 이물질 제거를 위한 전용공구를 사용하여 제거한다.

**132** 대리석 연마작업상황을 보여주고 있다. 작업 중 위험요인 3가지를 쓰시오.(6점)

[산기2002A/산기2003A/기사2003C/산기2103B/산기2202C/산기2303A]

대리석 연마작업을 하는 2명의 작업자를 보여주고 있다. 작업장 정리정돈이 안 되어 이동전선과 충전부가 널려져 있으며 일부는 물에 젖은 상태로 방치되고 있다. 덮개도 없는 연삭기의 측면을 사용해 대리석을 연마하는 모습이 보인다. 작업이 끝난 후 작업자가 대리석을 힘겹게 옮긴다.

① 연삭작업을 하는 작업자가 보안경을 착용하지 않았다.
② 연삭기에 방호장치가 설치되지 않았다.
③ 작업자가 방진마스크를 착용하지 않았다.
④ 연삭기 측면을 사용하여 연삭작업을 수행하고 있다.

▲ 해당 답안 중 3가지 선택 기재

**133** 대리석 연마작업 상황을 보여주고 있다. 작업 중 불안전한 행동 3가지를 쓰시오.(6점) [산기2002A]

연마작업을 하는 2명의 작업자를 보여주고 있다. 작업장 정리정돈이 안 되어 이동전선과 충전부가 널려져 있으며 일부는 물에 젖은 상태로 방치되고 있다. 덮개도 없는 연삭기를 사용해 연마하는 모습이 보인다. 작업이 끝난 후 작업자가 힘겹게 옮긴다.

① 연삭작업을 하는 작업자가 보안경을 착용하지 않았다.
② 연삭기에 방호장치가 설치되지 않았다.
③ 작업자가 방진마스크를 착용하지 않았다.

**134** 영상은 그라인더 작업 중의 모습을 보여주고 있다. 동영상을 참고하여 작업 중 안전상의 문제점 3가지를 쓰시오.(6점)

[산기2101A/산기2101B/산기2102B/산기2302A]

보호장구를 미착용한 작업자가 면장갑을 착용하고 형강 연마작업을 진행중이다.
휴대용 연삭기에는 덮개가 없으며, 연삭기의 측면으로 연마작업 중이다.
작업대가 고정되지 않아 작업대상물이 쓰러져 작업자는 쓰러진 작업대상물을 다시 일으켜 세운 후 계속 작업중이다. 작업을 마무리한 후 작업자는 연삭기를 뒤집어 바닥에 놓고 면장갑을 벗어 눈을 비빈다.

① 휴대용 연삭기에 방호장치(덮개)가 설치되지 않았다.
② 작업자가 보호장구(보안경, 방진마스크)를 착용하지 않았다.
③ 작업대상물을 고정하지 않았다
④ 회전기계 작업 중 면장갑을 착용하고 있다.

▲ 해당 답안 중 3가지 선택 기재


**135** 연삭작업 상황을 보여주고 있다. 작업 중 작업자가 착용하여야 할 보호구 2가지를 쓰시오.(4점)

[기사2002B/산기2002C]

영상은 금속연삭작업을 진행중인 모습을 보여주고 있다.

① 보안경          ② 방진마스크          ③ 귀마개

▲ 해당 답안 중 2가지 선택 기재

**136** 영상은 원형 톱을 이용해 금속을 절단하는 모습을 보여주고 있다. 해당 기계의 날접촉 예방장치가 갖추어야 할 조건을 3가지 쓰시오.(5점)
[산기2301A]

원형 톱기계를 이용해서 금속을 절단하는 모습을 보여주고 있다.

① 작업부분을 제외한 톱날 전체를 덮을 수 있을 것
② 가드와 함께 움직이며 가공물을 절단하는 톱날에는 조정식 가이드를 설치할 것
③ 톱날, 가공물 등의 비산을 방지할 수 있는 충분한 강도를 가질 것
④ 둥근 톱날의 경우 회전날의 뒤, 옆, 밑 등을 통한 신체 일부의 접근을 차단할 수 있을 것

▲ 해당 답안 중 3가지 선택 기재

**137** 작동 중인 양수기를 수리 중에 손을 벨트에 물리는 재해가 발생하였다. 동영상에서 점검 작업 시 위험요인 2가지를 쓰시오.(4점)
[산기2004A/산기2102A/산기2202B]

2명의 작업자(장갑 착용)가 작동 중인 양수기 옆에서 점검작업을 하면서 수공구(드라이버나 집게 등)를 던져주다가 한 사람이 양수기 벨트에 손이 물리는 재해 상황을 보여주고 있다. 작업자는 이야기를 하면서 웃다가 재해를 당한다.

① 운전 중 점검작업을 하고 있어 사고위험이 있다.
② 회전기계에 장갑을 착용하고 취급하고 있어서 접선물림점에 손을 다칠 수 있다.
③ 작업자가 작업에 집중하지 않고 있어 사고위험이 있다.

▲ 해당 답안 중 2가지 선택 기재

**138** 화면의 동영상은 V벨트 교환 작업 중 발생한 재해사례이다. 기계 운전상 안전작업수칙에 대하여 3가지를 기술하시오.(6점)
[산기1201B/산기1302B/산기1403B/산기1601A/산기1703B/산기2002A/산기2201C]

V벨트 교환작업 중 발생한 재해장면을 보여주고 있다.

① 작업 시작 전 전원을 차단한다.
② 전용공구(천대장치)를 사용한다.
③ 보수작업 중이라는 안내표지를 부착하고 교체작업을 실시한다.

**139** 영상은 인쇄 윤전기를 청소하는 중에 발생한 재해사례이다. 영상을 보고 롤러기의 청소 시 위험요인을 2가지 쓰시오.(4점)
[산기1301B/산기1601A/산기1703A/산기2101B/산기2201C/산기2302A]

작업자가 인쇄용 윤전기의 전원을 끄지 않고 서로 맞물려서 돌아가는 롤러를 걸레로 닦고 있다. 작업자는 체중을 실어서 위험하게 맞물리는 지점까지 걸레를 집어넣고 열심히 닦고 있는 도중 손이 롤러기 사이에 끼어서 사고를 당하고, 사고 발생 후 전원을 차단하고 손을 빼내는 장면을 보여준다.

① 회전 중 롤러의 죄어 들어가는 쪽에서 직접 손으로 눌러 닦고 있어서 손이 물려 들어갈 위험이 있다.
② 전원을 차단하지 않고 청소를 함으로 인해 사고위험에 노출되어 있다.
③ 체중을 걸쳐 닦고 있음으로 해서 신체의 일부가 말려 들어갈 위험이 있다.
④ 안전장치가 없어서 걸레를 위로 넣었을 때 롤러가 멈추지 않아 손이 물려 들어갈 위험이 있다.

▲ 해당 답안 중 2가지 선택 기재

**140** 영상은 버스 정비작업 중 재해가 발생한 사례를 보여주고 있다. 동영상을 참고하여 작업 중 위험요인 3가지를 쓰시오.(6점)

[기사1203B/기사1402A/기사1501B/기사1603C/신기1802A/신기2102A]

버스를 정비하기 위해 차량용 리프트로 차량을 들어 올린 상태에서, 한 작업자가 버스 밑에 들어가 차량의 샤프트를 점검하고 있다. 그런데 다른 사람이 주변상황을 살피지 않고 버스에 올라 엔진을 시동하였다. 그 순간 밑에 있던 작업자의 팔이 버스의 회전하는 샤프트에 말려 들어가 협착사고가 일어나는 상황이다.(이때 작업장 주변에는 작업감시자가 없었다.)

① 정비작업 중임을 보여주는 표지판을 설치하지 않았다.
② 작업과정을 지휘하고 감독할 감시자를 배치하지 않았다.
③ 기동장치에 잠금장치를 하지 않았고 열쇠의 별도관리가 이뤄지지 않았다.

**141** 영상은 슬라이스 작업 중 재해가 발생한 상황을 보여주고 있다. 영상을 보고 위험요인과 동종 재해 방지대책을 각각 2가지씩 쓰시오.(6점)

[신기1302A/신기1503B/신기1702A/신기2202A]

김치제조공장에서 무채의 슬라이스 작업 중 전원이 꺼져 기계의 작동이 정지되어 이를 점검하다가 재해가 발생한 상황을 보여준다.

가) 위험요인
　① 인터록(Inter lock) 혹은 연동 방호장치가 설치되지 않아 위험하다.
　② 기계의 전원을 끄지 않고 점검작업을 진행하여 위험에 노출되었다.
　③ 점검 시 전용의 공구를 사용하지 않고 손을 사용하여 위험에 노출되었다.
나) 방지대책
　① 인터록(Inter lock) 혹은 연동 방호장치를 설치한다.
　② 기계의 전원을 끄고 점검작업을 진행하도록 한다.
　③ 점검 시 전용의 공구를 사용한다.

▲ 해당 답안 중 각각 2가지씩 선택 기재

**142** 화면은 영상표시단말기(VDT) 작업상황을 설명하고 있다. 이 작업상 개선사항을 찾아 3가지를 쓰시오.(6점)

[산기1302A/산기1601A/산기1702B/기사2102B]

작업자가 사무실에서 의자에 앉아 컴퓨터를 조작하고 있다. 작업자의 의자 높이가 맞지 않아 다리를 구부리고 앉아 있는 모습과 모니터가 작업자와 너무 가깝게 놓여 있는 모습, 키보드가 너무 높게 위치해 있어 불편하게 조작하는 모습을 보여주고 있다.

① 의자가 앞쪽으로 기울어져 요통에 위험이 있으므로 허리를 등받이 깊이 밀어 넣도록 한다.
② 키보드가 너무 높은 곳에 있어 손목에 무리를 주므로 키보드를 조작하기 편한 위치에 놓는다.
③ 모니터가 작업자와 너무 가깝게 있어 시력 저하의 우려가 있으므로 모니터를 적당한 위치(45~50cm)로 조정한다.

> ✔ **컴퓨터 단말기 조작업무를 하는 경우에 사업주 조치사항**
> - 실내는 명암의 차이가 심하지 않도록 하고 직사광선이 들어오지 않는 구조로 할 것
> - 저휘도형(低輝度型)의 조명기구를 사용하고 창·벽면 등은 반사되지 않는 재질을 사용할 것
> - 컴퓨터 단말기와 키보드를 설치하는 책상과 의자는 작업에 종사하는 근로자에 따라 그 높낮이를 조절할 수 있는 구조로 할 것
> - 연속적으로 컴퓨터 단말기 작업에 종사하는 근로자에 대하여 작업시간 중에 적절한 휴식시간을 부여할 것

**143** 영상은 덤프트럭의 적재함을 올리고 실린더 유압장치 밸브를 수리하던 중에 발생한 재해사례를 보여주고 있다. 동영상에서와 같이 차량계 하역운반기계 등의 수리 또는 부속장치의 장착 및 해제작업을 하는 때에 작업 시작 전 조치사항을 3가지 쓰시오.(6점)  [산기1202B/기사1203A/산기1303A/기사1402D/

산기1501B/기사1503C/산기1701B/기사1703C/기사1801A/산기1803B/기사2002D/산기2202B/산기2302B]

작업자가 운전석에서 내려 덤프트럭 적재함을 올리고 실린더 유압장치 밸브를 수리하던 중 적재함의 유압이 빠지면서 사이에 끼이는 재해가 발생한 사례를 보여주고 있다.

① 작업지휘자를 지정배치한다.
② 작업지휘자로 하여금 작업순서를 결정하고 작업을 지휘하게 한다.
③ 안전지지대 또는 안전블록 등의 사용 상황을 점검하게 한다.

**144** 동영상을 보고 해당 차량운행 시 준수사항 3가지를 쓰시오.(6점)　　　　[기사1903A/산기1903A]

구내운반차가 작업장 구내를 운행하고 있다. 운전자는 안전벨트를 착용하지 않고 있으며, 구내운반차의 회전반경 내에 다른 작업자들이 접근하는 영상이다.

① 주행을 제동하거나 정지상태를 유지하기 위하여 유효한 제동장치를 갖출 것
② 경음기를 갖출 것
③ 전조등과 후미등을 갖출 것
④ 운전석이 차 실내에 있는 것은 좌우에 한 개씩 방향지시기를 갖출 것

▲ 해당 답안 중 3가지 선택 기재

**145** 영상은 지게차 작업 화면을 보여주고 있다. 영상을 보고 위험요인 3가지를 쓰시오.(6점)　　　　[산기2102A/산기2103B/산기2301B]

지게차에 화물을 과적하여 화물로 인해 현저하게 운전자의 시야가 방해를 받아 지게차 운전에 어려움을 겪고 있다. 이에 유도자가 지게차 문에 매달려서 후진하라고 유도하다가 지게차가 장애물을 넘는 순간 그 충격으로 유도자가 지게차에서 떨어지는 사고를 당했다. 이때 유도자는 안전모를 미착용한 상태로 머리를 다쳐 고통스러워 한다.

① 화물의 과적으로 운전자의 시야확보가 어렵다.
② 지게차에 사람을 탑승시켜서 안되는데 유도자를 탑승시켰다.
③ 유도자가 지게차에 탑승한 상태에서 지게차를 유도했다.
④ 지게차 이동경로에 방치된 장애물을 제거하지 않았다

▲ 해당 답안 중 3가지 선택 기재

**146** 영상은 작업장에서 전구를 교체하는 영상이다. 영상을 보고 위험요인 3가지를 쓰시오.(6점)

[기사1803B/산기1803B/산기2001A/기사2003B/산기2302B]

안전장구를 착용하지 않은 작업자가 지게차 포크 위에서 전원이 연결된 상태의 전구를 교체하고 있다. 교체가 완료된 후 포크 위에서 뛰어내리는 영상을 보여주고 있다.

① 작업자가 지게차 포크 위에 올라가서 전구 교체작업을 하는 위험한 행동을 하고 있다.
② 전원을 차단하지 않고 전구를 교체하는 등 감전 위험에 노출되어 있다.
③ 작업자가 절연용 보호구를 착용하지 않아 감전 위험에 노출되어 있다.
④ 안전대를 비롯한 보호구도 미착용하고 있고, 방호장치도 설치되지 않았다.
⑤ 포크를 완전히 지면에 내리지 않은 상태에서 무리하게 뛰어내리는 위험한 행동을 하고 있다.

▲ 해당 답안 중 3가지 선택 기재

**147** 영상은 지게차 작업 중 운전자가 이탈하는 장면을 보여주고 있다. 운전자가 운전위치 이탈 시 조치사항을 2가지 쓰시오.(4점)

[산기2201A/산기2303A]

지게차에 화물을 과적하여 화물로 인해 현저하게 운전자의 시야가 방해를 받아 지게차 운전에 어려움을 겪고 있다. 짜증을 내던 운전자가 갑자기 화장실에 간다면서 운전석을 이탈한다.

① 포크, 버킷, 디퍼 등의 장치를 가장 낮은 위치 또는 지면에 내려 둘 것
② 원동기를 정지시키고 브레이크를 확실히 거는 등 갑작스러운 주행이나 이탈을 방지하기 위한 조치를 할 것
③ 운전석을 이탈하는 경우에는 시동키를 운전대에서 분리시킬 것

▲ 해당 답안 중 2가지 선택 기재

**148** 영상은 드럼통을 운반하고 있는 모습을 보여주고 있다. 영상에서 위험요인 2가지를 쓰시오.(4점)

[기사1903A/산기1903A/산기2103A]

작업자 한 명이 내용물이 들어있는 드럼통을 굴려서 운반하고 있다. 혼자서 무리하게 드럼통을 들어올리려다 허리를 삐끗한 후 드럼통을 떨어뜨려 다리를 다치는 영상이다.

① 안전화 및 안전장갑을 미착용하였다.
② 전용 운반도구를 사용하지 않았다.
③ 중량물을 혼자 들어 올리려 하는 등 사고 위험에 노출되어 있다.

▲ 해당 답안 중 2가지 선택 기재

**149** 영상은 승강기 개구부에서 하중을 인양하는 모습이다. 이때의 준수사항을 2가지 쓰시오.(4점)

[기사1202B/기사1401C/기사1502C/기사1603C/산기2001B]

영상은 승강기 개구부에서 A, B 2명의 작업자가 위치하여 있는 가운데 A는 위에서 안전난간에 밧줄을 걸쳐 하중물(물건)을 끌어올리고 B는 이를 밑에서 올려주고 있는데 이때 인양하던 물건이 떨어져 밑에 있던 B가 다치는 사고장면을 보여주고 있다.

① 하중물 낙하 위험을 방지하기 위해 낙하물 방지망을 설치하다.
② 작업자에게 안전모 등 보호구를 착용하게 한다.
③ 수직보호망 또는 방호선반을 설치한다.
④ 출입금지구역을 설정하여 관계자 외의 출입을 금한다.

▲ 해당 답안 중 2가지 선택 기재

**150** 영상은 승강기 설치 전 피트 내부에서 작업자가 승강기 개구부로 추락 사망하는 사고를 보여주고 있다. 이 영상에서의 핵심 위험요인 3가지를 쓰시오.(6점)

[산기1403B/산기1601B/산기1703A/산기1802A/산기1903B/산기2101B/산기2201B/산기2302A]

승강기 설치 전 피트 내부의 불안정한 발판(나무판자로 엉성하게 이어붙인) 위에서 벽면에 돌출된 못을 망치로 제거하던 중 승강기 개구부로 추락하여 사망하는 재해 상황을 보여주고 있다. 이때 작업자는 안전장비를 착용하지 않았고, 피트 내부에 안전시설이 설치되지 않음을 확인할 수 있다.

① 안전대 부착설비 미설치 및 작업자가 안전대를 미착용하였다.
② 추락방호망을 미설치하였다.
③ 작업자가 딛고 선 발판이 불량하다.

**151** 영상은 작업자가 고소에서추락하는 재해사례를 보여주고 있다. 고소에서 작업할 때 지켜야 할 안전 작업수칙 3가지를 쓰시오.(5점) [기사1202A/기사1401B/기사1502C/기사1603A/기사1902B/기사2003C/기사2004B/산기2103A/산기2303B]

발판이 설치되지 않은 건설현장 높은 곳에서 작업자가 작업을 하고 있다. 안전모는 착용하고 있지만 안전대를 착용하지 않고 있다.
플라이어를 이용해 케이블 타이를 강관비계에 묶는 작업을 하다가 추락하였다.

① 안전대 부착설비 설치 및 작업자가 안전대를 착용해야 한다.
② 추락빙호망을 설치해야 한다.
③ 안전난간을 설치해야 한다.

> ✔ **개구부에서의 추락주의**
> • 울타리를 설치하는 등 관계 근로자가 아닌 사람의 출입을 금지한다.
> • 작업자는 안전대 부착설비를 설치하고 안전대 및 안전모를 착용한다.
> • 안전난간, 수직형 추락방망 또는 덮개, 추락방호망 등을 설치한다.
> • 어두운 장소에서도 알아볼 수 있도록 개구부임을 표시한다.

**152** 영상은 비계설치 중 발생한 사고영상이다. 해당 영상을 보고 재해의 발생원인을 2가지 쓰시오.(4점)

[산기1901A]

조립식 비계발판을 설치하는 작업 중 작업자가 거치대를 운반하던 중 실족하여 추락하는 영상을 보여주고 있다.

① 추락방호망이 설치되어있지 않다.
② 안전대 부착설비가 설치되지 않았고 근로자는 안전대를 착용하지 않았다.
③ 고소의 위험한 장소임에도 안전난간이 설치되지 않았다.

▲ 해당 답안 중 2가지 선택 기재

**153** 영상은 컨베이어가 작동되는 작업장에서의 안전사고 사례에 대해서 보여주고 있다. 작업자의 불안전한 행동 2가지를 쓰시오.(4점)

[기사1301C/신기1302B/기사1402C/기사1501B/신기1602A/기사1602B/기사1603A/신기1801A/신기1902B/기사1903C/신기2103B]

영상은 작업자가 컨베이어가 작동하는 상태에서 컨베이어 벨트 끝부분에 발을 짚고 올라서서 불안정한 자세로 형광등을 교체하다 추락하는 재해사례를 보여주고 있다.

① 컨베이어 전원을 끄지 않은 상태에서 형광등 교체를 시도하여 사고위험에 노출되었다.
② 작동하는 컨베이어에 올라가 불안정한 자세로 형광등 교체를 시도하여 사고위험에 노출되었다.

**154** 영상은 아파트 창틀에서 작업 중 발생한 재해사례를 보여주고 있다. 해당 동영상에서 작업자의 추락사고의 원인 3가지를 간략히 쓰시오.(4점)

[기사1202B/산기1203B/기사1302B/기사1401B/산기1402B/기사1403A/ 기사1502B/산기1503B/기사1601B/기사1701A/기사1702C/기사1801B/산기1901A/기사2001B/기사2004C/산기2103B/산기2301A]

A, B 2명의 작업자가 아파트 창틀에서 작업 중에 A가 작업발판을 처마위의 B에게 건네 준 후 B가 있는 옆 처마 위로 이동하려다 발을 헛디뎌 바닥으로 추락하는 재해 상황을 보여주고 있다. 이때 주변이 정리정돈 되어 있지 않고, A작업자가 밟고 있던 콘크리트 부스러기가 추락할 때 같이 떨어진다.

① 안전난간 미설치
② 안전대 미착용 및 안전대 부착설비 미설치
③ 추락방호망 미설치
④ 주변 정리정돈 불량
⑤ 작업발판 부실

▲ 해당 답안 중 3가지 선택 기재

**155** 동영상은 아파트 창틀에서 작업 중 발생한 재해사례를 보여주고 있다. 추락방지대책을 3가지 쓰시오.(6점)

[기사2001B/산기2002A]

A, B 2명의 작업자가 아파트 창틀에서 작업 중에 A가 작업발판을 처마위의 B에게 건네 준 후 B가 있는 옆 처마 위로 이동하려다 발을 헛디뎌 바닥으로 추락하는 재해 상황을 보여주고 있다. 이때 주변이 정리정돈 되어 있지 않고, A작업자가 밟고 있던 콘크리트 부스러기기 추락할 때 같이 떨어진다.

① 안전난간 설치
② 추락방호망 설치
③ 작업장 주변 정리정돈
④ 안전대 부착설비 설치 및 근로자 안전대 착용
⑤ 견고한 작업발판 설치

▲ 해당 답안 중 3가지 선택 기재

**156** 영상은 박공지붕 설치작업 중 박공지붕의 비래에 의해 재해가 발생하는 장면을 보여주고 있다. 위험요인을 찾아 3가지 쓰시오.(6점)

[산기1202A/기사1302C/산기1401A/기사1403A/ 기사1503A/산기1701B/기사1703B/기사1803A/기사1901C/산기1902B/산기2002C/기사2003A/산기2202A]

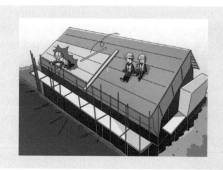

박공지붕 위쪽과 바닥을 보여주고 있으며, 지붕의 오른쪽에 안전난간, 추락방지망이 미설치된 화면과 지붕 위쪽 중간에서 커피를 마시면서 앉아 휴식을 취하는 작업자(안전모, 안전화 착용함)들과 작업자 왼쪽과 뒤편에 적재물이 적치되어있는 상태이다. 뒤에 있던 삼각형 적재물이 굴러와 휴식 중이던 작업자를 덮쳐 작업자가 앞으로 쓰러지는 영상이다.

① 중량물이 구를 위험이 있는 방향에서 근로자가 휴식을 취하고 있다.
② 추락방호망이 설치되지 않았다.
③ 안전대 부착설비가 없고, 안전대를 착용하지 않았다.
④ 안전난간이 설치되지 않았다.
⑤ 중량물의 동요나 이동을 조절하기 위해 구름멈춤대, 쐐기 등을 이용하지 않았다.

▲ 해당 답안 중 3가지 선택 기재

**157** 영상은 박공지붕 설치작업 중 박공지붕의 비래에 의해 재해가 발생하는 장면을 보여주고 있다. 안전대책을 2가지 쓰시오.(4점) [기사1301B/산기1303B/기사1402C/산기1501B/산기1803B/산기2001A/기사2002E/기사2103C/기사2301A]

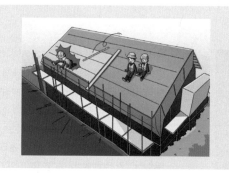

박공지붕 위쪽과 바닥을 보여주고 있으며, 지붕의 오른쪽에 안전난간, 추락방지망이 미설치된 화면과 지붕 위쪽 중간에서 커피를 마시면서 앉아 휴식을 취하는 작업자(안전모, 안전화 착용함)들과 작업자 왼쪽과 뒤편에 적재물이 적치되어있는 상태이다. 뒤에 있던 삼각형 적재물이 굴러와 휴식 중이던 작업자를 덮쳐 작업자가 앞으로 쓰러지는 영상이다.

① 휴식은 안전한 장소에서 취하도록 한다.
② 추락방호망을 설치한다.
③ 안전대 부착설비 및 안전대를 착용한다.
④ 지붕의 가장자리에 안전난간을 설치한다.
⑤ 구름멈춤대, 쐐기 등을 이용하여 중량물의 동요나 이동을 조절한다.
⑥ 중량물이 구를 위험이 있는 방향 앞의 일정거리 이내로는 근로자의 출입을 제한한다.

▲ 해당 답안 중 2가지 선택 기재

**158** 화면은 공장 지붕을 설치하는 작업현장을 보여준다.. 동영상의 내용을 참고하여 재해의 원인과 조치사항(= 대책)을 2가지 쓰시오.(4점)

[산기1601A/산기1901B]

공장 지붕 철골 상에 패널 설치작업 중 작업자가 실족하여 사망한 재해사례를 보여준다.

가) 원인
　① 안전대 부착설비의 미설치와 작업자들이 안전대를 미착용하고 작업에 임해 위험에 노출되었다.
　② 추락방지망이 설치되지 않아 사고위험에 노출되었다.
나) 대책
　① 안전대 부착설비의 설치와 작업자들이 안전대를 착용하고 작업하게 한다.
　② 추락방지망을 설치한다.

**159** 영상은 이동식 사다리를 작업발판 삼아 작업 중에 추락하는 사고를 보여주고 있다. 이 영상에서의 위험요인 2가지를 쓰시오.(4점)

[산기2201A]

이동식 사다리 위에서 벽면에 돌출된 못을 망치로 제거하던 중 갑자기 발판이 흔들리면서 추락하는 재해 상황을 보여주고 있다. 이때 작업자는 안전대를 착용하지 않았고, 또다른 작업자는 이동식 사다리를 흔들리지 않게 잡고 있는 중이다.

① 이동식 사다리는 이동통로이지 작업발판이 아니므로 이동식 사다리 디딤대를 작업발판 삼아 작업해서는 안 된다.
② 안전대를 착용하지 않고 작업중이다.

**160** 모터의 분해, 청소작업 중에 발생한 재해 영상이다. 동영상을 보고 위험요인 및 예방대책 3가지를 각각 쓰시오.(6점)   [산기1901A]

중량의 대형 모터를 분해하여 닦은 후 다시 조립하고 있다. 2명의 작업자가 함께 작업 중인데 작업자 1이 모터를 들고 있다 너무 무거워 순간적으로 모터를 놓친다. 모터가 떨어지면서 작업자2의 발등에 떨어지는 재해가 발생하였다.

가) 위험요인

① 1명의 작업자가 들기에는 너무 무거운 작업물이었다.

② 편하중이 발생하였다.

③ 2인 이상이 공동작업을 하는데 신호자가 없었다.

나) 방지대책

① 정격하중을 초과하여 취급하지 않도록 한다.

② 편하중을 방지하기 위해 줄걸이 방법 등을 선택하도록 한다.

③ 신호자의 신호에 따라 작업하도록 한다.

**2024** | 한국산업인력공단 | 국가기술자격

# 고시넷
## 고패스

# 산업안전산업기사 실기
# 필답형 + 작업형
## 기출복원문제 + 유형분석

## 작업형 회차별
## 기출복원문제 48회분
## (2017~2023년)

**01** 위험물을 다루는 바닥이 갖추어야 할 조건 2가지를 쓰시오.(4점)

[신기1201A/신기1302A/신기1403B/신기1603B/신기1802A/신기2101B/신기2301B/신기2303A]

유해물질 작업장에서 위험물(황산)이 든 갈색병을 실수로 발로 차서 유리병이 깨지는 장면을 보여준다.

① 불침투성의 재료를 사용한다.
② 청소하기 쉬운 구조로 한다.

**02** 영상은 지게차를 운행하기 전 운전자가 유압장치, 조정장치, 경보등 등을 점검하고 있음을 보여주고 있다.
지게차의 작업 시작 전 점검사항 3가지를 쓰시오.(6점)

[기사1103C/기사1803A/기사1902A/기사2001A/신기2102B/기사2103A/신기2103B/신기2303A]

작업자가 지게차를 사용하기 전에 지게차의 바퀴를 발로 차보고 조명을 켜보는 등 점검을 하고 있는 모습을 보여주고 있다.

① 제동장치 및 조종장치 기능의 이상 유무
② 하역장치 및 유압장치 기능의 이상 유무
③ 바퀴의 이상 유무
④ 전조등·후미등·방향지시기 및 경보장치 기능의 이상 유무

▲ 해당 답안 중 3가지 선택 기재

**03** 영상은 흙막이 공사를 하면서 흙막이 지보공을 설치하는 작업을 보여주고 있다. 흙막이 지보공을 설치하였을 때에는 정기적으로 점검하고 이상을 발견하면 즉시 보수하여야 사항 3가지를 쓰시오.(6점)

[산기1902A/기사2002B/신기2003C/기사2201B/기사2301A/신기2303A]

대형건물의 건축현장이다. 굴착공사를 하면서 흙막이 지보공을 설치하고 이를 점검하는 모습을 보여준다.

① 부재의 손상·변형·부식·변위 및 탈락의 유무와 상태
② 버팀대의 긴압의 정도
③ 부재의 접속부·부착부 및 교차부의 상태
④ 침하의 정도

▲ 해당 답안 중 3가지 선택 기재


**04** 영상은 인쇄 윤전기를 청소하는 중에 발생한 재해사례이다. 이 동영상을 보고 작업 시 발생한 ① 위험점, ② 위험점의 형성조건을 쓰시오.(4점)

[기사1202C/신기1203A/기사1303B/신기1501A/신기1502C/
기사1601C/신기1603B/신기1701A/기사1703C/신기1802A/기사1803C/신기2004B/신기2103B/신기2202C/신기2303A]

작업자가 인쇄용 윤전기의 전원을 끄지 않고 서로 맞물려서 돌아가는 롤러를 걸레로 닦고 있다. 작업자는 제중을 실어서 위험하게 맞물리는 지점까지 걸레를 집어넣고 열심히 닦고 있던 중, 손이 롤러기 사이에 끼어서 사고를 당하고, 사고 발생 후 전원을 차단하고 손을 빼내는 장면을 보여준다.

① 위험점 : 물림점
② 형성조건 : 회전하는 두 개의 회전체가 서로 반대 방향으로 맞물려 회전하는 경우

**05** 영상은 공작기계를 보여주고 있다. 가) 공작기계의 종류와 나) 기계에 지워지지 않도록 표시해야 하는 사항을 4가지 쓰시오.(6점)  [산기2303A]

영상에서는 원판이나 원통체의 외주면이나 단면에 다수의 절삭날을 이용하여 평면, 곡면 등을 절삭하는 기계를 보여주고 있다.

가) 밀링머신

나) ① 제조자명, 주소, 모델번호, 제조번호 및 제조연도
   ② 기계의 중량
   ③ 전기, 유공압 시스템에 관한 정보
   ④ 스핀들의 회전수 범위
   ⑤ 자율안전확인표시(KCs마크)

▲ 나)의 답안 중 4가지 선택 기재

**06** 영상은 고소 작업 중 발생한 재해상황을 보여주고 있다. 재해형태와 기인물을 쓰시오.(4점)  [산기2303A]

높이가 2m 이상인 H빔위에서 작업자 2명이 나무발판을 내려놓고 있다. 고정하지 않은 나무발판 위를 건너가려다 나무발판이 뒤집혀지면서 작업자 1인이 아래로 떨어지는 재해상황을 보여주고 있다.

① 재해형태 : 추락(=떨어짐)
② 기인물 : (나무)발판

**07** 영상은 변압기에서의 작업영상을 보여주고 있다. 화면의 전주 변압기가 활선인지 아닌지를 확인할 수 있는 방법을 3가지 쓰시오.(6점)

[산기1203A/산기1403B/산기1601A/산기1902A/산기2003A/산기2303A]

영상은 전신주 위의 변압기를 교체하기 위해 작업자가 전신주 위에서 작업하고 있는 모습을 보여준다. 현재 변압기가 활선인지 여부를 확인하기 위해 여러 가지 방법을 사용중이다.

① 검전기로 확인한다.
② 테스트 지시치를 확인한다.
③ 각 단로기 등의 개방상태를 확인한다.

**08** 대리석 연마작업상황을 보여주고 있다. 작업 중 위험요인 3가지를 쓰시오.(5점)

[산기2002A/산기2003A/기사2003C/산기2103B/산기2202C/산기2303A]

대리석 연마작업을 하는 2명의 작업자를 보여주고 있다. 작업장 정리정돈이 안 되어 이동전선과 충전부가 널려져 있으며 일부는 물에 젖은 상태로 방치되고 있다. 덮개도 없는 연삭기의 측면을 사용해 대리석을 연마하는 모습이 보인다. 작업이 끝난 후 작업자가 대리석을 힘겹게 옮긴다.

① 연삭작업을 하는 작업자가 보안경을 착용하지 않았다.
② 연삭기에 방호장치가 설치되지 않았다.
③ 작업자가 방진마스크를 착용하지 않았다.
④ 연삭기 측면을 사용하여 연삭작업을 수행하고 있다.

▲ 해당 답안 중 3가지 선택 기재

**09** 영상은 2m 이상 고소작업을 하고 있는 이동식비계를 보여주고 있다. 다음 (    ) 안을 채우시오.(4점)

[기사1301A/기사1503A/기사1601A/기사1701C/기사1702C/기사1801C/기사1902C/기사1903B/기사2002B/기사2103C/산기2303A]

높이가 2m 이상인 이동식 비계의 작업발판을 설치하던 중 발생한 재해 상황을 보여주고 있다.

작업발판의 폭은 (  ①  )센티미터 이상으로 하고, 발판재료 간의 틈은 (  ②  )센티미터 이하로 할 것

① 40

② 3

**01** 동영상은 보일러실의 모습을 보여준다. 반응 폭주 등 급격한 압력 상승의 우려가 있는 경우 설치해야 할 안전장치를 2가지 쓰시오.(4점)  [기사2303B]

대형건물의 보일러실 내부를 보여 주고 있다.

① 파열판
② 안전밸브

**02** 동영상은 교류아크용접기를 이용한 용접작업을 보여준다. 동영상을 참고하여 작업 중 불안전한 행동 및 상태 3가지를 쓰시오.(단, 작업자가 용접용 보호구는 모두 착용한 것으로 가정한다)(6점)  [신기2303B]

작업자가 용접용 보호구를 착용한 상태로 배관에 용접작업을 하고 있으며 작업 현장 왼쪽에 기름통이 있다. 그 외에도 각종 도구와 깡통이 현장 옆에 버려져 있나. 용섭불꽃이 비산되는 모습이 인상적이다.

① 화기작업에 따른 인근 가연성물질에 대한 방호조치가 되어있지 않다.
② 화기작업을 하고 있음에도 소화기구가 비치되지 않았다.
③ 불꽃·불티 등의 비산을 방지하기 위하여 용접불티 비산방지덮개 또는 용접방화포 등을 설치하지 않았다.

**03** 영상은 작업자가 고소에서 추락하는 재해사례를 보여주고 있다. 고소에서 작업할 때 지켜야 할 안전 작업수칙 3가지를 쓰시오.(5점)  [기사1202A/기사1401B/기사1502C/기사1603A/기사1902B/기사2003C/기사2004B/산기2103A/산기2303B]

발판이 설치되지 않은 건설현장 높은 곳에서 작업자가 작업을 하고 있다. 안전모는 착용하고 있지만 안전대를 착용하지 않고 있다.
플라이어를 이용해 케이블 타이를 강관비계에 묶는 작업을 하다가 추락하였다.

① 안전대 부착설비 설치 및 작업자가 안전대를 착용해야 한다.
② 추락방호망을 설치해야 한다.
③ 안전난간을 설치해야 한다.

**04** 영상은 스팀노출 부위를 점검하던 중 발생한 재해사례이다. 동영상에서와 같은 배관작업 시 위험요인을 3가지 쓰시오.(4점)  [기사2004A/산기2004B/산기2202A/산기2303B]

스팀배관의 보수를 위해 노출부위를 점검하던 중 스팀이 노출되면서 작업자에게 화상을 입히는 영상이다. 작업자는 안전모와 장갑을 착용하고 플라이어로 작업하고 있다.

① 작업자가 보안경을 착용하지 않고 작업하고 있다.
② 작업 전 배관의 내용물을 제거하지 않았다.
③ 전용공구를 사용하지 않았다.
④ 방열장갑을 착용하지 않고 혼자서 작업하였다.

▲ 해당 답안 중 3가지 선택 기재

**05** 영상은 화학약품을 사용하는 작업영상이다. 동영상에서 작업자가 착용하여야 하는 마스크와 마스크의 흡수제 종류 2가지를 쓰시오.(6점) [산기1202B/기사1203C/기사1301B/기사1402A/산기1501A/산기1502B

[기사1601B/산기1602B/기사1603B/기사1702A/산기1703A/산기1801B/기사1903B/기사1903C/산기2003C/기사2302A/산기2303B]

작업자가 스프레이건으로 쇠파이프 여러 개를 눕혀놓고 페인트 칠을 하는 작업영상을 보여주고 있다.

가) 마스크 : 방독마스크

나) 흡수제 :  ① 활성탄          ② 큐프라마이트          ③ 소다라임
             ④ 실리카겔          ⑤ 호프카라이트

▲ 나)의 답안 중 2가지 선택 기재


**06** 영상은 목재가공용 둥근톱을 이용한 작업현장을 보여주고 있다. 해당 설비의 방호장치 2가지와 추가 표시사항 1가지를 쓰시오.(단, 안전인증표시는 제외)(6점) [산기2303B]

영상은 일반장갑을 착용한 작업자가 둥근톱을 이용하여 나무판자를 자르는 작업을 보여주고 있다. 둥근톱에 덮개가 없으며, 작업자는 보안경 및 방진마스크 등을 착용하지 않고 있다. 작업 중 곁눈질을 하는 등 부주의로 작업자의 손가락이 절단되는 재해가 발생한다.

가) 방호장치
   ① 반발예방장치(분할날)          ② 톱날 접촉 예방장치(덮개)
나) 추가 표시사항
   ① 덮개의 종류          ② 둥근톱의 사용가능 치수

▲ 나)의 답안 중 1가지 선택 기재

**07** 동영상은 전주를 옮기다 재해가 발생한 영상이다. 가해물과 작업자가 착용해야 할 안전모의 종류를 쓰시오.
(6점) [산기1202A/기사1203C/기사1401C/산기1402B/기사1502B/산기1503A/
기사1603B/산기1701B/산기1802B/기사1902B/기사1903A/산기1903A/기사2002A/기사2302B/산기2303B]

항타기를 이용하여 콘크리트 전주를 세우는 작업을 보여주고 있다. 항타기에 고정된 콘크리트 전주가 불안하게 흔들리고 있다. 작업자가 항타기를 조정하는 순간, 전주가 인접한 활선전로에 접촉되면서 스파크가 발생한다. 안전모를 착용한 3명의 작업자가 보인다.

① 가해물 : 전주(재해는 비래에 해당한다)
② 전기용 안전모의 종류 : AE형, ABE형

**08** 동영상은 프레스 장치를 보여주고 있다. 해당 장치에 설치가능한 방호장치를 4가지 쓰시오.(단, 급정지기구 등 프레스의 종류와 상관없음)(4점) [산기1202B/기사1302B/산기1402A/산기1503A/기사1603B/기사1802A/산기2001B/산기2303B]

급정지장치가 없는 프레스로 철판에 구멍을 뚫는 작업을 보여주고 있다.

① 가드식
③ 손쳐내기식
⑤ 광전자식
⑦ 안전블록
② 수인식
④ 양수기동식
⑥ 양수조작식
⑧ U자형 덮개

▲ 해당 답안 중 4가지 선택 기재

**09** 영상은 고소작업대 이동 중 발생한 재해영상이다. 고소작업대 이동 시 준수사항을 3가지 쓰시오.(4점)

[기사1903D/기사2201B/산기2201B/산기2303B]

고소작업대가 이동 중 부하를 이기지 못하고 옆으로 넘어지는 전도재해가 발생한 상황을 보여주고 있다.

① 작업대를 가장 낮게 내릴 것
② 작업자를 태우고 이동하지 말 것
③ 이동통로의 요철상태 또는 장애물의 유무 등을 확인할 것

**01** 영상은 지게차 작업 중 운전자가 이탈하는 장면을 보여주고 있다. 운전자가 운전위치 이탈 시 조치사항을 2가지 쓰시오.(4점)

[산기2201A/산기2303A]

지게차에 화물을 과적하여 화물로 인해 현저하게 운전자의 시야가 방해를 받아 지게차 운전에 어려움을 겪고 있다. 짜증을 내던 운전자가 갑자기 화장실에 간다면서 운전석을 이탈한다.

① 포크, 버킷, 디퍼 등의 장치를 가장 낮은 위치 또는 지면에 내려 둘 것
② 원동기를 정지시키고 브레이크를 확실히 거는 등 갑작스러운 주행이나 이탈을 방지하기 위한 조치를 할 것
③ 운전석을 이탈하는 경우에는 시동키를 운전대에서 분리시킬 것

▲ 해당 답안 중 2가지 선택 기재

**02** 화면상에서 분전반 전면에 위치한 그라인더 기기를 활용한 작업에서 위험요인 2가지를 쓰시오.(4점)

[산기1202A/산기1401B/산기1402B/산기1502C/산기1701A/기사1802B/기사1903B/기사2002B/기사2004B/산기2103A/산기2302A]

작업자 한 명이 콘센트에 플러그를 꽂고 그라인더 작업 중이고, 다른 작업자가 다가와서 작업을 위해 콘센트에 플러그를 꽂고 주변을 만지는 도중 감전이 발생하는 동영상이다.

① 작업자가 절연용 보호구를 착용하지 않았다.
② 감전방지용 누전차단기를 설치하지 않았다.

**03** 영상은 그라인더 작업 중의 모습을 보여주고 있다. 동영상을 참고하여 작업 중 안전상의 문제점 3가지를 쓰시오.(6점)

[산기2101A/산기2101B/산기2102B/산기2302A]

보호장구를 미착용한 작업자가 면장갑을 착용하고 형강 연마작업을 진행중이다.
휴대용 연삭기에는 덮개가 없으며, 연삭기의 측면으로 연마작업 중이다.
작업대가 고정되지 않아 작업대상물이 쓰러져 작업자는 쓰러진 작업대상물을 다시 일으켜 세운 후 계속 작업중이다. 작업을 마무리한 후 작업자는 연삭기를 뒤집어 바닥에 놓고 면장갑을 벗어 눈을 비빈다.

① 휴대용 연삭기에 방호장치(덮개)가 설치되지 않았다.
② 작업자가 보호장구(보안경, 방진마스크)를 착용하지 않았다.
③ 작업대상물을 고정하지 않았다
④ 회전기계 작업 중 면장갑을 착용하고 있다.

▲ 해당 답안 중 3가지 선택 기재

**04** 영상은 인쇄 윤전기를 청소하는 중에 발생한 재해사례이다. 영상을 보고 롤러기의 청소 시 위험요인을 2가지 쓰시오.(4점)

[산기1301B/산기1601A/산기1703A/산기2101B/산기2201C/산기2302A]

작업자가 인쇄용 윤전기의 전원을 끄지 않고 서로 맞물려서 돌아가는 롤러를 걸레로 닦고 있다. 작업자는 체중을 실어서 위험하게 맞물리는 지점까지 걸레를 집어넣고 열심히 닦고 있는 도중 손이 롤러기 사이에 끼어서 사고를 당하고, 사고 발생 후 전원을 차단하고 손을 빼내는 장면을 보여준다.

① 회전 중 롤러의 죄어 들어가는 쪽에서 직접 손으로 눌러 닦고 있어서 손이 물려 들어갈 위험이 있다.
② 전원을 차단하지 않고 청소를 함으로 인해 사고위험에 노출되어 있다.
③ 체중을 걸쳐 닦고 있음으로 해서 신체의 일부가 말려 들어갈 위험이 있다.
④ 안전장치가 없어서 걸레를 위로 넣었을 때 롤러가 멈추지 않아 손이 물려 들어갈 위험이 있다.

▲ 해당 답안 중 2가지 선택 기재

**05** 영상은 양중작업을 보여주고 있다. 다음 물음에 답하시오.(6점) [산기2302A]

건설현장에서 외관 마무리를 위해 곤돌라를 이용해 청소작업을 진행하고 있다.

가) 동영상의 양중기 이름을 쓰시오.
나) 해당 양중기에 근로자를 탑승시키기 위해서 필요한 조치 2가지를 쓰시오.

가) 곤돌라
나) ① 탑승설비가 뒤집히거나 떨어지지 않도록 필요한 조치를 할 것
　　② 안전대나 구명줄을 설치하고, 안전난간을 설치할 수 있는 구조인 경우에는 안전난간을 설치할 것
　　③ 탑승설비를 하강시킬 때에는 동력하강방법으로 할 것

▲ 나)의 답안 중 2가지 선택 기재

**06** 영상은 석면을 취급하는 장면을 보여주고 있다. 작업자가 석면에 장기간 폭로 시 어떤 종류의 직업병이 발생할 위험이 있는지 3가지를 쓰시오.(4점) [기사1301B/기사1301C/
기사1303A/기사1402A/기사1501A/기사1502B/산기1502C/기사1601A/산기1701B/기사1701C/기사1703A/기사1901C/산기1903B/산기2302A]

송기마스크를 착용한 작업자가 석면을 취급하는 상황을 보여주고 있다.

① 폐암
② 석면폐증
③ 악성중피종

**07** 영상은 승강기 설치 전 피트 내부에서 작업자가 승강기 개구부로 추락 사망하는 사고를 보여주고 있다. 이 영상에서의 핵심 위험요인 3가지를 쓰시오.(6점)

[산기1403B/산기1601B/산기1703A/산기1802A/산기1903B/산기2101B/산기2201B/산기2302A]

승강기 설치 전 피트 내부의 불안정한 발판(나무판자로 엉성하게 이어붙인) 위에서 벽면에 돌출된 못을 망치로 제거하던 중 승강기 개구부로 추락하여 사망하는 재해 상황을 보여주고 있다. 이때 작업자는 안전장비를 착용하지 않았고, 피트 내부에 안전시설이 설치되지 않음을 확인할 수 있다.

① 안전대 부착설비 미설치 및 작업자가 안전대를 미착용하였다.
② 추락방호망을 미설치하였다.
③ 작업자가 딛고 선 발판이 불량하다.

**08** 영상은 컨베이어 위에서의 작업 중 사고사례를 보여주고 있다. 영상을 보고 재해방지를 위한 안전장치 3가지를 쓰시오.(5점)

[산기1203A/산기1303B/산기1401B/산기1501A/
산기1502B/산기1603B/산기1701A/산기1901B/산기2004B/산기2102B/산기2103B/산기2202B/산기2302A]

작업자가 컨베이어 위에서 벨트 양쪽의 기계에 두 발을 걸치고 물건을 올리는 작업 중 벨트에 신발 밑창이 딸려가서 넘어지고 옆에 다른 근로자가 부축하는 동영상임

① 비상정지장치          ② 덮개          ③ 울
④ 건널다리          ⑤ 이탈 및 역전방지장치

▲ 해당 답안 중 3가지 선택 기재

09 영상은 천장크레인으로 물건을 옮기다 재해가 발생하는 장면을 보여주고 있다. 동영상을 참고하여 다음 물음에 답하시오.(6점)

[산기|2101A/산기|2201A/산기|2302A]

천장크레인으로 물건을 옮기는 동영상으로 작업자는 한손으로는 조작스위치를, 또 다른 손으로는 인양물을 잡고 있다. 1줄 걸이로 인양물을 걸고 인양 중 인양물이 흔들리면서 한쪽으로 기울고 결국에는 추락하고 만다. 작업장 바닥이 여러 가지 자재들로 어질러져 있고 인양물이 떨어지는 사태에 당황한 작업자도 바닥에 놓인 자재에 부딪혀 넘어지며 소리 지르고 있다. 인양물을 걸었던 훅에는 해지장치가 달려있지 않다.

가) 산업안전보건기준에 관한 규칙에 의거 동영상의 양중기에 필요한 방호장치 1가지를 쓰시오.
나) 다음 ( ) 안에 알맞은 수치를 넣으시오.
  사업장에 설치가 끝난 날부터 ( ① )년 이내에 최초 안전검사를 실시하되, 그 이후부터 ( ② )년마다 안전검사를 실시한다.

가) ① 훅 해지장치            ② 과부하방지장치
   ③ 권과방지장치           ④ 비상정지장치 및 제동장치
나) ① 3                    ② 2

▲ 가)의 답안 중 1가지 선택 기재

**01** 영상은 덤프트럭의 적재함을 올리고 실린더 유압장치 밸브를 수리하던 중에 발생한 재해사례를 보여주고 있다. 동영상에서와 같이 차량계 하역운반기계 등의 수리 또는 부속장치의 장착 및 해제작업을 하는 때에 그 작업을 지휘하는 사람이 준수해야 할 사항을 2가지 쓰시오.(4점) [산기1202C/기사1203A/산기1303A/기사1402B/ 산기1501B/기사1503C/산기1701B/기사1703C/기사1801A/산기1803B/기사2002D/산기2003B/산기2202B/산기2302B]

작업자가 운전석에서 내려 덤프트럭 적재함을 올리고 실린더 유압장치 밸브를 수리하던 중 적재함의 유압이 빠지면서 사이에 끼이는 재해가 발생한 사례를 보여주고 있다.

① 작업순서를 결정하고 작업을 지휘한다.
② 안전지지대 또는 안전블록 등의 사용 상황을 점검한다.

**02** 영상은 인쇄 윤전기를 청소하는 중에 발생한 재해사례이다. 이 동영상을 보고 작업 시 발생한 ① 위험점, ② 정의를 쓰시오.(4점) [기사1202C/산기1203A/기사1303A/산기1501A/산기1502C/ 기사1601C/산기1603B/산기1701A/기사1703C/산기1802A/기사1803C/산기2004B/산기2103B/산기2202C/산기2302D/산기2303A]

작업자가 인쇄용 윤전기의 전원을 끄지 않고 서로 맞물려서 돌아가는 롤러를 걸레로 닦고 있다. 작업자는 체중을 실어서 위험하게 맞물리는 지점까지 걸레를 집어넣고 열심히 닦고 있던 중, 손이 롤러기 사이에 끼어서 사고를 당하고, 사고 발생 후 전원을 차단하고 손을 빼내는 장면을 보여준다.

① 위험점 : 물림점
② 정의 : 롤러기의 두 롤러 사이와 같이 회전하는 두 개의 회전체에 물려 들어갈 위험이 있는 점을 말한다.

**03** 영상은 사고가 발생하는 재해사례를 보여주고 있다. 재해의 직접적인 원인 2가지를 쓰시오.(4점)

[산기|2302B]

작업자가 장갑을 착용하지 않고 작동 중인 사출성형기에 끼인 이물질을 잡아당기다. 감전과 함께 뒤로 넘어지는 사고영상이다.

① 잔류물 제거작업을 시작하기 전 기계의 전원을 차단하지 않았다.
② 제거작업 시 절연용 보호구를 착용하지 않았다.
③ 이물질 제거를 위한 전용공구를 사용하지 않았다.

▲ 해당 답안 중 2가지 선택 기재

**04** 영상은 작업장에서 전구를 교체하는 영상이다. 영상을 보고 위험요인 3가지를 쓰시오.(6점)

[기사1803B/산기1803B/산기2001A/기사2003B/산기2302B]

안전장구를 착용하지 않은 작업자가 지게차 포크 위에서 전원이 연결된 상태의 전구를 교체하고 있다. 교체가 완료된 후 포크 위에서 뛰어내리는 영상을 보여주고 있다.

① 작업자가 지게차 포크 위에 올라가서 전구 교체작업을 하는 위험한 행동을 하고 있다.
② 전원을 차단하지 않고 전구를 교체하는 등 감전 위험에 노출되어 있다.
③ 작업자가 절연용 보호구를 착용하지 않아 감전 위험에 노출되어 있다.
④ 안전대를 비롯한 보호구도 미착용하고 있고, 방호장치도 설치되지 않았다.
⑤ 포크를 완전히 지면에 내리지 않은 상태에서 무리하게 뛰어내리는 위험한 행동을 하고 있다.

▲ 해당 답안 중 3가지 선택 기재

**05** 화면은 봉강 연마작업 중 발생한 사고사례이다. 기인물과 재해원인 2가지를 쓰시오.(5점)

[산기1701B/산기1803B/산기2101A/산기2302B]

수도 배관용 파이프 절단 바이트 날을 탁상용 연마기로 연마작업을 하던 중 연삭기에 튕긴 칩이 작업자 얼굴을 강타하는 재해가 발생하는 영상이다.

가) 기인물 : 탁상공구 연삭기(가해물은 환봉)
나) 직접적인 원인
    ① 칩비산방지투명판의 미설치
    ② 안전모, 보안경 등의 안전보호구 미착용
    ③ 봉강을 제대로 고정하지 않았다.

▲ 나)의 답안 중 2가지 선택 기재

**06** 동영상을 보고 해당 차량운행 시 준수사항에 대한 설명이다. ( ) 안을 채우시오.(4점)

[산기2302B]

구내운반차가 작업장 구내를 운행하고 있다. 운전자는 안전벨트를 착용하지 않고 있으며, 구내운반차의 회전반경 내에 다른 작업자들이 접근하는 영상이다.

가) 사업주는 구내운반차를 작업장내 ( ① )을 주목적으로 하는 차량으로 사용해야 한다.
나) 주행을 제동하거나 정지상태를 유지하기 위하여 유효한 ( ② )를 갖출 것
다) ( ③ )과 ( ④ )을 갖출 것. 다만, 작업을 안전하게 하기 위하여 필요한 조명이 있는 장소에서 사용하는 구내운반차에 대해서는 그러하지 아니하다

① 운반                    ② 제동장치
③ 전조등                  ④ 후미등

**07** 영상은 철골구조물 작업 중 재해상황을 보여준다. 철골구조물 작업 시 중지해야하는 기상상황 3가지를 쓰시오.(6점)

[산기1201B/산기1301A/산기1403A/산기1502B/산기1603A/산기1701A/산기1802A/산기1803A/산기2002B/산기2003A/산기2201B/산기2302B]

추락방지망 설치되지 않은 철골구조물에서 작업자 2명이 안전대를 착용하지 않고 볼트 체결작업을 하던 중 1명이 추락하는 영상을 보여준다.

① 풍속이 초당 10m 이상인 경우
② 강우량이 시간당 1mm 이상인 경우
③ 강설량이 시간당 1cm 이상인 경우

**08** 동영상을 보고 해당 작업장에서 근로자가 쉽게 볼 수 있는 장소에 게시하여야 할 사항 4가지를 쓰시오.(단, 그 밖에 근로자의 건강장해 예방에 관한 사항은 제외)(4점)

[산기1201A/산기1301A/산기1603A/산기1802A/산기1903B/산기2004A/산기2102B/산기2203A/산기2203B/산기2303B]

DMF작업장에서 한 작업자가 방독마스크, 안전장갑, 보호복 등을 착용하지 않은 채 유해물질 DMF 작업을 하고 있는 것을 보여주고 있다.

① 관리대상 유해물질의 명칭 및 물리적·화학적 특성
② 취급상의 주의사항
③ 착용하여야 할 보호구와 착용방법
④ 인체에 미치는 영향과 증상
⑤ 위급상황 시 대처방법과 응급조치 요령

▲ 해당 답안 중 4가지 선택 기재

**09** 영상은 터널 내 발파작업을 보여주고 있다. 이때 사용하는 장전구의 구비조건 1가지와 발파공의 충진재료는 어떤 것을 사용해야 하는지를 쓰시오.(6점) [산기1303A/산기2002C/산기2302B]

터널 굴착을 위한 터널 내 발파작업을 보여주고 있다. 장전구 안으로 화약을 집어넣는데 길고 얇은 철물을 이용해서 화약을 장전구 안으로 3~4개 정도 밀어 넣은 다음 접속한 전선을 꼬아 주변 선에 올려놓고 있다.

가) 장전구(裝塡具)는 마찰·충격·정전기 등에 의한 폭발의 위험이 없는 안전한 것을 사용할 것

나) 발파공의 충진재료는 점토·모래 등 발화성 또는 인화성의 위험이 없는 재료를 사용할 것

**01** 영상은 전신주 위에서 전기작업을 하려다 추락하는 사고를 보여주고 있다. 동영상에서와 같은 이동식 사다리의 최대 사용길이는 얼마인지 쓰시오.(4점)

[산기2101A/산기2301A]

작업자 1명이 전주에 사다리를 기대고 작업하는 도중 사다리가 미끄러지면서 작업자와 사다리가 넘어지는 재해 상황을 보여주고 있다.

- 6m

**02** 영상은 폭발성 화학물질 취급 중 작업자의 부주의로 발생한 사고 사례를 보여주고 있다. 영상에서와 같이 폭발성 물질 저장소에 들어가는 작업자가 신발에 물을 묻히는 ① 이유는 무엇인지 상세히 설명하고, 정전기에 의한 화재 또는 폭발 위험이 있는 경우 착용해야 할 ② 보호구 2가지를 쓰시오.(6점)

[기사1403C/기사1502C/기사1603C/기사1803B/기사2002C/산기2003B/산기2301A]

작업자가 폭발성 물질 저장소에 들어가는 장면을 보여주고 있다. 먼저 들어오는 작업자는 입구에서 신발 바닥에 물을 묻힌 후 들어오는데 반해 뒤에 들어오는 작업자는 그냥 들어오고 있다. 뒤의 작업자 이동에 따라 작업자 신발 바닥에서 불꽃이 발생되는 모습을 보여준다.

① 이유 : 정전기에 의한 폭발위험에 대비해 신발과 바닥면의 접촉으로 인한 정전기 발생을 예방하기 위해서이다.
② 보호구 : 정전기 대전방지용 안전화, 제전복

**03** 영상은 원형 톱을 이용해 금속을 절단하는 모습을 보여주고 있다. 해당 기계의 날접촉 예방장치가 갖추어야 할 조건을 3가지 쓰시오.(5점)

[신기2301A]

원형 톱기계를 이용해서 금속을 절단 하는 모습을 보여주고 있다.

① 작업부분을 제외한 톱날 전체를 덮을 수 있을 것
② 가드와 함께 움직이며 가공물을 절단하는 톱날에는 조정식 가이드를 설치할 것
③ 톱날, 가공물 등의 비산을 방지할 수 있는 충분한 강도를 가질 것
④ 둥근 톱날의 경우 회전날의 뒤, 옆, 밑 등을 통한 신체 일부의 접근을 차단할 수 있을 것

▲ 해당 답안 중 3가지 선택 기재

**04** 화면은 LPG 저장소에서 발생한 폭발사고를 보여주고 있다. 폭발의 종류를 쓰시오.(4점)

[기사1303C/신기1503B/기사1503C/기사1701A/기사1802B/신기1901A/신기2002A/기사2004C/신기2301A]

인화성 물질 저장창고에 인화성 물 질을 저장한 드럼이 여러 개 있고 한 작업자가 인화성 물질이 든 운반용 캔을 몇 개 운반하다가 잠시 쉬려고 드럼 옆에서 웃옷을 벗는 순간 "퍽" 하는 소리와 함께 폭발이 일어나는 사고상황을 보여주고 있다.

• 증기운폭발(UVCE)

**05** 영상은 변압기 볼트를 조이는 작업 중 재해상황을 보여주고 있다. 위험요인 3가지를 쓰시오.(6점)

[기사1302A/기사1403C/기사1601A/기사1702B/기사1803C/산기1901B/기사2001A/산기2002C/산기2301A]

작업자가 안전대를 착용하고 있으나 이를 전주에 걸지 않은 상태에서 전주에 올라서서 작업발판(볼트)을 딛고 면장갑을 착용한 상태에서 변압기 볼트를 조이는 중 추락하는 영상이다. 작업자는 안전대를 착용하지 않고, 안전화의 끈이 풀려있는 상태에서 불안정한 발판 위에서 작업 중 사고를 당했다.

① 작업자가 딛고 서는 발판이 불안하다.
② 작업자가 안전대를 체결하지 않고 작업하고 있어 위험에 노출되어 있다.
③ 작업자가 내전압용 절연장갑을 착용하지 않고 작업하고 있다.

**06** 타워크레인으로 커다란 통을 인양중에 있는 장면을 보여주고 있다. 동영상을 참고하여 크레인 작업 시의 준수사항을 3가지 쓰시오.(6점)

[산기2101A/기사2101C/산기2301A]

크레인으로 형강의 인양작업을 준비중이다. 유도로프를 사용해 작업자가 형강을 1줄걸이로 인양하고 있다. 인양된 형강은 철골 작업자에게 전달되어진다.

① 인양할 하물(荷物)을 바닥에서 끌어당기거나 밀어내는 작업을 하지 아니할 것
② 고정된 물체를 직접 분리·제거하는 작업을 하지 아니할 것
③ 미리 근로자의 출입을 통제하여 인양 중인 하물이 작업자의 머리 위로 통과하지 않도록 할 것
④ 유류드럼이나 가스통 등 운반 도중에 떨어져 폭발하거나 누출될 가능성이 있는 위험물 용기는 보관함(또는 보관고)에 담아 안전하게 매달아 운반할 것
⑤ 인양할 하물이 보이지 아니하는 경우에는 어떠한 동작도 하지 아니할 것

▲ 해당 답안 중 3가지 선택 기재

**07** 영상은 아파트 창틀에서 작업 중 발생한 재해사례를 보여주고 있다. 해당 동영상에서 작업자의 추락사고의 원인 3가지를 간략히 쓰시오.(6점)

[기사1202B/산기1203B/기사1302B/기사1401B/산기1402B/기사1403A/ 기사1502B/산기1503B/기사1601B/기사1701A/기사1702C/기사1801B/산기1901A/기사2001B/기사2004C/산기2103B/산기2301A]

A, B 2명의 작업자가 아파트 창틀에서 작업 중에 A가 작업발판을 처마위의 B에게 건네 준 후 B가 있는 옆 처마 위로 이동하려다 발을 헛디뎌 바닥으로 추락하는 재해 상황을 보여주고 있다. 이때 주변이 정리정돈 되어 있지 않고, A작업자가 밟고 있던 콘크리트 부스러기가 추락할 때 같이 떨어진다.

① 안전난간 미설치
② 안전대 미착용 및 안전대 부착설비 미설치
③ 추락방호망 미설치
④ 주변 정리정도 불량
⑤ 작업발판 부실

▲ 해당 답안 중 3가지 선택 기재

**08** 영상은 사고가 발생하는 재해사례를 보여주고 있다. 동종 재해를 방지하기 위한 대책을 2가지 쓰시오.(4점)

[산기1203B/기사1301B/산기1401B/기사1403A/기사1501B/기사1602B/ 산기1603B/기사1703C/기사1801B/산기1902A/기사1902B/기사2003B/산기2103B/산기2201B/산기2202B/산기2301A]

작업자가 장갑을 착용하지 않고 작동 중인 사출성형기에 끼인 이물질을 잡아당기다, 감전과 함께 뒤로 넘어지는 사고영상이다.

① 잔류물 제거를 위해서는 제거작업을 시작하기 전 기계의 전원을 차단한다.
② 잔류전하 등으로 인한 방전위험을 방지하기 위해 제거작업 시 절연용 보호구를 착용한다.
③ 금형의 이물질 제거를 위한 전용공구를 사용하여 제거한다.

▲ 해당 답안 중 2가지 선택 기재

**09** 영상은 위험기계를 점검하는 중 발생한 사고를 보여준다. 영상과 같은 사고를 방지하기 위한 대책을 2가지 쓰시오.(단, 작업지휘자 배치 및 안전교육 관련 내용은 제외)(4점)  [산기|2301A]

안전모를 착용한 작업자가 원심분리기 입구를 열어본 후 점검하고 있는데 다른 작업자가 원심분리기의 작동버튼을 눌러 점검중이던 작업자가 원심분리기 안으로 빨려들어가는 사고가 발생한다.

① 점검 작업 중 기계의 운전을 정지하지 않았다.
② 기계의 기동장치에 잠금장치를 하고 그 열쇠를 별도로 관리하거나 표지판을 설치하는 등 다른 사람이 기계를 운전하는 것을 방지하기 위한 조치를 취하지 않았다.
③ 해당 장치를 점검하면서 안전한 보조기구를 사용하지 않았다.
④ 사람이 빨려들어갈 위험이 있는 부분에 필요한 방호조치를 하지 않았다.

▲ 해당 답안 중 2가지 선택 기재

## 01 위험물을 다루는 바닥이 갖추어야 할 조건 2가지를 쓰시오.(4점)

[산기1201A/산기1302A/산기1403B/산기1603B/산기1802A/산기2101B/산기2301B/산기2303A]

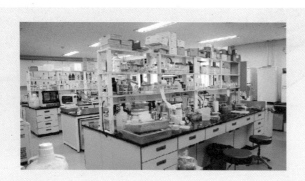

유해물질 작업장에서 위험물(황산)이 든 갈색병을 실수로 발로 차서 유리병이 깨지는 장면을 보여준다.

① 불침투성의 재료를 사용한다.
② 청소하기 쉬운 구조로 한다.

## 02 영상은 자동차 정비 중 발생한 사고를 보여주고 있다. 해당 사고의 가) 가해물, 나) 재해 발생원인을 1가지 쓰시오.(4점)

[신기2301B]

자동차 정비소에서 45도 앞으로 들려있는 자동차 아래에 고정장치가 고장난 유압잭을 이용해 차량을 들어 올린 후 그 아래에서 정비를 하다가 실수로 유압잭을 건드려 차량에 깔리는 사고를 보여준다.

가) 가해물 : 자동차(차량)
나) 재해 발생원인
  ① 고장난 유압잭을 사용해 차량을 들어올렸다.
  ② 별도의 안전지지대나 안전블록을 사용하지 않았다.

  ▲ 나)의 답안 중 1가지 선택 기재

**03** 화면에서 발생한 재해의 ① 재해발생형태, ② 기인물을 각각 구분하여 쓰시오.(4점)

[산기1201A/산기1303B/산기1502B/산기1503A/산기1702A/산기2001A/산기2301B]

동영상은 사출성형기가 개방된 상태에서 금형에 잔류물을 제거하다가 손이 눌리는 상황이다.

① 재해발생형태 : 협착(끼임)
② 기인물 : 사출성형기

**04** 컨베이어 작업 중 재해가 발생한 영상이다. 불안전한 행동 3가지를 쓰시오.(6점)

[산기1802B/산기2001A/기사2003A/산기2103A/산기2301B]

파지 압축장의 컨베이어 위에서 작업자가 집게암으로 파지를 들어서 작업자 머리 위를 통과한 후 집게암을 흔들어서 파지를 떨어뜨리는 영상을 보여주고 있다.

① 작업자가 안전모를 착용하지 않고 있다.
② 파지를 작업자 머리 위로 옮기고 있어 위험하다.
③ 작업자가 컨베이어 위에서 작업을 하고 있어 위험하다.
④ 파지가 떨어지지 않는다고 집게암을 흔들어서 떨어뜨리고 있어 위험하다.

▲ 해당 답안 중 3가지 선택 기재

**05** 영상은 크레인을 이용한 양중작업 중 발생한 재해상황을 보여주고 있다. 영상과 같은 작업 중 재해를 방지하기 위하여 관리감독자가 해야 할 유해 · 위험방지 업무 3가지를 쓰시오.(6점) [산기2004A/산기2102A/산기2301B]

타워크레인을 이용하여 철제 비계를 옮기는 중 안전모와 안전대를 미착용한 신호수가 있는 곳에서 흔들리다 작업자 위로 비계가 낙하하는 사고가 발생한 사례를 보여주고 있다.

① 작업방법과 근로자 배치를 결정하고 그 작업을 지휘하는 일
② 재료의 결함 유무 또는 기구 및 공구의 기능을 점검하고 불량품을 제거하는 일
③ 작업 중 안전대 또는 안전모의 착용 상황을 감시하는 일

**06** 영상은 지게차 작업 화면을 보여주고 있다. 영상을 보고 위험요인 3가지를 쓰시오.(6점) [산기2102A/산기2103B/산기2301B]

지게차에 화물을 과적하여 화물로 인해 현저하게 운전자의 시야가 방해를 받아 지게차 운전에 어려움을 겪고 있다. 이에 유도자가 지게차 문에 매달려서 후진하라고 유도하나가 지게차가 장애물을 넘는 순간 그 충격으로 유도자가 지게차에서 떨어지는 사고를 당했다. 이때 유도자는 안전모를 미착용한 상태로 머리를 다쳐 고통스러워 한다.

① 화물의 과적으로 운전자의 시야확보가 어렵다.
② 지게차에 사람을 탑승시켜서 안되는데 유도자를 탑승시켰다.
③ 유도자가 지게차에 탑승한 상태에서 지게차를 유도했다.
④ 지게차 이동경로에 방치된 장애물을 제거하지 않았다

▲ 해당 답안 중 3가지 선택 기재

**07** 화면은 작업자가 가정용 배전반 점검을 하다 추락하는 재해사례이다. 화면에서 점검 시 불안전한 행동 2가지를 쓰시오.(5점)

[산기|1203A/산기|1501A/산기|1602A/기사|2003A/산기|2102B/산기|2203A/산기|2301B]

작업자가 가정용 배전반 점검을 하다가 딛고 있던 의자가 불안정하여 추락하는 재해사례를 보여주고 있다.

① 전원을 차단하지 않고 배전반을 점검하고 있어 감전의 위험이 있다.
② 절연용 보호구(내전압용 절연장갑 등)를 착용하지 않아 감전의 위험에 노출되어 있다.
③ 작업자가 딛고 있는 의자(발판)가 불안정하여 추락위험이 있다.

▲ 해당 답안 중 2가지 선택 기재

**08** 상수도 배관 용접작업을 보여주고 있다. 교류아크용접기에 자동전격방지기를 설치해야 하는 장소 3가지를 쓰시오.(6점)

[산기|2301B]

작업자가 일반 캡 모자와 목장갑을 착용하고 상수도 배관 용접을 하다 감전당한 사고영상이다.

① 선박의 이중 선체 내부, 밸러스트 탱크, 보일러 내부 등 도전체에 둘러싸인 장소
② 추락할 위험이 있는 높이 2미터 이상의 장소로 철골 등 도전성이 높은 물체에 근로자가 접촉할 우려가 있는 장소
③ 근로자가 물·땀 등으로 인하여 도전성이 높은 습윤 상태에서 작업하는 장소

**09** 위험 기계를 보여주고 있다. 방호장치와 관련한 다음 설명의 (   ) 안을 채우시오.(4점) [산기2203B/산기2301B]

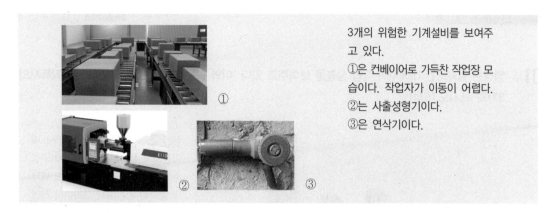

3개의 위험한 기계설비를 보여주고 있다.
①은 컨베이어로 가득찬 작업장 모습이다. 작업자가 이동이 어렵다.
②는 사출성형기이다.
③은 연삭기이다.

- 가) 작동 중인 ①기계 위를 작업자가 넘어가는 경우의 위험을 방지하는 장치 : ( ㉠ )
- ②와 ③에 공통으로 사용되는 방호장치 : ( ㉡ )

㉠ 건널다리
㉡ 덮개

**01** 영상은 밀폐공간 내에서의 작업 상황을 보여주고 있다. 이와 같은 환경의 작업장에서 관리감독자의 직무를 3가지 쓰시오.(6점)

[기사1302C/기사1603A/기사1901B/산기2203A]

작업 공간 외부에 존재하던 국소배기장치의 전원이 다른 작업자의 실수에 의해 차단됨에 따라 탱크 내부의 밀폐된 공간에서 그라인더 작업을 수행 중에 있는 작업자가 갑자기 의식을 잃고 쓰러지는 상황을 보여주고 있다.

① 작업 시작 전 작업방법 결정 및 당해 근로자의 작업을 지휘한다.
② 작업 시작 전 작업을 행하는 장소의 공기 적정여부를 확인한다.
③ 작업 시작 전 측정장비·환기장치 또는 송기마스크 등을 점검한다.

**02** 영상은 인화성 액체를 보관하는 저장탱크의 모습을 보여주고 있다. 산업안전보건법상 인화성 물질이나 부식성 물질을 액체 상태로 저장하는 저장탱크를 설치하는 때에 위험물질이 누출되어 확산되는 것을 방지하기 위해 설치하는 것을 무엇이라고 하는지 쓰시오.(4점)

[산기2203A]

콘크리트 담으로 둘러쌓여진 공간 안에 위험물질을 저장하는 저장탱크를 보여주고 있다. 마지막에 저장탱크를 둘러싼 콘크리트 담을 집중적으로 보여준다.

• 방유제

**03** 화면은 작업자가 가정용 배전반 점검을 하다 추락하는 재해사례이다. 화면에서 점검 시 불안전한 행동 2가지를 쓰시오.(4점)

[산기1203A/산기1501A/산기1602A/기사2003A/산기2102B/산기2203A/산기2301B]

작업자가 가정용 배전반 점검을 하다가 딛고 있던 의자가 불안정하여 추락하는 재해사례를 보여주고 있다.

① 전원을 차단하지 않고 배전반을 점검하고 있어 감전의 위험이 있다.
② 절연용 보호구(내전압용 절연장갑 등)를 착용하지 않아 감전의 위험에 노출되어 있다.
③ 작업자가 딛고 있는 의자(발판)가 불안정하여 추락위험이 있다.

▲ 해당 답안 중 2가지 선택 기재

**04** 동영상을 보고 해당 작업장에서 근로자가 쉽게 볼 수 있는 장소에 게시하여야 할 사항 3가지를 쓰시오.(단, 그 밖에 근로자의 건강장해 예방에 관한 사항은 제외)(6점)

[산기1201A/산기1301A/산기1603A/산기1802A/산기1903B/산기2004A/산기2102B/산기2203A/산기2203B/산기2303B]

DMF작업장에서 한 작업자가 방독마스크, 안전장갑, 보호복 등을 착용하지 않은 채 유해물질 DMF 작업을 하고 있는 것을 보여주고 있다.

① 관리대상 유해물질의 명칭 및 물리적·화학적 특성
② 취급상의 주의사항
③ 착용하여야 할 보호구와 착용방법
④ 인체에 미치는 영향과 증상
⑤ 위급상황 시 대처방법과 응급조치 요령

▲ 해당 답안 중 3가지 선택 기재

**05** 영상은 전로를 차단 중인 근로자를 보여주고 있다. 전로차단 절차를 순서에 맞게 배치하시오.(5점)

[산기|2203A]

작업자가 전신주에서 전로를 차단하고 있는 모습을 보여주고 있다. 전주 위의 단로기를 보여준다.

ㄱ 단로기 개방　　　　　　　　　　ㄴ 잠금장치 및 꼬리표 부착
ㄷ 검전기 이용 충전여부 확인　　　　ㄹ 잔류전하 방전

● ㄱ → ㄴ → ㄹ → ㄷ

**06** 건설작업용 리프트를 이용한 작업현장을 보여주고 있다. 건설용 리프트를 이용한 작업에 대한 특별안전·보건교육의 교육내용을 3가지 쓰시오.(6점)

[산기|2203A]

테이블리프트(승강기)를 타고 이동한 후 고공에서 용접하는 영상을 보여주고 있다.

① 방호장치의 기능 및 사용에 관한 사항
② 기계, 기구, 달기 체인 및 와이어 등의 점검에 관한 사항
③ 신호방법 및 공동작업에 관한 사항
④ 화물의 권상·권하 작업방법 및 안전작업 지도에 관한 사항
⑤ 기계·기구에 특성 및 동작원리에 관한 사항

▲ 해당 답안 중 3가지 선택 기재

**07** 실내 인테리어 작업을 하는 중 발생한 재해사례를 보여주고 있다. 재해의 유형과 부주의한 행동 1가지를 쓰시오.(4점)  [산기2001B/산기2004A/산기2203A/산기2203B]

실내 인테리어 작업을 하는 중 작업자 A가 작업자 B에게 근처에 있는 차단기를 내려달라고 해서 맨손의 작업자 B가 차단기를 내리려다 쓰러지는 재해가 발생하였다.

가) 재해의 유형 : 감전(=전류접촉)

나) 부주의한 행동

① 내전압용 절연장갑 등 절연용 보호구를 착용하지 않았다.

② 작업시작 전 전원을 차단하지 않았다.

▲ 나)의 답안 중 1가지 선택 기재

**08** 영상은 버스 정비작업 중 재해가 발생한 사례를 보여주고 있다. 기계설비의 위험점, 미 준수사항 2가지를 쓰시오.(6점)  [기사1203B/기사1402A/기사1501B/기사1603C/산기1802A/산기2203A]

버스를 정비하기 위해 차량용 리프트로 차량을 들어 올린 상태에서, 한 작업자가 버스 밑에 들어가 차량의 샤프트를 점검하고 있다. 그런데 다른 사람이 주변상황을 살피지 않고 버스에 올라 엔진을 시동하였다. 그 순간 밑에 있던 작업자의 팔이 버스의 회전하는 샤프트에 말려 들어가 협착사고가 일어나는 상황이다.(이때 작업장 주변에는 작업감시자가 없었다.)

가) 위험점 : 회전말림점

나) 미 준수사항

① 정비작업 중임을 보여주는 표지판을 설치하지 않았다.

② 기동장치에 잠금장치를 하지 않았고 열쇠의 별도관리가 이뤄지지 않았다.

**09** 영상은 작업자가 용광로 근처에서 작업하고 있는 상황을 보여주고 있다. 고열로 인한 중증장해 중 주어진 장해에 해당하는 설명을 찾아서 쓰시오.(4점)

[산기]2203A]

아무런 보호구를 착용하지 않은 작업자가 쇳물이 들어가는 탕도 내에 고무래로 출렁이는 쇳물 표면을 젓고 당기면서 굳은 찌꺼기를 긁어내는 작업을 하고 있다. 찌꺼기를 긁어 낸 후 고무래에 털어내는 영상이 보인다.

ⓐ 고열에 순화되지 않은 작업자가 장시간 고열환경에서 정적인 작업을 할 경우 발생하며 대량의 발한으로 혈액이 농축되어 심장에 부담이 증가하거나 혈류분포의 이상이 일어나기 때문에 발생한다.
ⓑ 작업환경에서 가장 흔히 발생하는 피부장해로서 땀띠(prickly heat)라고도 말한다.
ⓒ 고온 노출이 계속되어 심박수 증가가 일정 한도를 넘었을 때 일어나는 순환장해를 말한다.
ⓓ 땀을 많이 흘려 수분과 염분손실이 많을 때 발생하며 두통, 구역감, 현기증, 무기력증, 갈증 등의 증상이 나타난다
ⓔ 땀을 많이 흘려 수분과 염분손실이 많을 때 발생한다. 갑자기 의식상실에 빠지는 경우가 많지만, 전구증상으로서 현기증, 악의, 두통, 경련 등을 일으키며 땀이 나지 않아 뜨거운 마른 피부가 되어 체온이 41℃이상 상승하기도 한다.
ⓕ 고온환경 하에서 심한 육체적 노동을 함으로써 수의근에 통증이 있는 경련을 일으키는 고열장해를 말한다.

| ① 열탈진 | ② 열피로 |
|---|---|

① – ⓓ                    ② – ⓐ

**01** 영상은 변전실 근처에서 발생한 재해상황을 보여주고 있다. 영상을 보고 동종 재해의 방지를 위한 안전대책을 3가지 쓰시오.(6점)

[산기1201A/산기1302B/산기1502A/산기1701A/산기2203B]

화면은 옥상 변전실 근처에서 작업자 몇명이 공놀이를 하다가 공이 변전실에 들어가는 바람에 작업자 1인이 단독으로 공을 꺼내오려 하다가 변전실 안에서 감전당하는 사고장면을 보여주고 있다.

① 관계자 외 출입금지를 위해 잠금장치를 한다.
② 변전실에 접근하지 못하게 울타리를 치고 위험 안내표지판을 부착한다.
③ 작업자들에게 변전실의 전기위험에 대한 안전교육을 실시한다.
④ 부득이하게 접근해야 할 필요가 있을 때는 사전에 정전을 확인한 후 접근하도록 한다.

▲ 해당 답안 중 3가지 선택 기재

**02** 동영상을 참고하여 산업안전보건법령상 사업주가 근골격계질환 예방관리 프로그램을 수립하여 시행하는 것과 관련된 다음 설명의 (   ) 안을 채우시오.(6점)

[산기2203B]

김치공장에서 근로자들이 배추를 씻고, 배추에 속을 채우는 작업을 계속하는 모습을 보여주고 있다.

사업주는 근골격계질환으로 업무상 질병으로 인정받은 근로자가 연간 ( ① )명 이상 발생한 사업장 또는 ( ② )명 이상 발생한 사업장으로서 발생 비율이 그 사업장 근로자 수의 ( ③ )퍼센트 이상인 경우 근골격계질환 예방관리 프로그램을 시행하여야 한다.

① 10                          ② 5                          ③ 10

**03** 영상은 화학설비의 수리를 위해 분해된 설비를 인양하는 모습이다. 화학설비와 그 부속설비의 개조·수리 및 청소 등을 위하여 해당 설비를 분해하거나 해당 설비의 내부에서 작업하는 경우 준수사항 2가지를 쓰시오. (4점)

[산기2203B]

화학설비의 수리를 위해 분해된 설비를 양중기를 이용해서 인양하고 있다.

① 작업책임자를 정하여 해당 작업을 지휘하도록 할 것
② 작업장소에 위험물 등이 누출되거나 고온의 수증기가 새어나오지 않도록 할 것
③ 작업장 및 그 주변의 인화성 액체의 증기나 인화성 가스의 농도를 수시로 측정할 것

▲ 해당 답안 중 2가지 선택 기재

**04** 영상은 화물을 매달아 올리는 장면을 보여주고 있다. 해당 작업을 시작하기 전 점검사항을 3가지 쓰시오.(4점)

[기사1402A/기사1503B/기사1701C/기사1702A/기사1802C/기사1803B/기사2001A/기사2004A/기사2101A/산기2203B/산기2303B]

이동식크레인 붐대를 보여준 후 와이어로프에 화물을 매달아 올리는 영상을 보여준다.

① 권과방지장치나 그 밖의 경보장치의 기능
② 브레이크·클러치 및 조정장치의 기능
③ 와이어로프가 통하고 있는 곳 및 작업장소의 지반상태

**05** 영상은 밀폐공간에서 작업 중 발생한 재해상황을 보여주고 있다. 영상의 그라인더 작업 시 위험요인 3가지를 쓰시오.(6점)

[산기1801B/기사2001B/산기2203B/산기2303B]

동영상은 탱크 내부 밀폐된 공간에서 작업자가 그라인더 작업을 하고 있고, 다른 작업자가 외부에 설치된 국소배기장치를 발로 차서 전원공급이 차단되어 내부 작업자가 의식을 잃고 쓰러지는 화면을 보여주고 있다.

① 작업 시작 전 산소농도 및 유해가스 농도를 측정하지 않았고, 작업 중 꾸준히 환기를 시키지 않았다.
② 산소결핍 장소에 작업을 위해 들어갈 때는 호흡용 보호구를 착용하지 않았다.
③ 국소배기장치의 전원부에 잠금장치가 없고, 감시인을 배치하지 않아 위험에 노출되었다.

**06** 동영상을 보고 해당 작업장에서 근로자가 쉽게 볼 수 있는 장소에 게시하여야 할 사항 3가지를 쓰시오.(단, 그 밖에 근로자의 건강장해 예방에 관한 사항은 제외)(6점)

[산기1201A/산기1301A/산기1603A/산기1802A/산기1903B/산기2004A/산기2102B/산기2203A/산기2203B/산기2303B]

DMF작업장에서 한 작업자가 방독마스크, 안전장갑, 보호복 등을 착용하지 않은 채 유해물질 DMF 작업을 하고 있는 것을 보여주고 있다.

① 관리대상 유해물질의 명칭 및 물리적·화학적 특성
② 취급상의 주의사항
③ 착용하여야 할 보호구와 착용방법
④ 인체에 미치는 영향과 증상
⑤ 위급상황 시 대처방법과 응급조치 요령

▲ 해당 답안 중 3가지 선택 기재

**07** 위험 기계를 보여주고 있다. 방호장치와 관련한 다음 설명의 (   ) 안을 채우시오.(4점) [산기2203B/산기2301B]

3개의 위험한 기계설비를 보여주고 있다.
①은 컨베이어로 가득찬 작업장 모습이다. 작업자가 이동이 어렵다.
②는 사출성형기이다.
③은 연삭기이다.

- 가) 작동 중인 ①기계 위를 작업자가 넘어가는 경우의 위험을 방지하는 장치 : ( ㉠ )
- ②와 ③에 공통으로 사용되는 방호장치 : ( ㉡ )

㉠ 건널다리                              ㉡ 덮개

**08** 실내 인테리어 작업을 하는 중 발생한 재해사례를 보여주고 있다. 재해의 유형과 부주의한 행동 1가지를 쓰시오.(5점) [산기2001B/산기2004A/산기2203A/산기2203B]

실내 인테리어 작업을 하는 중 작업자 A가 작업자 B에게 근처에 있는 차단기를 내려달라고 해서 맨손의 작업자 B가 차단기를 내리려다 쓰러지는 재해가 발생하였다.

가) 재해의 유형 : 감전(=전류접촉)
나) 부주의한 행동
   ① 내전압용 절연장갑 등 절연용 보호구를 착용하지 않았다.
   ② 작업시작 전 전원을 차단하지 않았다.

▲ 나)의 답안 중 1가지 선택 기재

**09** 영상은 사고가 발생하는 재해사례를 보여주고 있다. 타워크레인 작업 종료 후 안전조치에 대한 설명에서 맞으면 "○", 틀리면 "×" 표시하시오.(6점)

타워크레인을 이용하여 철제 비계를 옮기는 중 안전모와 안전대를 미착용한 신호수가 있는 곳에서 흔들리다 작업자 위로 비계가 낙하하는 사고가 발생한 사례를 보여주고 있다.

① 운전자는 매단 화물을 지상에 내린 후 훅(Hook)을 가능한 높이 올린다.
② 바람이 심하게 불면 지브의 최소작업반경이 유지되도록 트롤리를 가능한 한 운전석과 먼 위치로 이동시킨다.
③ 항상 선회기어 브레이크를 잠궈 높아 선회치차가 자유롭게 선회될 수 없도록 한다.
④ 모든 제어장치를 "0"점 또는 중립에 위치시키며 모든 동력스위치를 끄고 키를 잠근 후 운전석을 떠난다.

① ○　　　　　　② ×　　　　　　③ ×　　　　　　④ ○

**01** 영상은 슬라이스 작업 중 재해가 발생한 상황을 보여주고 있다. 영상을 보고 위험요인을 2가지 쓰시오.(4점)

[산기1302A/산기1503B/산기1702A/산기2202A]

김치제조공장에서 무채의 슬라이스 작업 중 전원이 꺼져 기계의 작동이 정지되어 이를 점검하다가 재해가 발생한 상황을 보여준다.

① 인터록(Inter lock) 혹은 연동 방호장치가 설치되지 않아 위험하다.
② 기계의 전원을 끄지 않고 점검작업을 진행하여 위험에 노출되었다.
③ 점검 시 전용의 공구를 사용하지 않고 손을 사용하여 위험에 노출되었다.

▲ 해당 답안 중 2가지 선택 기재


**02** 영상은 선반작업 중 발생한 재해사례를 나타내고 있다. 화면에서와 같은 ① 위험점 명칭, ② 정의를 쓰시오. (5점)

[산기1601B/산기2202A]

회전하는 선반을 이용해서 철제 대상물을 절삭하다 작업복의 일부가 선반의 회전부위에 말려 들어가 발생한 재해를 보여주고 있다.

① 위험점 : 회전말림점
② 정의 : 회전하는 기계의 운동부 자체에 작업복 등이 말려들 위험이 존재하는 점을 말한다.

**03** 프레스를 이용한 작업 중 발생한 재해상황을 보여준다. 작업자의 부주의한 행동 1가지와 방지대책 1가지를 쓰시오.(4점)

[산기2004A/산기2102A/산기2202A]

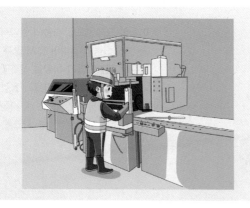

발광부와 수광부가 설치된 프레스를 보여준다. 페달로 작동시켜 철판에 구멍을 뚫는 작업 중 작업자가 방호장치 (발광부, 수광부)를 젖히고 2회 더 작업을 한다. 그 후 작업대 위에 손으로 청소를 하다가 페달을 밟아 작업자의 손이 끼이는 사고가 발생하는 장면을 보여준다.

가) 부주의한 행동
　　① 방호장치를 해제하였다.　　　　② 청소할 때 전원을 차단하지 않았다.
나) 방호장치
　　① 안전블록　　　　　　　　　　② U자형 페달 덮개

▲ 해당 답안 중 각각 1가지씩 선택 기재

**04** 영상은 컨베이어를 이용해 화물을 적재 중인 장면을 보여주고 있다. 영상에서 잘못된 작업방법 3가지를 쓰시오.(6점)

[기사1301A/ 기사1403B/ 기사1502B/ 기사2004A/ 기사2102C/산기2202A]

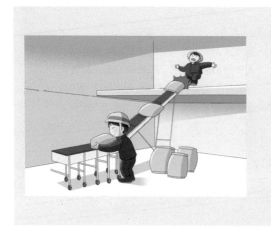

30도 정도의 경사를 가진 컨베이어 기계가 작동 중이고, 컨베이어 위에 작업자 A가, 아래쪽 작업장 바닥에 작업자 B가 있으며, 컨베이어 오른쪽에 위치한 시멘트 포대를 컨베이어 벨트 위로 올리는 작업을 보여주고 있다. 컨베이어 오른쪽에 포대가 많이 쌓여 있고, A는 경사진 컨베이어 위에 회전하는 벨트 양 끝 모서리에 양발을 벌리고 서 있으며, B가 포대를 무성의하게 컨베이어에 올리는 중에 컨베이어 위에 양발을 벌리고 있는 작업자 발에 포대 끝부분이 부딪혀 A가 무게 중심을 잃고 기계 오른쪽으로 쓰러진 후, 팔이 기계하단으로 들어가 절단되는 사고가 발생하는 상황을 보여주고 있다.

① 작업자가 양발을 컨베이어 양 끝에 지지하여 불안전한 자세로 작업을 하고 있었다.
② 시멘트 포대가 컨베이어로부터 떨어져 근로자를 위험하게 할 우려가 있음에도 덮개 또는 울을 설치하는 등의 낙하 방지 조치를 하지 않았다.
③ 비상상황에서 비상정지장치를 사용하지 않았다.

**05** 동영상은 교류아크용접기를 이용한 용접작업을 보여준다. 해당 기계를 이용한 작업을 시작하기 전 사업주가 관리감독자로 하여금 점검하게 해야하는 사항을 2가지 쓰시오.(4점) [산기2202A]

이동식 크레인으로 하물의 인양작업 중이다. 하물의 결박이 쉽지 않자 조종수가 작업자에게 하물을 잡고있으라고 한 후 작업자가 하물에 올라탄 상태에서 하물을 인양되던 중 하물에 올라탄 작업자가 떨어지는 사고를 당했다.

① 작업 준비 및 작업 절차 수립 여부
② 작업근로자에 대한 화재예방 및 피난교육 등 비상조치 여부
③ 화기작업에 따른 인근 가연성물질에 대한 방호조치 및 소화기구 비치 여부
④ 용접불티 비산방지덮개 또는 용접방화포 등 불꽃·불티 등의 비산을 방지하기 위한 조치 여부
⑤ 인화성 액체의 증기 또는 인화성 가스가 남아 있지 않도록 하는 환기 조치 여부

▲ 해당 답안 중 2가지 선택 기재

**06** 동영상은 건설현장에서 사용하는 리프트를 보여주고 있다. 해당 기계에 필요한 방호장치를 3가지 쓰시오. (6점) [기사1803A/기사2001A/산기2003A/산기2202A]

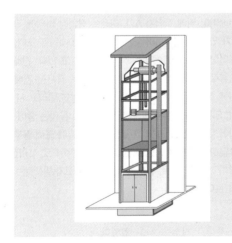

동력을 사용하여 사람이나 화물을 운반하는 것을 목적으로 하는 건설용 리프트의 모습을 보여주고 있다. 작업자가 건설용 리프트에 탑승하여 내부의 모습과 주변의 방호울을 살펴보는 것을 보여준다.

① 과부하방지장치       ② 권과방지장치       ③ 비상정지장치 및 제동장치

**07** 영상은 스팀노출 부위를 점검하던 중 발생한 재해사례이다. 동영상에서와 같은 배관작업 시 위험요인을 3가지 쓰시오.(6점)

[기사2004A/신기2004B/신기2202A/신기2303B]

스팀배관의 보수를 위해 노출부위를 점검하던 중 스팀이 노출되면서 작업자에게 화상을 입히는 영상이다. 작업자는 안전모와 장갑을 착용하고 플라이어로 작업하고 있다.

① 작업자가 보안경을 착용하지 않고 작업하고 있다.
② 작업 전 배관의 내용물을 제거하지 않았다.
③ 전용공구를 사용하지 않았다.
④ 방열장갑을 착용하지 않고 혼자서 작업하였다.

▲ 해당 답안 중 3가지 선택 기재

**08** 영상은 작업자가 드라이버를 이용해 나사를 조이다 발생한 재해영상이다. 위험요인 2가지를 서술하시오. (4점)

[기사2002A/신기2202A]

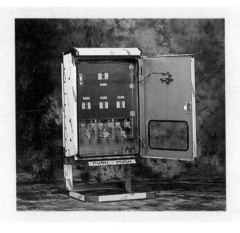

동영상은 작업자가 임시배전반에서 맨손으로 드라이버를 이용해 나사를 조이는 중이다. 이때 문틈에 손이 끼어있는 상태이다. 작업 하던 도중 지나가던 다른 작업자가 통행을 위해 문을 닫으려고 배전반 문을 밀면서 손이 컨트롤 박스에 끼이는 사고를 보여주고 있다.

① 작업지휘자 혹은 감시인을 배치하지 않았다.
② 개폐기 문에 작업 중이라는 표지판을 설치하지 않아 다른 작업자가 작업 중임을 인지하지 못해 재해가 발생하였다.

**09** 영상은 박공지붕 설치작업 중 박공지붕의 비래에 의해 재해가 발생하는 장면을 보여주고 있다. 위험요인을 찾아 3가지 쓰시오.(6점)

[산기1202A/기사1302C/산기1401A/기사1403A/
기사1503A/산기1701B/기사1703B/기사1803A/기사1901C/산기1902B/산기2002C/기사2003A/산기2202A]

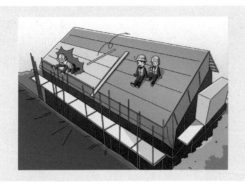

박공지붕 위쪽과 바닥을 보여주고 있으며, 지붕의 오른쪽에 안전난간, 추락방지망이 미설치된 화면과 지붕 위쪽 중간에서 커피를 마시면서 앉아 휴식을 취하는 작업자(안전모, 안전화 착용함)들과 작업자 왼쪽과 뒤편에 적재물이 적치되어있는 상태이다. 뒤에 있던 삼각형 적재물이 굴러와 휴식 중이던 작업자를 덮쳐 작업자가 앞으로 쓰러지는 영상이다.

① 중량물이 구를 위험이 있는 방향에서 근로자가 휴식을 취하고 있다.
② 추락방호망이 설치되지 않았다.
③ 안전대 부착설비가 없고, 안전대를 착용하지 않았다.
④ 안전난간이 설치되지 않았다.
⑤ 중량물의 동요나 이동을 조절하기 위해 구름멈춤대, 쐐기 등을 이용하지 않았다.

▲ 해당 답안 중 3가지 선택 기재

**01** 영상은 사고가 발생하는 재해사례를 보여주고 있다. 동종 재해를 방지하기 위한 대책을 2가지 쓰시오.(4점)

[산기1203B/기사1301B/산기1401B/기사1403A/기사1501B/기사1602B/
산기1603B/기사1703C/기사1801B/산기1902A/기사1902B/기사2003B/산기2103B/산기2201B/산기2202B/산기2301A]

작업자가 장갑을 착용하지 않고 작동 중인 사출성형기에 끼인 이물질을 잡아당기다, 감전과 함께 뒤로 넘어지는 사고영상이다.

① 잔류물 제거를 위해서는 제거작업을 시작하기 전 기계의 전원을 차단한다.
② 잔류전하 등으로 인한 방전위험을 방지하기 위해 제거작업 시 절연용 보호구를 착용한다.
③ 금형의 이물질 제거를 위한 전용공구를 사용하여 제거한다.

▲ 해당 답안 중 2가지 선택 기재

**02** 영상은 천정크레인으로 물건을 옮기다 재해가 발생하는 장면을 보여주고 있다. 해당 기계에 필요한 방호장치를 3가지 쓰시오.(6점)

[산기2202B]

천정크레인으로 물건을 옮기는 동영상으로 마그네틱을 금형 위에 올리고 손잡이를 작동시켜 이동시키고 있다. 작업자는 안전모를 미착용하고, 목장갑 착용하고 오른손으로 금형을 잡고, 왼손으로 상하좌우 조정장치(전기배선 외관에 피복이 벗겨져 있음)를 누르면서 이동 중이다. 갑자기 작업자가 쓰러지면서 오른손이 마그네틱 ON/OFF 봉을 건드려 금형이 발등으로 떨어지는 사고가 발생한다.이때 크레인에는 훅 해지장치가 없고, 훅에 샤클이 3개 연속으로 걸려있는 상태이다.

① 과부하방지장치        ② 권과방지장치        ③ 비상정지장치 및 제동장치

**03** 영상은 작업자가 전동권선기에 동선을 감는 작업 중 기계가 정지하여 점검 중 발생한 재해사례를 보여주고 있다. 재해의 유형과 재해의 원인 1가지를 적으시오.(4점)

[기사1203A/기사1301B/기사1403B/기사1501A/기사1602A/기사1603A/기사1903D/기사2002B/기사2101B/기사2102A/산기2202B/기사2203A]

작업자(맨손, 일반 작업복)가 전동
권선기에 동선을 감는 작업 중 기계
가 정지하여 점검하면서 전기에 감
전되는 재해사례이다.

가) 재해의 유형 : 감전(=전류접촉)
나) 재해의 원인
　　① 작업자가 절연용 보호구(내전압용 절연장갑)를 착용하지 않았다.
　　② 작업자가 점검작업 전 기계의 전원을 차단하지 않았다.

▲ 나)의 답안 중 1가지 선택 기재


**04** 영상은 컨베이어 위에서의 작업 중 사고사례를 보여주고 있다. 영상을 보고 재해방지를 위한 안전장치 3가지를 쓰시오.(5점)

[산기1203A/산기1303B/산기1401B/산기1501A/
산기1502B/산기1603B/산기1701A/산기1901B/산기2004B/산기2102B/산기2103B/산기2202B/산기2302A]

작업자가 컨베이어 위에서 벨트 양
쪽의 기계에 두 발을 걸치고 물건을
올리는 작업 중 벨트에 신발 밑창이
딸려가서 넘어지고 옆에 다른 근로
자가 부축하는 동영상임

① 비상정지장치　　　　② 덮개　　　　③ 울
④ 건널다리　　　　　　⑤ 이탈 및 역전방지장치

▲ 해당 답안 중 3가지 선택 기재

**05** 영상은 덤프트럭의 적재함을 올리고 실린더 유압장치 밸브를 수리하던 중에 발생한 재해사례를 보여주고 있다. 동영상에서와 같이 차량계 하역운반기계 등의 수리 또는 부속장치의 장착 및 해제작업을 하는 때에 작업 시작 전 조치사항을 3가지 쓰시오.(6점)

[산기1202B/기사1203A/산기1303A/기사1402B/ 산기1501B/기사1503C/산기1701B/기사1703C/기사1801A/산기1803B/기사2002D/산기2003B/산기2202B/산기2302B]

작업자가 운전석에서 내려 덤프트럭 적재함을 올리고 실린더 유압장치 밸브를 수리하던 중 적재함의 유압이 빠지면서 사이에 끼이는 재해가 발생한 사례를 보여주고 있다.

① 작업지휘자를 지정배치한다.
② 작업지휘자로 하여금 작업순서를 결정하고 작업을 지휘하게 한다.
③ 안전지지대 또는 안전블록 등의 사용 상황을 점검하게 한다.

**06** 작동 중인 양수기를 수리 중에 손을 벨트에 물리는 재해가 발생하였다. 동영상에서 점검 작업 시 위험요인 2가지를 쓰시오.(4점)

[산기2004A/산기2102A/산기2202B]

2명의 작업자(장갑 착용)가 작동 중인 양수기 옆에서 점검작업을 하면서 수공구(드라이버나 집게 등)를 던져주다가 한 사람이 양수기 벨트에 손이 물리는 재해 상황을 보여주고 있다. 작업자는 이야기를 하면서 웃다가 재해를 당한다.

① 운전 중 점검작업을 하고 있어 사고위험이 있다.
② 회전기계에 장갑을 착용하고 취급하고 있어서 접선물림점에 손을 다칠 수 있다.
③ 작업자가 작업에 집중하지 않고 있어 사고위험이 있다.

▲ 해당 답안 중 2가지 선택 기재

**07** 영상은 인화성 물질의 취급 및 저장소에서의 재해상황을 보여주고 있다. 이 동영상을 참고하여 인화성 물질의 증기, 가연성 가스 또는 가연성 분진이 존재하는 장소에서 폭발이나 화재를 방지하기 위한 대책 3가지를 쓰시오.(단, 점화원에 관한 내용은 제외)(6점)[산기|1201B/산기|1302B/산기|1403A/산기|1602B/산기|1901B/산기|2002B/산기|2202B]

인화성 물질 저장창고에 인화성 물질을 저장한 드럼이 여러 개 있고 한 작업자가 인화성 물질이 든 운반용 캔을 몇 개 운반하다가 잠시 쉬려고 드럼 옆에서 웃옷을 벗는 순간 "퍽" 하는 소리와 함께 폭발이 일어나는 사고상황을 보여주고 있다.

① 통풍·환기 및 분진 제거 등의 조치를 한다.
② 가스 검지 및 경보 성능을 갖춘 가스 검지 및 경보장치를 설치한다.
③ 작업자에게 사전에 인화성 물질 등에 대한 안전교육을 실시한다.

**08** 동영상은 감전재해 상황을 보여주고 있다. 동영상을 참고하여 동종재해 방지방법을 3가지 쓰시오.(6점)

[산기|2202B]

터널 입구에서 가설도로의 안내신호기 배선을 확인중에 있는 작업자가 갑자기 쓰러지는 사고상황을 보여주고 있다. 붉은 색 등이 깜빡이며, 작업자가 콘센트에 꽂힌 플러그를 만져본 후 절연테이프가 허술하게 감겨진 흰색 전선을 만지다가 감전되어 쓰러진다.

① 점검 전 전원을 차단한다.
② 절연용 보호구(내전압용 절연장갑)을 착용한다.
③ 감전방지용 누전차단기를 설치한다.
④ 누전에 의한 감전의 위험을 방지하기 위하여 접지를 한다.
⑤ 근로자를 감전위험에서 보호하기 위하여 사전에 위험을 경고하는 감시인을 배치한다.

▲ 해당 답안 중 3가지 선택 기재

**09** 영상은 박공지붕 설치작업 중 박공지붕의 비래에 의해 재해가 발생하는 장면을 보여주고 있다. 안전대책을 2가지 쓰시오.(4점) [기사1301B/산기1303B/기사1402C/산기1501B/산기1803B/산기2001A/기사2002E/산기2202B]

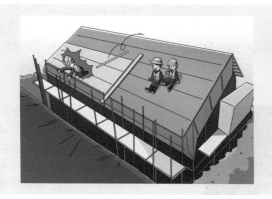

박공지붕 위쪽과 바닥을 보여주고 있으며, 지붕의 오른쪽에 안전난간, 추락방지망이 미설치된 화면과 지붕 위쪽 중간에서 커피를 마시면서 앉아 휴식을 취하는 작업자(안전모, 안전화 착용함)들과 작업자 왼쪽과 뒤편에 적재물이 적치되어있는 상태이다. 뒤에 있던 삼각형 적재물이 굴러와 휴식 중이던 작업자를 덮쳐 작업자가 앞으로 쓰러지는 영상이다.

① 휴식은 안전한 장소에서 취하도록 한다.
② 추락방호망을 설치한다.
③ 안전대 부착설비 및 안전대를 착용한다.
④ 지붕의 가장자리에 안전난간을 설치한다.
⑤ 구름멈춤대, 쐐기 등을 이용하여 중량물의 동요나 이동을 조절한다.
⑥ 중량물이 구를 위험이 있는 방향 앞의 일정거리 이내로는 근로자의 출입을 제한한다.

▲ 해당 답안 중 2가지 선택 기재

**01** 영상은 작업자가 용광로 근처에서 작업하고 있는 상황을 보여주고 있다. 작업자가 착용해야 할 보호구를 2가지 쓰시오.(4점)

[신기1801B/신기2001B/신기2004B/신기2202C]

아무런 보호구를 착용하지 않은 작업자가 쇳물이 들어가는 탕도 내에 고무래로 출렁이는 쇳물 표면을 젓고 당기면서 굳은 찌꺼기를 긁어내는 작업을 하고 있다. 찌꺼기를 긁어낸 후 고무래에 털어내는 영상이 보인다.

① 방열복                    ② 방열장갑                    ③ 보안면 또는 방열두건
④ 방열장화                  ⑤ 방독마스크

▲ 해당 답안 중 2가지 선택 기재

**02** 영상은 전기형강작업을 보여주고 있다. 작업 중 위험요인 3가지를 쓰시오.(6점)

[신기1301A/신기1403A/신기1602B/신기1703B/신기1802B/신기1903A/신기2101B/신기2202C]

작업자 2명이 전주 위에서 작업을 하고 있는 장면을 보여주고 있다. 작업자 1명은 발판이 안정되지 않은 변압기 위에 올라가서 담배를 입에 물고 볼트를 푸는 작업을 하고 있으며 작업자의 아래쪽 발판용 볼트에 C.O.S (Cut Out Switch)가 임시로 걸쳐있음을 보여주고 있다. 다른 한명의 작업자는 근처에선 이동식 크레인에 작업대를 매달고 또 다른 작업을 하고 있는 상황을 보여주고 있다.

① 작업 중 흡연을 하고 있다.
② 작업자가 딛고 서는 발판이 불안하다.
③ C.O.S(Cut Out Switch)를 발판용 볼트에 임시로 걸쳐 놓았다.

**03** 벨트에 묻은 기름과 먼지를 걸레로 청소하던 중 발생한 재해상황이다. 물음에 답하시오.(6점)

[기사2002B/기사2201C/산기2202C]

골재생산 작업장에서 작업자가 골재 이송용 컨베이어 벨트에 묻은 기름과 먼지를 걸레로 청소하던 중 다른 작업자가 기계를 가동하여 컨베이어 벨트 옆쪽 고정부분에 손이 끼이는 재해상황을 보여주고 있다.

| ① 위험점 | ② 재해원인 | ③ 재해방지방법 |
|---|---|---|

① 위험점 : 끼임점
② 재해원인 : 기계의 기동장치에 잠금장치를 하지 않았다.
③ 재해방지방법 : 기계의 기동장치에 잠금장치를 하고 그 열쇠를 별도로 관리한다.

**04** 영상은 인쇄 윤전기를 청소하는 중에 발생한 재해사례이다. 이 동영상을 보고 작업 시 발생한 ① 위험점,
② 재해원인을 1가지를 쓰시오.(4점)

[기사1202C/산기1203A/기사1303B/산기1501A/산기1502C/

기사1601C/산기1603B/산기1701A/기사703C/산기1802A/기사1803C/산기2004B/산기2103B/산기2202C/산기2302B/산기2303A]

작업자가 인쇄용 윤전기의 전원을 끄지 않고 서로 맞물려서 돌아가는 롤러를 걸레로 닦고 있다. 작업자는 체중을 실어서 위험하게 맞물리는 지점까지 걸레를 집어넣고 열심히 닦고 있던 중, 손이 롤러기 사이에 끼어서 사고를 당하고, 사고 발생 후 전원을 차단하고 손을 빼내는 장면을 보여준다.

① 위험점 : 물림점
② 재해원인 : 정비·점검 중에 전원을 차단하지 않았다.

**05** 동영상은 건설현장에서 사용하는 리프트의 위치별 방호장치를 보여주고 있다. 그림에 맞는 장치의 이름을 쓰시오.(단, ③은 비상정지장치이며 제외)(5점)
[기사1803A/기사2001A/산기2003A/산기2202C]

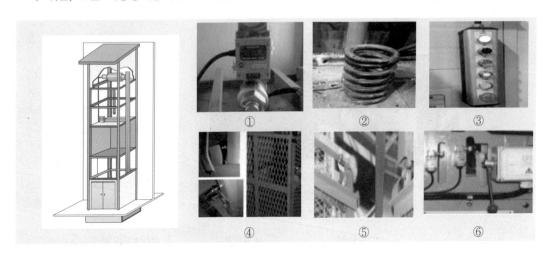

① 과부하방지장치       ② 완충스프링
④ 출입문연동장치       ⑤ 방호울출입문연동장치       ⑥ 3상전원차단장치

**06** 영상은 산업용 로봇의 오작동과 관련된 영상이다. 영상을 참고하여 로봇의 오작동 및 오조작에 의한 위험을 방지하기 위한 지침에 포함되어야 할 사항 3가지를 쓰시오.(단, 기타 로봇의 예기치 못한 작동 또는 오동작에 의한 위험 방지를 위해 필요한 조치 제외)(6점)
[산기1903B/산기2202C]

산업용 로봇이 자동차를 생산하고 있는 모습을 보여주고 있다. 정상작동 중 로봇이 오작동을 하는 모습이다.

① 로봇의 조작방법 및 순서       ② 작업 중의 매니퓰레이터의 속도
③ 이상을 발견한 경우의 조치       ④ 2명 이상의 근로자에게 작업을 시킬 경우의 신호방법
⑤ 이상을 발견하여 로봇의 운전을 정지시킨 후 이를 재가동시킬 경우의 조치

▲ 해당 답안 중 3가지 선택 기재

**07** 대리석 연마작업상황을 보여주고 있다. 작업 중 위험요인 2가지를 쓰시오.(4점)

[산기2002A/산기2003A/기사2003C/산기2103B/산기2202C/산기2303A]

대리석 연마작업을 하는 2명의 작업자를 보여주고 있다. 작업장 정리정돈이 안 되어 이동전선과 충전부가 널려져 있으며 일부는 물에 젖은 상태로 방치되고 있다. 덮개도 없는 연삭기의 측면을 사용해 대리석을 연마하는 모습이 보인다. 작업이 끝난 후 작업자가 대리석을 힘겹게 옮긴다.

① 연삭작업을 하는 작업자가 보안경을 착용하지 않았다.
② 연삭기에 방호장치가 설치되지 않았다.
③ 작업자가 방진마스크를 착용하지 않았다.
④ 연삭기 측면을 사용하여 연삭작업을 수행하고 있다.

▲ 해당 답안 중 2가지 선택 기재


**08** 영상은 컨베이어의 갑작스러운 중지에 이를 점검하던 중 발생한 사례를 보여주고 있다. 가해물과 재해원인을 쓰시오.(5점)

[산기1902A/산기2102A/산기2202C]

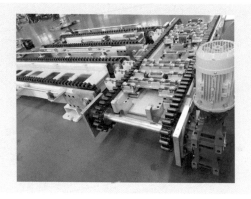

롤러체인에 의해 구동되는 컨베이어의 작업영상이다. 갑작스러운 고장으로 인해 컨베이어가 구동을 중지하자 이를 점검하다가 재해를 당하는 영상을 보여주고 있다. 점검자는 면장갑을 끼고 컨베이어 구동부를 조작하다가 사고를 당하였다.

① 가해물 : 롤러체인
② 재해원인 : 기계의 전원을 차단하지 않고 면장갑을 낀 상태로 회전부를 점검하였다.

**09** 영상은 프레스기 외관을 점검하고 있는 모습을 보여주고 있다. 프레스 작업 시작 전 점검사항 2가지를 쓰시오.(5점) [기사2002B/기사2102C/산기2103A/산기2202C]

작업자가 프레스의 외관을 살펴보면서 페달을 밟거나 전원을 올려 작동시험을 하는 등 점검작업을 수행 중이다.

① 클러치 및 브레이크의 기능
② 프레스의 금형 및 고정볼트 상태
③ 방호장치의 기능
④ 전단기의 칼날 및 테이블의 상태
⑤ 1행정 1정지기구·급정지장치 및 비상정지장치의 기능
⑥ 크랭크축·플라이휠·슬라이드·연결봉 및 연결 나사의 풀림 여부
⑦ 슬라이드 또는 칼날에 의한 위험방지기구의 기능

▲ 해당 답안 중 2가지 선택 기재

**01** 영상은 교량하부 점검 중 발생한 재해사례이다. 화면을 참고하여 사고 원인 2가지를 쓰시오.(4점)

[기사1303B/기사1501C/기사1701B/기사1802B/기사1903B/기사2101A/산기2201A]

교량의 하부를 점검하던 도중 작업자A가 작업자가 B에게 이동하던 중 갑자기 화면이 전환되면서 교량 하부에 설치된 그물을 비추고 화면이 회전하면서 흔들리는 영상을 보여주고 있다.

① 안전대 부착 설비 및 작업자가 안전대 착용을 하지 않았다.
② 추락방호망이 설치되지 않았다.
③ 안전난간 설치가 불량하다.
④ 작업장의 정리정돈이 불량하다.
⑤ 작업 전 작업발판 등에 대한 점검이 미비했다.

▲ 해당 답안 중 2가지 선택 기재

**02** 영상은 아파트 창틀에서 작업 중 발생한 재해사례를 보여주고 있다. 기인물과 가해물을 쓰시오.(5점)

[산기1501A/산기1602A/산기1903B/산기2201A]

A, B 2명의 작업자가 아파트 창틀에서 작업 중에 A가 작업발판을 처마 위의 B에게 건네 준 후, B가 있는 옆 처마 위로 이동하려다 발을 헛디뎌 바닥으로 추락하는 재해 상황을 보여주고 있다. 이때 주변에 정리정돈이 되어 있지 않고, A작업자가 밟고 있던 콘크리트 부스러기가 추락할 때 같이 떨어진다.

① 기인물 : 콘크리트 부스러기
② 가해물 : 바닥

**03** 영상은 버스 정비작업 중 재해가 발생한 사례를 보여주고 있다. 작업자의 작업수칙 미 준수사항 3가지를 쓰시오.(6점) [기사1203B/기사1402A/기사1501B/기사1603C/산기1802A/산기2201A/산기2203A]

버스를 정비하기 위해 차량용 리프트로 차량을 들어 올린 상태에서, 한 작업자가 버스 밑에 들어가 차량의 샤프트를 점검하고 있다. 그런데 다른 사람이 주변상황을 살피지 않고 버스에 올라 엔진을 시동하였다. 그 순간 밑에 있던 작업자의 팔이 버스의 회전하는 샤프트에 말려 들어가 협착사고가 일어나는 상황이다.(이때 작업장 주변에는 작업감시자가 없었다.)

① 정비작업 중임을 보여주는 표지판을 설치하지 않았다.
② 작업과정을 지휘하고 감독할 감시자를 배치하지 않았다.
③ 기동장치에 잠금장치를 하지 않았고 열쇠의 별도관리가 이뤄지지 않았다.

**04** 목재 가공작업 중 발생한 재해상황을 보여주고 있다. 재해를 방지하기 위한 올바른 작업방법을 3가지 쓰시오. (6점) [산기1201B/산기1302A/산기1702B/산기2102B/산기2103B/산기2201A]

영상은 일반장갑을 착용한 작업자가 둥근톱을 이용하여 나무판자를 자르는 작업을 보여주고 있다. 둥근톱에 덮개가 없으며, 작업자는 보안경 및 방진마스크 등을 착용하지 않고 있다. 작업 중 곁눈질을 하는 등 부주의로 작업자의 손가락이 절단되는 재해가 발생한다.

① 작업자에게 작업 시 보안경, 방진마스크, 안전모 등 보호구를 착용하도록 한다.
② 톱날접촉예방장치 등 방호장치를 설치한다.
③ 위험작업을 하는 동안에는 작업에 집중하도록 한다.

**05** 영상은 이동식 사다리를 작업발판 삼아 작업 중에 추락하는 사고를 보여주고 있다. 이 영상에서의 위험요인 2가지를 쓰시오.(4점) [신기2201A]

이동식 사다리 위에서 벽면에 돌출된 못을 망치로 제거하던 중 갑자기 발판이 흔들리면서 추락하는 재해 상황을 보여주고 있다. 이때 작업자는 안전대를 착용하지 않았고, 또다른 작업자는 이동식 사다리를 흔들리지 않게 잡고 있는 중이다.

① 이동식 사다리 디딤대를 작업발판 삼아 작업해서는 안 된다.
② 안전대를 착용하지 않고 작업중이다.

**06** 영상은 지게차 작업 중 운전자가 이탈하는 장면을 보여주고 있다. 운전자가 운전위치 이탈 시 조치사항을 2가지 쓰시오.(4점) [신기2201A/신기2303A]

지게차에 화물을 과적하여 화물로 인해 현저하게 운전자의 시야가 방해를 받아 지게차 운전에 어려움을 겪고 있다. 짜증을 내던 운전자가 갑자기 화장실에 간다면서 운전석을 이탈한다.

① 포크, 버킷, 디퍼 등의 장치를 가장 낮은 위치 또는 지면에 내려 둘 것
② 원동기를 정지시키고 브레이크를 확실히 거는 등 갑작스러운 주행이나 이탈을 방지하기 위한 조치를 할 것
③ 운전석을 이탈하는 경우에는 시동키를 운전대에서 분리시킬 것

▲ 해당 답안 중 2가지 선택 기재

**07** 프레스를 이용한 작업 중 발생한 재해상황을 보여준다. 작업자의 부주의한 행동 2가지와 페달에 부착해야
할 방호장치 1가지를 쓰시오.(6점)

[산기2004A/산기2102A/산기2201A/산기2202A]

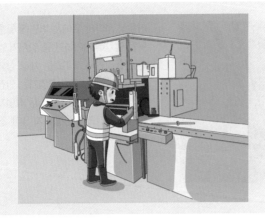

발광부와 수광부가 설치된 프레스를
보여준다. 페달로 작동시켜 철판에 구
멍을 뚫는 작업 중 작업자가 방호장치
(발광부, 수광부)를 젖히고 2회 더 작
업을 한다. 그 후 작업대 위에 손으로
청소를 하다가 페달을 밟아 작업자의
손이 끼이는 사고가 발생하는 장면을
보여준다.

가) 부주의한 행동
　　① 방호장치를 해제하였다.　　　　　　② 청소할 때 전원을 차단하지 않았다.
나) 방호장치
　　① 안전블록　　　　　　　　　　　　② U자형 페달 덮개

　▲ 나)의 답안 중 1가지 선택 기재

**08** 맨홀(밀폐공간)에서 전화선 작업 중 발생한 재해영상이다. 영상에서와 같은 밀폐공간에서 착용해야 할 호흡
용 보호구 2가지를 쓰시오.(4점)

[기사1302C/기사1601A/기사1703B/산기1901A/기사1902A/기사2002B/기사2002C/산기2003B/산기2201A]

맨홀(밀폐공간)에서 전화선 작업 중
작업자가 갑자기 쓰러지는 재해가
발생하였다. 바깥에서 이를 지켜보
던 감독자가 재해자를 구호하기 위
해서 맨홀로 내려가는 모습을 보여
준다.

① 공기호흡기　　　　　　　　　　　　② 송기마스크

**09** 영상은 천장크레인으로 물건을 옮기다 재해가 발생하는 장면을 보여주고 있다. 동영상을 참고하여 다음 물음에 답하시오.(6점) [산기2101A/산기2201A/산기2302A]

천장크레인으로 물건을 옮기는 동영상으로 작업자는 한손으로는 조작스위치를, 또 다른 손으로는 인양물을 잡고 있다. 1줄 걸이로 인양물을 걸고 인양 중 인양물이 흔들리면서 한쪽으로 기울고 결국에는 추락하고 만다. 작업장 바닥이 여러 가지 자재들로 어질러져 있고 인양물이 떨어지는 사태에 당황한 작업자도 바닥에 놓인 자재에 부딪혀 넘어지며 소리지르고 있다. 인양물을 걸었던 훅에는 해지장치가 달려있지 않다.

가) 산업안전보건기준에 관한 규칙에 의거 동영상의 양중기에 필요한 방호장치 1가지를 쓰시오.
나) 다음 ( ) 안에 알맞은 수치를 넣으시오.
 사업장에 설치가 끝난 날부터 ( ① )년 이내에 최초 안전검사를 실시하되, 그 이후부터 ( ② )년마다 안전검사를 실시한다.

가) ① 훅 해지장치          ② 과부하방지장치
   ③ 권과방지장치          ④ 비상정지장치 및 제동장치
나) ① 3                   ② 2

▲ 가)의 답안 중 1가지 선택 기재

**01** 영상은 케이블 타이를 묶다가 추락하는 사고를 보여주고 있다. 이 영상에서의 핵심 위험요인 2가지를 쓰시오.
(4점)

[산기2201B]

작업발판이 설치되지 않은 건물 신축 현장에서 안전모를 착용한 작업자가 안전대를 착용하지 않고 강관비계를 타고 플라이어로 케이블 타이를 강관비계에 묶는 작업을 하다가 추락하는 영상을 보여주고 있다.

① 안전대 부착설비 미설치 및 작업자가 안전대를 미착용하였다.
② 안전난간을 미설치하였다.
③ 수직형 추락방망 및 덮개를 미설치하였다.
④ 추락방호망을 미설치하였다.

▲ 해당 답안 중 2가지 선택 기재

**02** 영상은 프레스기 외관을 점검 중 발생한 재해장면이다. 위험점과 그 정의를 쓰시오.(5점)

[기사2002B/기사2201C/산기2201B]

작업자가 프레스의 외관을 살펴보면서 페달을 밟거나 전원을 올려 작동시험을 하는 등 점검작업을 수행 중이다. 작동상태를 지켜보다 방호장치를 열고 프레스 안에 손을 넣었는데 갑자기 프레스가 작동되면서 손이 끼이는 사고가 발생한다.

① 위험점 : 협착점
② 정의 : 두 물체 사이의 움직임에 의하여 일어난 것으로 직선 운동하는 물체 사이의 협착, 회전부와 고정체 사이의 끼임, 롤러 등 회전체 사이에 물리거나 또는 회전체·돌기부 등에 감긴 경우

**03** 영상은 천장크레인으로 물건을 옮기다 재해가 발생하는 장면을 보여주고 있다. 동영상에 나오는 기계에 필요한 방호장치를 2가지 쓰시오.(4점)

[산기2201B]

천장크레인으로 물건을 옮기는 동영상으로 작업자는 한손으로는 조작스위치를, 또 다른 손으로는 인양물을 잡고 있다. 1줄 걸이로 인양물을 걸고 인양 중 인양물이 흔들리면서 한쪽으로 기울고 결국에는 추락하고 만다. 작업장 바닥이 여러 가지 자재들로 어질러져 있고 인양물이 떨어지는 사태에 당황한 작업자도 바닥에 놓인 자재에 부딪혀 넘어지며 소리지르고 있다. 인양물을 걸었던 훅에는 해지장치가 달려있지 않다.

① 과부하방지장치        ② 권과방지장치        ③ 비상정지장치 및 제동장치

▲ 해당 답안 중 2가지 선택 기재


**04** 영상은 컨베이어 관련 재해사례를 보여주고 있다. 컨베이어 작업 시작 전 점검사항 3가지를 쓰시오.(6점)

[기사1301C/기사1402C/산기1403A/기사1501C/산기1602B/기사1702B/산기1803A/산기2001B/기사2004B/산기2201B]

작은 공장에서 볼 수 있는 소규모 작업용 컨베이어를 작업자가 점검 중이다. 이때 다른 작업자가 전원스위치 쪽으로 서서히 다가오더니 전원버튼을 누르는 순간 점검 중이던 작업자의 손이 벨트에 끼이는 사고가 발생하는 영상을 보여준다.

① 원동기 및 풀리(Pulley) 기능의 이상 유무
② 이탈 등의 방지장치 기능의 이상 유무
③ 비상정지장치 기능의 이상 유무
④ 원동기·회전축·기어 및 풀리 등의 덮개 또는 울 등의 이상 유무

▲ 해당 답안 중 3가지 선택 기재

**05** 영상은 사고가 발생하는 재해사례를 보여주고 있다. 동종 재해를 방지하기 위한 대책을 3가지 쓰시오.(6점)

[산기1203B/기사1301B/산기1401B/기사1403A/기사1501B/기사1602B/
산기1603B/기사1703C/기사1801B/산기1902A/기사1902B/기사2003B/산기2103B/산기2201B/산기2202B/산기2301A]

작업자가 장갑을 착용하지 않고 작동 중인 사출성형기에 끼인 이물질을 잡아당기다, 감전과 함께 뒤로 넘어지는 사고영상이다.

① 잔류물 제거를 위해서는 제거작업을 시작하기 전 기계의 전원을 차단한다.
② 잔류전하 등으로 인한 방전위험을 방지하기 위해 제거작업 시 절연용 보호구를 착용한다.
③ 금형의 이물질 제거를 위한 전용공구를 사용하여 제거한다.

**06** 영상은 승강기 설치 전 피트 내부에서 작업자가 승강기 개구부로 추락 사망하는 사고를 보여주고 있다. 이 영상에서의 핵심 위험요인 3가지를 쓰시오.(6점)

[산기1403B/산기1601B/산기1703A/산기1802A/산기1903B/산기2101B/산기2201B/산기2302A]

승강기 설치 전 피트 내부의 불안정한 발판(나무판자로 엉성하게 이어붙인) 위에서 벽면에 돌출된 못을 망치로 제거하던 중 승강기 개구부로 추락하여 사망하는 재해 상황을 보여주고 있다. 이때 작업자는 안전장비를 착용하지 않았고, 피트 내부에 안전시설이 설치되지 않음을 확인할 수 있다.

① 안전대 부착설비 미설치 및 작업자가 안전대를 미착용하였다.
② 추락방호망을 미설치하였다.
③ 작업자가 딛고 선 발판이 불량하다.

**07** 영상은 철골구조물 작업 중 재해상황을 보여준다. 철골구조물 작업 시 중지해야하는 기상상황 3가지를 쓰시오.(4점)

[산기1201B/산기1301A/산기1403A/산기1502B/
산기1603A/산기1701A/산기1802A/산기1803A/산기2002B/산기2003A/산기2201B/산기2302B]

추락방지망 설치되지 않은 철골구조
물에서 작업자 2명이 안전대를 착용
하지 않고 볼트 체결작업을 하던 중
1명이 추락하는 영상을 보여준다.

① 풍속이 초당 10m 이상인 경우
② 강우량이 시간당 1mm 이상인 경우
③ 강설량이 시간당 1cm 이상인 경우

**08** 영상은 전기환풍기 팬 수리 작업 중 선반에 부딪혀 부상을 당한 재해사례이다. ① 재해형태, ② 기인물을 쓰시오.(4점)

[산기1201B/산기1302B/산기1601B/산기2002A/산기2201B]

높이 1m 정도의 씽크대 위에서 전기
환풍기 팬 수리 작업을 하던 중 잔류
전기에 놀라 씽크디에서 떨어지면
서 뒤에 위치한 선반에 부딪히는 재
해가 발생하였다.

① 재해형태 : 추락(떨어짐)
② 기인물 : 전기환풍기 팬

**09** 영상은 고소작업대 이동 중 발생한 재해영상이다. 고소작업대 이동 시 준수사항을 3가지 쓰시오.(6점)

[기사1903D/기사2201B/산기2201B/산기2303B]

고소작업대가 이동 중 부하를 이기지 못하고 옆으로 넘어지는 전도재해가 발생한 상황을 보여주고 있다.

① 작업대를 가장 낮게 내릴 것
② 작업자를 태우고 이동하지 말 것
③ 이동통로의 요철상태 또는 장애물의 유무 등을 확인할 것

**01** 동영상은 지하의 작업장에서 작업을 하고 있는 상황을 보여주고 있다. 다음과 같은 조건에서의 작업조도의 기준을 쓰시오.(단, 갱내 작업장과 감광재료 취급 작업장은 제외)(4점)　　　　　　　[산기2201C]

작업자가 지하의 밀폐된 작업장에서 도장작업을 하고 있는 상황을 보여주고 있다.

　　① 정밀작업　　　　　　　② 보통작업　　　　　　　③ 그 밖의 작업

① 300Lux 이상　　　　② 150Lux 이상　　　　③ 75Lux 이상

**02** 동영상은 이동식 크레인을 이용해 하물을 인양하는 중 발생한 재해상황이다. 재해의 발생형태와 산업안전보건법 위반사항을 1가지 쓰시오.(6점)　　　　　　　[산기2102A/산기2201C]

이동식 크레인으로 하물의 인양작업 중이다. 하물의 결박이 쉽지 않자 조종수가 작업자에게 하물을 잡고있으라고 한 후 작업자가 하물에 올라탄 상태에서 하물을 인양되던 중 하물에 올라탄 작업자가 떨어지는 사고를 당했다.

① 재해의 발생형태 : 추락(=떨어짐)
② 위반사항 : 이동식 크레인을 사용하여 근로자를 달아 올린 상태에서 작업에 종사하게 해서는 안되는 데 근로자에게 이를 지시했다.

**03** 영상은 절단작업 중 발생한 재해이다. 위험점과 그 정의를 쓰시오.(5점)  [산기2201C]

작업자가 고무장갑을 끼고 전단기를 이용해 페달로 철판을 자르는 작업을 진행하고 있다. 작업 중 전단기에서 이물질을 제거하는 도중 손가락이 절단되는 사고가 발생한다.

① 위험점 : 협착점
② 정의 : 두 물체 사이의 움직임에 의하여 일어난 것으로 직선 운동하는 물체 사이의 협착, 회전부와 고정체 사이의 끼임, 롤러 등 회전체 사이에 물리거나 또는 회전체·돌기부 등에 감긴 경우

**04** 영상은 콘크리트 전주를 세우기 작업하는 도중에 발생한 사례를 보여주고 있다. 항타기·항발기 조립 시 점검사항 3가지를 쓰시오.(6점)

[기사1401C/기사1603B/기사1702B/기사1801A/기사1902A/기사2002A/산기2004B/산기2103A/산기2201C/기사2303A]

콘크리트 전주를 세우기 작업하는 도중에 전도사고가 발생한 사례를 보여주고 있다.

① 본체 연결부의 풀림 또는 손상의 유무
② 권상용 와이어로프·드럼 및 도르래의 부착상태의 이상 유무
③ 권상장치의 브레이크 및 쐐기장치 기능의 이상 유무
④ 권상기의 설치상태의 이상 유무
⑤ 리더(leader)의 버팀 방법 및 고정상태의 이상 유무
⑥ 본체·부속장치 및 부속품의 강도가 적합한지 여부
⑦ 본체·부속장치 및 부속품에 심한 손상·마모·변형 또는 부식이 있는지 여부

▲ 해당 답안 중 3가지 선택 기재

**05** 영상은 인쇄 윤전기를 청소하는 중에 발생한 재해사례이다. 영상을 보고 롤러기의 청소 시 위험요인을 2가지 쓰시오.(4점)

[산기1301B/산기1601A/산기1703A/산기2101B/산기2201C/산기2302A]

작업자가 인쇄용 윤전기의 전원을 끄지 않고 서로 맞물려서 돌아가는 롤러를 걸레로 닦고 있다. 작업자는 체중을 실어서 위험하게 맞물리는 지점까지 걸레를 집어넣고 열심히 닦고 있는 도중 손이 롤러기 사이에 끼어서 사고를 당하고, 사고 발생 후 전원을 차단하고 손을 빼내는 장면을 보여준다.

① 회전 중 롤러의 죄어 들어가는 쪽에서 직접 손으로 눌러 닦고 있어서 손이 물려 들어갈 위험이 있다.
② 전원을 차단하지 않고 청소를 함으로 인해 사고위험에 노출되어 있다.
③ 체중을 걸쳐 닦고 있음으로 해서 신체의 일부가 말려 들어갈 위험이 있다.
④ 안전장치가 없어서 걸레를 위로 넣었을 때 롤러가 멈추지 않아 손이 물려 들어갈 위험이 있다.

▲ 해당 답안 중 2가지 선택 기재

**06** 영상은 특수 화학설비를 보여주고 있다. 화면과 연관된 특수 화학설비 내부의 이상상태를 조기에 파악하기 위하여 설치해야 할 장치 등의 대책 2가지를 쓰시오.(단, 계측장비는 제외)(4점)

[기사1902C/기사2003B/산기2201C/기사2202C/기사2303B]

화학공장 내부의 특수 화학설비를 보여주고 있다. 갑자기 배관에서 가스가 누출되면서 비상벨이 울리는 장면이다.

① 자동경보장치             ② (원재료 공급) 긴급차단장치
③ (제품 등이)방출장치       ④ 불활성가스의 주입장치
⑤ 냉각용수 등의 공급장치

▲ 해당 답안 중 2가지 선택 기재

**07** 영상은 크롬도금작업을 보여준다. 동영상에서와 같이 유해물질(화학물질) 취급 시 착용해야 하는 보호구 2가지를 쓰시오.(단, 안전모 및 화학물질용 안전장갑 제외)(6점) [산기2201C]

크롬도금작업을 하고 있는 작업자의 모습을 보여준다. 작업자는 보안경과 방독마스크를 착용하지 않고 있다. 일반 작업복에 고무장갑을 착용한 작업자가 작업을 하는 모습이다.

① 보안경　　　　　　　② 불침투성 보호복
③ 불침투성 보호장화

▲ 해당 답안 중 2가지 선택 기재

**08** 화면의 동영상은 V벨트 교환 작업 중 발생한 재해사례이다. 기계 운전상 안전작업수칙에 대하여 3가지를 기술하시오.(6점) [산기1201B/산기1302B/산기1403B/산기1601A/산기1703B/산기2002A/산기2201C]

V벨트 교환작업 중 발생한 재해장면을 보여주고 있다.

① 작업 시작 전 전원을 차단한다.
② 전용공구(천대장치)를 사용한다.
③ 보수작업 중이라는 안내표지를 부착하고 교체작업을 실시한다.

**09** 화면은 드릴작업을 보여주고 있다. 위험요인과 안전대책을 각각 1가지씩 쓰시오.(보호구 미착용은 제외) (4점)

[산기1202B/산기1401A/산기1502A/기사1601A/산기1903A/산기2201C]

작업자가 공작물을 맨손으로 잡고 전기드릴을 이용해서 작업물의 구멍을 넓히는 작업을 하는 것을 보여주고 있다. 안전모와 보안경을 착용하지 않고 있으며, 방호장치도 설치되어있지 않은 상태에서 작업하다가 공작물이 튀는 장면을 보여주고 있다.

가) 위험요인
　　① 작은 공작물을 가공하는데 손으로 공작물을 잡고 작업하고 있다.
　　② 안전덮개 등 방호장치가 설치되어있지 않다.
　　③ 회전기계로 작업 중인데도 목장갑을 착용하고 있다.
　　④ 작업 중에 칩을 제거한다.
나) 안전대책
　　① 작은 공작물을 가공할 때 공작물은 전용공구인 바이스를 사용하여 잡고 작업해야 한다.
　　② 안전덮개 등 방호장치를 설치하여야 한다.
　　③ 회전기계이므로 장갑을 착용하지 않는다.
　　④ 칩은 와이어브러시로 작업이 끝난 후에 제거한다.

▲ 해당 답안 중 각각 1가지씩 선택 기재

**01** 영상은 작업자가 고소에서 추락하는 재해사례를 보여주고 있다. 고소에서 작업할 때 지켜야 할 안전 작업수칙 3가지를 쓰시오.(5점)    [기사1202A/기사1401B/기사1502C/기사1603A/기사1902B/기사2003C/기사2004B/산기2103A/산기2303B]

발판이 설치되지 않은 건설현장 높은 곳에서 작업자가 작업을 하고 있다. 안전모는 착용하고 있지만 안전대를 착용하지 않고 있다.
플라이어를 이용해 케이블 타이를 강관비계에 묶는 작업을 하다가 추락하였다.

① 안전대 부착설비 설치 및 작업자가 안전대를 착용해야 한다.
② 추락방호망을 설치해야 한다.
③ 안전난간을 설치해야 한다.

**02** 영상은 목재를 톱질하다가 발생한 재해 상황을 보여주고 있다. ① 재해형태와 ② 가해물을 쓰시오.(4점)    [기사1402A/기사1503A/기사2004C/산기2103A]

작업발판용 목재토막을 가공대 위에 올려놓고 목재를 고정하고 톱질을 하다 작업발판이 흔들림으로 인해 작업자가 균형을 잃고 넘어지는 재해발생 장면을 보여준다.

① 재해형태 : 전도(=넘어짐)      ② 가해물 : 바닥

**03** 벨트에 묻은 기름과 먼지를 걸레로 청소하던 중 발생한 재해상황이다. 물음에 답하시오.(6점)

[기사2002B/산기2103A]

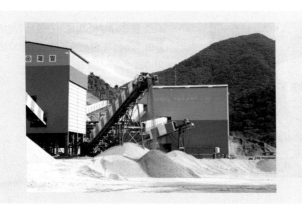

골재생산 작업장에서 작업자가 골재 이송용 컨베이어 벨트에 묻은 기름과 먼지를 걸레로 청소하던 중 상부 고정부분에 손이 끼이는 재해상황을 보여주고 있다.

| ① 위험점 | ② 재해형태 | ③ 재해형태의 정의 |
|---|---|---|

① 위험점 : 끼임점

② 재해형태 : 협착(=끼임)

③ 정의 : 두 물체 사이의 움직임에 의하여 일어난 것으로 직선 운동하는 물체 사이의 협착, 회전부와 고정체 사이의 끼임, 롤러 등 회전체 사이에 물리거나 또는 회전체·돌기부 등에 감긴 경우

**04** 영상은 드럼통을 운반하고 있는 모습을 보여주고 있다. 영상에서 위험요인 2가지를 쓰시오.(4점)

[기사1903A/산기1903A/산기2103A]

작업자 한 명이 내용물이 들어있는 드럼통을 굴려서 운반하고 있다. 혼자서 무리하게 드럼통을 들어올리려다 허리를 삐끗한 후 드럼통을 떨어뜨려 다리를 다치는 영상이다.

① 안전화 및 안전장갑을 미착용하였다.

② 전용 운반도구를 사용하지 않았다.

③ 중량물을 혼자 들어 올리려 하는 등 사고 위험에 노출되어 있다.

▲ 해당 답안 중 2가지 선택 기재

**05** 영상은 밀폐공간에서 작업하는 근로자들을 보여주고 있다. 아래 빈칸을 채우시오.(4점)

[기사1602A/기사1703A/기사1801C/산기1803A/기사1903C/산기2001A/산기2103A]

지하 탱크 내부의 밀폐공간에서 작업자들이 작업하기 전 산소농도 및 유해가스의 농도를 측정하고 있다.

적정공기란 산소농도의 범위가 ( ① )% 이상, ( ② )% 미만, 이산화탄소의 농도가 ( ③ )% 미만, 황화수소의 농도가 ( ④ )ppm 미만인 수준의 공기를 말한다.

① 18                          ② 23.5
③ 1.5                         ④ 10

**06** 컨베이어 작업 중 재해가 발생한 영상이다. 불안전한 행동 3가지를 쓰시오.(6점)

[산기1802B/산기2001A/기사2003A/산기2103A/산기2301B]

파지 압축장의 컨베이어 위에서 작업자가 집게암으로 파지를 들어서 작업자 머리 위를 통과한 후 집게암을 흔들어서 파지를 떨어뜨리는 영상을 보여주고 있다.

① 작업자가 안전모를 착용하지 않고 있다.
② 파지를 작업자 머리 위로 옮기고 있어 위험하다.
③ 작업자가 컨베이어 위에서 작업을 하고 있어 위험하다.
④ 파지가 떨어지지 않는다고 집게암을 흔들어서 떨어뜨리고 있어 위험하다.

▲ 해당 답안 중 3가지 선택 기재

**07** 영상은 콘크리트 전주를 세우기 작업하는 도중에 발생한 사례를 보여주고 있다. 항타기·항발기 조립 시
점검사항 3가지를 쓰시오.(6점)

[기사1401C/기사1603B/기사1702B/기사1801A/기사1902A/기사2002A/산기2004B/산기2103A/산기2201C/기사2303A]

콘크리트 전주를 세우기 작업하
는 도중에 전도사고가 발생한 사
례를 보여주고 있다.

① 본체 연결부의 풀림 또는 손상의 유무
② 권상용 와이어로프·드럼 및 도르래의 부착상태의 이상 유무
③ 권상장치의 브레이크 및 쐐기장치 기능의 이상 유무
④ 권상기의 설치상태의 이상 유무
⑤ 리더(leader)의 버팀 방법 및 고정상태의 이상 유무
⑥ 본체·부속장치 및 부속품의 강도가 적합한지 여부
⑦ 본체·부속장치 및 부속품에 심한 손상·마모·변형 또는 부식이 있는지 여부

▲ 해당 답안 중 3가지 선택 기재

**08** 화면상에서 분전반 전면에 위치한 그라인더 기기를 활용한 작업에서 위험요인 2가지를 쓰시오.(4점)

[산기1202A/산기1401B/산기1402B/산기1502C/산기1701A/기사1802B/기사1903B/기사2002B/기사2004A/산기2103A/산기2302A]

작업자 한 명이 콘센트에 플러그를
꽂고 그라인더 작업 중이고, 다른 작
업자가 다가와서 작업을 위해 콘센
트에 플러그를 꽂고 주변을 만지는
도중 감전이 발생하는 동영상이다.

① 작업자가 절연용 보호구를 착용하지 않았다.
② 감전방지용 누전차단기를 설치하지 않았다.

**09** 영상은 프레스기 외관을 점검하고 있는 모습을 보여주고 있다. 프레스 작업 시작 전 점검사항 3가지를 쓰시오.(6점)
[기사2002B/기사2102C/산기2103A/산기2202C]

작업자가 프레스의 외관을 살펴보면서 페달을 밟거나 전원을 올려 작동시험을 하는 등 점검작업을 수행 중이다.

① 클러치 및 브레이크의 기능  ② 프레스의 금형 및 고정볼트 상태
③ 방호장치의 기능  ④ 전단기의 칼날 및 테이블의 상태
⑤ 크랭크축·플라이휠·슬라이드·연결봉 및 연결 나사의 풀림 여부
⑥ 1행정 1정지기구·급정지장치 및 비상정지장치의 기능
⑦ 슬라이드 또는 칼날에 의한 위험방지 기구의 기능

▲ 해당 답안 중 3가지 선택 기재

**01** 영상은 인쇄 윤전기를 청소하는 중에 발생한 재해사례이다. 이 동영상을 보고 작업 시 발생한 ① 위험점, ② 정의를 쓰시오.(4점)

[기사1202C/산기1203A/기사1303B/산기1501A/산기1502C/
기사1601C/산기1603B/산기1701A/기사1703C/산기1802A/기사1803C/산기2004B/산기2103B/산기2202C/산기2302B/산기2303A]

작업자가 인쇄용 윤전기의 전원을 끄지 않고 서로 맞물려서 돌아가는 롤러를 걸레로 닦고 있다. 작업자는 체중을 실어서 위험하게 맞물리는 지점까지 걸레를 집어넣고 열심히 닦고 있던 중, 손이 롤러기 사이에 끼어서 사고를 당하고, 사고 발생 후 전원을 차단하고 손을 빼내는 장면을 보여준다.

① 위험점 : 물림점
② 정의 : 롤러기의 두 롤러 사이와 같이 회전하는 두 개의 회전체에 물려 들어갈 위험이 있는 점을 말한다.

**02** 영상은 컨베이어 위에서의 작업 중 사고사례를 보여주고 있다. 영상을 보고 재해방지를 위한 안전장치 3가지를 쓰시오.(3점)

[산기1203A/산기1303B/산기1401B/산기1501A/
산기1502B/산기1603B/산기1701A/산기1901B/산기2004B/산기2102B/산기2103B/산기2202B/산기2302A]

작업자가 컨베이어 위에서 벨트 양쪽의 기계에 두 발을 걸치고 물건을 올리는 작업 중 벨트에 신발 밑창이 딸려가서 넘어지고 옆에 다른 근로자가 부축하는 동영상임

① 비상정지장치          ② 덮개          ③ 울
④ 건널다리          ⑤ 이탈 및 역전방지장치

▲ 해당 답안 중 3가지 선택 기재

**03** 영상은 지게차 작업 화면을 보여주고 있다. 영상을 보고 위험요인 3가지를 쓰시오.(6점)

[산기2102A/산기2103B/산기2301B]

지게차에 화물을 과적하여 화물로 인해 현저하게 운전자의 시야가 방해를 받아 지게차 운전에 어려움을 겪고 있다. 이에 유도자가 지게차 문에 매달려서 후진하라고 유도하다가 지게차가 장애물을 넘는 순간 그 충격으로 유도자가 지게차에서 떨어지는 사고를 당했다. 이때 유도자는 안전모를 미착용한 상태로 머리를 다쳐 고통스러워 한다.

① 화물의 과적으로 운전자의 시야확보가 어렵다.
② 지게차에 사람을 탑승시켜서 안되는데 유도자를 탑승시켰다.
③ 유도자가 지게차에 탑승한 상태에서 지게차를 유도했다.
④ 지게차 이동경로에 방치된 장애물을 제거하지 않았다

▲ 해당 답안 중 3가지 선택 기재

**04** 영상은 아파트 창틀에서 작업 중 발생한 재해사례를 보여주고 있다. 해당 동영상에서 추락사고의 원인 3가지를 간략히 쓰시오.(6점)

[기사1202B/산기1203B/기사1302B/기사1401B/산기1402B/기사1403A/기사1502B/산기1503B/기사1601B/기사701A/기사702C/기사1801B/산기1901A/기사2001B/기사2004C/산기2103B/산기2301A]

A, B 2명의 작업자가 아파트 창틀에서 작업 중에 A가 작업발판을 처마 위의 B에게 건네 준 후, B가 있는 옆 처마 위로 이동하려다 발을 헛디뎌 바닥으로 추락하는 재해 상황을 보여주고 있다. 이때 주변에 정리정돈이 되어 있지 않고, A작업자가 밟고 있던 콘크리트 부스러기가 추락할 때 같이 떨어진다.

① 안전난간 미설치
② 안전대 미착용 및 안전대 부착설비 미설치
③ 추락방호망 미설치
④ 주변 정리정도 불량
⑤ 작업발판 부실

▲ 해당 답안 중 3가지 선택 기재

**05** 대리석 연마작업상황을 보여주고 있다. 작업 중 위험요인 3가지를 쓰시오.(6점)

[산기1202A/산기1203A/기사2003C/산기2103B/산기2202C/산기2303A]

대리석 연마작업을 하는 2명의 작업자를 보여주고 있다. 작업장 정리정돈이 안 되어 이동전선과 충전부가 널려져 있으며 일부는 물에 젖은 상태로 방치되고 있다. 덮개도 없는 연삭기의 측면을 사용해 대리석을 연마하는 모습이 보인다. 작업이 끝난 후 작업자가 대리석을 힘겹게 옮긴다.

① 연삭작업을 하는 작업자가 보안경을 착용하지 않았다.
② 연삭기에 방호장치가 설치되지 않았다.
③ 작업자가 방진마스크를 착용하지 않았다.
④ 연삭기 측면을 사용하여 연삭작업을 수행하고 있다.

▲ 해당 답안 중 3가지 선택 기재

**06** 영상은 컨베이어가 작동되는 작업장에서의 안전사고 사례에 대해서 보여주고 있다. 작업자의 불안전한 행동 2가지를 쓰시오.(4점)

[기사1301C/산기1302B/기사1402C/기사1501B/산기1602A/기사1602B/기사1603A/산기1801A/산기1902B/기사1903C/산기2103B]

영상은 작업자가 컨베이어가 작동하는 상태에서 컨베이어 벨트 끝부분에 발을 짚고 올라서서 불안정한 자세로 형광등을 교체하다 추락하는 재해사례를 보여주고 있다.

① 컨베이어 전원을 끄지 않은 상태에서 형광등 교체를 시도하여 사고위험에 노출되었다.
② 작동하는 컨베이어에 올라가 불안정한 자세로 형광등 교체를 시도하여 사고위험에 노출되었다.

**07** 목재 가공작업 중 발생한 재해상황을 보여주고 있다. 재해를 방지하기 위한 올바른 작업방법을 2가지 쓰시오.
(4점)
[산기1201B/산기1302A/산기1702B/산기2102B/산기2103B/산기2201A]

영상은 일반장갑을 착용한 작업자가 둥근톱을 이용하여 나무판자를 자르는 작업을 보여주고 있다. 둥근톱에 덮개가 없으며, 작업자는 보안경 및 방진마스크 등을 착용하지 않고 있다. 작업 중 곁눈질을 하는 등 부주의로 작업자의 손가락이 절단되는 재해가 발생한다.

① 작업자에게 작업 시 보안경, 방진마스크, 안전모 등 보호구를 착용하도록 한다.
② 톱날접촉예방장치 등 방호장치를 설치한다.
③ 작업 시에는 작업에 집중하도록 교육한다.

▲ 해당 답안 중 2가지 선택 기재

**08** 영상은 사고가 발생하는 재해사례를 보여주고 있다. 동종 재해를 방지하기 위한 대책을 3가지 쓰시오.(6점)
[산기1203B/기사1301B/산기1401B/기사1403A/기사1501B/기사1602B/
산기1603B/기사1703C/기사1801B/산기1902A/기사1902B/기사2003B/산기2103B/산기2201B/산기2202B/산기2301A]

작업자가 장갑을 착용하지 않고 작동 중인 사출성형기에 끼인 이물질을 잡아당기다, 감전과 함께 뒤로 넘어지는 사고영상이다.

① 잔류물 제거를 위해서는 제거작업을 시작하기 전 기계의 전원을 차단한다.
② 잔류전하 등으로 인한 방전위험을 방지하기 위해 제거작업 시 절연용 보호구를 착용한다.
③ 금형의 이물질 제거를 위한 전용공구를 사용하여 제거한다.

**09** 영상은 지게차를 운행하기 전 운전자가 유압장치, 조정장치, 경보등 등을 점검하고 있음을 보여주고 있다. 지게차의 작업 시작 전 점검사항 3가지를 쓰시오.(6점)

[기사1103C/기사1803A/기사1902A/기사2001A/산기2102B/기사2103A/산기2103B/산기2303A]

작업자가 지게차를 사용하기 전에 지게차의 바퀴를 발로 차보고 조명을 켜보는 등 점검을 하고 있는 모습을 보여주고 있다.

① 제동장치 및 조종장치 기능의 이상 유무
② 하역장치 및 유압장치 기능의 이상 유무
③ 바퀴의 이상 유무
④ 전조등·후미등·방향지시기 및 경보장치 기능의 이상 유무

▲ 해당 답안 중 3가지 선택 기재

**01** 영상은 작업자가 작업 시작 전 차단기를 내리고 승강기 컨트롤 패널 점검하던 중 감전재해를 당하는 모습을 보여준다. 감전원인을 쓰시오.(4점)

[산기1202B/산기1303A/산기1501B/산기1603A/산기2102A]

작업자가 승강기 컨트롤 패널을 점검하기 위해 작업 시작 전 전원을 차단하고 패널을 손으로 만지다가 감전당해 쓰러지는 모습을 보여주고 있다.

- 잔류전하에 의한 감전

**02** 영상은 컨베이어의 갑작스러운 중지에 이를 점검하던 중 발생한 사례를 보여주고 있다. 가해물과 재해원인을 쓰시오.(4점)

[산기1902A/산기2102A/산기2202C]

롤러체인에 의해 구동되는 컨베이어의 작업영상이다. 갑작스러운 고장으로 인해 컨베이어가 구동을 중지하자 이를 점검하다가 재해를 당하는 영상을 보여주고 있다. 점검자는 면장갑을 끼고 컨베이어 구동부를 조작하다가 사고를 당하였다.

① 가해물 : 롤러체인
② 재해원인 : 기계의 전원을 차단하지 않고 면장갑을 낀 상태로 회전부를 점검하였다.

**03** 영상은 버스 정비작업 중 재해가 발생한 사례를 보여주고 있다. 동영상을 참고하여 작업 중 위험요인 3가지를 쓰시오.(6점)

[기사1203B/기사1402A/기사1501B/기사1603C/산기1802A/산기2102A]

버스를 정비하기 위해 차량용 리프트로 차량을 들어 올린 상태에서, 한 작업자가 버스 밑에 들어가 차량의 샤프트를 점검하고 있다. 그런데 다른 사람이 주변상황을 살피지 않고 버스에 올라 엔진을 시동하였다. 그 순간 밑에 있던 작업자의 팔이 버스의 회전하는 샤프트에 말려 들어가 협착사고가 일어나는 상황이다.(이때 작업장 주변에는 작업감시자가 없었다.)

① 정비작업 중임을 보여주는 표지판을 설치하지 않았다.
② 작업과정을 지휘하고 감독할 감시자를 배치하지 않았다.
③ 기동장치에 잠금장치를 하지 않았고 열쇠의 별도관리가 이뤄지지 않았다.

**04** 영상은 지게차 작업 화면을 보여주고 있다. 영상을 보고 위험요인 3가지를 쓰시오.(6점)

[산기2102A/산기2103B/산기2301B]

지게차에 화물을 과적하여 화물로 인해 현저하게 운전자의 시야가 방해를 받아 지게차 운선에 어려움을 겪고 있다. 이에 유도자가 지게차 문에 매달려서 후진하라고 유도하다가 지게차가 장애물을 넘는 순간 그 충격으로 유도자가 지게차에서 떨어지는 사고를 당했다. 이때 유도자는 안전모를 미착용한 상태로 머리를 다쳐 고통스러워 한다.

① 화물의 과적으로 운전자의 시야확보가 어렵다.
② 지게차에 사람을 탑승시켜서 안되는데 유도자를 탑승시켰다.
③ 유도자가 지게차에 탑승한 상태에서 지게차를 유도했다.
④ 지게차 이동경로에 방치된 장애물을 제거하지 않았다

▲ 해당 답안 중 3가지 선택 기재

**05** 동영상은 이동식 크레인을 이용해 하물을 인양하는 중 발생한 재해상황이다. 재해의 발생형태와 산업안전보건법 위반사항을 1가지 쓰시오.(4점) [산기|2102A/산기|2201C]

이동식 크레인으로 하물의 인양작업 중이다. 하물의 결박이 쉽지 않자 조종수가 작업자에게 하물을 잡고있으라고 한 후 작업자가 하물에 올라탄 상태에서 하물을 인양되던 중 하물에 올라탄 작업자가 떨어지는 사고를 당했다.

① 재해의 발생형태 : 추락(=떨어짐)
② 위반사항 : 이동식 크레인을 사용하여 근로자를 달아 올린 상태에서 작업에 종사하게 해서는 안되는 데 근로자에게 이를 지시했다.

**06** 영상은 크레인을 이용한 양중작업 중 발생한 재해상황을 보여주고 있다. 영상과 같은 작업 중 재해를 방지하기 위하여 관리감독자가 해야 할 유해·위험방지 업무 3가지를 쓰시오.(6점) [산기2004A/산기2102A/산기2301B]

타워크레인을 이용하여 철제 비계를 옮기는 중 안전모와 안전대를 미착용한 신호수가 있는 곳에서 흔들리다 작업자 위로 비계가 낙하하는 사고가 발생한 사례를 보여주고 있다.

① 작업방법과 근로자 배치를 결정하고 그 작업을 지휘하는 일
② 재료의 결함 유무 또는 기구 및 공구의 기능을 점검하고 불량품을 제거하는 일
③ 작업 중 안전대 또는 안전모의 착용 상황을 감시하는 일

**07** 작동 중인 양수기를 수리 중에 손을 벨트에 물리는 재해가 발생하였다. 동영상에서 점검 작업 시 위험요인 2가지를 쓰시오.(4점)
[산기2004A/산기2102A]

2명의 작업자(장갑 착용)가 작동 중인 양수기 옆에서 점검작업을 하면서 수공구(드라이버나 집게 등)를 던져주다가 한 사람이 양수기 벨트에 손이 물리는 재해 상황을 보여주고 있다. 작업자는 이야기를 하면서 웃다가 재해를 당한다.

① 운전 중 점검작업을 하고 있어 사고위험이 있다.
② 회전기계에 장갑을 착용하고 취급하고 있어서 접선물림점에 손을 다칠 수 있다.
③ 작업자가 작업에 집중하지 않고 있어 사고위험이 있다.

▲ 해당 답안 중 2가지 선택 기재

**08** 영상은 특수 화학설비를 보여주고 있다. 화면과 연관된 특수 화학설비 내부의 이상상태를 조기에 파악하기 위하여 설치해야 할 계측장치 3가지를 쓰시오.(5점)
[기사1302A/산기1303A/기사1403A/산기1502C/기사1503B/산기1603A/기사1801C/기사1803B/기사1902C/산기2001B/기사2002E/산기2102A]

화학공장의 특수화학설비를 보여주고 있다. 갑자기 배관에서 증기가 배출되면서 비상벨이 울리는 모습을 보여주고 있다.

① 온도계
② 유량계
③ 압력계

**09** 프레스를 이용한 작업 중 발생한 재해상황을 보여준다. 작업자의 부주의한 행동 2가지와 필요한 방호장치 1가지를 쓰시오.(6점)　[산기2004A/산기2102A]

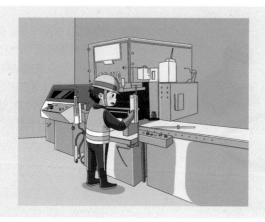

발광부와 수광부가 설치된 프레스를 보여준다. 페달로 작동시켜 철판에 구멍을 뚫는 작업 중 작업자가 방호장치(발광부, 수광부)를 젖히고 2회 더 작업을 한다. 그 후 작업대 위에 손으로 청소를 하다가 페달을 밟아 작업자의 손이 끼이는 사고가 발생하는 장면을 보여준다.

가) 부주의한 행동
　① 방호장치를 해제하였다.
　② 청소할 때 전원을 차단하지 않았다.
나) 방호장치
　① 안전블록
　② U자형 페달 덮개

　▲ 나)의 답안 중 1가지 선택 기재

**01** 동영상은 벽돌 미장작업을 보여주고 있다. 동영상을 참고하여 작업 중 위험요인 2가지를 쓰시오.(4점)

[산기2102B]

작업자는 사람 키 높이 정도의 작업발판 위에서 벽돌을 쌓는 작업을 진행중이다. 안전모를 착용하였으나 안전화나 안전대는 미착용하고 있다. 작업발판은 부실해 보이고, 안전난간은 없다. 작업발판 위에 벽돌, 시멘트 포대, 고무대야 등이 어지럽게 배치되어 있다. 작업중에 작업을 일시 정지한 후 작업자가 안전난간에서 뛰어내리는 모습을 보여준다.

① 작업발판이 부실하고 안전난간이 설치되지 않았다.
② 안전대 및 안전화를 착용하지 않고 작업하고 있다.
③ 작업발판에서 위험하게 뛰어내리고 있다.

▲ 해당 답안 중 2가지 선택 기재

**02** 영상은 컨베이어 위에서의 작업 중 사고사례를 보여주고 있다. 영상을 보고 재해방지를 위한 안전장치 3가지를 쓰시오.(5점)

[산기1203A/산기1303B/산기1401B/산기1501A/
산기1502B/산기1603B/산기1701A/산기1901B/산기2004B/산기2102B/산기2103R/산기2202B/산기2302A]

작업자가 컨베이어 위에서 벨트 양쪽의 기계에 두 발을 걸치고 물건을 올리는 작업 중 벨트에 신발 밑창이 딸려가서 넘어지고 옆에 다른 근로자가 부축하는 동영상임

① 비상정지장치        ② 덮개            ③ 울
④ 건널다리            ⑤ 이탈 및 역전방지장치

▲ 해당 답안 중 3가지 선택 기재

**03** 영상은 그라인더 작업 중의 모습을 보여주고 있다. 동영상을 참고하여 작업 중 안전상의 문제점 3가지를 쓰시오.(6점)

[산기2101A/산기2101B/산기2102B/산기2302A]

보호장구를 미착용한 작업자가 면장갑을 착용하고 형강 연마작업을 진행중이다.
휴대용 연삭기에는 덮개가 없으며, 연삭기의 측면으로 연마작업 중이다.
작업대가 고정되지 않아 작업대상물이 쓰러져 작업자는 쓰러진 작업대상물을 다시 일으켜 세운 후 계속 작업중이다. 작업을 마무리한 후 작업자는 연삭기를 뒤집어 바닥에 놓고 면장갑을 벗어 눈을 비빈다.

① 휴대용 연삭기에 방호장치(덮개)가 설치되지 않았다.
② 작업자가 보호장구(보안경, 방진마스크)를 착용하지 않았다.
③ 작업대상물을 고정하지 않았다
④ 회전기계 작업 중 면장갑을 착용하고 있다.

▲ 해당 답안 중 3가지 선택 기재

**04** 동영상을 보고 해당 작업장에서 근로자가 쉽게 볼 수 있는 장소에 게시하여야 할 사항 3가지를 쓰시오.(단, 그 밖에 근로자의 건강장해 예방에 관한 사항은 제외)(6점)

[산기1201A/산기1301A/산기1603A/산기1802A/산기1903B/산기2004A/산기2102B/산기2203A/산기2203B/산기2303B]

DMF작업장에서 한 작업자가 방독마스크, 안전장갑, 보호복 등을 착용하지 않은 채 유해물질 DMF 작업을 하고 있는 것을 보여주고 있다.

① 관리대상 유해물질의 명칭 및 물리적·화학적 특성
② 취급상의 주의사항          ③ 착용하여야 할 보호구와 착용방법
④ 인체에 미치는 영향과 증상    ⑤ 위급상황 시 대처방법과 응급조치 요령

▲ 해당 답안 중 3가지 선택 기재

**05** 영상은 지게차를 운행하기 전 운전자가 유압장치, 조정장치, 경보등 등을 점검하고 있음을 보여주고 있다. 지게차의 작업 시작 전 점검사항 3가지를 쓰시오.(6점)

[기사1103C/기사1803A/기사1902A/기사2001A/산기2102B/기사2103A/산기2103B/산기2303A]

작업자가 지게차를 사용하기 전에 지게차의 바퀴를 발로 차보고 조명을 켜보는 등 점검을 하고 있는 모습을 보여주고 있다.

① 제동장치 및 조종장치 기능의 이상 유무
② 하역장치 및 유압장치 기능의 이상 유무
③ 바퀴의 이상 유무
④ 전조등·후미등·방향지시기 및 경보장치 기능의 이상 유무

▲ 해당 답안 중 3가지 선택 기재

**06** 화면은 작업자가 가정용 배전반 점검을 하다 추락하는 재해사례이다. 화면에서 점검 시 불안전한 행동 2가지를 쓰시오.(4점)

[산기1203A/산기1501A/산기1602A/기사2003A/산기2102B/산기2203A/산기2301B]

작업자가 가정용 배전반 점검을 하다가 딛고 있던 의자가 불안정하여 추락하는 재해사례를 보여주고 있다.

① 전원을 차단하지 않고 배전반을 점검하고 있어 감전의 위험이 있다.
② 절연용 보호구(내전압용 절연장갑 등)를 착용하지 않아 감전의 위험에 노출되어 있다.
③ 작업자가 딛고 있는 의자(발판)가 불안정하여 추락위험이 있다.

▲ 해당 답안 중 2가지 선택 기재

**07** 목재 가공작업 중 발생한 재해상황을 보여주고 있다. 재해를 방지하기 위한 올바른 작업방법을 2가지 쓰시오. (4점)

[산기1201B/산기1302A/산기1702B/산기2102B/산기2103B/산기2201A]

영상은 일반장갑을 착용한 작업자가 둥근톱을 이용하여 나무판자를 자르는 작업을 보여주고 있다. 둥근톱에 덮개가 없으며, 작업자는 보안경 및 방진마스크 등을 착용하지 않고 있다. 작업 중 곁눈질을 하는 등 부주의로 작업자의 손가락이 절단되는 재해가 발생한다.

① 작업자에게 작업 시 보안경, 방진마스크, 안전모 등 보호구를 착용하도록 한다.
② 톱날접촉예방장치 등 방호장치를 설치한다.
③ 작업 시에는 작업에 집중하도록 교육한다.

▲ 해당 답안 중 2가지 선택 기재

**08** 화면은 사출성형기 V형 금형작업 중 재해 사례이다. 동영상에서 발생한 ① 재해형태, ② 법적인 방호장치를 2가지 쓰시오.(4점)

[산기1201A/산기1301B/산기1501B/산기1503B/산기1702A/산기1703B/산기1901A/산기2101B/산기2102B]

동영상은 사출성형기가 개방된 상태에서 금형에 잔류물을 제거하다가 손이 눌리는 상황이다.

가) 재해형태 : 협착
나) 법적인 방호장치
  ① 게이트가드식              ② 양수조작식
  ③ 광전자식 방호장치          ④ 비상정지장치

▲ 나)의 답안 중 2가지 선택 기재

**09** 영상은 인쇄 윤전기를 청소하는 중에 발생한 재해사례이다. 영상을 보고 다음 물음에 답하시오.(6점)

[기사1202C/산기1203A/기사1303B/산기1501A/산기1502C/

기사1601C/산기1603B/산기1701A/기사1703C/산기1802A/기사1803C/산기2004B/산기2103B/산기2202C/산기2302B/산기2303A]

작업자가 인쇄용 윤전기의 전원을 끄지 않고 서로 맞물려서 돌아가는 롤러를 걸레로 닦고 있다. 작업자는 체중을 실어서 위험하게 맞물리는 지점까지 걸레를 집어넣고 열심히 닦고 있던 중, 손이 롤러기 사이에 끼어서 사고를 당하고, 사고 발생 후 전원을 차단하고 손을 빼내는 장면을 보여준다.

가) 위험점을 쓰시오.

나) 작업중 위험요인을 2가지 쓰시오.

가) 위험점 : 물림점

나) 위험요인

① 전원을 차단하지 않고 청소를 해 사고위험에 노출되어 있다.

② 회전 중 롤러의 죄어 들어가는 쪽에서 직접 손으로 눌러 닦고 있어서 손이 물려 들어갈 위험이 있다.

**01** 동영상은 도자기 공방에서 일어난 재해상황을 보여준다. 재해의 발생형태와 불안전한 행동 1가지를 쓰시오. (4점)

[산기2101A]

작업장에서 남녀 작업자가 전동물레 위에서 도자기를 빚고 있다. 갑자기 전동물레가 멈추자 남자 작업자가 손에 물이 묻은 상태에서 전원스위치를 껐다 켰다를 반복하다가 쓰러진다.

① 재해발생형태 : 감전(=전류접촉)
② 불안전한 행동 : 물이 묻은 손으로 전원스위치를 조작하고 있다.

**02** 영상은 전신주 위에서 전기작업을 하려다 추락하는 사고를 보여주고 있다. 동영상에서와 같은 이동식 사다리의 최대 사용길이는 얼마인지 쓰시오.(4점)

[산기2101A/산기2301A]

작업자 1명이 전주에 사다리를 기대고 작업하는 도중 사다리가 미끄러지면서 작업자와 사다리가 넘어지는 재해상황을 보여주고 있다.

• 6m

**03** 영상은 그라인더 작업 중의 모습을 보여주고 있다. 동영상을 참고하여 작업 중 안전상의 문제점 3가지를 쓰시오.(6점)

[산기2101A/산기2101B/산기2102B/산기2302A]

보호장구를 미착용한 작업자가 면장갑을 착용하고 형강 연마작업을 진행중이다.
휴대용 연삭기에는 덮개가 없으며, 연삭기의 측면으로 연마작업 중이다.
작업대가 고정되지 않아 작업대상물이 쓰러져 작업자는 쓰러진 작업대상물을 다시 일으켜 세운 후 계속 작업중이다. 작업을 마무리한 후 작업자는 연삭기를 뒤집어 바닥에 놓고 면장갑을 벗어 눈을 비빈다.

① 휴대용 연삭기에 방호장치(덮개)가 설치되지 않았다.
② 작업자가 보호장구(보안경, 방진마스크)를 착용하지 않았다.
③ 작업대상물을 고정하지 않았다
④ 회전기계 작업 중 면장갑을 착용하고 있다.

▲ 해당 답안 중 3가지 선택 기재


**04** 영상은 슬라이스 작업 중 재해가 발생한 상황을 보여주고 있다. 영상을 보고 재해 방지대책을 3가지 쓰시오.
(6점)

[산기2101A]

김지제조공장에서 무채의 슬라이스 작업 중 전원이 꺼져 기계의 작동이 정지되어 이를 점검하다가 재해가 발생한 상황을 보여준다.

① 인터록(Inter lock) 혹은 연동 방호장치를 설치한다.
② 기계의 전원을 끄고 점검작업을 진행하도록 한다.
③ 점검 시 전용의 공구를 사용한다.

**05** 영상은 작업자가 용광로 근처에서 작업 중 발생한 재해 상황을 보여주고 있다. 재해의 종류와 작업자가 착용해야 할 보호구를 2가지 쓰시오.(4점)　　　　　　　　　　　　　　　　　　　　　　[산기2101A]

아무런 보호구를 착용하지 않은 작업자가 쇳물이 들어가는 탕도 내에 고무래로 출렁이는 쇳물 표면을 젓고 당기면서 굳은 찌꺼기를 긁어내는 작업을 하고 있다. 찌꺼기를 긁어낸 후 고무래에 털어내는 영상이 보인다. 작업 진행 중 땀을 흠뻑 흘리던 작업자가 갑자기 쓰러진다.

가) 재해발생종류 : 이상온도 노출·접촉

나) 착용해야 할 보호구
　① 방열복　　　　　② 방열장갑　　　　　③ 보안면 또는 방열두건
　④ 방열장화　　　　⑤ 방독마스크

▲ 나)의 답안 중 2가지 선택 기재


**06** 화면은 봉강 연마작업 중 발생한 사고사례이다. 기인물과 재해원인 2가지를 쓰시오.(6점)

[산기1701B/산기1803B/산기2101A/산기2302B]

수도 배관용 파이프 절단 바이트 날을 탁상용 연마기로 연마작업을 하던 중 연삭기에 튕긴 칩이 작업자 얼굴을 강타하는 재해가 발생하는 영상이다.

가) 기인물 : 탁상공구 연삭기(가해물은 환봉)

나) 직접적인 원인
　① 칩비산방지투명판의 미설치
　② 안전모, 보안경 등의 안전보호구 미착용
　③ 봉강을 제대로 고정하지 않았다.

▲ 나)의 답안 중 2가지 선택 기재

**07** 타워크레인으로 커다란 통을 인양중에 있는 장면을 보여주고 있다. 동영상을 참고하여 크레인 작업 시의 준수사항을 3가지 쓰시오.(6점)    [산기|2101A/기사|2101C/산기|2301A]

크레인으로 형강의 인양작업을 준비중이다. 유도로프를 사용해 작업자가 형강을 1줄걸이로 인양하고 있다. 인양된 형강은 철골 작업자에게 전달되어진다.

① 인양할 하물(荷物)을 바닥에서 끌어당기거나 밀어내는 작업을 하지 아니할 것
② 고정된 물체를 직접 분리·제거하는 작업을 하지 아니할 것
③ 미리 근로자의 출입을 통제하여 인양 중인 하물이 작업자의 머리 위로 통과하지 않도록 할 것
④ 유류드럼이나 가스통 등 운반 도중에 떨어져 폭발하거나 누출될 가능성이 있는 위험물 용기는 보관함(또는 보관고)에 담아 안전하게 매달아 운반할 것
⑤ 인양할 하물이 보이지 아니하는 경우에는 어떠한 동작도 하지 아니할 것

▲ 해당 답안 중 3가지 선택 기재

**08** 크롬 또는 크롬화합물의 흄, 분진, 미스트를 장기간 흡입하여 발생되는 ① 직업병, ② 증상은 무엇인지 쓰시오.(4점)    [산기|1502B/산기|1701B/산기|1901B/산기|2101A]

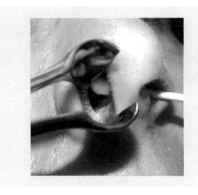

유해화학물질 취급장소에서 오랫동안 일해 온 근로자가 병원에서 치료를 받는 모습을 보여준다.

① 직업병 : 비중격천공증
② 증상 : 콧속 가운데 물렁뼈가 손상되어 구멍이 생기는 증상

**09** 영상은 천장크레인으로 물건을 옮기다 재해가 발생하는 장면을 보여주고 있다. 동영상을 참고하여 다음 물음에 답하시오.(5점)

[산기│2101A/산기│2201A/산기│2302A]

천장크레인으로 물건을 옮기는 동영상으로 작업자는 한손으로는 조작스위치를, 또 다른 손으로는 인양물을 잡고 있다. 1줄 걸이로 인양물을 걸고 인양 중 인양물이 흔들리면서 한쪽으로 기울고 결국에는 추락하고 만다. 작업장 바닥이 여러 가지 자재들로 어질러져 있고 인양물이 떨어지는 사태에 당황한 작업자도 바닥에 놓인 자재에 부딪혀 넘어지며 소리지르고 있다. 인양물을 걸었던 훅에는 해지장치가 달려있지 않다.

가) 산업안전보건기준에 관한 규칙에 의거 동영상의 양중기에 필요한 방호장치 1가지를 쓰시오.

나) 다음 ( ) 안에 알맞은 수치를 넣으시오.

사업장에 설치가 끝난 날부터 ( ① )년 이내에 최초 안전검사를 실시하되, 그 이후부터 ( ② )년마다 안전검사를 실시한다.

가) ① 훅 해지장치      ② 과부하방지장치
     ③ 권과방지장치      ④ 비상정지장치 및 제동장치

나) ① 3      ② 2

▲ 가)의 답안 중 1가지 선택 기재

**01** 영상은 전기형강작업을 보여주고 있다. 작업 중 안전을 위한 조치사항 3가지를 쓰시오.(6점)

[신기1301A/신기1403A/신기1602B/신기1703B/신기1802B/신기1903A/신기2101B]

작업자 2명이 전주 위에서 작업을 하고 있는 장면을 보여주고 있다. 작업자 1명은 발판이 안정되지 않은 변압기 위에 올라가서 담배를 입에 물고 볼트를 푸는 작업을 하고 있으며 작업자의 아래쪽 발판용 볼트에 C.O.S (Cut Out Switch)가 임시로 걸쳐있음을 보여주고 있다. 다른 한명의 작업자는 근처에선 이동식 크레인에 작업대를 매달고 또 다른 작업을 하고 있는 상황을 보여주고 있다.

① 작업 중 흡연을 금지하여야 한다.
② 작업자가 딛고 서는 안전한 발판을 사용하여야 한다.
③ C.O.S(Cut Out Switch)를 안전한 곳에 보관하여야 한다.

**02** 영상은 밀폐공간 내부에서 작업 도중 발생한 재해사례를 보여주고 있다. 영상을 참고하여 재해요인 2가지를 쓰시오.(5점)

[신기2101B]

선박 밸러스트 탱크 내부의 슬러지를 제거하는 작업 도중에 작업자가 유독가스 질식으로 의식을 잃고 쓰러지는 재해가 발생하여 구급요원이 이들을 구호하는 모습을 보여주고 있다.

① 작업자가 공기호흡기 혹은 송기마스크를 착용하지 않았다.
② 작업 시작 전과 작업 중에 환기를 하지 않았다.
③ 감시인을 배치하지 않아 사고의 위험이 있다.
④ 국소배기장치의 전원부에 잠금장치가 없다.

▲ 해당 답안 중 2가지 선택 기재

**03** 화면은 사출성형기 V형 금형작업 중 재해 사례이다. 동영상에서 발생한 ① 재해형태, ② 법적인 방호장치를 2가지 쓰시오.(4점)  [산기1201A/산기1301B/산기1501B/산기1503B/산기1702A/산기1703B/산기1901A/산기2101B/산기2102B]

동영상은 사출성형기가 개방된 상태에서 금형에 잔류물을 제거하다가 손이 눌리는 상황이다.

가) 재해형태 : 협착(=끼임)
나) 법적인 방호장치
  ① 게이트가드식             ② 양수조작식
  ③ 광전자식 방호장치          ④ 비상정지장치

  ▲ 나)의 답안 중 2가지 선택 기재

**04** 영상은 승강기 설치 전 피트 내부에서 작업자가 승강기 개구부로 추락 사망하는 사고를 보여주고 있다. 이 영상에서의 핵심 위험요인 3가지를 쓰시오.(6점)  [산기1403B/산기1601B/산기1703A/산기1802A/산기1903B/산기2101B/산기2201B/산기2302A]

승강기 설치 전 피트 내부의 불안정한 발판(나무판자로 엉성하게 이어붙인) 위에서 벽면에 돌출된 못을 망치로 제거하던 중 승강기 개구부로 추락하여 사망하는 재해 상황을 보여주고 있다. 이때 작업자는 안전장비를 착용하지 않았고, 피트 내부에 안전시설이 설치되지 않음을 확인할 수 있다.

① 안전대 부착설비 미설치 및 작업자가 안전대를 미착용하였다.
② 추락방호망을 미설치하였다.
③ 작업자가 딛고 선 발판이 불량하다.

**05** 영상은 그라인더 작업 중의 모습을 보여주고 있다. 동영상을 참고하여 작업 중 안전상의 문제점 3가지를 쓰시오.(6점)

[산기2101A/산기2101B/산기2102B/산기2302A]

보호장구를 미착용한 작업자가 면장갑을 착용하고 형강 연마작업을 진행중이다.
휴대용 연삭기에는 덮개가 없으며, 연삭기의 측면으로 연마작업 중이다.
작업대가 고정되지 않아 작업대상물이 쓰러져 작업자는 쓰러진 작업대상물을 다시 일으켜 세운 후 계속 작업중이다. 작업을 마무리한 후 작업자는 연삭기를 뒤집어 바닥에 놓고 면장갑을 벗어 눈을 비빈다.

① 휴대용 연삭기에 방호장치(덮개)가 설치되지 않았다.
② 작업자가 보호장구(보안경, 방진마스크)를 착용하지 않았다.
③ 작업대상물을 고정하지 않았다
④ 회전기계 작업 중 면장갑을 착용하고 있다.

▲ 해당 답안 중 3가지 선택 기재

**06** 위험물을 다루는 바닥이 갖추어야 할 조건 2가지를 쓰시오.(4점)

[산기1201A/산기1302A/산기1403B/산기1603B/산기1802A/산기2101B/산기2301B/산기2303A]

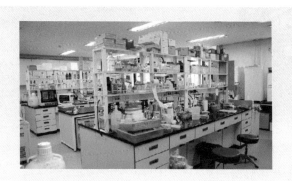

유해물질 작업장에서 위험물(황산)이 든 갈색병을 실수로 발로 차 유리병이 깨지는 장면을 보여준다.

① 불침투성의 재료를 사용한다.
② 청소하기 쉬운 구조로 한다

**07** 동영상은 작업장에서 등 전구를 변경하려다 발생한 사고를 보여주고 있다. 재해의 발생형태와 위험요인 2가지를 쓰시오.(6점)  [산기|2101B]

면장갑을 착용한 작업자가 등전구 변경작업을 수행하고 있다. 차단기에 배선을 새로 연결한 후 철제로 된 등기구를 교체하려다가 전류에 접촉하는 사고가 발생하였다.

가) 재해의 발생형태 : 감전(=전류접촉)

나) 위험요인

① 전원을 차단하지 않고 작업하였다.

② 작업자가 절연용 보호구(내전압용 절연장갑)를 착용하지 않았다.

**08** 영상은 인쇄 윤전기를 청소하는 중에 발생한 재해사례이다. 영상을 보고 롤러기의 청소 시 위험요인을 2가지 쓰시오.(4점)  [산기|1301B/산기|1601A/산기|1703A/산기|2101B/산기|2201C/산기|2302A]

작업자가 인쇄용 윤전기의 전원을 끄지 않고 서로 맞물려서 돌아가는 롤러를 걸레로 닦고 있다. 작업자는 체중을 실어서 위험하게 맞물리는 지점까지 걸레를 집어넣고 열심히 닦고 있는 도중 손이 롤러기 사이에 끼어서 사고를 당하고, 사고 발생 후 전원을 차단하고 손을 빼내는 장면을 보여준다.

① 회전 중 롤러의 죄어 들어가는 쪽에서 직접 손으로 눌러 닦고 있어서 손이 물려 들어갈 위험이 있다.

② 전원을 차단하지 않고 청소를 함으로 인해 사고위험에 노출되어 있다.

③ 체중을 걸쳐 닦고 있음으로 해서 신체의 일부가 말려 들어갈 위험이 있다.

④ 안전장치가 없어서 걸레를 위로 넣었을 때 롤러가 멈추지 않아 손이 물려 들어갈 위험이 있다.

▲ 해당 답안 중 2가지 선택 기재

**09** 화면은 가스용접작업 진행 중 발생된 재해사례를 나타내고 있다. 가) 위험요인(=문제점), 나) 안전대책을 1가지씩 쓰시오.(4점) [산기1201A/산기1303B/산기1501B/산기1602A/산기1801A/기사2002C/산기2101B]

가스 용접작업 중 맨 얼굴과 목장갑을 끼고 작업하면서 산소통 줄을 당겨서 호스가 뽑혀 산소가 새어나오고 불꽃이 튀는 동영상이다. 가스용기가 눕혀진 상태이고 별도의 안전장치가 없다.

가) 위험요인
　① 용기가 눕혀진 상태에서 작업을 실시하고 별도의 안전장치가 없어 폭발위험이 존재한다.
　② 작업자가 작업 중 용접용 보안면과 용접용 안전장갑을 미착용하고 있어 화상의 위험이 존재한다.
　③ 산소 호스를 잡아당기면 호스가 통에서 분리되어 산소가 유출될 수 있다.
나) 안전대책
　① 가스용기는 세워서 취급해야 하므로 세운 후 넘어지지 않도록 체인 등으로 고정한다.
　② 작업자는 작업 중 용접용 보안면과 용접용 안전장갑을 착용하도록 한다.
　③ 가스 호스를 잡아당기지 않는다.

　▲ 해당 답안 중 각각 1가지씩 선택 기재

**01** 영상은 크레인을 이용한 양중작업 중 발생한 재해상황을 보여주고 있다. 영상과 같은 작업 중 재해를 방지하기 위하여 관리감독자가 해야 할 유해·위험방지 업무 3가지를 쓰시오.(6점) [산기2004A/산기2102A/산기2301B]

타워크레인을 이용하여 철제 비계를 옮기는 중 안전모와 안전대를 미착용한 신호수가 있는 곳에서 흔들리다 작업자 위로 비계가 낙하하는 사고가 발생한 사례를 보여주고 있다.

① 작업방법과 근로자 배치를 결정하고 그 작업을 지휘하는 일
② 재료의 결함 유무 또는 기구 및 공구의 기능을 점검하고 불량품을 제거하는 일
③ 작업 중 안전대 또는 안전모의 착용 상황을 감시하는 일

**02** 영상은 슬라이스 작업 중 재해가 발생한 상황을 보여주고 있다. 영상을 보고 위험요인 2가지를 쓰시오.(4점)

[산기1202A/산기1402B/산기1902A/산기2004A]

김치제조공장에서 무채의 슬라이스 작업 중 전원이 꺼져 기계의 작동이 정지되어 이를 점검하다가 재해가 발생한 상황을 보여준다.

① 인터록(Inter lock) 혹은 연동 방호장치가 설치되지 않아 위험하다.
② 기계의 전원을 끄지 않고 점검작업을 진행하여 위험에 노출되었다.

**03** 동영상을 보고 해당 작업장에서 근로자가 쉽게 볼 수 있는 장소에 게시하여야 할 사항 3가지를 쓰시오.(단, 그 밖에 근로자의 건강장해 예방에 관한 사항은 제외)(6점)

[산기1201A/산기1301A/산기1603A/산기1802A/산기1903B/산기2004A/산기2102B/산기2203A/산기2203B/산기2303B]

DMF작업장에서 한 작업자가 방독마스크, 안전장갑, 보호복 등을 착용하지 않은 채 유해물질 DMF 작업을 하고 있는 것을 보여주고 있다.

① 관리대상 유해물질의 명칭 및 물리적·화학적 특성
② 취급상의 주의사항    ③ 착용하여야 할 보호구와 착용방법
④ 인체에 미치는 영향과 증상    ⑤ 위급상황 시 대처방법과 응급조치 요령

▲ 해당 답안 중 3가지 선택 기재

**04** 실내 인테리어 작업을 하는 중 발생한 재해사례를 보여주고 있다. 재해의 유형과 부주의한 행동 1가지를 쓰시오.(4점)

[산기2001B/산기2004A/산기2203A/산기2203B]

실내 인테리어 작업을 하는 중 작업자 A기 직입사 B에게 근처에 있는 차단기를 내려달라고 해서 맨손의 작업자 B가 차단기를 내리려다 쓰러지는 재해가 발생하였다.

가) 재해의 유형 : 감전(=전류접촉)
나) 부주의한 행동
　① 내전압용 절연장갑 등 절연용 보호구를 착용하지 않았다.
　② 작업시작 전 전원을 차단하지 않았다.

▲ 나)의 답안 중 1가지 선택 기재

**05** 용접작업장에서 발생한 재해장면을 보여주고 있다. 영상을 참조하여 전격의 위험요인을 3가지 쓰시오.(6점)

[산기|2004A]

교류 아크용접작업장에서 면장갑을 착용한 작업자가 용접기의 전원부를 만지다가 감전되어 쓰러진다. 절연장갑을 착용한 동료가 누전차단기를 가동한 후 쓰러진 작업자의 의식과 호흡을 확인한 후 인공호흡을 실시하는 장면을 보여준다.

① 기계 전원을 차단하지 않았다.
② 절연용 보호구(내전압용 절연장갑)를 착용하지 않았다.
③ 누전차단기를 가동하지 않았다.

**06** 작동 중인 양수기를 수리 중에 손을 벨트에 물리는 재해가 발생하였다. 동영상에서 점검 작업 시 위험요인 2가지를 쓰시오.(4점)

[산기|2004A/산기|2102A]

2명의 작업재(장갑 착용)가 작동 중인 양수기 옆에서 점검작업을 하면서 수공구(드라이버나 집게 등)를 던져주다가 한 사람이 양수기 벨트에 손이 물리는 재해 상황을 보여주고 있다. 작업자는 이야기를 하면서 웃다가 재해를 당한다.

① 운전 중 점검작업을 하고 있어 사고위험이 있다.
② 회전기계에 장갑을 착용하고 취급하고 있어서 접선물림점에 손을 다칠 수 있다.
③ 작업자가 작업에 집중하지 않고 있어 사고위험이 있다.

▲ 해당 답안 중 2가지 선택 기재

**07** 영상은 거푸집 해체작업 중 발생한 재해상황을 보여주고 있다. 재해의 형태와 작업자의 부주의한 행동 2가지를 쓰시오.(5점)　　　　　　　　　　　　　　　　　　　　　　　　　　　　　　[산기2004A]

작업자가 안전대를 착용하지 않고 사다리 위에서 나무발판을 얹은 후 거푸집을 해체하고 있다. 쇠로 된 지렛대를 이용해 거푸집을 뜯어내다가 균형을 잃어 떨어진다.

가) 재해형태 : 추락(=떨어짐)

나) 위험요인

　① 작업자가 딛고 서는 발판이 불안하다.

　② 작업자가 안전대를 착용하지 않고 작업하고 있어 위험에 노출되어 있다.

**08** 화면은 가스용접작업 진행 중 발생된 재해사례를 나타내고 있다. 위험요인(=문제점)을 2가지 쓰시오.(4점)

[산기1201A/산기1303B/산기1501B/산기1602A/산기1801A/기사2002C/산기2004A]

가스 용접작업 중 맨 얼굴과 목장갑을 끼고 작업하면서 산소통 줄을 당겨서 호스가 뽑혀 산소기 새어나오고 불꽃이 튀는 동영상이다. 가스용기가 눕혀진 상태이고 별도의 안전장치가 없다.

① 용기가 눕혀진 상태에서 작업을 실시하고 별도의 안전장치가 없어 폭발위험이 존재한다.

② 작업자가 작업 중 용접용 보안면과 용접용 안전장갑을 미착용하고 있어 화상의 위험이 존재한다.

③ 산소 호스를 잡아당기면 호스가 통에서 분리되어 산소가 유출될 수 있다.

▲ 해당 답안 중 2가지 선택 기재

**09** 프레스를 이용한 작업 중 발생한 재해상황을 보여준다. 작업자의 부주의한 행동 2가지와 필요한 방호장치 1가지를 쓰시오.(6점)

[산기|2004A/산기|2102A]

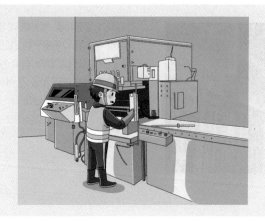

발광부와 수광부가 설치된 프레스를 보여준다. 페달로 작동시켜 철판에 구멍을 뚫는 작업 중 작업자가 방호장치(발광부, 수광부)를 젖히고 2회 더 작업을 한다. 그 후 작업대 위에 손으로 청소를 하다가 페달을 밟아 작업자의 손이 끼이는 사고가 발생하는 장면을 보여준다.

가) 부주의한 행동
  ① 방호장치를 해제하였다.
  ② 청소할 때 전원을 차단하지 않았다.
나) 방호장치
  ① 안전블록
  ② U자형 페달 덮개

▲ 나)의 답안 중 1가지 선택 기재

**01** 화면은 LPG 저장소에서 폭발사고가 발생한 상황이다. 사고의 형태와 기인물을 쓰시오.(4점)

[산기1601A/산기1802B/산기2004B]

LPG 저장소에서 작업자가 전등을 켜다 스파크에 의해 폭발이 일어나는 상황을 보여주고 있다.

① 재해의 형태 : 폭발
② 기인물 : LPG

**02** 영상은 납땜 작업 중 발생한 재해상황을 보여준다. 재해형태와 위험요인을 간단하게 쓰시오.(4점)

[산기2004B]

납땜 직업을 하고 있는 작업자들의 모습을 보여준다. 납땜 중 발생한 연기가 국소배기장치를 통해서 빠져나간다. 다른 작업자가 납땜작업이 끝난 자재를 국소배기장치 안쪽에 쌓아두고 있다. 납땜 작업을 끝낸 작업자가 맨손으로 납땜기계를 만지다가 갑자기 쓰러진다.

① 재해형태 : 유해·위험물질 노출·접촉
② 위험요인 : 납땜이 끝난 자재가 국소배기장치의 순환통로를 막아 환기 불량

**03** 영상은 작업자가 용광로 근처에서 작업하고 있는 상황을 보여주고 있다. 위험요인 3가지를 찾아서 쓰시오. (4점)

[산기1801B/산기2001B/산기2004B]

아무런 보호구를 착용하지 않은 작업자가 쇳물이 들어가는 탕도 내에 고무래로 출렁이는 쇳물 표면을 젓고 당기면서 굳은 찌꺼기를 긁어내는 작업을 하고 있다. 찌꺼기를 긁어낸 후 고무래에 털어내는 영상이 보인다.

① 보안면을 착용하지 않고 있다.
② 방열복을 착용하지 않고 있다.
③ 방열장갑을 착용하지 않고 있다.
④ 방독마스크를 착용하지 않고 있다.
⑤ 방열장화를 착용하지 않고 있다.

▲ 해당 답안 중 3가지 선택 기재

**04** 영상은 컨베이어 위에서의 작업 중 사고사례를 보여주고 있다. 영상을 보고 재해방지를 위한 안전장치 3가지를 쓰시오.(6점)

[산기1203A/산기1303B/산기1401B/산기1501A/산기1502B/산기1603B/산기1701A/산기1901B/산기2004B/산기2102B/산기2103B/산기2202B/산기2302A]

작업자가 컨베이어 위에서 벨트 양쪽의 기계에 두 발을 걸치고 물건을 올리는 작업 중 벨트에 신발 밑창이 딸려가서 넘어지고 옆에 다른 근로자가 부축하는 동영상임

① 비상정지장치
② 덮개
③ 울
④ 건널다리
⑤ 이탈 및 역전방지장치

▲ 해당 답안 중 3가지 선택 기재

**05** 영상은 작업자가 DMF를 옮기고 있는 모습을 보여준다. DMF 사용 작업장에서 물질안전보건자료를 취급 근로자가 쉽게 볼 수 있도록 비치·게시·정기·수시 관리해야 하는 장소 3가지를 쓰시오.(6점)

[산기 1401A/산기 1502A/산기 1703A/산기 1803B/산기 2004B]

차량으로 실어온 DMF 물질을 작업자가 차량에서 작업장으로 옮기는 모습을 보여주고 있다.

① 대상 화학물질 취급작업 공정 내
② 안전사고 또는 직업병 발생 우려가 있는 장소
③ 사업장 내 근로자가 가장 보기 쉬운 장소

**06** 화면은 형강에 걸린 줄걸이 와이어를 빼내고 있는 상황하에서 발생된 사고사례이다. 가해물과 와이어 빼기에 적합한 안전작업방법 2가지를 쓰시오.(6점)

[산기 1301A/산기 1402A/산기 1601B/산기 2004B]

작업자가 형강에 걸린 줄걸이 와이어를 빼내고 있는 중이다. 형강을 들어올리는 순간 줄걸이 와이어로프가 작업자의 얼굴을 치는 재해가 발생했다.

가) 가해물 : 와이어로프
나) 작업방식
  ① 지렛대를 와이어가 물려있는 형강 사이에 넣어 형강이 무너져 내리지 않을 정도로 들어 올려 와이어를 빼낸다.
  ② 반드시 2인 이상이 한조를 이뤄 작업을 한다.

**07** 영상은 인쇄 윤전기를 청소하는 중에 발생한 재해사례이다. 이 동영상을 보고 작업 시 발생한 ① 위험점,
② 정의를 쓰시오.(4점) [기사1202C/산기1203A/기사1303B/산기1501A/산기1502C/
기사1601C/산기1603B/산기1701A/기사1703C/산기1802A/기사1803C/산기2004B/산기2103B/산기2202C/산기2302B/산기2303A]

작업자가 인쇄용 윤전기의 전원을
끄지 않고 서로 맞물려서 돌아가는
롤러를 걸레로 닦고 있다. 작업자는
체중을 실어서 위험하게 맞물리는
지점까지 걸레를 집어넣고 열심히
닦고 있던 중, 손이 롤러기 사이에
끼어서 사고를 당하고, 사고 발생 후
전원을 차단하고 손을 빼내는 장면
을 보여준다.

① 위험점 : 물림점
② 정의 : 롤러기의 두 롤러 사이와 같이 회전하는 두 개의 회전체에 물려 들어갈 위험이 있는 점을 말한다.

**08** 영상은 스팀노출 부위를 점검하던 중 발생한 재해사례이다. 동영상에서와 같은 배관작업 시 위험요인을
3가지 쓰시오.(5점) [기사2004A/산기2004B/산기2202A/산기2303B]

스팀배관의 보수를 위해 노출부위를 점
검하던 중 스팀이 노출되면서 작업자에
게 화상을 입히는 영상이다. 작업자는
안전모와 장갑을 착용하고 플라이어로
작업하고 있다.

① 작업자가 보안경을 착용하지 않고 작업하고 있다.
② 작업 전 배관의 내용물을 제거하지 않았다.
③ 전용공구를 사용하지 않았다.
④ 방열장갑을 착용하지 않고 혼자서 작업하였다.

▲ 해당 답안 중 3가지 선택 기재

**09** 영상은 콘크리트 전주를 세우기 작업하는 도중에 발생한 사례를 보여주고 있다. 항타기·항발기 조립 시 점검사항 3가지를 쓰시오.(6점)

[기사1401C/기사1603B/기사1702B/기사1801A/기사1902A/기사2002A/산기2004B/산기2103A/산기2201C/기사2303A]

콘크리트 전주를 세우기 작업하는 도중에 전도사고가 발생한 사례를 보여주고 있다.

① 본체 연결부의 풀림 또는 손상의 유무
② 권상용 와이어로프·드럼 및 도르래의 부착상태의 이상 유무
③ 권상장치의 브레이크 및 쐐기장치 기능의 이상 유무
④ 권상기의 설치상태의 이상 유무
⑤ 리더(leader)의 버팀 방법 및 고정상태의 이상 유무
⑥ 본체·부속장치 및 부속품의 강도가 적합한지 여부
⑦ 본체·부속장치 및 부속품에 심한 손상·마모·변형 또는 부식이 있는지 여부

▲ 해당 답안 중 3가지 선택 기재

**01** 영상은 철골구조물 작업 중 재해상황을 보여준다. 철골구조물 작업 시 중지해야하는 기상상황 3가지를 쓰시오.(3점)

[산기1201B/산기1301A/산기1403A/산기1502B/
산기1603A/산기1701A/산기1802A/산기1803A/산기2002B/산기2003A/산기2201B/산기2302B]

추락방지망 설치되지 않은 철골구조물에서 작업자 2명이 안전대를 착용하지 않고 볼트 체결작업을 하던 중 1명이 추락하는 영상을 보여준다.

① 풍속이 초당 10m 이상인 경우
② 강우량이 시간당 1mm 이상인 경우
③ 강설량이 시간당 1cm 이상인 경우

**02** 영상은 변압기에서의 작업영상을 보여주고 있다. 화면의 전주 변압기가 활선인지 아닌지를 확인할 수 있는 방법을 3가지 쓰시오.(6점)

[산기1203A/산기1403B/산기1601A/산기1902A/산기2003A/산기2303A]

영상은 전신주 위의 변압기를 교체하기 위해 작업자가 전신주 위에서 작업하고 있는 모습을 보여준다. 현재 변압기가 활선인지 여부를 확인하기 위해 여러 가지 방법을 사용중이다.

① 검전기로 확인한다.
② 테스트 지시치를 확인한다.
③ 각 단로기 등의 개방상태를 확인한다.

**03** 대리석 연마작업상황을 보여주고 있다. 작업 중 위험요인 3가지를 쓰시오.(6점)

[산기2002A/산기2003A/기사2003C/산기2103B/산기2202C/산기2303A]

대리석 연마작업을 하는 2명의 작업자를 보여주고 있다. 작업장 정리정돈이 안 되어 이동전선과 충전부가 널려져 있으며 일부는 물에 젖은 상태로 방치되고 있다. 덮개도 없는 연삭기의 측면을 사용해 대리석을 연마하는 모습이 보인다. 작업이 끝난 후 작업자가 대리석을 힘겹게 옮긴다.

① 연삭작업을 하는 작업자가 보안경을 착용하지 않았다.
② 연삭기에 방호장치가 설치되지 않았다.
③ 작업자가 방진마스크를 착용하지 않았다.
④ 연삭기 측면을 사용하여 연삭작업을 수행하고 있다.

▲ 해당 답안 중 3가지 선택 기재

**04** LPG 저장소에서 발생한 폭발사고 영상을 보여주고 있다. 폭발 등의 재해를 방지하기 위해서 프로판가스 용기를 저장하기에 부적절한 장소 3가지를 쓰시오.(6점)

[산기1302A/산기1403B/산기1702B/산기2003A]

작업자가 LPG저장소라고 표시되어 있는 문을 열고 들어가려니 어두워서 들어가자마자 왼쪽에 있는 스위치를 눌러서 전등을 점등하려는 순간 스파크로 인해 폭발이 일어나는 화면을 보여준다.

① 통풍이나 환기가 불충분한 장소
② 화기를 사용하는 장소 및 그 부근
③ 위험물 또는 인화성 액체를 취급하는 장소 및 그 부근

**05** 동영상은 건설현장에서 사용하는 리프트의 위치별 방호장치를 보여주고 있다. 그림에 맞는 장치의 이름을 쓰시오.(6점)

[기사1803A/기사2001A/산기2003A]

① 과부하방지장치      ② 완충스프링      ③ 비상정지장치
④ 출입문연동장치      ⑤ 방호울출입문연동장치      ⑥ 3상전원차단장치

**06** 화면은 작업자가 퓨즈교체 작업 중 감전사고가 발생한 화면이다. 감전의 원인을 2가지 쓰시오.(4점)

[산기1301A/산기1402A/산기1503B/산기1701B/산기2003A]

동영상은 작업자(맨손)가 작업을 진행하는 중 퓨즈가 끊어져 전원이 OFF 되어 퓨즈를 교체하는 것을 보여주고 있다. 작업진행 중 퓨즈교체가 완전한지를 확인하기 위해서 전원을 그대로 연결한 상태에서 퓨즈교체 작업을 수행중임을 보여준다.

① 전원을 차단하지 않고 퓨즈교체 작업을 진행함으로써 위험에 노출되었다.
② 절연용 보호구(절연장갑 등)를 착용하지 않고 작업을 수행하여 위험에 노출되었다.

**07** 영상은 자동차 브레이크 라이닝을 세척하는 것을 보여주고 있다. 작업자가 착용해야 할 보호구 1가지와 위험요인 2가지를 쓰시오.(6점)

[산기2003A]

작업자들이 브레이크 라이닝을 화학약품을 사용하여 세척하는 작업과정을 보여주고 있다. 세정제가 바닥에 흩어져 있으며, 고무장화 등을 착용하지 않고 작업을 하고 있는 상태를 보여준다.

가) 착용해야 할 보호구
　① 보안경　　　　　② 불침투성 보호복　　　　③ 불침투성 보호장갑
　④ 송기마스크(방독마스크)　⑤ 불침투성 보호장화
나) 위험요인
　① 불침투성 보호장갑 및 불침투성 보호장화를 착용하지 않았다.
　② 방독마스크를 착용해야 하는데 방진마스크를 착용하고 있다.

▲ 가)의 답안 중 1가지 선택 기재

**08** 배관용접작업 중 감전되기 쉬운 장비의 위치를 4가지 쓰시오.(4점)

[산기1301R/산기1402A/산기1503B/산기1702A/산기1802B/산기2003A]

작업자가 용접용 보안면을 착용한 상태로 배관에 용접작업을 하고 있으며 배관은 작업자의 가슴부분에 위치하고 있고 용접장치 조작스위치는 복부 정도에 위치하고 있다.

① 용접기 케이스　　　　　② 용접봉 홀드
③ 용접봉 케이블　　　　　④ 용접기의 리드단자

**09** 영상은 건물의 해체작업을 보여주고 있다. 화면상에 나타난 해체작업의 해체계획서 작성 시 포함사항 4가지를 쓰시오.(4점)  [산기1301A/산기1403A/산기1702B/산기1902A/산기2003A]

영상은 건물해체에 관한 장면으로 작업자가 위험부분에 머무르고 있어 사고 발생의 위험을 내포하고 있다.

① 사업장 내 연락방법
② 해체물의 처분계획
③ 가설설비·방호설비·환기설비 및 살수·방화설비 등의 방법
④ 해체의 방법 및 해체 순서도면
⑤ 해체작업용 기계·기구 등의 작업계획서
⑥ 해체작업용 화약류 등의 사용계획서

▲ 해당 답안 중 4가지 선택 기재

**01** 맨홀(밀폐공간)에서 전화선 작업 중 발생한 재해영상이다. 재해피해자를 구호하기 위한 구조자가 착용해야 할 호흡용 보호구 2가지를 쓰시오.(4점)

[기사1302C/기사1601A/기사1703B/산기1901A/기사1902A/기사2002B/기사2002C/산기2003B]

맨홀(밀폐공간)에서 전화선 작업 중 작업자가 갑자기 쓰러지는 재해가 발생하였다. 바깥에서 이를 지켜보던 감독자가 재해자를 구호하기 위해서 맨홀로 내려가는 모습을 보여준다.

① 공기호흡기　　　　　　　　　　② 송기마스크

**02** 작업자가 대형 관의 플랜지 아래쪽 부분에 대한 교류 아크용접작업 하는 중 재해사례를 보여주고 있다. 영상을 보고 ① 기인물과 작업 중 눈과 감전재해를 방지하기 위해 작업자가 착용해야 할 ② 보호구 2가지를 쓰시오.(4점)

[기사1203C/기사1401B/산기1403A/산기1602B/기사1603A/산기1703B/기사1803B/산기1901B/산기2003D]

교류아크용접 작업장에서 작업자 혼자 대형 관의 플랜지 아래 부위를 아크 용접하는 상황이다. 작업자의 왼손은 플랜지 회전 스위치를 조작하고 있으며, 오른손으로는 용접을 하고 있다. 작업장 주위에는 인화성 물질로 보이는 깡통 등이 용접 작업장 주변에 쌓여있는 상황이다.

① 기인물 : 교류 아크 용접기
② 보호구 : 용접용 보안면, 용접용 안전장갑

**03** 동영상은 높이가 2m 이상인 조립식 비계의 작업발판을 설치하던 중 발생한 재해 상황을 보여주고 있다. 높이가 2m 이상인 작업장소에서의 작업발판 설치기준을 3가지 쓰시오.(단, 작업발판 폭과 틈의 크기는 제외한다)(6점)   [기사1203B/기사1401A/기사1501B/기사1703A/기사1802A/기사1802B/기사1803A/기사1903C/기사2001A/산기2003B]

작업자 2명이 비계 최상단에서 비계설치를 위해 발판을 주고 받다가 균형을 잡지 못하고 추락하는 재해상황을 보여주고 있다.

① 발판재료는 작업할 때의 하중을 견딜 수 있도록 견고한 것으로 할 것
② 추락의 위험이 있는 장소에는 안전난간을 설치할 것
③ 작업발판의 지지물은 하중에 의하여 파괴될 우려가 없는 것을 사용할 것
④ 작업발판재료는 뒤집히거나 떨어지지 않도록 둘 이상의 지지물에 연결하거나 고정시킬 것
⑤ 작업발판을 작업에 따라 이동시킬 경우에는 위험 방지에 필요한 조치를 할 것

▲ 해당 답안 중 3가지 선택 기재


**04** 화면은 공장 지붕 철골 상에 패널 설치작업 중 작업자가 실족하여 사망한 재해사례이다. 동영상의 내용을 참고하여 재해 원인을 2가지 쓰시오.(4점)   [산기1401A/산기1402A/산기1503B/산기1603B/산기1701A/산기2002A/산기2003B]

공장 지붕 철골 상에 패널 설치작업 중 작업자가 실족하여 사망한 재해 사례를 보여준다.

① 안전대 부착설비의 미설치와 작업자들이 안전대를 미착용하고 작업에 임해 위험에 노출되었다.
② 추락방지망이 설치되지 않아 사고위험에 노출되었다.

**05** 영상은 도로상의 가설전선 점검 작업 중 발생한 재해사례이다. 사고 예방대책 3가지를 쓰시오.(6점)

[산기1301B/산기1402A/산기1503B/산기1702A/산기1801A/산기2003B]

도로공사 현장에서 공사구획을 점
검하던 중 안전화를 착용한 작업자
가 절연테이프로 테이핑 된 전선을
맨손으로 만지다 감전사고가 발생
하는 영상이다.

① 점검 시에는 전원을 내린다.
② 누전차단기를 설치한다.
③ 내전압용 절연장갑 등 절연용 보호구를 착용하고 전기를 점검한다.
④ 착용하거나 취급하고 있는 도전성 공구·장비 등이 노출 충전부에 닿지 않도록 주의한다.
⑤ 젖은 손으로 전기기계·기구의 플러그를 꽂거나 제거하지 않도록 주의한다.

▲ 해당 답안 중 3가지 선택 기재

**06** 영상은 덤프트럭의 적재함을 올리고 실린더 유압장치 밸브를 수리하던 중에 발생한 재해사례를 보여주고
있다. 동영상에서와 같이 차량계 하역운반기계 등의 수리 또는 부속장치의 장착 및 해제작업을 하는 때에
작업지휘자의 준수사항 2가지를 쓰시오.(4점)
[산기1202B/기사1203A/산기1303A/기사1402B/
산기1501B/기사1503C/산기1701B/기사1703C/산기1801A/산기1803B/기사2002D/산기2003B/산기2202D/산기2302B]

작업자가 운전석에서 내려 덤프트럭
적재함을 올리고 실린더 유압장치 밸
브를 수리하던 중 적재함의 유압이 빠
지면서 사이에 끼이는 재해가 발생한
사례를 보여주고 있다.

① 작업순서를 결정하고 작업을 지휘한다.
② 안전지지대 또는 안전블록 등의 사용 상황을 점검한다.

**07** 영상은 폭발성 화학물질 취급 중 작업자의 부주의로 발생한 사고 사례를 보여주고 있다. 영상에서와 같이 폭발성 물질 저장소에 들어가는 작업자가 신발에 물을 묻히는 ① 이유는 무엇인지 상세히 설명하고, 화재 시 적합한 ② 소화방법은 무엇인지 쓰시오.(5점)  [기사1403C/기사1502C/기사1603C/기사1803B/기사2002C/산기2003B/산기2301A]

작업자가 폭발성 물질 저장소에 들어가는 장면을 보여주고 있다. 먼저 들어오는 작업자는 입구에서 신발 바닥에 물을 묻힌 후 들어오는 데 반해 뒤에 들어오는 작업자는 그냥 들어오고 있다. 뒤의 작업자 이동에 따라 작업자 신발 바닥에서 불꽃이 발생되는 모습을 보여준다.

① 이유 : 정전기에 의한 폭발위험에 대비해 신발과 바닥면의 접촉으로 인한 정전기 발생을 예방하기 위해서이다.
② 소화방법 : 다량 주수에 의한 냉각소화

**08** 영상은 섬유기계의 운전 중 발생한 재해사례를 보여주고 있다. 영상에 나오는 기계 작업 시 핵심위험요인 3가지를 쓰시오.(6점)  [기사1203C/기사1401C/기사1503C/기사1703B/기사2003A/산기2003B]

섬유공장에서 실을 감는 기계를 운전 중에 갑자기 실이 끊어지며 기계가 정지한다. 이때 목장갑을 착용한 작업자가 회전하는 대형 회전체의 문을 열고 허리까지 안으로 집어넣고 안을 들여다보며 점검하다가 갑자기 기계가 동작하면서 작업자의 몸이 회전체에 끼이는 상황을 보여주고 있다.

① 기계의 전원을 차단하지 않은 상태에서 점검을 하여 사고위험에 노출되었다.
② 목장갑을 착용한 상태에서 회전체를 점검할 경우 장갑으로 인해 회전체에 끼일 위험에 노출된다.
③ 기계에 안전장치가 설치되지 않아 사고위험이 있다.

**09** 영상은 이동식크레인을 이용한 작업 동영상이다. 영상을 보고 화물의 낙하 및 비래 위험을 방지하기 위한 예방대책 3가지를 쓰시오.(6점)

[산기1201A/기사1301A/산기1302B/산기1401B/기사1403B/기사1501A/기사1501B/기사1601B/산기1601B/기사1602A/기사1602C/기사1603C/기사1701A/산기1702B/기사1801C/산기1802B/기사1802C/산기1901A/산기1901B/기사1903A/기사1902B/기사1903D/산기2001B/산기2003B]

신호수의 신호에 의해 이동식크레인을 이용하여 배관을 위로 올리는 작업현장을 보여주고 있다. 보조로프가 없어 배관이 근처 H빔에 부딪혀 흔들린다. 훅 해지장치는 보이지 않으며 배관 양쪽 끝에 와이어로 두바퀴를 감고 샤클로 채결한 상태이다. 흔들리는 배관을 아래쪽의 근로자가 손으로 지탱하려다가 배관이 근로자의 상체에 부딪혀 근로자가 넘어지는 사고가 발생한다.

① 작업반경 내 관계 근로자 이외의 자에 대한 출입을 금한다.
② 와이어로프의 안전상태를 점검한다.
③ 훅의 해지장치 및 안전상태를 점검한다.
④ 인양 도중에 화물이 빠질 우려가 있는지에 대해 확인한다.
⑤ 보조(유도)로프를 설치하여 화물의 흔들림을 방지한다.

▲ 해당 답안 중 3가지 선택 기재

**01** 실험실에서 유해물질을 취급하는 중 발생한 재해영상을 보여주고 있다. 재해의 형태와 정의를 쓰시오.(4점)

[산기1801A/산기2003C]

작업자는 맨손에 마스크도 착용하지 않고 황산을 비커에 따르다 실수로 손에 묻는 장면을 보여주고 있다.

① 재해의 형태 : 유해·위험물질 노출·접촉
② 정의 : 유해·위험물질에 노출·접촉 또는 흡입하였거나 독성동물에 쏘이거나 물린 경우를 말한다.

**02** 철골 위에서 발판을 설치하는 도중에 발생한 재해 영상이다. 여기서 ① 재해발생형태, ② 기인물을 각각 쓰시오.(4점)

[산기1401B/산기2003C]

작업자가 철골 위 나무발판을 난간에 걸치고 올라서서 비계를 건네받다가 땅으로 떨어지는 재해장면을 보여주고 있다.

① 재해발생형태 : 추락(=떨어짐)
② 기인물 : 작업발판

**03** 영상은 아세틸렌 가스를 취급·보관하는 저장소를 보여주고 있다. 영상을 참고하여 아세틸렌 보관장소의 위험요인을 2가지 쓰시오.(6점)

[산기2003C]

아세틸렌 저장고를 보여준다. 환풍기는 보이지 않고 작은 창문이 보인다. 앞쪽에 회색의 가스용기가, 뒤쪽으로 노란색의 가스용기가 보여준다. 별도의 소화설비가 보이지 않는다. 그 후 보관소 밖으로 이동해서 약 3m 떨어진 곳에서 연삭숫돌로 강관을 연마하는 곳을 보여주는데 불꽃이 튀는 모습이다.

① 인화성 가스를 보관하는 곳에서 인접한 곳에서 연삭장치 사용하여 불꽃 발생 위험이 있다.
② 저장고 내 환기장치가 불충분하다.
③ 소화설비가 설치되지 않았다.

▲ 해당 답안 중 2가지 선택 기재

**04** 영상은 변압기 측정 중 일어난 재해 상황이다. 작업자가 착용하여야 할 보호장구 3가지를 쓰시오.(4점)

[산기1302A/산기1703A/산기1901A/산기2003C]

영상에서 A작업자가 변압기의 2차 전압을 측정하기 위해 유리창 너머의 B작업자에게 전원을 투입하라는 신호를 보낸다. A작업자의 측정 완료 후 다시 차단하라고 신호를 보내고 전원이 차단되었다고 생각하고 측정기기를 철거하다 감전시고가 발생되는 장면을 보여주고 있다.(이때 작업자 A는 맨손에 슬리퍼를 착용하고 있다.)

① 내전압용 절연장갑　　　② 절연장화
③ 절연용 안전모　　　　　④ 절연복

▲ 해당 답안 중 3가지 선택 기재

**05** 영상은 화학약품을 사용하는 작업영상이다. 동영상에서 작업자가 착용하여야 하는 마스크와 마스크의 흡수
제 종류 3가지를 쓰시오.(6점)  [산기1202B/기사1203C/기사1301B/기사1402A/산기1501A/산기1502B/기사1601B/

기사1601B/산기1602B/기사1603B/기사1702A/산기1703A/산기1801B/기사1903B/기사1903C/산기2003C/기사2302A/산기2303B]

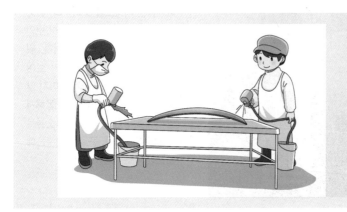

작업자가 스프레이건으로 쇠파
이프 여러 개를 눕혀놓고 페인트
칠을 하는 작업영상을 보여주고
있다.

가) 마스크 : 방독마스크

나) 흡수제 :　① 활성탄　　　　② 큐프라마이트　　　　③ 소다라임
　　　　　　　④ 실리카겔　　　　⑤ 호프카라이트

▲ 나)의 답안 중 3가지 선택 기재

**06** 영상의 작업상황에서와 같이 작업자의 손이 말려 들어가는 부분에서 형성되는 ① 위험점, ② 정의를 쓰시오.
(5점)  [산기1203B/산기1303A/기사1402C/산기1403B/기사1503B/

산기1603A/산기1303A/산기1702B/기사1702C/산기2002B/산기2003C/기사2004A]

작업자가 회전물에 샌드페이퍼
(사포)를 감아 손으로 지지하고 있
다. 위험점에 작업복과 손이 감겨
들어가는 동영상이다.

① 위험점 : 회전말림점
② 정의 : 회전하는 기계의 운동부 자체에 작업복 등이 말려들 위험이 존재하는 점을 말한다.

**07** 영상은 흙막이 공사를 하면서 흙막이 지보공을 설치하는 작업을 보여주고 있다. 흙막이 지보공을 설치하였을 때에는 정기적으로 점검하고 이상을 발견하면 즉시 보수하여야 사항 3가지를 쓰시오.(6점)

[산기1902A/기사2002B/산기2003C/기사2201B/기사2301A/산기2303A]

대형건물의 건축현장이다. 굴착공사를 하면서 흙막이 지보공을 설치하고 이를 점검하는 모습을 보여준다.

① 부재의 손상·변형·부식·변위 및 탈락의 유무와 상태
② 버팀대의 긴압의 정도
③ 부재의 접속부·부착부 및 교차부의 상태
④ 침하의 정도

▲ 해당 답안 중 3가지 선택 기재


**08** 밀폐공간의 작업환경에 대한 다음 물음에 답하시오.(4점)

[산기2003C]

하수처리장의 폐수처리조의 밀폐공간에서 하수처리 작업을 진행하고 있다. 작업 중에 작업자가 갑자기 쓰러지는 모습을 보여준다.

① 산소결핍은 산소가 몇 % 미만을 말하는가?
② 산소결핍장소에서 사람을 구조할 때 구조장비 1가지를 쓰시오.

① 18%
② 송기마스크, 공기호흡기, 사다리, 섬유로프

▲ ②의 답안 중 1가지 선택 기재

**09** 영상에서 표시하는 구조물이 갖춰야 할 구조사항 3가지를 쓰시오.(6점) [기사1803B/산기2003C]

가설통로를 지나던 작업자가 쌓아둔 적재물을 피하다가 추락하는 영상이다.

① 견고한 구조로 할 것
② 경사는 30도 이하로 할 것
③ 경사가 15도를 초과하는 경우에는 미끄러지지 아니하는 구조로 할 것
④ 추락할 위험이 있는 장소에는 안전난간을 설치할 것. 다만, 작업상 부득이한 경우에는 필요한 부분만 임시로 해체할 수 있다.
⑤ 수직갱에 가설된 통로의 길이가 15미터 이상인 경우 10미터 이내마다 계단참을 설치할 것
⑥ 건설공사에 사용하는 높이 8미터 이상인 비계다리에는 7미터 이내마다 계단참을 설치할 것
⑦ 사업주는 근로자가 안전하게 통행할 수 있도록 통로에 75럭스 이상의 채광 또는 조명시설을 할 것

▲ 해당 답안 중 3가지 선택 기재

**01** 영상은 전기환풍기 팬 수리 작업 중 선반에 부딪혀 부상을 당한 재해사례이다. ① 재해형태, ② 기인물, ③ 가해물을 쓰시오.(4점)    [산기1201B/산기1302B/산기1601B/산기2002A/산기2201B]

높이 1m 정도의 씽크대 위에서 전기 환풍기 팬 수리 작업을 하던 중 잔류 전기에 놀라 씽크대에서 떨어지면서 뒤에 위치한 선반에 부딪히는 재해가 발생하였다.

① 재해형태 : 추락(떨어짐)
② 기인물 : 전기환풍기 팬
③ 가해물 : 선반

**02** 화면은 공장 지붕 철골 상에 패널 설치작업 중 작업자가 실족하여 사망한 재해사례이다. 동영상의 내용을 참고하여 재해 원인을 2가지 쓰시오.(4점)    [산기1401A/산기1402A/산기1503B/산기1603B/산기1701A/산기2002A/산기2003B]

공장 지붕 철골 상에 패널 설치작업 중 작업자가 실족하여 사망한 재해 사례를 보여준다.

① 안전대 부착설비의 미설치와 작업자들이 안전대를 미착용하고 작업에 임해 위험에 노출되었다.
② 추락방지망이 설치되지 않아 사고위험에 노출되었다.

**03** 영상은 MCC 패널 차단기의 전원을 투입하여 발생한 재해사례이다. 동종의 재해방지 대책 3가지를 서술하시오.(6점) [산기1202B/기사1302B/산기1303B/산기1501A/기사1503C/산기1703B/기사1802C/산기1803B/산기2002A/산기2002C]

작업자가 MCC 패널의 문을 열고 스피커를 통해 나오는 지시사항을 정확히 듣지 못한 상태에서, 차단기 2개를 쳐다보며 망설이다가 그중 하나를 투입하였는데, 잘못 투입하여 원하지 않은 상황이 발생하여 당황하는 표정을 짓고 있다.

① 차단기 별로 회로명을 표기하여 오작동을 막는다.
② 잠금장치 및 표찰을 부착하여 해당 작업자 이외의 자에 의한 오작동을 막는다.
③ 작업자 간의 정확성을 기하기 위해 무전기 등 연락가능 장비를 이용하여 여러 차례 확인하는 절차를 준수한다.

**04** 화면은 LPG 저장소에서 전기 스파크에 의해 폭발사고가 발생한 상황이다. 대기압상태의 저장용기에 저장된 LPG가 대기 중에 유출되어 순간적으로 기화가 일어나 점화원에 의해 발생되는 폭발을 무슨 현상이라고 하는가?(4점) [기사1303C/산기1503B/기사1503C/기사1701A/기사1802B/산기1901A/산기2002A/기사2004C/산기2301A]

LPG 저장소에서 전기스파크에 의해 폭발사고가 발생한 상황을 보여주고 있다.

• 증기운폭발(UVCE)

**05** 작업자가 대형 관의 플랜지 아랫부분에 교류 아크용접작업을 하고 있는 영상이다. 동영상에는 작업 중 위험요인을 내재하고 있다. 확인되는 위험요인 2가지를 쓰시오.(5점) [기사1903D/기사2001C/산기2002A]

교류아크용접 작업장에서 작업자 혼자 대형 관의 플랜지 아래 부위를 아크 용접하는 상황이다. 작업자의 왼손은 플랜지 회전 스위치를 조작하고 있으며, 오른손으로는 용접을 하고 있다. 작업장 주위에는 인화성 물질로 보이는 깡통 등이 용접 작업장 주변에 쌓여있는 상황이다.

① 단독작업으로 감시인이 없어 작업장 상황파악이 어렵다.
② 작업현장에 인화성 물질이 쌓여있는 등 화재의 위험이 높다.
③ 용접불티 비산방지덮개, 용접방화포 등 불꽃, 불티 등의 비산방지조치가 되어있지 않다.
④ 화기작업에 따른 인근 가연성물질에 대한 방호조치 및 소화기구 비치가 되어있지 않다.
⑤ 케이블이 정리되지 않아 전도의 위험에 노출되어 있다.

▲ 해당 답안 중 2가지 선택 기재

**06** 화면의 동영상은 V벨트 교환 작업 중 발생한 재해사례이다. 기계 운전상 안전작업수칙에 대하여 3가지를 기술하시오.(6점) [산기1201B/산기1302B/산기1403B/산기1601A/산기1703B/산기2002A]

V벨트 교환작업 중 발생한 재해장면을 보여주고 있다.

① 작업 시작 전 전원을 차단한다.
② 전용공구(천대장치)를 사용한다.
③ 보수작업 중이라는 안내표지를 부착하고 교체작업을 실시한다.

**07** 영상은 크롬도금작업을 보여준다. 동영상에서와 같이 유해물질(화학물질) 취급장소에서의 미스트 억제방법을 2가지 쓰시오.(4점)　　　　　　　　　　　　[산기|2002A]

크롬도금작업을 하고 있는 작업자의 모습을 보여준다.

① 도금조에 플라스틱 볼을 넣어 크롬산 미스트의 발생을 억제한다.
② 계면활성제를 도금액과 같이 투입하여 크롬산 미스트의 발생을 억제한다.

**08** 대리석 연마작업상황을 보여주고 있다. 작업 중 불안전한 행동 3가지를 쓰시오.(6점)
　　　　　　　　　　　　[산기|2002A/산기|2003A/기사2003C/산기|2103B/산기|2202C/산기|2303A]

대리석 연마작업을 하는 2명의 작업자를 보여주고 있다. 작업장 정리정돈이 안 되어 이동전선과 충전부가 널려져 있으며 일부는 물에 젖은 상태로 방치되고 있다. 덮개도 없는 연삭기의 측면을 사용해 대리석을 연마하는 모습이 보인다. 작업이 끝난 후 작업자가 대리석을 힘겹게 옮긴다.

① 연삭작업을 하는 작업자가 보안경을 착용하지 않았다.
② 연삭기에 방호장치가 설치되지 않았다.
③ 작업자가 방진마스크를 착용하지 않았다.
④ 연삭기 측면을 사용하여 연삭작업을 수행하고 있다.

▲ 해당 답안 중 3가지 선택 기재

**09** 동영상은 아파트 창틀에서 작업 중 발생한 재해사례를 보여주고 있다. 추락방지대책을 3가지 쓰시오.(6점)

[기사2001B/산기2002A]

A, B 2명의 작업자가 아파트 창틀에서 작업 중에 A가 작업발판을 처마위의 B에게 건네 준 후 B가 있는 옆 처마 위로 이동하려다 발을 헛디뎌 바닥으로 추락하는 재해 상황을 보여주고 있다. 이때 주변이 정리정돈 되어 있지 않고, A작업자가 밟고 있던 콘크리트 부스러기가 추락할 때 같이 떨어진다.

① 안전난간 설치
② 안전대 부착설비 설치 및 근로자 안전대 착용
③ 추락방호망 설치
④ 주변 정리정돈
⑤ 견고한 작업발판 설치

▲ 해당 답안 중 3가지 선택 기재

**01** 영상은 자동차 부품을 도금한 후 세척하는 과정을 보여주고 있다. 영상을 보고 개선해야 할 작업장 안전수칙 2가지를 쓰시오.(4점)

[기사1202C/기사1303B/기사1503A/기사1801A/신기1803A/기사1902C/신기2002B/기사2003B]

작업자들이 브레이크 라이닝을 화학약품을 사용하여 세척하는 작업과정을 보여주고 있다. 세정제가 바닥에 흩어져 있으며, 고무장화 등을 착용하지 않고 작업을 하고 있는 상태를 보여준다. 담배를 피우면서 작업하는 작업자의 모습도 보여준다.

① 작업 중 흡연을 금지하자.
② 유해물질 세척작업 시 불침투성 보호장화 및 보호장갑을 착용하자.

**02** 영상의 작업상황에서와 같이 작업자의 손이 말려 들어가는 부분에서 형성되는 ① 위험점, ② 정의를 쓰시오. (5점)

[신기1203B/신기1303A/기사1402C/신기1403B/기사1503B/

신기1603A/신기1303A/신기1702B/기사1702C/신기2002B/신기2003C/기사2004A]

작업자가 회전물에 샌드페이퍼(사포)를 감아 손으로 지지하고 있다. 위험점에 작업복과 손이 감겨 들어가는 동영상이다.

① 위험점 : 회전말림점
② 정의 : 회전하는 기계의 운동부 자체에 작업복 등이 말려들 위험이 존재하는 점을 말한다.

**03** 영상은 변압기를 유기화합물에 담가서 절연처리와 건조작업을 하고 있음을 보여주고 있다. 이 작업 시 착용할 보호구를 다음에 제시한 대로 쓰시오.(6점)

[기사1202A/기사1301A/기사1401B/기사1402B/기사1501A/기사1602C/기사1701B/기사1703C/기사2001C/산기2002B/기사2002D]

가로·세로 15cm 정도로 작은 변압기의 양쪽에 나와 있는 선을 일반 작업복에 맨손의 작업자가 양손으로 들고 스텐으로 사각형 유기화합물통에 넣었다 빼서 앞쪽 선반에 올리는 작업하고 있다. 화면이 바뀌면서 선반 위 소형변압기를 건조시키기 위해 문 4개짜리 업소용 냉장고처럼 생긴 곳에다가 넣고 문을 닫는 화면을 보여준다.

① 손          ② 눈          ③ 피부(몸)

① 손 : 불침투성 보호장갑
② 눈 : 보안경
③ 피부 : 불침투성 보호복

**04** 건설작업용 리프트를 이용한 작업현장을 보여주고 있다. 리프트의 방호장치 4가지를 쓰시오.(4점)

[산기1301B/산기1402B/산기1503A/산기1702A/산기1801B/산기1802B/산기2002B]

테이블리프트(승강기)를 타고 이동한 후 고공에서 용접하는 영상을 보여주고 있다.

① 과부하방지장치          ② 권과방지장치
③ 비상정지장치          ④ 제동장치

**05** 영상은 철골구조물 작업 중 재해상황을 보여준다. 철골구조물 작업 시 중지해야하는 기상상황 3가지를 쓰시오.(6점)

[산기1201B/산기1301A/산기1403A/산기1502B/
산기1603A/산기1701A/산기1802A/산기1803A/산기2002B/산기2003A/산기2201B/산기2302B]

추락방지망 설치되지 않은 철골구조
물에서 작업자 2명이 안전대를 착용
하지 않고 볼트 체결작업을 하던 중
1명이 추락하는 영상을 보여준다.

① 풍속이 초당 10m 이상인 경우
② 강우량이 시간당 1mm 이상인 경우
③ 강설량이 시간당 1cm 이상인 경우

**06** 영상은 고소에 위치한 에어배관 작업 중 고압의 증기 누출로 작업자가 눈에 재해를 당하는 영상이다. 에어배관 작업 시 위험요인을 3가지 쓰시오.(6점)

[산기1202A/산기1301B/산기1303B/산기1402A/산기1501A/산기1503A/산기1701A/산기1702B/산기1902A/기사2001B/산기2002B]

에어배관을 파이프렌치나 전용공구
가 아닌 일반 빤찌로 작업하다 고압의
증기가 누출되면서 이를 피하다가 추
락하는 재해가 발생하는 동영상이
다.(안전모 착용했으나 보안경은 미
착용했으며, 밟고 있는 사다리의 설
치상태도 불안정하다. 주변에 작업지
휘자가 없다)

① 보안경을 착용하지 않아 고압증기에 의한 눈 부위 손상의 위험에 노출되어 있다.
② 전용공구를 사용하지 않아 작업 중 위험에 노출되어 있다.
③ 작업자가 밟고 선 사다리의 설치상태가 불안정하여 위험에 노출되었다.
④ 배관 내 가스 및 압력을 미제거하여 위험에 노출되었다.
⑤ 보호구(방열장갑, 방열복 등)를 미착용하고 있다.

▲ 해당 답안 중 3가지 선택 기재

**07** 영상은 목재가공용 둥근톱을 이용한 작업현장을 보여주고 있다. 해당 설비의 안전 및 보조장치 3가지를 쓰시오.(4점)  [산기1202A/산기1303A/산기1502C/산기1603A/산기2002B]

영상은 일반장갑을 착용한 작업자가 둥근톱을 이용하여 나무판자를 자르는 작업을 보여주고 있다. 둥근톱에 덮개가 없으며, 작업자는 보안경 및 방진마스크 등을 착용하지 않고 있다. 작업 중 곁눈질을 하는 등 부주의로 작업자의 손가락이 절단되는 재해가 발생한다.

① 밀대(푸시스틱)
② 분할 날
③ 톱날(방호)덮개


**08** 영상은 인화성 물질의 취급 및 저장소에서의 재해상황을 보여주고 있다. 이 동영상을 참고하여 인화성 물질의 증기, 가연성 가스 또는 가연성 분진이 존재하는 장소에서 폭발이나 화재를 방지하기 위한 대책 3가지를 쓰시오.(단, 점화원에 관한 내용은 제외)(6점)  [산기1201B/산기1302B/산기1403A/산기1602B/산기1901B/산기2002B]

인화성 물질 저장창고에 인화성 물질을 저장한 드럼이 여러 개 있고 한 작업자가 인화성 물질이 든 운반용 캔을 몇 개 운반하다가 잠시 쉬려고 드럼 옆에서 웃옷을 벗는 순간 "퍽"하는 소리와 함께 폭발이 일어나는 사고상황을 보여주고 있다.

① 통풍·환기 및 분진 제거 등의 조치를 한다.
② 가스 검지 및 경보 성능을 갖춘 가스 검지 및 경보장치를 설치한다.
③ 작업자에게 사전에 인화성 물질 등에 대한 안전교육을 실시한다.

**09** 영상은 천장크레인으로 물건을 옮기다 재해가 발생하는 장면을 보여주고 있다. 주요 위험요인과 관련된 방호장치를 각각 1가지 쓰시오.(4점)

[기사1302C/기사1403C/기사1502B/기사2001B/신기2002B]

천장크레인으로 물건을 옮기는 동영상으로 마그네틱을 금형 위에 올리고 손잡이를 작동시켜 이동시키고 있다. 작업자는 안전모를 미착용하고, 목장갑 착용하고 오른손으로 금형을 잡고, 왼손으로 상하좌우 조정장치(전기배선 외관에 피복이 벗겨져 있음)를 누르면서 이동 중이다. 갑자기 작업자가 쓰러지면서 오른손이 마그네틱 ON/OFF 봉을 건드려 금형이 발등으로 떨어지는 사고가 발생한다. 이때 크레인에는 훅 해지장치가 없고, 훅에 샤클이 3개 연속으로 걸려있는 상태이다.

가) 주요 위험요인
　① 훅에 해지장치가 없어 슬링와이어가 이탈 위험을 가지고 있다.
　② 유도로프를 사용하지 않아 인양물의 흔들림을 방지할 수 없다.
　③ 1줄 걸이로 인양물을 걸었다.
　④ 작업장소 주변의 정리정돈이 되지 않았다.
　⑤ 작업지휘자 없이 혼자서 단독작업을 하고 있고, 양손으로 작업하고 있어 위험하다.
나) 방호장치
　① 훅 해지장치　　　　　　　　② 과부하방지장치
　③ 권과방지장치　　　　　　　　④ 비상정지장치 및 제동장치

▲ 해당 답안 중 각각 1가지씩 선택 기재

**01** 영상은 터널 내 발파작업을 보여주고 있다. 이때 사용하는 발파공의 충진재료는 어떤 것을 사용해야 하는지를 쓰시오.(3점)

[산기1303A/산기2002C/산기2302B]

터널 굴착을 위한 터널 내 발파작업을 보여주고 있다. 장전구 안으로 화약을 집어넣는데 길고 얇은 철물을 이용해서 화약을 장전구 안으로 3~4개 정도 밀어 넣은 다음 접속한 전선을 꼬아 주변 선에 올려놓고 있다.

- 발파공의 충진재료는 점토·모래 등 발화성 또는 인화성의 위험이 없는 재료를 사용할 것

**02** 연삭작업 상황을 보여주고 있다. 작업 중 작업자가 착용하여야 할 보호구 2가지를 쓰시오.(4점)

[기사2002B/산기2002C]

영상은 금속연삭작업을 신행중인 모습을 보여주고 있다.

① 보안경 　　② 방진마스크 　　③ 귀마개

▲ 해당 답안 중 2가지 선택 기재

**03** 영상은 감전사고를 보여주고 있다. 동종의 재해를 방지하기 위해 설치해야 할 방호장치를 쓰시오.(3점)

[산기1203B/산기1401A/산기1502B/산기1702B/산기2002C]

영상은 작업자가 단무지가 들어있는 수조에 수중펌프를 설치하는 작업을 하고 있는 상황이다. 설치를 끝내고 펌프를 작동시킴과 동시에 작업자가 감전되는 재해가 발생하는 상황을 보여주고 있다.

- 감전방지용 누전차단기

**04** 화면에서 나타난 작업장에 국소배기장치를 설치할 때 준수하여야 할 사항 3가지를 쓰시오.(6점)

[산기1203A/산기1501B/산기1603B/산기2002C]

밀폐된 작업장에서 국소배기장치를 설치하는 모습을 보여주고 있다.

① 국소배기장치의 후드는 유해물질이 발생하는 곳마다 설치하고 외부식 또는 리시버식 후드는 해당 분진 등의 발산원에 가장 가까운 위치에 설치할 것
② 국소배기장치의 덕트는 가능한 길이를 짧게 하고, 청소하기 쉬운 구조로 할 것
③ 국소배기장치에 공기정화장치를 설치하는 경우 정화 후의 공기가 통하는 위치에 배풍기를 설치할 것
④ 외부식 또는 리시버식 후드는 해당 분진 등의 발산원에 가장 가까운 위치에 설치할 것
⑤ 후드(Hood) 형식은 가능하면 포위식 또는 부스식 후드를 설치할 것
⑥ 분진 등을 배출하기 위하여 설치하는 국소배기장치의 배기구를 직접 외부로 향하도록 개방하여 실외에 설치하는 등 배출되는 분진 등이 작업장으로 재유입되지 않는 구조로 할 것

▲ 해당 답안 중 3가지 선택 기재

**05** 영상은 작업자가 차단기를 점검하다 감전되어 쓰러지는 영상이다. 위험요인 3가지를 서술하시오.(6점)

[산기1303A/산기1801B/기사1901A/기사1901C/산기1902B/산기2001A/산기2002C/기사2002E]

배전반 뒤쪽에서 작업자 1명이 보수작업을 하고 있다. 화면이 배전반 앞쪽으로 이동하면서 다른 작업자 1명을 보여준다. 해당 작업자가 절연내력시험기를 들고 한 선은 배전반 접지에 꽂은 후 장비의 스위치를 ON시키고 배선용 차단기에 나머지 한 선을 여기저기 대보고 있는데 뒤쪽 작업자가 배전반 작업 중 쓰러졌는지 놀라서 일어나는 동영상이다.

① 작업 시작 전 내전압용 절연장갑 등 절연용 보호구를 착용하지 않았다.
② 개폐기 문에 통전금지 표지판을 설치하고, 감시인을 배치한 후 작업을 하여야 하나 그러지 않았다.
③ 작업 시작 전 전원을 차단하지 않았다.
④ 잠금장치 및 표찰을 부착하여 해당 작업자 이외의 자에 의한 오작동을 막아야 하나 그러지 않았다.

▲ 해당 답안 중 3가지 선택 기재

**06** 영상은 밀폐공간 내에서의 작업상황을 보여주고 있다. 이와 같은 환경의 작업장에서 사고방지대책 3가지를 쓰시오.(6점)

[산기1401B/산기1702A/산기1902B/산기2002C]

지하 피트 내부의 밀폐공간에서 작업자들이 작업하던 중 다른 작업자가 밀폐공간 외부에 설치된 국소배기장치를 발로 차면서 전원공급이 단절되어 내부의 작업자가 의식을 잃고 쓰러지는 영상이다.

① 밀폐공간의 산소 및 유해가스 농도를 측정하여 적정공기가 유지되게 한다.
② 작업장을 환기시키거나, 근로자에게 공기호흡기 또는 송기마스크를 지급하여 착용하도록 한다.
③ 국소배기장치의 전원부에 잠금장치를 한다.
④ 감시인을 배치한다.
⑤ 작업 시작 전에 작업자에게 작업에 대한 위험요인을 알리고 이의 대응방법에 대한 교육을 한다.

▲ 해당 답안 중 3가지 선택 기재

**07** 영상은 MCC 패널 차단기의 전원을 투입하여 발생한 재해사례이다. 동종의 재해방지 대책 3가지를 서술하시오.(6점) [산기1202B/기사1302B/산기1303B/산기1501A/기사1503C/산기1703B/기사1802C/산기1803B/산기2002A/산기2002C]

작업자가 MCC 패널의 문을 열고 스피커를 통해 나오는 지시사항을 정확히 듣지 못한 상태에서, 차단기 2개를 쳐다보며 망설이다가 그중 하나를 투입하였는데, 잘못 투입하여 원하지 않은 상황이 발생하여 당황하는 표정을 짓고 있다.

① 차단기 별로 회로명을 표기하여 오작동을 막는다.
② 잠금장치 및 표찰을 부착하여 해당 작업자 이외의 자에 의한 오작동을 막는다.
③ 작업자 간의 정확성을 기하기 위해 무전기 등 연락가능 장비를 이용하여 여러 차례 확인하는 절차를 준수한다.

**08** 영상은 박공지붕 설치작업 중 박공지붕의 비래에 의해 재해가 발생하는 장면을 보여주고 있다. 위험요인을 찾아 3가지 쓰시오.(6점) [산기1202A/기사1302C/산기1401A/기사1403A/기사1503A/산기1701B/기사1703B/기사1803A/기사1901C/산기1902B/산기2002C/기사2003A]

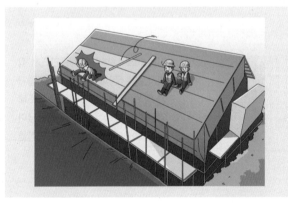

박공지붕 위쪽과 바닥을 보여주고 있으며, 지붕의 오른쪽에 안전난간, 추락방지망이 미설치된 화면과 지붕 위쪽 중간에서 커피를 마시면서 앉아 휴식을 취하는 작업자(안전모, 안전화 착용함)들과 작업자 왼쪽과 뒤편에 적재물이 적치되어있는 상태이다. 뒤에 있던 삼각형 적재물이 굴러와 휴식 중이던 작업자를 덮쳐 작업자가 앞으로 쓰러지는 영상이다.

① 중량물이 구를 위험이 있는 방향에서 근로자가 휴식을 취하고 있다.
② 추락방호망이 설치되지 않았다.
③ 안전대 부착설비가 없고, 안전대를 착용하지 않았다.
④ 안전난간이 설치되지 않았다.
⑤ 중량물의 동요나 이동을 조절하기 위해 구름멈춤대, 쐐기 등을 이용하지 않았다.

▲ 해당 답안 중 3가지 선택 기재

**09** 영상은 변압기 볼트를 조이는 작업 중 재해상황을 보여주고 있다. 재해의 형태와 위험요인 2가지를 쓰시오. (5점)

[기사1302A/기사1403C/기사1601A/기사1702B/기사1803C/산기1901B/기사2001A/산기2002C/산기2301A]

작업자가 안전대를 착용하고 있으나 이를 전주에 걸지 않은 상태에서 전주에 올라서서 작업발판(볼트)을 딛고 변압기 볼트를 조이는 중 추락하는 영상이다. 작업자는 안전대를 착용하지 않고, 안전화의 끈이 풀려 있는 상태에서 불안정한 발판 위에서 작업 중 사고를 당했다.

가) 재해형태 : 추락(=떨어짐)

나) 위험요인

① 작업자가 딛고 서는 발판이 불안하다.

② 작업자가 안전대를 착용하지 않고 작업하고 있어 위험에 노출되어 있다.

③ 작업자가 내전압용 절연장갑을 착용하지 않고 작업하고 있다.

▲ 나)의 답안 중 2가지 선택 기재

01 영상은 이동식크레인을 이용한 작업 중 발생한 재해사례를 보여주고 있다. 영상에서 발생한 사고의 재해형태
와 정의를 각각 쓰시오.(4점)

[산기1302A/산기1502C/산기2001B]

신호수의 신호에 의해 이동식크레인을 이
용하여 배관을 위로 올리는 작업현장을 보
여주고 있다. 보조로프가 없어 배관이 근처
H빔에 부딪혀 흔들린다. 훅 해지장치는 보
이지 않으며 배관 양쪽 끝에 와이어로 두바
퀴를 감고 샤클로 채결한 상태이다. 흔들리
는 배관을 아래쪽의 근로자가 손으로 지탱
하려다가 배관이 근로자의 상체에 부딪혀
근로자가 넘어지는 사고가 발생한다.

① 재해형태 : 낙하·비래(=맞음)
② 정의 : 물건이 떨어지거나 날아서 사람에게 부딪히는 것

02 화면에서 발생한 재해의 ① 기인물, ② 가해물을 각각 구분하여 쓰시오.(4점)

[산기1201A/산기1303B/산기1502B/산기1503A/산기1702A/산기2001A/산기2301B]

작업자가 장갑을 착용하지 않고 작동 중인
사출성형기에 끼인 이물질을 잡아당기다, 감
전과 함께 뒤로 넘어지는 사고영상이다.

① 기인물 : 사출성형기
② 가해물 : 사출성형기 노즐 충전부

**03** 영상은 작업장에서 전구를 교체하는 영상이다. 영상을 보고 위험요인 3가지를 쓰시오.(6점)

[기사1803B/산기1803B/산기2001A/기사2003B/산기2302B]

안전장구를 착용하지 않은 작업자가 지게차 포크 위에서 전원이 연결된 상태의 전구를 교체하고 있다. 교체가 완료된 후 포크 위에서 뛰어내리는 영상을 보여주고 있다.

① 작업자가 지게차 포크 위에 올라가서 전구 교체작업을 하는 위험한 행동을 하고 있다.
② 전원을 차단하지 않고 전구를 교체하는 등 감전 위험에 노출되어 있다.
③ 작업자가 절연용 보호구를 착용하지 않아 감전 위험에 노출되어 있다.
④ 안전대를 비롯한 보호구도 미착용하고 있고, 방호장치도 설치되지 않았다.
⑤ 포크를 완전히 지면에 내리지 않은 상태에서 무리하게 뛰어내리는 위험한 행동을 하고 있다.

▲ 해당 답안 중 3가지 선택 기재

**04** 영상은 자동차 브레이크 라이닝을 세척하는 것을 보여주고 있다. 작업자가 착용해야 할 보호구 3가지를 쓰시오.(4점)

[기사1303A/기사1502A/기사1603C/기사1801B/산기1803B/산기2001A/기사2004A]

작업자들이 브레이크 라이닝을 화학약품을 사용하여 세척하는 작업과정을 보여주고 있다. 세정제가 바닥에 흩어져 있으며, 고무장화 등을 착용하지 않고 작업을 하고 있는 상태를 보여준다.

① 보안경      ② 불침투성 보호복      ③ 불침투성 보호장갑
④ 송기마스크(방독마스크)      ⑤ 불침투성 보호장화

▲ 해당 답안 중 3가지 선택 기재

**05** 동영상은 프레스의 금형 교체작업을 보여주고 있다. 위험요인 3가지를 쓰시오.(6점)　　[산기|2001A]

프레스기 금형 교체작업을 보여주고 있다. 보호구를 착용하지 않고 목장갑을 착용한 작업자가 스패너를 이용해서 금형의 고정 볼트를 풀어 금형을 느슨하게 만든 후 프레스 버튼을 눌러 프레스 장치를 올린 후 느슨해진 금형을 분리시켜 옮기는 중 혼자 들기 무거운 금형을 놓쳐 금형이 작업자의 발등에 떨어지는 재해가 발생한다. 프레스에는 별도의 안전장치가 설치되어있지 않다.

① 중량물을 이동할 때는 도구를 사용하여야 하지만 그러지 않았다.
② 전원을 차단하지 않았다.
③ 안전장치가 설치되지 않았다.

**06** 영상은 작업자가 차단기를 점검하다 감전되어 쓰러지는 영상이다. 위험요인 3가지를 서술하시오.(6점)

[산기|1303A/산기|1801B/기사1901A/기사1901C/산기|1902B/산기|2001A/산기|2002C/기사2002E]

배전반 뒤쪽에서 작업자 1명이 보수작업을 하고 있다. 화면이 배전반 앞쪽으로 이동하면서 다른 작업자 1명을 보여준다. 해당 작업자가 절연내력시험기를 들고 한 선은 배전반 접지에 꽂은 후 장비의 스위치를 ON 시키고 배선용 차단기에 나머지 한 선을 여기저기 대보고 있는데 뒤쪽 작업자가 배전반 작업 중 쓰러졌는지 놀라서 일어나는 동영상이다.

① 작업 시작 전 전원을 차단하지 않았다.
② 작업 시작 전 내전압용 절연장갑 등 절연용 보호구를 착용하지 않았다.
③ 개폐기 문에 통전금지 표지판을 설치하고, 감시인을 배치한 후 작업을 하여야 하나 그러하지 않았다.
④ 잠금장치 및 표찰을 부착하여 해당 작업자 이외의 자에 의한 오작동을 막아야 하나 그러하지 않았다.

▲ 해당 답안 중 3가지 선택 기재

**07** 영상은 밀폐공간에서 작업하는 근로자들을 보여주고 있다. 아래 빈칸을 채우시오.(5점)

[기사1602A/기사1703A/기사1801C/신기1803A/기사1903C/신기2001A]

지하 탱크 내부의 밀폐공간에서 작업자
들이 작업하기 전 산소농도 및 유해가스
의 농도를 측정하고 있다.

적정공기란 산소농도의 범위가 ( ① )% 이상, ( ② )% 미만, 이산화탄소의 농도가 ( ③ )% 미만, 황화수소의 농도가
( ④ )ppm 미만인 수준의 공기를 말한다.

① 18                                    ② 23.5
③ 1.5                                   ④ 10


**08** 컨베이어 작업 중 재해가 발생한 영상이다. 불안전한 행동 3가지를 쓰시오.(6점)

[신기1802B/신기2001A/기사2003A/신기2103A/신기2301B]

파지 압축장의 컨베이어 위에서 작
업자가 집게암으로 파지를 들어서
작업지 머리 위를 통과한 후 집게
암을 흔들어서 파지를 떨어뜨리는
영상을 보여주고 있다.

① 작업자가 안전모를 착용하지 않고 있다.
② 파지를 작업자 머리 위로 옮기고 있어 위험하다.
③ 작업자가 컨베이어 위에서 작업을 하고 있어 위험하다.
④ 파지가 떨어지지 않는다고 집게암을 흔들어서 떨어뜨리고 있어 위험하다.

▲ 해당 답안 중 3가지 선택 기재

**09** 영상은 박공지붕 설치작업 중 박공지붕의 비래에 의해 재해가 발생하는 장면을 보여주고 있다. 안전대책을 2가지 쓰시오.(4점)  [기사1301B/산기1303B/기사1402C/산기1501B/산기1803B/산기2001A/기사2002E]

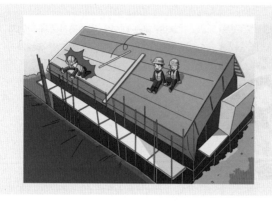

박공지붕 위쪽과 바닥을 보여주고 있으며, 지붕의 오른쪽에 안전난간, 추락방지망이 미설치된 화면과 지붕 위쪽 중간에서 커피를 마시면서 앉아 휴식을 취하는 작업자(안전모, 안전화 착용함)들과 작업자 왼쪽과 뒤편에 적재물이 적치되어있는 상태이다. 뒤에 있던 삼각형 적재물이 굴러와 휴식 중이던 작업자를 덮쳐 작업자가 앞으로 쓰러지는 영상이다.

① 휴식은 안전한 장소에서 취하도록 한다.
② 추락방호망을 설치한다.
③ 안전대 부착설비 및 안전대를 착용한다.
④ 지붕의 가장자리에 안전난간을 설치한다.
⑤ 구름멈춤대, 쐐기 등을 이용하여 중량물의 동요나 이동을 조절한다.
⑥ 중량물이 구를 위험이 있는 방향 앞의 일정거리 이내로는 근로자의 출입을 제한한다.

▲ 해당 답안 중 2가지 선택 기재

**01** 동영상에서 사용하고 있는 프레스에는 급정지기구가 부착되어있지 않다. 이 경우 설치하여야 하는 유효한 방호장치를 4가지 쓰시오.(4점) <small>[산기1202B/기사1302B/산기1402A/산기1503A/기사1603B/기사1802A/산기2001B/산기2303B]</small>

급정지장치가 없는 프레스로 철판에 구멍을 뚫는 작업을 보여주고 있다.

① 가드식　　　　　　　　　② 수인식

③ 손쳐내기식　　　　　　　④ 양수기동식

**02** 영상은 특수 화학설비를 보여주고 있다. 화면과 연관된 특수 화학설비 내부의 이상상태를 조기에 파악하기 위하여 설치해야 할 계측장치 3가지를 쓰시오.(6점)

<small>[기사1302A/산기1303A/기사1403A/산기1502C/기사1503B/산기1603A/기사1801C/기사1803B/기사1902C/산기2001B/기사2002E]</small>

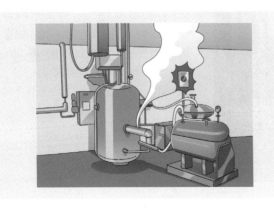

화학공장의 특수화학설비를 보여주고 있다. 갑자기 배관에서 증기가 배출되면서 비상벨이 울리는 모습을 보여주고 있다.

① 온도계　　　　　　② 유량계　　　　　　③ 압력계

**03** 영상은 이동식크레인을 이용한 작업 동영상이다. 영상을 보고 화물의 낙하 및 비래 위험을 방지하기 위한 예방대책 3가지를 쓰시오.(6점)

[산기1201A/기사1301A/신기1302B/신기1401B/기사1403B/기사1501A/기사1501B/기사1601B/신기1601B/신기1602A/기사1602C/기사1603C/
기사1701A/신기1702B/기사1801C/신기1802B/기사1802C/신기1901A/신기1901B/기사1903A/기사1902B/기사1903D/신기2001B/신기2003B]

신호수의 신호에 의해 이동식크레인을 이용하여 배관을 위로 올리는 작업현장을 보여주고 있다. 보조로프가 없어 배관이 근처 H빔에 부딪혀 흔들린다. 훅 해지장치는 보이지 않으며 배관 양쪽 끝에 와이어로 두바퀴를 감고 샤클로 채결한 상태이다. 흔들리는 배관을 아래쪽의 근로자가 손으로 지탱하려다가 배관이 근로자의 상체에 부딪혀 근로자가 넘어지는 사고가 발생한다.

① 작업반경 내 관계 근로자 이외의 자에 대한 출입을 금한다.
② 와이어로프의 안전상태를 점검한다.
③ 훅의 해지장치 및 안전상태를 점검한다.
④ 보조(유도)로프를 설치한다.

▲ 해당 답안 중 3가지 선택 기재

**04** 실내 인테리어 작업을 하는 중 발생한 재해사례를 보여주고 있다. 재해의 유형과 부주의한 행동 1가지를 쓰시오.(4점)

[산기2001B/신기2004A]

실내 인테리어 작업을 하는 중 작업자 A가 작업자 B에게 근처에 있는 차단기를 내려달라고 해서 맨손의 작업자 B가 차단기를 내리려다 쓰러지는 재해가 발생하였다.

① 재해의 유형 : 감전(=전류접촉)
② 부주의한 행동 : 절연용 보호구를 착용하지 않았다.

**05** 영상은 밀폐공간에서 작업하는 근로자의 재해상황을 보여주고 있다. 밀폐공간에서 작업을 실시하는 경우 사업자가 수립 및 시행해야 하는 밀폐공간 작업프로그램의 내용을 3가지 쓰시오.(단, 그 밖에 밀폐공간 작업근로자의 건강장해 예방에 관한 사항은 제외)(6점) [신기1203B/신기1402B/신기1602A/신기1703B/신기1803A/신기2001B]

지하 피트 내부의 밀폐공간에서 작업자들이 작업하던 중 다른 작업자가 밀폐공간 외부에 설치된 국소배기장치를 발로 차면서 전원공급이 단절되어 내부의 작업자가 의식을 잃고 쓰러지는 영상이다.

① 사업장 내 밀폐공간의 위치 파악 및 관리 방안
② 밀폐공간 내 질식·중독 등을 일으킬 수 있는 유해·위험 요인의 파악 및 관리 방안
③ 밀폐공간 작업 시 사전 확인이 필요한 사항에 대한 확인 절차
④ 안전보건교육 및 훈련

▲ 해당 답안 중 3가지 선택 기재

**06** 영상은 작업자가 용광로 근처에서 작업하고 있는 상황을 보여주고 있다. 위험요인 3가지를 찾아서 쓰시오. (4점) [신기1801B/신기2001B/신기2004B]

아무런 보호구를 착용하지 않은 작업자가 쇳물이 들어가는 탕도 내에 고무래로 출렁이는 쇳물 표면을 젓고 당기면서 굳은 찌꺼기를 긁어내는 작업을 하고 있다. 찌꺼기를 긁어낸 후 고무래에 털어내는 영상이 보인다.

① 보안면을 착용하지 않고 있다.　② 방열복을 착용하지 않고 있다.
③ 방열장갑을 착용하지 않고 있다.　④ 방독마스크를 착용하지 않고 있다.
⑤ 방열장화를 착용하지 않고 있다.

▲ 해당 답안 중 3가지 선택 기재

**07** 영상은 컨베이어 관련 재해사례를 보여주고 있다. 컨베이어 작업 시작 전 점검사항 3가지를 쓰시오.(6점)

[기사1301C/기사1402C/산기1403A/기사1501C/산기1602B/기사1702B/산기1803A/산기2001B/기사2004B]

작은 공장에서 볼 수 있는 소규모 작업용 컨베이어를 작업자가 점검 중이다. 이때 다른 작업자가 전원스위치 쪽으로 서서히 다가오더니 전원버튼을 누르는 순간 점검 중이던 작업자의 손이 벨트에 끼이는 사고가 발생하는 영상을 보여준다.

① 원동기 및 풀리(Pulley) 기능의 이상 유무
② 이탈 등의 방지장치 기능의 이상 유무
③ 비상정지장치 기능의 이상 유무
④ 원동기·회전축·기어 및 풀리 등의 덮개 또는 울 등의 이상 유무

▲ 해당 답안 중 3가지 선택 기재

**08** 영상은 조립식 비계발판을 설치하던 중 발생한 재해상황을 보여주고 있다. 높이가 2m 이상인 작업장소에 설치하는 작업발판의 설치기준을 쓰시오.(4점)

[산기1201A/산기1603A/산기1803A/산기2001B]

높이가 2m 이상인 조립식 비계의 작업발판을 설치하던 중 발생한 재해 상황을 보여주고 있다.

① 작업발판의 폭                    ② 발판재료간의 틈

① 40cm 이상                      ② 3cm 이하

**09** 영상은 승강기 개구부에서 하중을 인양하는 모습이다. 이때의 준수사항을 2가지 쓰시오.(5점)

[기사1202B/기사1401C/기사1502C/기사1603C/산기2001B]

영상은 승강기 개구부에서 A, B 2명의 작업자가 위치하여 있는 가운데 A는 위에서 안전난간에 밧줄을 걸쳐 하중물(물건)을 끌어올리고 B는 이를 밑에서 올려주고 있는데 이때 인양하던 물건이 떨어져 밑에 있던 B가 다치는 사고장면을 보여주고 있다.

① 하중물 낙하 위험을 방지하기 위해 낙하물 방지망을 설치하다.
② 작업자에게 안전모 등 보호구를 착용하게 한다.
③ 수직보호망 또는 방호선반을 설치한다.
④ 출입금지구역을 설정하여 관계자 외의 출입을 금한다.

▲ 해당 답안 중 2가지 선택 기재

**01** 실험실에서 유해물질을 취급하는 영상을 보여주고 있다. 유해물질이 인체에 흡수되는 경로를 2가지 쓰시오. (4점)

[산기1202B/기사1203B/기사1301A/산기1402B/기사1402C/기사1501C/
산기1601B/기사1702B/기사1901B/기사1902B/기사1903A/산기1903A/기사2002A/기사2003A]

작업자는 맨손에 마스크도 착용하지 않고 황산을 비커에 따르다 실수로 손에 묻는 장면을 보여주고 있다.

① 호흡기            ② 소화기            ③ 피부점막

▲ 해당 답안 중 2가지 선택 기재

**02** 동영상은 전주를 옮기다 재해가 발생한 영상이다. 가해물과 작업자가 착용해야 할 안전모의 종류 2가지를 쓰시오.(6점)

[산기1202A/기사1203C/기사1401C/산기1402B/기사1502B/산기1503A/
기사1603B/산기1701B/산기1802B/기사1902B/기사1903A/산기1903A/기사2002A/기사2302B/산기2303B]

항타기를 이용하여 콘크리트 전주를 세우는 작업을 보여주고 있다. 항타기에 고정된 콘크리트 전주가 불안하게 흔들리고 있다. 작업자가 항타기를 조정하는 순간, 전주가 인접한 활선전로에 접촉되면서 스파크가 발생한다. 안전모를 착용한 3명의 작업자가 보인다.

① 가해물 : 전주(재해는 비래에 해당한다)
② 전기용 안전모의 종류 : AE형, ABE형

**03** 동영상을 보고 해당 차량운행 시 준수사항 3가지를 쓰시오.(6점) [기사1903A/산기1903A]

구내운반차가 작업장 구내를 운행하고 있다. 운전자는 안전벨트를 착용하지 않고 있으며, 구내운반차의 회전반경 내에 다른 작업자들이 접근하는 영상이다.

① 주행을 제동하거나 정지상태를 유지하기 위하여 유효한 제동장치를 갖출 것
② 경음기를 갖출 것
③ 전조등과 후미등을 갖출 것
④ 운전석이 차 실내에 있는 것은 좌우에 한 개씩 방향지시기를 갖출 것

▲ 해당 답안 중 3가지 선택 기재

**04** 화면에 나타난 작업 시 근로자가 착용해야 할 보호구의 종류를 2가지 쓰시오.(단, 유기화합물용 안전장갑, 고무제 안전화 제외)(5점) [산기1501B/산기1602A/산기1903A]

작업자가 도금작업을 하면서 도금상태를 확인하기 위해 부품을 꺼내 검사히면서 냄새를 맡고 있다.

① 불침투성 보호복              ② 방독마스크
③ 보안경

▲ 해당 답안 중 2가지 선택 기재

**05** 영상은 전기형강작업을 보여주고 있다. 작업 중 안전을 위한 조치사항 3가지를 쓰시오.(6점)

[산기1301A/산기1403A/산기1602B/산기1703B/산기1802B/산기1903A]

작업자 2명이 전주 위에서 작업을 하고 있는 장면을 보여주고 있다. 작업자 1명은 발판이 안정되지 않은 변압기 위에 올라가서 담배를 입에 물고 볼트를 푸는 작업을 하고 있으며 작업자의 아래쪽 발판용 볼트에 C.O.S (Cut Out Switch)가 임시로 걸쳐있음을 보여주고 있다. 다른 한명의 작업자는 근처에선 이동식 크레인에 작업대를 매달고 또 다른 작업을 하고 있는 상황을 보여주고 있다.

① 작업 중 흡연을 금지하여야 한다.
② 작업자가 딛고 서는 안전한 발판을 사용하여야 한다.
③ C.O.S(Cut Out Switch)를 안전한 곳에 보관하여야 한다.

**06** 영상은 드럼통을 운반하고 있는 모습을 보여주고 있다. 영상에서 위험요인 2가지를 쓰시오.(6점)

[기사1903A/산기1903A/산기2103A]

작업자 한 명이 내용물이 들어있는 드럼통을 굴려서 운반하고 있다. 혼자서 무리하게 드럼통을 들어올리려다 허리를 삐끗한 후 드럼통을 떨어뜨려 다리를 다치는 영상이다.

① 안전화 및 안전장갑을 미착용하였다.
② 전용 운반도구를 사용하지 않았다.
③ 중량물을 혼자 들어 올리려 하는 등 사고 위험에 노출되어 있다.

▲ 해당 답안 중 2가지 선택 기재

**07** 영상은 이동식크레인을 이용한 작업 동영상이다. 영상에서 위험요인 2가지 찾아 쓰시오.(4점)

[산기1201B/산기1302B/산기1403B/산기1903A/산기1903B/기사2001B/기사2002B/기사2003B]

신호수의 신호에 의해 이동식크레인을 이용하여 배관을 위로 올리는 작업현장을 보여주고 있다. 보조로프가 없어 배관이 근처 H빔에 부딪혀 흔들린다. 훅 해지장치는 보이지 않으며 배관 양쪽 끝에 와이어로 두바퀴를 감고 샤클로 채결한 상태이다. 흔들리는 배관을 아래쪽의 근로자가 손으로 지탱하려다가 배관이 근로자의 상체에 부딪혀 근로자가 넘어지는 사고가 발생한다.

① 작업 반경 내 작업과 관계없는 근로자가 출입하고 있다.
② 보조(유도)로프를 설치하지 않아 화물이 빠질 위험이 있다.
③ 훅의 해지장치 및 안전상태를 점검하지 않았다.
④ 와이어로프가 불안정 상태를 안정시킬 방안을 마련하지 않고 인양하여 위험에 노출되었다.

▲ 해당 답안 중 2가지 선택 기재

**08** 화면은 터널 내 발파작업에 관한 사항이다. 동영상 내용 중 화약장전 시 위험요인을 적으시오.(4점)

[산기1202A/기사1301C/기사1402C/산기1502B/기사1602B/기사1902C/기사1903A/산기1903A/기사2003C]

장전구 안으로 화약을 집어넣는데 작업자가 길고 얇은 철물을 이용해서 화약을 장전구 안으로 밀어 넣고 있다. 3~4개 정도 밀어 넣고, 접속한 전선을 꼬아서 주변 선에 올려놓는다. 폭파스위치 위치 장비를 보여주고 터널을 보여주는 동영상이다.

• 길고 얇은 철물을 이용해서 화약을 장전할 경우 충격이나 정전기, 마찰 등에 의해 폭발의 위험이 증가되므로 규정된 장전봉을 이용해 화약을 장전하여야 한다.

09 화면은 드릴작업을 보여주고 있다. 위험요인과 안전대책을 각각 1가지씩 쓰시오.(4점)

[산기1202B/산기1401A/산기1502A/기사1601A/산기1903A]

작업자가 공작물을 맨손으로 잡고 전기드릴을 이용해서 작업물의 구멍을 넓히는 작업을 하는 것을 보여주고 있다. 안전모와 보안경을 착용하지 않고 있으며, 방호장치도 설치되어있지 않은 상태에서 작업하다가 공작물이 튀는 장면을 보여주고 있다.

가) 위험요인
  ① 작은 공작물을 가공하는데 손으로 공작물을 잡고 작업하고 있다.
  ② 보안경과 작업모 등의 안전보호구를 미착용하고 있다.
  ③ 안전덮개 등 방호장치가 설치되어있지 않다.
  ④ 회전기계로 작업 중인데도 목장갑을 착용하고 있다.
  ⑤ 작업 중에 칩을 제거한다.

나) 안전대책
  ① 작은 공작물을 가공할 때 공작물은 전용공구인 바이스를 사용하여 잡고 작업해야 한다.
  ② 보안경과 작업모 등의 안전보호구를 착용하여야 한다.
  ③ 안전덮개 등 방호장치를 설치하여야 한다.
  ④ 회전기계이므로 장갑을 착용하지 않는다.
  ⑤ 칩은 와이어브러시로 작업이 끝난 후에 제거한다.

▲ 해당 답안 중 각각 1가지씩 선택 기재

**01** 영상은 아파트 창틀에서 작업 중 발생한 재해사례를 보여주고 있다. 기인물과 가해물을 쓰시오.(4점)

[산기1501A/산기1602A/산기1903B/산기2201A]

A, B 2명의 작업자가 아파트 창틀에서 작업 중에 A가 작업발판을 처마 위의 B에게 건네 준 후, B가 있는 옆 처마 위로 이동하려다 발을 헛디뎌 바닥으로 추락하는 재해 상황을 보여주고 있다. 이때 주변에 정리정돈이 되어 있지 않고, A작업자가 밟고 있던 콘크리트 부스러기가 추락할 때 같이 떨어진다.

① 기인물 : 콘크리트 부스러기
② 가해물 : 바닥

**02** 영상은 석면을 취급하는 장면을 보여주고 있다. 작업자가 마스크를 착용하고 있으나 석면분진 폭로위험성에 노출되어 있어 작업자에게 직업성 질환으로 이환될 우려가 있다. 그 이유를 설명하시오.(4점) [기사1301B/

기사1301C/기사1303A/기사1402A/기사1501A/기사1502B/산기1502C/산기1601A/산기1701B/기사1/01C/기사1703A/기사1901C/산기1903B]

송기마스크를 착용한 작업자가 석면을 취급하는 상황을 보여주고 있다.

• 석면 취급장소는 특급 방진마스크를 착용하여야 하는데, 해당 작업자가 착용한 마스크는 방진전용마스크가 아니어서 석면분진이 마스크를 통해 흡입될 수 있다.

**03** 영상은 산업용 로봇의 오작동과 관련된 영상이다. 영상을 참고하여 로봇의 오작동 및 오조작에 의한 위험을 방지하기 위한 지침에 포함되어야 할 사항 3가지를 쓰시오.(단, 기타 로봇의 예기치 못한 작동 또는 오동작에 의한 위험 방지를 위해 필요한 조치 제외)(6점)

[산기1903B]

산업용 로봇이 자동차를 생산하고 있는 모습을 보여주고 있다. 정상작동 중 로봇이 오작동을 하는 모습이다.

① 로봇의 조작방법 및 순서      ② 작업 중의 매니퓰레이터의 속도
③ 이상을 발견한 경우의 조치      ④ 2명 이상의 근로자에게 작업을 시킬 경우의 신호방법
⑤ 이상을 발견하여 로봇의 운전을 정지시킨 후 이를 재가동시킬 경우의 조치

▲ 해당 답안 중 3가지 선택 기재

**04** 동영상은 전주를 옮기다 재해가 발생한 영상이다. 재해 발생원인 중 직접원인에 해당하는 것을 2가지 쓰시오. (4점)

[산기1801B/산기1903B]

항타기를 이용하여 콘크리트 전주를 세우는 작업을 보여주고 있다. 항타기에 고정된 콘크리트 전주가 불안하게 흔들리고 있다. 작업자가 항타기를 조정하는 순간, 전주가 인접한 활선전로에 접촉되면서 스파크가 발생한다. 안전모를 착용한 3명의 작업자가 보이고 있다.

① 충전전로에 대한 접근 한계거리 이내에서 작업하였다.
② 인접 충전전로에 대하여 절연용 방호구를 설치하지 않았다.
③ 작업자가 내전압용 절연장갑을 착용하지 않고 작업하고 있다.

▲ 해당 답안 중 2가지 선택 기재

**05** 영상은 승강기 설치 전 피트 내부에서 작업자가 승강기 개구부로 추락 사망하는 사고를 보여주고 있다. 이 영상에서의 핵심 위험요인 3가지를 쓰시오.(6점)

[신기|1403B/신기|1601B/신기|1703A/신기|1802A/신기|1903B/신기|2101B/신기|2201B/신기|2302A]

승강기 설치 전 피트 내부의 불안정한 발판(나무판자로 엉성하게 이어붙인) 위에서 벽면에 돌출된 못을 망치로 제거하던 중 승강기 개구부로 추락하여 사망하는 재해 상황을 보여주고 있다. 이때 작업자는 안전장비를 착용하지 않았고, 피트 내부에 안전시설이 설치되지 않음을 확인할 수 있다.

① 안전대 부착설비 미설치 및 작업자가 안전대를 미착용하였다.
② 추락방호망을 미설치하였다.
③ 작업자가 딛고 선 발판이 불량하다.

**06** 영상은 이동식크레인을 이용한 작업 동영상이다. 영상에서 위험요인 2가지 찾아 쓰시오.(4점)

[신기|1201B/신기|1302B/신기|1403B/신기|1903A/신기|1903B/기사|2001B/기사|2002B/기사|2003B]

신호수의 신호에 의해 이동식크레인을 이용하여 배관을 위로 올리는 작업현장을 보여주고 있다. 보조로프가 없어 배관이 근처 H빔에 부딪혀 흔들린다. 훅 해지장치는 보이지 않으며 배관 양쪽 끝에 와이어로 두바퀴를 감고 샤클로 채결한 상태이다. 흔들리는 배관을 아래쪽의 근로자가 손으로 지탱하려다가 배관이 근로자의 상체에 부딪혀 근로자가 넘어지는 사고가 발생한다.

① 작업 반경 내 작업과 관계없는 근로자가 출입하고 있다.
② 보조(유도)로프를 설치하지 않아 화물이 빠질 위험이 있다.
③ 훅의 해지장치 및 안전상태를 점검하지 않았다.
④ 와이어로프가 불안정 상태를 안정시킬 방안을 마련하지 않고 인양하여 위험에 노출되었다.

▲ 해당 답안 중 2가지 선택 기재

**07** 영상은 목재가공용 둥근톱을 이용한 작업현장을 보여주고 있다. 해당 설비의 방호장치와 해당 방호장치에 추가로 표시해야 할 사항을 2가지 쓰시오.(5점)  [산기1203B/산기1701B/산기1903B]

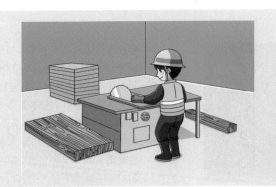

영상은 일반장갑을 착용한 작업자가 둥근톱을 이용하여 나무판자를 자르는 작업을 보여주고 있다. 둥근톱에 덮개가 없으며, 작업자는 보안경 및 방진마스크 등을 착용하지 않고 있다. 작업 중 곁눈질을 하는 등 부주의로 작업자의 손가락이 절단되는 재해가 발생한다.

가) 방호장치 : 분할날과 덮개
나) 추가로 표시해야할 사항
    ① 덮개의 종류
    ② 둥근톱의 사용가능 치수

**08** 동영상을 보고 해당 작업장에서 근로자가 쉽게 볼 수 있는 장소에 게시하여야 할 사항 3가지를 쓰시오.(단, 그 밖에 근로자의 건강장해 예방에 관한 사항은 제외)(6점)  [산기1201A/산기1301A/산기1603A/산기1802A/산기1903B/산기2004A/산기2102B/산기2203A/산기2203B/산기2303B]

DMF작업장에서 한 작업자가 방독마스크, 안전장갑, 보호복 등을 착용하지 않은 채 유해물질 DMF 작업을 하고 있는 것을 보여주고 있다.

① 관리대상 유해물질의 명칭 및 물리적·화학적 특성
② 취급상의 주의사항　　　　③ 착용하여야 할 보호구와 착용방법
④ 인체에 미치는 영향과 증상　　⑤ 위급상황 시 대처방법과 응급조치 요령

▲ 해당 답안 중 3가지 선택 기재

**09** 영상은 전주에 사다리를 기대고 작업하는 도중 넘어지는 재해를 보여주고 있다. 동영상에서와 같이 이동식 사다리의 설치기준(=사용상 주의사항) 3가지를 쓰시오.(6점)

[산기1401A/산기1502C/산기1603B/산기1903B/기사2003C]

작업자 1명이 전주에 사다리를 기대고 작업하는 도중 사다리가 미끄러지면서 작업자와 사다리가 넘어지는 재해상황을 보여주고 있다.

① 이동식 사다리의 길이는 6m를 초과해서는 안 된다.
② 사다리의 상단은 걸쳐놓은 지점으로부터 60cm 이상 또는 사다리 발판 3개 이상을 연장하여 설치한다.
③ 사다리 기둥 하부에 마찰력이 큰 재질의 미끄러짐 방지조치가 된 사다리를 사용한다.
④ 이동식 사다리 발판의 수직간격은 25~35cm 사이, 폭은 30cm 이상으로 제작된 사다리를 사용한다.
⑤ 다리의 벌림은 벽 높이의 1/4 정도가 적당하다.
⑥ 이동식 사다리를 수평으로 눕히거나 계단식 사다리를 펼쳐 사용하는 것을 제한한다.

▲ 해당 답안 중 3가지 선택 기재

**01** 영상은 컨베이어의 갑작스러운 중지에 이를 점검하던 중 발생한 사례를 보여주고 있다. 가해물과 재해원인을 쓰시오.(4점)

[산기1902A/산기2102A]

롤러체인에 의해 구동되는 컨베이어의 작업영상이다. 갑작스러운 고장으로 인해 컨베이어가 구동을 중지하자 이를 점검하다가 재해를 당하는 영상을 보여주고 있다. 점검자는 면장갑을 끼고 컨베이어 구동부를 조작하다가 사고를 당하였다.

① 가해물 : 롤러체인
② 재해원인 : 기계의 전원을 차단하지 않고 면장갑을 낀 상태로 회전부를 점검하였다.

**02** 영상은 밀폐공간 내부에서 작업 도중 발생한 재해사례를 보여주고 있다. 작업자가 이러한 작업환경에서 30분 이상 작업을 할 경우 반드시 착용하여야 하는 호흡용 보호구 2가지를 쓰시오.(4점)

[산기1401B/산기1503A/산기1701A/산기1902A]

선박 밸러스트 탱크 내부의 슬러지를 제거하는 작업 도중에 작업자가 유독가스 질식으로 의식을 잃고 쓰러지는 재해가 발생하여 구급요원이 이들을 구호하는 모습을 보여주고 있다.

① 공기호흡기
② 송기마스크

**03** 영상은 흙막이 공사를 하면서 흙막이 지보공을 설치하는 작업을 보여주고 있다. 흙막이 지보공을 설치하였을 때에는 정기적으로 점검하고 이상을 발견하면 즉시 보수하여야 사항 3가지를 쓰시오.(6점)

[산기1902A/기사2002B/산기2003C/기사2201B/기사2301A/산기2303A]

대형건물의 건축현장이다. 굴착공사를 하면서 흙막이 지보공을 설치하고 이를 점검하는 모습을 보여준다.

① 부재의 손상·변형·부식·변위 및 탈락의 유무와 상태
② 버팀대의 긴압의 정도
③ 부재의 접속부·부착부 및 교차부의 상태
④ 침하의 정도

▲ 해당 답안 중 3가지 선택 기재

**04** 영상은 변압기에서의 작업영상을 보여주고 있다. 화면의 전주 변압기가 활선인지 아닌지를 확인할 수 있는 방법을 3가지 쓰시오.(6점)

[산기1203A/산기1403B/산기1601A/산기1902A/산기2003A/산기2303A]

영상은 전신주 위의 변압기를 교체하기 위해 작업자가 전신주 위에서 작업하고 있는 모습을 보여준다. 현재 변압기가 활선인지 여부를 확인하기 위해 여러 가지 방법을 사용중이다.

① 검전기로 확인한다.
② 테스트 지시치를 확인한다.
③ 각 단로기 등의 개방상태를 확인한다.

**05** 영상은 슬라이스 작업 중 재해가 발생한 상황을 보여주고 있다. 영상을 보고 위험요인 2가지를 쓰시오.(4점)

[산기1202A/산기1402B/산기1902A/산기2004A]

김치제조공장에서 무채의 슬라이스 작업 중 전원이 꺼져 기계의 작동이 정지되어 이를 점검하다가 재해가 발생한 상황을 보여준다.

① 인터록(Inter lock) 혹은 연동 방호장치가 설치되지 않아 위험하다.
② 기계의 전원을 끄지 않고 점검작업을 진행하여 위험에 노출되었다.
③ 점검 시 전용의 공구를 사용하지 않고 손을 사용하여 위험에 노출되었다.

▲ 해당 답안 중 2가지 선택 기재

**06** 영상은 사고가 발생하는 재해사례를 보여주고 있다. 동종 재해를 방지하기 위한 대책을 3가지 쓰시오.(6점)

[산기1203B/기사1301B/산기1401B/기사1403A/기사1501B/기사1602B/
산기1603B/기사1703C/기사1801B/산기1902A/기사1902B/기사2003B/산기2103B/산기2201B/산기2202B/산기2301A]

작업자가 장갑을 착용하지 않고 작동 중인 사출성형기에 끼인 이물질을 잡아당기다, 감전과 함께 뒤로 넘어지는 사고영상이다.

① 잔류물 제거를 위해서는 제거작업을 시작하기 전 기계의 전원을 차단한다.
② 잔류전하 등으로 인한 방전위험을 방지하기 위해 제거작업 시 절연용 보호구를 착용한다.
③ 금형의 이물질 제거를 위한 전용공구를 사용하여 제거한다.

**07** 영상은 유해물질 취급 시 사용하는 보호구이다. 동영상에서 표시된 C보호구의 사용 장소에 따른 분류 2가지를 쓰시오.(5점)

[산기1203A/기사1302A/산기1403A/기사1501A/기사1701A/기사1901C/산기1902A]

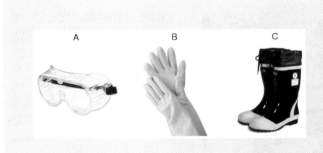

도금작업에 사용하는 보호구 사진 A, B, C 3가지를 보여준 후 C보호구에 노란색 동그라미가 표시되면서 정지된다.

① 일반용 : 일반작업장
② 내유용 : 탄화수소류의 윤활유 등을 취급하는 작업장

**08** 영상은 고소에 위치한 에어배관 작업 중 고압의 증기 누출로 작업자가 눈에 재해를 당하는 영상이다. 에어배관 작업 시 위험요인을 3가지 쓰시오.(6점)

[산기1202A/산기1301B/산기1303B/산기1402A/산기1501A/산기1503A/산기1701A/산기1702B/산기1902A/기사2001B/산기2002B]

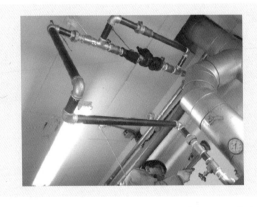

에어배관을 파이프렌치나 전용공구가 아닌 일반 뺀찌로 작업하다 고압의 증기가 누출되면서 이를 피하다가 추락하는 재해가 발생하는 동영상이다.(안전모 착용했으니 보안경은 미착용했으며, 밟고 있는 사다리의 설치상태도 불안정하다. 주변에 작업지휘자가 없다)

① 보안경을 착용하지 않아 고압증기에 의한 눈 부위 손상의 위험에 노출되어 있다.
② 전용공구를 사용하지 않아 작업 중 위험에 노출되어 있다.
③ 작업자가 밟고 선 사다리의 설치상태가 불안정하여 위험에 노출되었다.
④ 배관 내 가스 및 압력을 미제거하여 위험에 노출되었다.
⑤ 보호구(방열장갑, 방열복 등)를 미착용하고 있다.

▲ 해당 답안 중 3가지 선택 기재

**09** 영상은 건물의 해체작업을 보여주고 있다. 화면상에 나타난 해체작업의 해체계획서 작성 시 포함사항 4가지를 쓰시오.(4점)

[산기1301A/산기1403A/산기1702B/산기1902A/산기2003A]

영상은 건물해체에 관한 장면으로 작업자가 위험부분에 머무르고 있어 사고 발생의 위험을 내포하고 있다.

① 사업장 내 연락방법
② 해체물의 처분계획
③ 가설설비·방호설비·환기설비 및 살수·방화설비 등의 방법
④ 해체의 방법 및 해체 순서도면
⑤ 해체작업용 기계·기구 등의 작업계획서
⑥ 해체작업용 화약류 등의 사용계획서

▲ 해당 답안 중 4가지 선택 기재

**01** 영상은 컨베이어가 작동되는 작업장에서의 안전사고 사례에 대해서 보여주고 있다. 작업자의 불안전한 행동 2가지를 쓰시오.(4점)

[기사1301C/산기1302B/기사1402C/기사1501B/산기1602A/기사1602B/기사1603A/산기1801A/산기1902B/기사1903C]

영상은 작업자가 컨베이어가 작동하는 상태에서 컨베이어 벨트 끝부분에 발을 짚고 올라서서 불안정한 자세로 형광등을 교체하다 추락하는 재해사례를 보여주고 있다.

① 컨베이어 전원을 끄지 않은 상태에서 형광등 교체를 시도하여 사고위험에 노출되었다.
② 작동하는 컨베이어에 올라가 불안정한 자세로 형광등 교체를 시도하여 사고위험에 노출되었다.

**02** 영상은 화학약품을 사용하는 작업영상이다. 동영상에서 작업자가 착용하여야 하는 마스크의 흡수제 종류 3가지를 쓰시오.(6점)

[산기1202B/기사1203C/기사1301C/기사1402A/산기1501A/산기1502B/기사1601B/산기1602B/기사1603B/기사1702A/산기1703A/산기1801B/산기1902B/기사1903B/기사1903C/산기2003C]

작업자가 스프레이건으로 쇠파이프 여러 개를 눕혀놓고 페인트칠을 하는 작업영상을 보여주고 있다.

① 활성탄                ② 큐프라마이트              ③ 소다라임
④ 실리카겔              ⑤ 호프카라이트

▲ 해당 답안 중 3가지 선택 기재

**03** 영상은 작업자가 차단기를 점검하다 감전되어 쓰러지는 영상이다. 위험요인 2가지를 서술하시오.(4점)

[산기1303A/산기1801B/기사1901A/기사1901C/산기1902B/산기2001A/산기2002C/기사2002E]

배전반 뒤쪽에서 작업자 1명이 보수작업을 하고 있다. 화면이 배전반 앞쪽으로 이동하면서 다른 작업자 1명을 보여준다. 해당 작업자가 절연내력시험기를 들고 한 선은 배전반 접지에 꽂은 후 장비의 스위치를 ON시키고 배선용 차단기에 나머지 한 선을 여기저기 대보고 있는데 뒤쪽 작업자가 배전반 작업 중 쓰러졌는지 놀라서 일어나는 동영상이다.

① 작업 시작 전 내전압용 절연장갑 등 절연용 보호구를 착용하지 않았다.
② 개폐기 문에 통전금지 표지판을 설치하고, 감시인을 배치한 후 작업을 하여야 하나 그러하지 않았다.
③ 작업 시작 전 전원을 차단하지 않았다.
④ 잠금장치 및 표찰을 부착하여 해당 작업자 이외의 자에 의한 오작동을 막아야 하나 그러하지 않았다.

▲ 해당 답안 중 2가지 선택 기재

**04** 화면은 공장 지붕 철골 상에 패널 설치작업 중 작업자가 실족하여 사망한 재해사례이다. 동영상의 내용을 참고하여 안전대책을 2가지 쓰시오.(4점)

[산기1202B/산기1203A/산기1502A/산기1703B/산기1902B]

공장 지붕 철골 상에 패널 설치작업 중 작업자가 실족하여 사망한 재해사례를 보여준다.

① 안전대 부착설비의 설치와 작업자들이 안전대를 착용하고 작업하게 한다.
② 추락방지망을 설치한다.

**05** 영상은 개인보호장구를 보여주고 있다. 해당 보호구의 시험성능기준 3가지를 쓰시오.(5점)

[산기1401A/산기1602A/산기1801B/산기1902B]

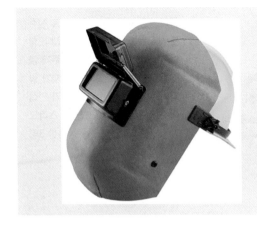

영상은 용접할 때 착용하는 용접용 보안면을 보여주고 있다.

① 보호범위      ② 내충격성      ③ 투과율
④ 투시부(그물형)      ⑤ 굴절력      ⑥ 표면
⑦ 내노후성      ⑧ 내식성      ⑨ 내발화성

▲ 해당 답안 중 3가지 선택 기재

**06** 컨베이어 작업 중 재해가 발생한 영상이다. 위험요인 2가지를 쓰시오.(4점)

[산기1902B]

건축폐기물 처리 라인에서 작업자가 벨트 위에 떨어진 나무조각을 제거하던 중 가동중인 컨베이터 벨트와 롤러 사이에 감겨들어가 끼이는 재해를 보여주고 있다.

① 청소 등의 작업을 컨베이어 운전 중에 실시하였다.
② 컨베이터 벨트 구동부 및 웨이트부에 안전덮개 또는 접근 방지울을 설치하지 않았다.
③ 신체의 일부가 말려드는 등 비상시에 즉시 멈출 수 있는 비상정지장치가 설치되지 않았다.

▲ 해당 답안 중 2가지 선택 기재

**07** 항타기를 이용하여 작업 중인 영상이다. 작업 중 작업자가 착용하는 안전모의 3가지 종류를 쓰고 설명하시오.
(6점)
[산기1902B]

항타기를 이용하여 콘크리트 전주를 세우는 작업을 보여주고 있다. 항타기에 고정된 콘크리트 전주가 불안하게 흔들리고 있다. 작업자가 항타기를 조정하는 순간, 전주가 인접한 활선전로에 접촉되면서 스파크가 발생한다. 안전모를 착용한 3명의 작업자가 보인다.

| 종류 | 사용 구분 |
|---|---|
| AB | 물체의 낙하, 비래, 추락에 의한 위험을 방지 또는 경감 |
| AE | 물체의 낙하, 비래에 의한 위험을 방지 또는 경감하고 머리부위 감전에 의한 위험을 방지 |
| ABE | 물체의 낙하, 비래, 추락에 의한 위험을 방지 또는 경감하고 머리부위 감전에 의한 위험을 방지 |

**08** 영상은 밀폐공간 내에서의 작업상황을 보여주고 있다. 이와 같은 환경의 작업장에서 사고방지대책 3가지를
쓰시오.(6점)
[산기1401B/산기1702A/산기1902B/산기2002C]

지하 피트 내부의 밀폐공간에서 작업자들이 작업하던 중 다른 작업자가 밀폐공간 외부에 설치된 국소배기장치를 발로 차면서 전원공급이 단절되어 내부의 작업자가 의식을 잃고 쓰러지는 영상이다.

① 밀폐공간의 산소 및 유해가스 농도를 측정하여 적정공기가 유지되게 한다.
② 작업장을 환기시키거나, 근로자에게 공기호흡기 또는 송기마스크를 지급하여 착용하도록 한다.
③ 국소배기장치의 전원부에 잠금장치를 한다.
④ 감시인을 배치한다.
⑤ 작업 시작 전에 작업자에게 작업에 대한 위험요인을 알리고 이의 대응방법에 대한 교육을 한다.

▲ 해당 답안 중 3가지 선택 기재

**09** 영상은 박공지붕 설치작업 중 박공지붕의 비래에 의해 재해가 발생하는 장면을 보여주고 있다. 위험요인을 찾아 3가지 쓰시오.(6점)

[산기1202A/기사1302C/산기1401A/기사1403A/
기사1503A/산기1701B/기사1703B/기사1803A/기사1901C/산기1902B/산기2002C/기사2003A]

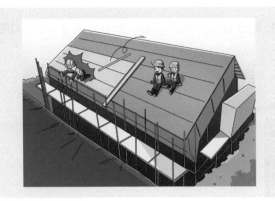

박공지붕 위쪽과 바닥을 보여주고 있으며, 지붕의 오른쪽에 안전난간, 추락방지망이 미설치된 화면과 지붕 위쪽 중간에서 커피를 마시면서 앉아 휴식을 취하는 작업자(안전모, 안전화 착용함)들과 작업자 왼쪽과 뒤편에 적재물이 적치되어있는 상태이다. 뒤에 있던 삼각형 적재물이 굴러와 휴식 중이던 작업자를 덮쳐 작업자가 앞으로 쓰러지는 영상이다.

① 중량물이 구를 위험이 있는 방향에서 근로자가 휴식을 취하고 있다.
② 추락방호망이 설치되지 않았다.
③ 안전대 부착설비가 없고, 안전대를 착용하지 않았다.
④ 안전난간이 설치되지 않았다.
⑤ 중량물의 동요나 이동을 조절하기 위해 구름멈춤대, 쐐기 등을 이용하지 않았다.

▲ 해당 답안 중 3가지 선택 기재

**01** 영상은 비계설치 중 발생한 사고영상이다. 해당 영상을 보고 재해의 발생원인을 2가지 쓰시오.(4점)

[신기1901A]

조립식 비계발판을 설치하는 작업 중 작업자가 거치대를 운반하던 중 실족하여 추락하는 영상을 보여주고 있다.

① 추락방호망이 설치되어있지 않다.
② 안전대 부착설비가 설치되지 않았고 근로자는 안전대를 착용하지 않았다.
③ 고소의 위험한 장소임에도 안전난간이 설치되지 않았다.

▲ 해당 답안 중 2가지 선택 기재

**02** 영상은 밀폐공간에서 의식불명의 피해자가 발생한 것을 보여주고 있다. 밀폐공간에서 구조자가 착용해야 할 보호구를 3가지 쓰시오.(6점)  [기사1302C/기사1601A/기사1703B/신기1901A/기사1902A/기사2002B/기사2002C]

작업 공간 외부에 존재하던 국소배기 장치의 전원이 다른 작업자의 실수에 의해 차단됨에 따라 탱크 내부의 밀폐된 공간에서 그라인더 작업을 수행 중에 있는 작업자가 갑자기 의식을 잃고 쓰러지는 상황을 보여주고 있다.

① 공기호흡기 또는 송기마스크     ② 안전대          ③ 구명밧줄

**03** 화면은 사출성형기 V형 금형작업 중 재해가 발생한 사례이다. 동영상에서 발생한 ① 재해형태, ② 법적인 방호장치를 2가지 쓰시오.(4점) [산기1201A/산기1301B/산기1501B/산기1503B/산기1702A/산기1703B/산기1901A]

동영상은 사출성형기가 개방된 상태에서 금형에 잔류물을 제거하다가 손이 눌리는 상황이다.

가) 재해형태 : 협착(=끼임)
나) 법적인 방호장치
　　① 게이트가드식　　　　　　② 양수조작식
　　③ 광전자식 방호장치　　　　④ 비상정지장치

▲ 나)의 답안 중 2가지 선택 기재

**04** 영상은 아파트 창틀에서 작업 중 발생한 재해사례를 보여주고 있다. 해당 동영상에서 추락사고의 원인 3가지를 간략히 쓰시오.(6점) [기사1202B/산기1203B/기사1302B/기사1401B/산기1402B/기사1403A/기사1502B/산기1503B/기사1601B/기사1701A/기사1702C/기사1801B/산기1901A/기사2001B/기사2004C/산기2103B/산기2301A]

A, B 2명의 작업자가 아파트 창틀에서 작업 중에 A가 작업발판을 처마위의 B에게 건네 준 후 B가 있는 옆 처마위로 이동하려다 발을 헛디뎌 바닥으로 추락하는 재해 상황을 보여주고 있다. 이때 주변이 정리정돈 되어 있지 않고, A작업자가 밟고 있던 콘크리트 부스러기가 추락할 때 같이 떨어진다.

① 안전난간 미설치　　　　　　② 안전대 미착용 및 안전대 부착설비 미설치
③ 추락방호망 미설치　　　　　④ 주변 정리정도 불량
⑤ 작업발판 부실

▲ 해당 답안 중 3가지 선택 기재

**05** 영상은 이동식크레인을 이용한 작업 동영상이다. 영상을 보고 화물의 낙하 및 비래 위험을 방지하기 위한 예방대책 3가지를 쓰시오.(6점)

[산기1201A/기사1301A/산기1302B/산기1401B/기사1403B/기사1501A/기사1501B/기사1601B/산기1601B/산기1602A/기사1602C/기사1603C/
기사1701A/산기1702B/기사1801C/산기1802B/기사1802C/산기1901A/산기1901B/기사1903A/기사1902B/기사1903D/산기2001B/산기2003B]

신호수의 신호에 의해 이동식크레인을 이용하여 배관을 위로 올리는 작업현장을 보여주고 있다. 보조로프가 없어 배관이 근처 H빔에 부딪혀 흔들린다. 훅 해지장치는 보이지 않으며 배관 양쪽 끝에 와이어로 두바퀴를 감고 샤클로 채결한 상태이다. 흔들리는 배관을 아래쪽의 근로자가 손으로 지탱하려다가 배관이 근로자의 상체에 부딪혀 근로자가 넘어지는 사고가 발생한다.

① 작업반경 내 관계 근로자 이외의 자에 대한 출입을 금한다.
② 와이어로프의 안전상태를 점검한다.
③ 훅의 해지장치 및 안전상태를 점검한다.
④ 보조(유도)로프를 설치한다.

▲ 해당 답안 중 3가지 선택 기재

**06** 화면은 LPG 저장소에서 전기 스파크에 의해 폭발사고가 발생한 상황이다. 대기압상태의 저장용기에 저장된 LPG가 대기 중에 유출되어 순간적으로 기화가 일어나 점화원에 의해 발생되는 폭발을 무슨 현상이라고 하는가?(4점)

[기사1303C/산기1503B/기사1503C/기사1701A/기사1802B/산기1901A/산기2002A/기사2004C/산기2301A]

LPG 저장소에서 전기스파크에 의해 폭발사고가 발생한 상황을 보여주고 있다.

• 증기운폭발(UVCE)

**07** 영상은 변압기 측정 중 일어난 재해 상황이다. 작업자가 착용하여야 할 보호장구 2가지를 쓰시오.(4점)

[산기1302A/산기1703A/산기1901A/산기2003C]

영상에서 A작업자가 변압기의 2차 전압을 측정하기 위해 유리창 너머의 B작업자에게 전원을 투입하라는 신호를 보낸다. A작업자의 측정 완료 후 다시 차단하라고 신호를 보내고 전원이 차단되었다고 생각하고 측정기기를 철거하다 감전사고가 발생되는 장면을 보여주고 있다.(이때 작업자 A는 맨손에 슬리퍼를 착용하고 있다.)

① 내전압용 절연장갑
② 절연장화
③ 안전모

▲ 해당 답안 중 2가지 선택 기재

**08** 화면은 내전압용 절연장갑을 보여주고 있다. 화면을 참고하여 각 등급과 최대사용전압을 쓰시오.(5점)

[산기1201A/산기1303A/산기1503A/산기1901A]

내전압용 절연장갑을 보여주고 있다.

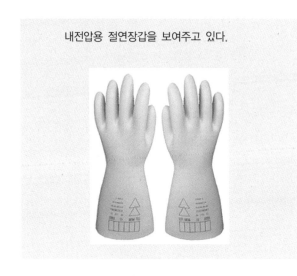

| 등급 | 최대사용전압 | |
|---|---|---|
| | 교류<br>(V, 실효값) | 직류<br>(V) |
| 00 | 500 | 750 |
| 0 | 1,000 | 1,500 |
| 1 | 7,500 | 11,250 |
| 2 | 17,000 | 25,500 |
| 3 | 26,500 | 39,750 |
| 4 | 36,000 | 54,000 |

**09** 모터의 분해, 청소작업 중에 발생한 재해 영상이다. 동영상을 보고 위험요인 및 예방대책 3가지를 각각 쓰시오.(6점)  [산기|1901A]

중량의 대형 모터를 분해하여 닦은 후 다시 조립하고 있다. 2명의 작업자가 함께 작업 중인데 작업자 1이 모터를 들고 있다 너무 무거워 순간적으로 모터를 놓친다. 모터가 떨어지면서 작업자2의 발등에 떨어지는 재해가 발생하였다.

가) 위험요인
　① 1명의 작업자가 들기에는 너무 무거운 작업물이었다.
　② 편하중이 발생하였다.
　③ 2인 이상이 공동작업을 하는데 신호자가 없었다.

나) 방지대책
　① 정격하중을 초과하여 취급하지 않도록 한다.
　② 편하중을 방지하기 위해 줄걸이 방법 등을 선택하도록 한다.
　③ 신호자의 신호에 따라 작업하도록 한다.

**01** 크롬 또는 크롬화합물의 흄, 분진, 미스트를 장기간 흡입하여 발생되는 ① 직업병, ② 증상은 무엇인지 쓰시오.(4점)

[산기|1502B/산기|1701B/산기|1901B/산기|2101A]

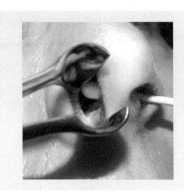

유해화학물질 취급장소에서 오랫동안 일해 온 근로자가 병원에서 치료를 받는 모습을 보여준다.

① 직업병 : 비중격천공증
② 증상 : 콧속 가운데 물렁뼈가 손상되어 구멍이 생기는 증상


**02** 영상은 컨베이어 위에서의 작업 중 사고사례를 보여주고 있다. 영상을 보고 재해방지를 위한 안전장치 3가지를 쓰시오.(6점)

[산기|1203A/산기|1303B/산기|1401B/산기|1501A/
산기|1502B/산기|1603B/산기|1701A/산기|1901B/산기|2004B/산기|2102B/산기|2103B/산기|2202B/산기|2302A]

작업자가 컨베이어 위에서 벨트 양쪽의 기계에 두 발을 걸치고 물건을 올리는 작업 중 벨트에 신발 밑창이 딸려가서 넘어지고 옆에 다른 근로자가 부축하는 동영상임

① 비상정지장치          ② 덮개          ③ 울
④ 건널다리              ⑤ 이탈 및 역전방지장치

▲ 해당 답안 중 3가지 선택 기재

**03** 화면은 봉강 연마작업 중 발생한 사고사례이다. 기인물은 무엇이며, 봉강 연마작업 시 파편이나 칩의 비래에 의한 위험에 대비하기 위해 설치해야 하는 장치를 쓰시오. 또 작업 시 숫돌과 가공면과의 각도는 어느 범위가 적당한지 쓰시오.(5점) [기사1203A/산기1301A/기사1402B/산기1502A/기사1602B/기사1703A/산기1901B/기사2004C]

수도 배관용 파이프 절단 바이트 날을 탁상용 연마기로 연마작업을 하던 중 연삭기에 튕긴 칩이 작업자 얼굴을 강타하는 재해가 발생하는 영상이다.

① 기인물 : 탁상공구 연삭기(가해물은 환봉)
② 위험 대비 장치명 : 칩비산방지투명판
③ 각도 : 15~30°

**04** 영상은 인화성 물질의 취급 및 저장소에서의 재해상황을 보여주고 있다. 이 동영상을 참고하여 인화성 물질의 증기, 가연성 가스 또는 가연성 분진이 존재하는 장소에서 폭발이나 화재를 방지하기 위한 대책 3가지를 쓰시오.(단, 점화원에 관한 내용은 제외)(6점) [산기1201B/산기1302B/산기1403A/산기1602B/산기1901B/산기2002B]

인화성 물질 저장창고에 인화성 물질을 저장한 드럼이 여러 개 있고 한 작업자가 인화성 물질이 든 운반용 캔을 몇 개 운반하다가 잠시 쉬려고 드럼 옆에서 웃옷을 벗는 순간 "퍽" 하는 소리와 함께 폭발이 일어나는 사고상황을 보여주고 있다.

① 통풍·환기 및 분진 제거 등의 조치를 한다.
② 가스 검지 및 경보 성능을 갖춘 가스 검지 및 경보장치를 설치한다.
③ 작업자에게 사전에 인화성 물질 등에 대한 안전교육을 실시한다.

**05** 영상은 이동식크레인을 이용한 작업 동영상이다. 영상을 보고 화물의 낙하 및 비래 위험을 방지하기 위한 예방대책 3가지를 쓰시오.(6점)

[산기1201A/기사1301A/산기1302B/산기1401B/기사1403B/기사1501A/기사1501B/기사1601B/산기1601B/산기1602A/기사1602C/기사1603C/기사1701A/산기1702B/기사1801C/산기1802B/기사1802C/산기1901A/산기1901B/기사1903A/기사1902B/기사1903D/산기2001B/산기2003B]

신호수의 신호에 의해 이동식크레인을 이용하여 배관을 위로 올리는 작업현장을 보여주고 있다. 보조로프가 없어 배관이 근처 H빔에 부딪혀 흔들린다. 훅 해지장치는 보이지 않으며 배관 양쪽 끝에 와이어로 두바퀴를 감고 샤클로 채결한 상태이다. 흔들리는 배관을 아래쪽의 근로자가 손으로 지탱하려다가 배관이 근로자의 상체에 부딪혀 근로자가 넘어지는 사고가 발생한다.

① 작업반경 내 관계 근로자 이외의 자에 대한 출입을 금한다.
② 와이어로프의 안전상태를 점검한다.
③ 훅의 해지장치 및 안전상태를 점검한다.
④ 인양 도중에 화물이 빠질 우려가 있는지에 대해 확인한다.
⑤ 보조(유도)로프를 설치하여 화물의 흔들림을 방지한다.

▲ 해당 답안 중 3가지 선택 기재

**06** 화면은 방음보호구를 보여주고 있나. 등급과 기호, 성능을 쓰시오.(5점)

[기사1401A/산기1601B/기사1602B/산기1703A/산기1901B]

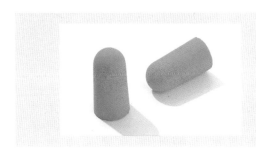

소음이 심한 곳에서 작업자의 청각을 보호하기 위해 귀에 끼우는 귀마개를 보여주고 있다.

| 등급 | 기호 | 성능 |
|---|---|---|
| 1종 | EP-1 | 저음부터 고음까지 차음하는 것 |
| 2종 | EP-2 | 주로 고음을 차음하고 저음(회화음영역)은 차음하지 않는 것 |

**07** 작업자가 대형 관의 플랜지 아래쪽 부분에 대한 교류 아크용접작업 하는 중 재해사례를 보여주고 있다. 영상을 보고 ① 기인물과 작업 중 눈과 감전재해를 방지하기 위해 작업자가 착용해야 할 ② 보호구 2가지를 쓰시오.(4점)    [기사1203C/기사1401B/산기1403A/산기1602B/기사1603A/산기1703B/기사1803B/산기1901B/산기2003B]

교류아크용접 작업장에서 작업자 혼자 대형 관의 플랜지 아래 부위를 아크 용접하는 상황이다. 작업자의 왼손은 플랜지 회전 스위치를 조작하고 있으며, 오른손으로는 용접을 하고 있다. 작업장 주위에는 인화성 물질로 보이는 깡통 등이 용접작업장 주변에 쌓여있는 상황이다.

① 기인물 : 교류 아크 용접기
② 보호구 : 용접용 보안면, 용접용 안전장갑

**08** 영상은 변압기 볼트를 조이는 작업 중 재해상황을 보여주고 있다. 재해의 형태와 위험요인 2가지를 쓰시오. (5점)    [기사1302A/기사1403C/기사1601A/기사1702B/기사1803C/산기1901B/기사2001A/산기2002C/산기2301A]

작업자가 안전대를 착용하고 있으나 이를 전주에 걸지 않은 상태에서 전주에 올라서서 작업발판(볼트)을 딛고 변압기 볼트를 조이는 중 추락하는 영상이다. 작업자는 안전대를 착용하지 않고, 안전화의 끈이 풀려 있는 상태에서 불안정한 발판 위에서 작업 중 사고를 당했다.

가) 재해형태 : 추락(=떨어짐)
나) 위험요인
　　① 작업자가 딛고 서는 발판이 불안하다.
　　② 작업자가 안전대를 착용하지 않고 작업하고 있어 위험에 노출되어 있다.
　　③ 작업자가 내전압용 절연장갑을 착용하지 않고 작업하고 있다.

▲ 나)의 답안 중 2가지 선택 기재

**09** 화면은 공장 지붕을 설치하는 작업현장을 보여준다.. 동영상의 내용을 참고하여 재해의 원인과 조치사항(=대책)을 2가지 쓰시오.(4점) [산기1601A/산기1901B]

공장 지붕 철골 상에 패널 설치작업 중 작업자가 실족하여 사망한 재해사례를 보여준다.

가) 원인
 ① 안전대 부착설비의 미설치와 작업자들이 안전대를 미착용하고 작업에 임해 위험에 노출되었다.
 ② 추락방지망이 설치되지 않아 사고위험에 노출되었다.
 ③ 안전난간이 설치되지 않아 위험하다.

나) 대책
 ① 안전대 부착설비의 설치와 작업자들이 안전대를 착용하고 작업하게 한다.
 ② 추락방지망을 설치한다.
 ③ 안전난간을 설치한다.

▲ 해당 답안 중 각각 2가지씩 선택 기재

**01** 영상은 철골구조물 작업 중 재해상황을 보여준다. 철골구조물 작업 시 중지해야하는 기상상황 3가지를 쓰시오.(6점)

[산기1201B/산기1301A/산기1403A/산기1502B/

산기1603A/산기1701A/산기1802A/산기1803A/산기2002B/산기2003A/산기2201B/산기2302B]

추락방지망 설치되지 않은 철골구조
물에서 작업자 2명이 안전대를 착용
하지 않고 볼트 체결작업을 하던 중
1명이 추락하는 영상을 보여준다.

① 풍속이 초당 10m 이상인 경우
② 강우량이 시간당 1mm 이상인 경우
③ 강설량이 시간당 1cm 이상인 경우


**02** 영상은 스팀노출 부위를 점검하던 중 발생한 재해사례이다. 동영상에서와 같은 재해를 산업재해 기록, 분류
에 관한 기준에 따라 분류할 때 해당되는 재해발생형태를 쓰시오.(3점)

[기사1203B/기사1401A/기사1501B/기사1603B/기사1801B/산기1803A/기사2003B]

스팀배관의 보수를 위해 노출부위를
점검하던 중 스팀이 노출되면서 작업
자에게 화상을 입히는 영상이다.

• 이상온도 노출·접촉에 의한 화상

**03** 영상은 작업자의 추락을 방지하는 보호구를 보여주고 있다. 화면에 표시되는 장치의 명칭과 갖추어야 하는 구조를 2가지 쓰시오.(5점)

[기사1202A/기사1301A/기사1402B/기사1501B/기사1602A/기사1603B/기사1703C/기사1801C/산기1803A/기사1901A]

안전그네와 연결하여 작업자의 추락을 방지하는 장치를 보여주고 있다

가) 명칭 : 안전블록
나) 갖추어야 하는 구조
  ① 자동잠김장치를 갖출 것
  ② 안전블록의 부품은 부식방지처리를 할 것

**04** 영상은 밀폐공간에서 작업하는 근로자의 재해상황을 보여주고 있다. 밀폐공간에서 작업을 실시하는 경우 사업자가 수립 및 시행해야 하는 밀폐공간 작업프로그램의 내용을 3가지 쓰시오.(단, 그 밖에 밀폐공간 작업근로자의 건강장해 예방에 관한 사항은 제외)(6점)

[산기1203B/산기1402B/산기1602A/산기1703B/산기1803A/산기2001B]

지하 피트 내부의 밀폐공간에서 작업자들이 직업하던 중 다른 직입자가 밀폐공간 외부에 설치된 국소배기장치를 발로 차면서 전원공급이 단절되어 내부의 작업자가 의식을 잃고 쓰러지는 영상이다.

① 사업장 내 밀폐공간의 위치 파악 및 관리 방안
② 밀폐공간 내 질식·중독 등을 일으킬 수 있는 유해·위험 요인의 파악 및 관리 방안
③ 밀폐공간 작업 시 사전 확인이 필요한 사항에 대한 확인 절차
④ 안전보건교육 및 훈련

▲ 해당 답안 중 3가지 선택 기재

**05** 영상은 컨베이어 관련 재해사례를 보여주고 있다. 컨베이어 작업 시작 전 점검사항 3가지를 쓰시오.(6점)

[기사1301C/기사1402C/산기1403A/기사1501C/산기1602B/기사1702B/산기1803A/산기2001B/기사2004B]

작은 공장에서 볼 수 있는 소규모 작업용 컨베이어를 작업자가 점검 중이다. 이때 다른 작업자가 전원스위치 쪽으로 서서히 다가오더니 전원버튼을 누르는 순간 점검 중이던 작업자의 손이 벨트에 끼이는 사고가 발생하는 영상을 보여준다.

① 원동기 및 풀리(Pulley) 기능의 이상 유무
② 이탈 등의 방지장치 기능의 이상 유무
③ 비상정지장치 기능의 이상 유무
④ 원동기·회전축·기어 및 풀리 등의 덮개 또는 울 등의 이상 유무

▲ 해당 답안 중 3가지 선택 기재

**06** 영상은 자동차 부품을 도금한 후 세척하는 과정을 보여주고 있다. 영상을 보고 개선해야 할 작업장 안전수칙 2가지를 쓰시오.(4점)    [기사1202C/기사1303B/기사1503A/기사1801A/산기1803A/기사1902C/산기2002B/기사2003B]

작업자들이 브레이크 라이닝을 화학약품을 사용하여 세척하는 작업과정을 보여주고 있다. 세정제가 바닥에 흩어져 있으며, 고무장화 등을 착용하지 않고 작업을 하고 있는 상태를 보여준다. 담배를 피우면서 작업하는 작업자의 모습도 보여준다.

① 작업 중 흡연을 금지하자.
② 유해물질 세척작업 시 불침투성 보호장화 및 보호장갑을 착용하자.

**07** 섬유공장에서 기계가 돌아가고 있는 영상이다. 적절한 보호구를 3가지 쓰시오.(5점)

[기사1801B/산기1803A/기사2001C]

돌아가는 회전체가 보이고 작업자가 목장갑만 끼고 전기기구를 만지고 있음. 먼지가 많이 날리는지 먼지를 손으로 닦아내고 있고, 소음으로 인해 계속 얼굴 찡그리고 있는 것과 작업자의 귀와 눈을 많이 보여준다.

① 방진마스크(호흡용 보호구)
② 비산물방지용보안경(유리 및 플라스틱 재질)
③ 귀덮개

**08** 영상은 조립식 비계발판을 설치하던 중 발생한 재해상황을 보여주고 있다. 높이가 2m 이상인 작업장소에 설치하는 작업발판의 설치기준을 쓰시오.(4점)

[산기1201A/산기1603A/산기1803A/산기2001B]

높이가 2m 이상인 조립식 비계의 작업발판을 설치하던 중 발생한 재해상황을 보여주고 있다.

① 작업발판의 폭          ② 발판재료간의 틈

① 40cm 이상

② 3cm 이하

**09** 영상은 밀폐공간에서 작업하는 근로자들을 보여주고 있다. 아래 빈칸을 채우시오.(6점)

[기사1602A/기사1703A/기사1801C/산기1803A/기사1903C/산기2001A]

지하 탱크 내부의 밀폐공간에서 작업자들이 작업하기 전 산소농도 및 유해가스의 농도를 측정하고 있다.

적정공기란 산소농도의 범위가 ( ① )% 이상, ( ② )% 미만, 이산화탄소의 농도가 ( ③ )% 미만, 황화수소의 농도가 ( ④ )ppm 미만인 수준의 공기를 말한다.

① 18          ② 23.5

③ 1.5         ④ 10

**01** 영상은 화학약품을 사용하는 작업영상이다. 동영상에서 작업자가 착용하여야 하는 마스크의 흡수제 종류 2가지를 쓰시오.(4점)

[산기1201B/산기1303A/산기1803B/산기1902B]

작업자가 스프레이건으로 쇠파이프 여러 개를 눕혀놓고 페인트 칠을 하는 작업영상을 보여주고 있다.

① 활성탄                  ② 큐프라마이트              ③ 소다라임
④ 실리카겔                ⑤ 호프카라이트

▲ 해당 답안 중 2가지 선택 기재

**02** 영상은 자동차 브레이크 라이닝을 세척하는 것을 보여주고 있다. 작업자가 착용해야 할 보호구 3가지를 쓰시오.(5점)

[기사1303A/기사1502A/기사1603C/기사1801B/산기1803B/산기2001A/기사2004A]

작업자들이 브레이크 라이닝을 화학약품을 사용하여 세척하는 작업과정을 보여주고 있다. 세정제가 바닥에 흩어져 있으며, 고무장화 등을 착용하지 않고 작업을 하고 있는 상태를 보여준다.

① 보안경                  ② 불침투성 보호복            ③ 불침투성 보호장갑
④ 송기마스크(방독마스크)    ⑤ 불침투성 보호장화

▲ 해당 답안 중 3가지 선택 기재

**03** 영상은 덤프트럭의 적재함을 올리고 실린더 유압장치 밸브를 수리하던 중에 발생한 재해사례를 보여주고 있다. 동영상에서와 같이 차량계 하역운반기계 등의 수리 또는 부속장치의 장착 및 해제작업을 하는 때에 작업 시작 전 조치사항을 3가지 쓰시오.(6점)

[산기1202B/기사1203A/산기1303A/기사1402B/산기1501B/기사1503C/산기1701B/기사1703C/기사1801A/산기1803B/기사2002D]

작업자가 운전석에서 내려 덤프트럭 적재함을 올리고 실린더 유압장치 밸브를 수리하던 중 적재함의 유압이 빠지면서 사이에 끼이는 재해가 발생한 사례를 보여주고 있다.

① 작업지휘자를 지정배치한다.
② 작업지휘자로 하여금 작업순서를 결정하고 작업을 지휘하게 한다.
③ 안전지지대 또는 안전블록 등의 사용 상황을 점검하게 한다.

**04** 영상은 작업자가 DMF를 옮기고 있는 모습을 보여준다. DMF 사용 작업장에서 물질안전보건자료를 취급 근로자가 쉽게 볼 수 있도록 비치·게시·정기·수시 관리해야 하는 장소 3가지를 쓰시오.(6점)

[산기1401A/산기1502A/산기1703A/산기1803B/산기2004B]

차량으로 실어온 DMF 물질을 작업자가 차량에서 작업장으로 옮기는 모습을 보여주고 있다.

① 대상 화학물질 취급작업 공정 내
② 안전사고 또는 직업병 발생 우려가 있는 장소
③ 사업장 내 근로자가 가장 보기 쉬운 장소

**05** 영상은 작업장에서 전구를 교체하는 영상이다. 영상을 보고 위험요인 3가지를 쓰시오.(6점)

[기사1803B/신기1803B/신기2001A/기사2003B/신기2302B]

안전장구를 착용하지 않은 작업자가 지게차 포크 위에서 전원이 연결된 상태의 전구를 교체하고 있다. 교체가 완료된 후 포크 위에서 뛰어내는 영상을 보여주고 있다.

① 작업자가 지게차 포크 위에 올라가서 전구 교체작업을 하는 위험한 행동을 하고 있다.
② 전원을 차단하지 않고 전구를 교체하는 등 감전 위험에 노출되어 있다.
③ 작업자가 절연용 보호구를 착용하지 않아 감전 위험에 노출되어 있다.
④ 안전대를 비롯한 보호구도 미착용하고 있고, 방호장치도 설치되지 않았다.
⑤ 포크를 완전히 지면에 내리지 않은 상태에서 무리하게 뛰어내리는 위험한 행동을 하고 있다.

▲ 해당 답안 중 3가지 선택 기재

**06** 화면은 봉강 연마작업 중 발생한 사고사례이다. 기인물과 재해원인 2가지를 쓰시오.(4점)

[신기1701B/신기1803B/신기2101A/신기2302B]

수도 배관용 파이프 절단 바이트 날을 탁상용 연마기로 연마작업을 하던 중 연삭기에 튕긴 칩이 작업자 얼굴을 강타하는 재해가 발생하는 영상이다.

가) 기인물 : 탁상공구 연삭기(가해물은 환봉)
나) 직접적인 원인
　　① 칩비산방지투명판의 미설치
　　② 안전모, 보안경 등의 안전보호구 미착용
　　③ 봉강을 제대로 고정하지 않았다.

▲ 나)의 답안 중 2가지 선택 기재

**07** 화면 속 작업자는 교류 아크용접작업을 한창 진행하고 있다. 이 용접기를 사용할 시에 사용 전 점검사항 3가지를 쓰시오.(4점)  [산기1403B/산기1603A/산기1802A/산기1803B]

교류 아크용접 작업장에서 작업자 혼자 대형 관의 플랜지 아래 부위를 전격방지기를 설치한 용접기를 사용하여 용접하는 상황이다.

① 전격방지기 외함의 접지상태
② 전격방지기 외함의 뚜껑상태
③ 전자접촉기의 작동상태
④ 이상소음, 이상냄새의 발생유무
⑤ 전격방지기와 용접기와의 배선 및 이에 부속된 접속기구의 피복 또는 외장의 손상유무

▲ 해당 답안 중 3가지 선택 기재

**08** 영상은 MCC 패널 차단기의 전원을 투입하여 발생한 재해사례이다. 동종의 재해방지 대책 3가지를 서술하시오.(6점)  [산기1202B/기사1302B/산기1303B/산기1501A/기사1503C/산기1703B/기사1802C/산기1803B/산기2002A/산기2002C]

작업자가 MCC 패널의 문을 열고 스피커를 통해 나오는 지시사항을 정확히 듣지 못한 상태에서, 차단기 2개를 쳐다보며 망설이다가 그중 하나를 투입하였는데, 잘못 투입하여 원하지 않은 상황이 발생하여 당황하는 표정을 짓고 있다.

① 차단기 별로 회로명을 표기하여 오작동을 막는다.
② 잠금장치 및 표찰을 부착하여 해당 작업자 이외의 자에 의한 오작동을 막는다.
③ 작업자 간의 정확성을 기하기 위해 무전기 등 연락가능 장비를 이용하여 여러 차례 확인하는 절차를 준수한다.

**09** 영상은 박공지붕 설치작업 중 박공지붕의 비래에 의해 재해가 발생하는 장면을 보여주고 있다. 안전대책을
2가지 쓰시오.(4점) [기사1301B/산기1303B/기사1402C/산기1501B/산기1803B/신기2001A/기사2002E]

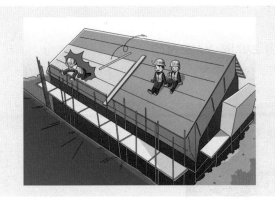

박공지붕 위쪽과 바닥을 보여주고 있으며,
지붕의 오른쪽에 안전난간, 추락방지망이
미설치된 화면과 지붕 위쪽 중간에서 커피
를 마시면서 앉아 휴식을 취하는 작업자(안
전모, 안전화 착용함)들과 작업자 왼쪽과 뒤
편에 적재물이 적치되어있는 상태이다. 뒤
에 있던 삼각형 적재물이 굴러와 휴식 중이
던 작업자를 덮쳐 작업자가 앞으로 쓰러지
는 영상이다.

① 휴식은 안전한 장소에서 취하도록 한다.
② 추락방호망을 설치한다.
③ 안전대 부착설비 및 안전대를 착용한다.
④ 지붕의 가장자리에 안전난간을 설치한다.
⑤ 구름멈춤대, 쐐기 등을 이용하여 중량물의 동요나 이동을 조절한다.
⑥ 중량물이 구를 위험이 있는 방향 앞의 일정거리 이내로는 근로자의 출입을 제한한다.

▲ 해당 답안 중 2가지 선택 기재

**01** 위험물을 다루는 바닥이 갖추어야 할 조건 2가지를 쓰시오.(4점)

[신기1201A/신기1302A/신기1403B/신기1603B/신기1802A/신기2101B/신기2301B/신기2303A]

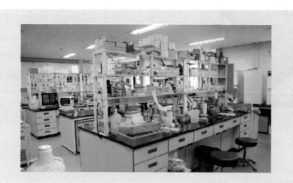

유해물질 작업장에서 위험물(황산)
이 든 갈색병을 실수로 발로 차 유리
병이 깨지는 장면을 보여준다.

① 불침투성의 재료를 사용한다.
② 청소하기 쉬운 구조로 한다

**02** 영상은 인쇄 윤전기를 청소하는 중에 발생한 재해사례이다. 이 동영상을 보고 작업 시 발생한 ① 위험점,
② 정의를 쓰시오.(4점)

[기사1202C/신기1203A/기사1303B/신기1501A/신기1502C/
기사1601C/신기1603B/신기1701A/기사1703C/신기1802A/기사1803C/신기2004B/신기2103B/신기2202C/신기2302B/신기2303A]

작업자가 인쇄용 윤전기의 전원을
끄지 않고 서로 맞물려서 돌아가는
롤러를 걸레로 닦고 있다. 작업자는
체중을 실어서 위험하게 맞물리는
지점까지 걸레를 집어넣고 열심히
닦고 있던 중, 손이 롤러기 사이에
끼어서 사고를 당하고, 사고 발생 후
전원을 차단하고 손을 빼내는 장면
을 보여준다.

① 위험점 : 물림점
② 정의 : 롤러기의 두 롤러 사이와 같이 회전하는 두 개의 회전체에 물려 들어갈 위험이 있는 점을 말한다.

**03** 배전반 점검 중 발생한 재해관련 영상이다. 영상 속에 나타나는 위험요인을 2가지 쓰시오.(4점)

[산기1301B/산기1601B/산기1802A]

동영상은 작업자가 임시배전반에서 맨손으로 드라이버를 이용해 나사를 조이는 중이다. 작업 하던 도중 지나가 던 다른 작업자가 통행을 위해 문을 닫 으려고 배전반 문을 밀면서 손이 컨트 롤 박스에 끼이면서 감전이 발생하는 사고를 보여주고 있다.

① 작업 시작 전 전원을 차단하지 않았다.
② 작업 시작 전 내전압용 절연장갑 등 절연용 보호구를 착용하지 않았다.


**04** 화면 속 작업자는 교류 아크용접작업을 한창 진행하고 있다. 이 용접기를 사용할 시에 사용 전 점검사항 2가지를 쓰시오.(4점)

[산기1403B/산기1603A/산기1802A/산기1803B]

교류 아크용접 작업장에서 작업자 혼자 대형 관의 플랜지 아래 부위를 전격방지 기를 설치한 용접기를 사용하여 용접하 는 상황이다.

① 전격방지기 외함의 접지상태
② 전격방지기 외함의 뚜껑상태
③ 전자접촉기의 작동상태
④ 이상소음, 이상냄새의 발생유무
⑤ 전격방지기와 용접기와의 배선 및 이에 부속된 접속기구의 피복 또는 외장의 손상유무

▲ 해당 답안 중 2가지 선택 기재

**05** 영상은 승강기 설치 전 피트 내부에서 작업자가 승강기 개구부로 추락 사망하는 사고를 보여주고 있다. 이 영상에서의 핵심 위험요인 3가지를 쓰시오.(6점)

[신기1403B/신기1601B/신기1703A/신기1802A/신기1903B/신기2101B/신기2201B/신기2302A]

승강기 설치 전 피트 내부의 불안정한 발판(나무판자로 엉성하게 이어붙인) 위에서 벽면에 돌출된 못을 망치로 제거하던 중 승강기 개구부로 추락하여 사망하는 재해 상황을 보여주고 있다. 이때 작업자는 안전장비를 착용하지 않았고, 피트 내부에 안전시설이 설치되지 않음을 확인할 수 있다.

① 안전대 부착설비 미설치 및 작업자가 안전대를 미착용하였다.
② 추락방호망을 미설치하였다.
③ 작업자가 딛고 선 발판이 불량하다.

**06** 동영상을 보고 해당 작업장에서 근로자가 쉽게 볼 수 있는 장소에 게시하여야 할 사항 3가지를 쓰시오.(단, 그 밖에 근로자의 건강장해 예방에 관한 사항은 제외)(6점)

[신기1201A/신기1301A/신기1603A/신기1802A/신기1903B/신기2004A/신기2102B/신기2203A/신기2203B/신기2303B]

DMF작업장에서 한 작업자가 방독마스크, 안전장갑, 보호복 등을 착용하지 않은 채 유해물질 DMF 작업을 하고 있는 것을 보여주고 있다.

① 관리대상 유해물질의 명칭 및 물리적·화학적 특성
② 취급상의 주의사항  ③ 착용하여야 할 보호구와 착용방법
④ 인체에 미치는 영향과 증상  ⑤ 위급상황 시 대처방법과 응급조치 요령

▲ 해당 답안 중 3가지 선택 기재

**07** 영상은 철골구조물 작업 중 재해상황을 보여준다. 철골구조물 작업 시 중지해야하는 기상상황 3가지를 쓰시오.(6점)

[산기1201B/산기1301A/산기1403A/산기1502B/
산기1603A/산기1701A/산기1802A/산기1803A/산기2002B/산기2003A/산기2201B/산기2302B]

추락방지망 설치되지 않은 철골구조물에서 작업자 2명이 안전대를 착용하지 않고 볼트 체결작업을 하던 중 1명이 추락하는 영상을 보여준다.

① 풍속이 초당 10m 이상인 경우
② 강우량이 시간당 1mm 이상인 경우
③ 강설량이 시간당 1cm 이상인 경우

**08** 영상에 나오는 보호장구(보안면)의 등급을 나누는 기준과 투과율의 종류를 쓰시오.(5점)

[산기1203B/산기1402B/산기1501A/산기1701A/산기1802A/기사1901C]

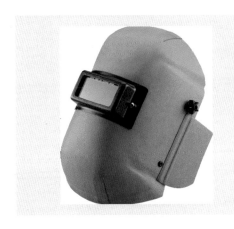

영상은 용접할 때 착용하는 용접용 보안면을 보여주고 있다.

① 보안면의 등급을 나누는 기준 : 차광도 번호
② 기준에 적합해야하는 투과율의 종류 : 자외선투과율, 적외선투과율, 시감투과율

**09** 영상은 버스 정비작업 중 재해가 발생한 사례를 보여주고 있다. 기계설비의 위험점, 미 준수사항 3가지를 쓰시오.(6점)

[기사1203B/기사1402A/기사1501B/기사1603C/산기1802A]

버스를 정비하기 위해 차량용 리프트로 차량을 들어 올린 상태에서, 한 작업자가 버스 밑에 들어가 차량의 샤프트를 점검하고 있다. 그런데 다른 사람이 주변상황을 살피지 않고 버스에 올라 엔진을 시동하였다. 그 순간 밑에 있던 작업자의 팔이 버스의 회전하는 샤프트에 말려 들어가 협착사고가 일어나는 상황이다.(이때 작업장 주변에는 작업감시자가 없었다.)

가) 위험점 : 회전말림점
나) 미 준수사항
　① 정비작업 중임을 보여주는 표지판을 설치하지 않았다.
　② 작업과정을 지휘하고 감독할 감시자를 배치하지 않았다.
　③ 기동장치에 잠금장치를 하지 않았고 열쇠의 별도관리가 이뤄지지 않았다.

**01** 화면은 작업 중 작업발판을 밑에 두고 위로 지나가다가 떨어지는 재해사례이다. 동영상에서와 같이 기인물과 가해물을 쓰시오.(4점)

[산기1802B]

작업자가 작업발판을 밑에 두고 위로 지나가다가 떨어지는 재해상황을 보여준다.

① 기인물 : 작업발판
② 가해물 : 바닥

**02** 건설작업용 리프트를 이용한 작업현장을 보여주고 있다. 리프트의 방호장치 4가지를 쓰시오.(4점)

[산기1301B/산기1402B/산기1503A/산기1702A/산기1801B/산기1802B/산기2002B]

테이블리프트(승강기)를 타고 이동한 후 고공에서 용접하는 영상을 보여주고 있다.

① 과부하방지장치            ② 권과방지장치
③ 비상정지장치              ④ 제동장치

**03** 컨베이어 작업 중 재해가 발생한 영상이다. 불안전한 행동 3가지를 쓰시오.(6점)

[산기1802B/산기2001A/기사2003A/산기2103A/산기2301B]

파지 압축장의 컨베이어 위에서 작업자가 집게암으로 파지를 들어서 작업자 머리 위를 통과한 후 집게암을 흔들어서 파지를 떨어뜨리는 영상을 보여주고 있다.

① 작업자가 안전모를 착용하지 않고 있다.
② 파지를 작업자 머리 위로 옮기고 있어 위험하다.
③ 작업자가 컨베이어 위에서 작업을 하고 있어 위험하다.
④ 파지가 떨어지지 않는다고 집게암을 흔들어서 떨어뜨리고 있어 위험하다.

▲ 해당 답안 중 3가지 선택 기재

**04** 영상은 전기형강작업을 보여주고 있다. 작업 중 안전을 위한 조치사항 3가지를 쓰시오.(6점)

[산기1301A/산기1403A/산기1602B/산기1703B/산기1802B/산기1903A]

작업자 2명이 전주 위에서 작업을 하고 있는 장면을 보여주고 있다. 작업자 1명은 발판이 안정되지 않은 변압기 위에 올라가서 담배를 입에 물고 볼트를 푸는 작업을 하고 있으며 작업자의 아래쪽 발판용 볼트에 C.O.S (Cut Out Switch)가 임시로 걸쳐있음을 보여주고 있다. 다른 한명의 작업자는 근처에선 이동식 크레인에 작업대를 매달고 또 다른 작업을 하고 있는 상황을 보여주고 있다.

① 작업 중 흡연을 금지하여야 한다.
② 작업자가 딛고 서는 안전한 발판을 사용하여야 한다.
③ C.O.S(Cut Out Switch)를 안전한 곳에 보관하여야 한다.

**05** 동영상은 전주를 옮기다 재해가 발생한 영상이다. 가해물과 작업자가 착용해야 할 안전모의 종류를 쓰시오. (6점)

[산기1202A/기사1203C/기사1401C/산기1402B/기사1502B/산기1503A/
기사1603B/산기1701B/산기1802B/기사1902B/기사1903A/산기1903A/기사2002A/기사2302B/산기2303B]

항타기를 이용하여 콘크리트 전주를 세우는 작업을 보여주고 있다. 항타기에 고정된 콘크리트 전주가 불안하게 흔들리고 있다. 작업자가 항타기를 조정하는 순간, 전주가 인접한 활선전로에 접촉되면서 스파크가 발생한다. 안전모를 착용한 3명의 작업자가 보인다.

① 가해물 : 전주(재해는 비래에 해당한다)
② 전기용 안전모의 종류 : AE형, ABE형

**06** 영상은 이동식크레인을 이용한 작업 동영상이다. 영상을 보고 화물의 낙하 및 비래 위험을 방지하기 위한 예방대책 2가지를 쓰시오.(4점)

[산기1201A/기사1301A/산기1302B/산기1401B/기사1403B/기사1501A/기사1501B/기사1601B/산기1601B/산기1602A/기사1602C/기사1603C/
기사1701A/산기1702B/기사1801C/산기1802B/기사1802C/산기1901A/산기1901B/기사1903A/기사1902B/기사1903D/산기2001B/산기2003B]

신호수의 신호에 의해 이동식크레인을 이용하여 배관을 위로 올리는 작업현장을 보여주고 있다. 보조로프가 없어 배관이 근처 H빔에 부딪혀 흔들린다. 훅 해지장치는 보이지 않으며 배관 양쪽 끝에 와이어로 두바퀴를 감고 샤클로 채결한 상태이다. 흔들리는 배관을 아래쪽의 근로자가 손으로 지탱하려다가 배관이 근로자의 상체에 부딪혀 근로자가 넘어지는 사고가 발생한다.

① 작업반성 내 관계 근로자 이외의 자에 대한 출입을 금한다.
② 와이어로프의 안전상태를 점검한다.
③ 훅의 해지장치 및 안전상태를 점검한다.
④ 인양 도중에 화물이 빠질 우려가 있는지에 대해 확인한다.
⑤ 보조(유도)로프를 설치하여 화물의 흔들림을 방지한다.

▲ 해당 답안 중 2가지 선택 기재

**07** 화면은 LPG 저장소에서 폭발사고가 발생한 상황이다. 사고의 형태와 기인물을 쓰시오.(4점)

[산기1601A/산기1802B/산기2004B]

LPG 저장소에서 작업자가 전등을 켜다 스파크에 의해 폭발이 일어나는 상황을 보여주고 있다.

① 재해의 형태 : 폭발
② 기인물 : LPG

**08** 배관용접작업 중 감전되기 쉬운 장비의 위치를 4가지 쓰시오.(6점)

[산기1301B/산기1402A/산기1503B/산기1702A/산기1802B/산기2003A]

작업자가 용접용 보안면을 착용한 상태로 배관에 용접작업을 하고 있으며 배관은 작업자의 가슴부분에 위치하고 있고 용접장치 조작스위치는 복부 정도에 위치하고 있다.

① 용접기 케이스
② 용접봉 홀드
③ 용접봉 케이블
④ 용접기의 리드단자

**09** 화면은 방음보호구를 보여준다. 종류와 기호를 쓰시오.(5점)  [산기1401B/산기1502A/산기1603B/산기1802B]

소음이 심한 곳에서 작업자의 청
각을 보호하기 위해 사용하는 귀
덮개를 보여주고 있다.

① 종류 : 귀덮개
② 기호 : EM

**01** 실험실에서 유해물질을 취급하는 중 발생한 재해영상을 보여주고 있다. 재해의 형태와 정의를 쓰시오.(4점)

[산기1801A/산기2003C]

작업자는 맨손에 마스크도 착용하지 않고 황산을 비커에 따르다 실수로 손에 묻는 장면을 보여주고 있다.

① 재해의 형태 : 유해·위험물질 노출·접촉
② 정의 : 유해·위험물질에 노출·접촉 또는 흡입하였거나 독성동물에 쏘이거나 물린 경우를 말한다.

**02** 영상은 DMF작업장에서 작업자가 유해물질 DMF 작업을 하고 있는 것을 보여주고 있다. 피부 자극성 및 부식성 관리대상 유해물질 취급 시 비치하여야 할 보호장구 3가지를 쓰시오.(5점)

[산기1301A/기사1402C/기사1503A/기사1702B/기사1801A/산기1801A/기사1802A/기사2002D]

차량으로 실어온 DMF 물질을 작업자가 차량에서 작업장으로 옮기는 모습을 보여주고 있다.

① 보안경
② 불침투성 보호장갑
③ 불침투성 보호복
④ 불침투성 보호장화

▲ 해당 답안 중 3가지 선택 기재

**03** 영상은 도로상의 가설전선 점검 작업 중 발생한 재해사례이다. 사고 예방대책 3가지를 쓰시오.(6점)

[산기1301B/산기1402A/산기1503B/산기1702A/산기1801A/산기2003B]

도로공사 현장에서 공사구획을 점검하던 중 안전화를 착용한 작업자가 절연테이프로 테이핑 된 전선을 맨손으로 만지다 감전사고가 발생하는 영상이다.

① 점검 시에는 전원을 내린다.
② 누전차단기를 설치한다.
③ 내전압용 절연장갑 등 절연용 보호구를 착용하고 전기를 점검한다.
④ 착용하거나 취급하고 있는 도전성 공구·장비 등이 노출 충전부에 닿지 않도록 주의한다.
⑤ 젖은 손으로 전기기계·기구의 플러그를 꽂거나 제거하지 않도록 주의한다.

▲ 해당 답안 중 3가지 선택 기재

**04** 영상은 개인보호구의 한 종류를 보여주고 있다. 이 보호구의 성능기준 항목 4가지를 쓰시오.(4점)

[산기1201B/산기1302A/기사1402C/산기1403B/기사1502A/산기1602B/기사1703B/산기1801A]

화면에서 보여주는 개인용 보호구는 가죽제 안전화이다.

① 내압박성
② 내충격성
③ 내답발성
④ 몸통과 겉창의 박리저항

**05** 영상은 컨베이어가 작동되는 작업장에서의 안전사고 사례에 대해서 보여주고 있다. 작업자의 불안전한 행동 2가지를 쓰시오.(4점)

[기사1301C/산기1302B/기사1402C/기사1501B/산기1602A/기사1602B/기사1603A/산기1801A/산기1902B/기사1903C]

영상은 작업자가 컨베이어가 작동하는 상태에서 컨베이어 벨트 끝부분에 발을 짚고 올라서서 불안정한 자세로 형광등을 교체하다 추락하는 재해사례를 보여주고 있다.

① 컨베이어 전원을 끄지 않은 상태에서 형광등 교체를 시도하여 사고위험에 노출되었다.
② 작동하는 컨베이어에 올라가 불안정한 자세로 형광등 교체를 시도하여 사고위험에 노출되었다.

**06** 영상은 항타기·항발기 장비로 땅을 파고 전주를 묻는 작업 중 발생한 재해상황을 보여주고 있다. 고압선 주위에서 항타기·항발기 작업 시 동종의 재해를 예방하기 위한 대책 중 감전방지대책을 3가지를 쓰시오. (6점)

[산기1303B/산기1801A]

항타기로 땅을 파고 전주를 묻는 작업현장에서 2~3명의 작업자가 안전모를 착용하고 작업하는 상황이다. 항타기에 고정된 전주가 조금 불안전한 듯 싶더니 조금씩 돌아가서 항타기로 전주를 조금 움직이는 순간 인접 활선전로에 접촉되어서 스파크가 일어난 상황을 보여준다.

① 충전전로에 대한 접근 한계거리 이상을 유지한다.
② 인접 충전전로에 대하여 절연용 방호구를 설치한다.
③ 해당 충전전로에 접근이 되지 않도록 방책을 설치하거나 감시인을 배치한다.
④ 작업자는 해당 전압에 적합한 절연용 보호구 등을 착용하거나 사용한다.
⑤ 충전전로 인근에서 접지된 차량 등이 충전전로와 접촉할 우려가 있을 경우 지상의 근로자가 접지점에 접촉하지 않도록 조치한다.

▲ 해당 답안 중 3가지 선택 기재

**07** 영상은 터널 지보공 공사현장을 보여주고 있다. 터널 지보공을 설치한 경우에 수시로 점검하여 이상을 발견 시 즉시 보강하거나 보수해야 할 사항 3가지를 쓰시오.(5점)

[산기1203A/산기1402A/산기1601A/산기1703A/산기1801A/기사1802A]

터널 지보공을 보여주고 있다.

① 부재의 긴압 정도
② 기둥침하의 유무 및 상태
③ 부재의 접속부 및 교차부의 상태
④ 부재의 손상·변형·부식·변위 및 탈락의 유무와 상태

▲ 해당 답안 중 3가지 선택 기재

**08** 영상은 고소 작업 중 발생한 재해상황을 보여주고 있다. 재해형태와 위험요인 2가지를 쓰시오.(6점)

[산기1801A]

높이가 2m 이상의 고소에서 사다리 2개에 발판을 깔고 작업하던 근로 자가 떨어지는 재해 상황을 보여주 고 있다.

가) 재해형태 : 추락(=떨어짐)
나) 위험요인
   ① 작업자가 안전대를 착용하지 않고 작업하고 있어 위험에 노출되어 있다.
   ② 작업자가 딛고 선 발판이 불안하여 위험에 노출되어 있다.

**09** 화면은 가스용접작업 진행 중 발생된 재해사례를 나타내고 있다. 가) 위험요인(=문제점), 나) 안전대책을 2가지씩 쓰시오.(5점)

[산기1201A/산기1303B/산기1501B/산기1602A/산기1801A/기사2002C/산기2101B]

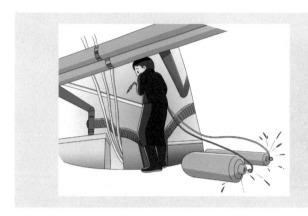

가스 용접작업 중 맨 얼굴과 목장갑을 끼고 작업하면서 산소통 줄을 당겨서 호스가 뽑혀 산소가 새어나오고 불꽃이 튀는 동영상이다. 가스용기가 눕혀진 상태이고 별도의 안전장치가 없다.

가) 위험요인
   ① 용기가 눕혀진 상태에서 작업을 실시하고 별도의 안전장치가 없어 폭발위험이 존재한다.
   ② 작업자가 작업 중 용접용 보안면과 용접용 안전장갑을 미착용하고 있어 화상의 위험이 존재한다.
   ③ 산소 호스를 잡아당기면 호스가 통에서 분리되어 산소가 유출될 수 있다.

나) 안전대책
   ① 가스용기는 세워서 취급해야 하므로 세운 후 넘어지지 않도록 체인 등으로 고정한다.
   ② 작업자는 작업 중 용접용 보안면과 용접용 안전장갑을 착용하도록 한다.
   ③ 가스 호스를 잡아당기지 않는다.

   ▲ 해당 답안 중 각각 2가지씩 선택 기재

**01** 건설작업용 리프트를 이용한 작업현장을 보여주고 있다. 리프트의 방호장치 4가지를 쓰시오.(4점)

[산기1301B/산기1402B/산기1503A/산기1702A/산기1801B/산기1802B/산기2002B]

테이블리프트(승강기)를 타고 이동한 후 고공에서 용접하는 영상을 보여주고 있다.

① 과부하방지장치      ② 권과방지장치
③ 비상정지장치      ④ 제동장치

**02** 영상은 개인보호장구를 보여주고 있다. 해당 보호구의 시험성능기준 3가지를 쓰시오.(5점)

[산기1401A/산기1602A/산기1801B/산기1902B]

영상은 용접할 때 착용하는 용접용 보안면을 보여주고 있다.

① 보호범위      ② 내충격성      ③ 투과율
④ 투시부(그물형)      ⑤ 굴절력      ⑥ 표면
⑦ 내노후성      ⑧ 내식성      ⑨ 내발화성

▲ 해당 답안 중 3가지 선택 기재

**03** 영상은 화학약품을 사용하는 작업영상이다. 동영상에서 작업자가 착용하여야 하는 마스크와 마스크의 흡수제 종류 3가지를 쓰시오.(6점)

[산기1202B/기사1203C/기사1301B/기사1402A/산기1501A/산기1502B/기사1601B/
기사1601B/산기1602B/기사1603B/산기1702A/산기1703A/산기1801B/기사1903B/기사1903C/산기2003C/기사2302A/산기2303B]

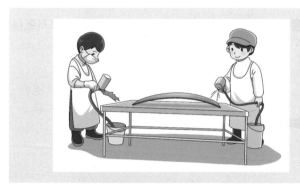

작업자가 스프레이건으로 쇠파이프 여러 개를 눕혀놓고 페인트칠을 하는 작업영상을 보여주고 있다.

가) 마스크 : 방독마스크
나) 흡수제 : ① 활성탄          ② 큐프라마이트          ③ 소다라임
            ④ 실리카겔          ⑤ 호프카라이트

▲ 나)의 답안 중 3가지 선택 기재


**04** 영상은 밀폐공간에서 작업 중 발생한 재해상황을 보여주고 있다. 영상의 그라인더 작업 시 위험요인 3가지를 쓰시오.(6점)

[산기1801B/기사2001B/산기2303B]

동영상은 탱크 내부 밀폐된 공간에서 작업자가 그라인더 작업을 하고 있고, 다른 작업자가 외부에 설치된 국소배기장치를 발로 차서 전원공급이 차단되어 내부 작업자가 의식을 잃고 쓰러지는 화면을 보여주고 있다.

① 작업 시작 전 산소농도 및 유해가스 농도를 측정하지 않았고, 작업 중 꾸준히 환기를 시키지 않았다.
② 산소결핍 장소에 작업을 위해 들어갈 때는 호흡용 보호구를 착용하지 않았다.
③ 국소배기장치의 전원부에 잠금장치가 없고, 감시인을 배치하지 않아 위험에 노출되었다.

**05** 영상은 크롬도금작업을 보여준다. 동영상에서와 같이 유해물질(화학물질) 취급장소에 설치하는 국소배기장치의 종류 2가지와 미스트 억제방법을 1가지 쓰시오.(6점)　　　　[신기1203A/신기1403A/신기1601A/신기1801B]

크롬도금작업을 하고 있는 작업자의 모습을 보여준다.

가) 국소배기장치의 종류

　　① 측방형　　　　　　　　② 슬롯형　　　　　　　　③ Push–Pull형

나) 미스트 억제방법

　　① 도금조에 플라스틱 볼을 넣어 크롬산 미스트의 발생을 억제한다.

　　② 계면활성제를 도금액과 같이 투입하여 크롬산 미스트의 발생을 억제한다.

▲ 가)의 답안 중 2가지, 나)의 답안 중 1가지 선택 기재

**06** 동영상은 전주를 옮기다 재해가 발생한 영상이다. 재해 발생원인 중 직접원인에 해당하는 것을 2가지 쓰시오. (4점)　　　　[신기1801B/신기1903B]

항타기를 이용하여 콘크리트 전주를 세우는 작업을 보여주고 있다. 항타기에 고정된 콘크리트 전주가 불안하게 흔들리고 있다. 작업자가 항타기를 조정하는 순간, 전주가 인접한 활선전로에 접촉되면서 스파크가 발생한다. 안전모를 착용한 3명의 작업자가 보이고 있다.

① 충전전로에 대한 접근 한계거리 이내에서 작업하였다.

② 인접 충전전로에 대하여 절연용 방호구를 설치하지 않았다.

③ 작업자가 내전압용 절연장갑을 착용하지 않고 작업하고 있다.

▲ 해당 답안 중 2가지 선택 기재

**07** 영상은 작업자가 차단기를 점검하다 감전되어 쓰러지는 영상이다. 위험요인 3가지를 서술하시오.(6점)

[산기1303A/산기1801B/기사1901A/기사1901C/산기1902B/산기2001A/산기2002C/기사2002E]

배전반 뒤쪽에서 작업자 1명이 보수작업을 하고 있다. 화면이 배전반 앞쪽으로 이동하면서 다른 작업자 1명을 보여준다. 해당 작업자가 절연내력시험기를 들고 한 선은 배전반 접지에 꽂은 후 장비의 스위치를 ON시키고 배선용 차단기에 나머지 한 선을 여기저기 대보고 있는데 뒤쪽 작업자가 배전반 작업 중 쓰러졌는지 놀라서 일어나는 동영상이다.

① 작업 시작 전 내전압용 절연장갑 등 절연용 보호구를 착용하지 않았다.
② 개폐기 문에 통전금지 표지판을 설치하고, 감시인을 배치한 후 작업을 하여야 하나 그러지 않았다.
③ 작업 시작 전 전원을 차단하지 않았다.
④ 잠금장치 및 표찰을 부착하여 해당 작업자 이외의 자에 의한 오작동을 막아야 하나 그러지 않았다.

▲ 해당 답안 중 3가지 선택 기재

**08** 영상은 작업자가 용광로 근처에서 작업하고 있는 상황을 보여주고 있다. 위험요인 4가지를 찾아서 쓰시오. (4점)

[산기1801B/산기2001B/산기2004B]

아무런 보호구를 착용하지 않은 작업자가 쇳물이 들어가는 탕도 내에 고무래로 출렁이는 쇳물 표면을 젓고 당기면서 굳은 찌꺼기를 긁어내는 작업을 하고 있다. 찌꺼기를 긁어낸 후 고무래에 털어내는 영상이 보인다.

① 보안면을 착용하지 않고 있다.　② 방열복을 착용하지 않고 있다.
③ 방열장갑을 착용하지 않고 있다.　④ 방독마스크를 착용하지 않고 있다.
⑤ 방열장화를 착용하지 않고 있다.

▲ 해당 답안 중 4가지 선택 기재

**09** 영상은 이동식크레인을 이용한 작업 동영상이다. 영상을 보고 작업을 지휘하는 자의 조치사항을 2가지 쓰시오.(4점)

[산기1201A/기사1301A/산기1302B/산기1401B/기사1403B/
기사1501A/기사1501B/기사1601B/산기1601B/산기1602A/기사1602C/기사1603C/기사1701A/산기1702B/산기1801B/
기사1801C/산기1802B/기사1802C/산기1901A/산기1901B/기사1903A/기사1902B/기사1903D/산기2001B/산기2003B]

신호수의 신호에 의해 이동식크레인을 이용하여 배관을 위로 올리는 작업현장을 보여주고 있다. 보조로프가 없어 배관이 근처 H빔에 부딪혀 흔들린다. 훅 해지장치는 보이지 않으며 배관 양쪽 끝에 와이어로 두바퀴를 감고 샤클로 채결한 상태이다. 흔들리는 배관을 아래쪽의 근로자가 손으로 지탱하려다가 배관이 근로자의 상체에 부딪혀 근로자가 넘어지는 사고가 발생한다.

① 작업반경 내 관계 근로자 이외의 자에 대한 출입을 금한다.
② 와이어로프의 안전상태를 점검한다.
③ 훅의 해지장치 및 안전상태를 점검한다.
④ 인양 도중에 화물이 빠질 우려가 있는지에 대해 확인한다.
⑤ 보조(유도)로프를 설치하여 화물의 흔들림을 방지한다.

▲ 해당 답안 중 2가지 선택 기재

**01** 화면은 방음보호구를 보여주고 있다. 등급과 기호, 성능을 쓰시오.(5점)

[기사1401A/신기1601B/기사1602B/신기1703A/신기1901B]

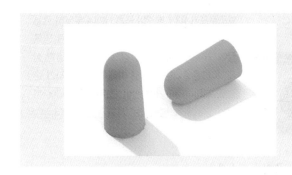

소음이 심한 곳에서 작업자의 청각을 보호하기 위해 귀에 끼우는 귀마개를 보여주고 있다.

| 등급 | 기호 | 성능 |
|------|------|------|
| 1종 | EP-1 | 저음부터 고음까지 차음하는 것 |
| 2종 | EP-2 | 주로 고음을 차음하고 저음(회화음영역)은 차음하지 않는 것 |

**02** 영상은 승강기 설치 전 피트 내부에서 작업자가 승강기 개구부로 추락 사망하는 사고를 보여주고 있다. 이 영상에서의 핵심 위험요인 3가지를 쓰시오.(6점)

[신기1403B/신기1601B/신기1703A/신기1802A/신기1903B/신기2101B/신기2201B/신기2302A]

승강기 설치 전 피트 내부의 불안정한 발판(나무판자로 엉성하게 이어붙인) 위에서 벽면에 돌출된 못을 망치로 제거하던 중 승강기 개구부로 추락하여 사망하는 재해 상황을 보여주고 있다. 이때 작업자는 안전장비를 착용하지 않았고, 피트 내부에 안전시설이 설치되지 않음을 확인할 수 있다.

① 안전대 부착설비 미설치 및 작업자가 안전대를 미착용하였다.
② 추락방호망을 미설치하였다.
③ 작업자가 딛고 선 발판이 불량하다.

**03** 영상은 터널 지보공 공사현장을 보여주고 있다. 터널 지보공을 설치한 경우에 수시로 점검하여 이상을 발견 시 즉시 보강하거나 보수해야 할 사항 3가지를 쓰시오.(6점)

[산기1203A/산기1402A/산기1601A/산기1703A/산기1801A/기사1802A]

터널 지보공을 보여주고 있다.

① 부재의 긴압 정도
② 기둥침하의 유무 및 상태
③ 부재의 접속부 및 교차부의 상태
④ 부재의 손상·변형·부식·변위 및 탈락의 유무와 상태

▲ 해당 답안 중 3가지 선택 기재

**04** 영상은 변압기 측정 중 일어난 재해 상황이다. 작업자가 착용하여야 할 보호장구 2가지를 쓰시오.(4점)

[산기1302A/산기1703A/산기1901A/산기2003C]

영상에서 A작업자가 변압기의 2차 전압을 측정하기 위해 유리창 너머의 B작업자에게 전원을 투입하라는 신호를 보낸다. A작업자의 측정 완료 후 다시 차단하라고 신호를 보내고 전원이 차단되었다고 생각하고 측정기기를 철거하다 감전사고가 발생되는 장면을 보여주고 있다.(이때 작업자 A는 맨손에 슬리퍼를 착용하고 있다.)

① 내전압용 절연장갑          ② 절연장화
③ 안전모

▲ 해당 답안 중 2가지 선택 기재

**05** 영상은 화학약품을 사용하는 작업영상이다. 동영상에서 작업자가 착용하여야 하는 마스크와 마스크의 흡수제 종류 2가지를 쓰시오.(4점)

[산기1202B/기사1203C/기사1301B/기사1402A/산기1501A/산기1502B/기사1601B/
기사1601B/산기1602B/기사1603B/기사1702A/산기1703A/산기1801B/기사1903B/기사1903C/산기2003C/기사2302A/산기2303B]

작업자가 스프레이건으로 쇠파이프 여러 개를 눕혀놓고 페인트칠을 하는 작업영상을 보여주고 있다.

가) 마스크 : 방독마스크
나) 흡수제 : ① 활성탄      ② 큐프라마이트       ③ 소다라임
              ④ 실리카겔      ⑤ 호프카라이트

▲ 나)의 답안 중 2가지 선택 기재

**06** 영상은 작업자가 차단기를 점검하다 감전되어 쓰러지는 영상이다. 안전조치사항 3가지를 서술하시오.(6점)

[산기1501B/산기1602A/산기1703A]

배전반 뒤쪽에서 작업자 1명이 보수작업을 하고 있다. 화면이 배전반 앞쪽으로 이동하면서 다른 작업자 1명을 보여준다. 해당 작업자가 절연내력시험기를 들고 한 선은 배전반 접지에 꽂은 후 장비의 스위치를 ON시키고 배선용 차단기에 나머지 한 선을 여기저기 대보고 있는데 뒤쪽 작업자가 배전반 작업 중 쓰러졌는지 놀라서 일어나는 동영상이다.

① 작업 시작 전 내전압용 절연장갑 등 절연용 보호구를 착용한다.
② 개폐기 문에 통전금지 표지판을 설치하고, 감시인을 배치한 후 작업을 한다.
③ 잠금장치 및 표찰을 부착하여 해당 작업자 이외의 자에 의한 오작동을 막아야 한다.
④ 작업 시작 전 전원을 차단한다.

▲ 해당 답안 중 3가지 선택 기재

**07** 영상은 작업자가 DMF를 옮기고 있는 모습을 보여준다. DMF 사용 작업장에서 물질안전보건자료를 취급 근로자가 쉽게 볼 수 있도록 비치·게시·정기·수시 관리해야 하는 장소 3가지를 쓰시오.(6점)

[산기1401A/산기1502A/산기1703A/산기1803B/산기2004B]

차량으로 실어온 DMF 물질을 작업 자가 차량에서 작업장으로 옮기는 모습을 보여주고 있다.

① 대상 화학물질 취급작업 공정 내
② 안전사고 또는 직업병 발생 우려가 있는 장소
③ 사업장 내 근로자가 가장 보기 쉬운 장소

**08** 화면은 가스용접작업 진행 중 발생된 재해사례를 나타내고 있다. 위험요인(=문제점)을 2가지 쓰시오.(4점)

[산기1201A/산기1303B/산기1501B/산기1602A/산기1703A/산기1801A/기사2002C/산기2101B]

가스 용접작업 중 맨 얼굴과 목장갑 을 끼고 작업하면서 산소통 줄을 당 겨서 호스가 뽑혀 산소가 새어나오 고 불꽃이 튀는 동영상이다. 가스용 기가 눕혀진 상태이고 별도의 안전 장치가 없다.

① 용기가 눕혀진 상태에서 작업을 실시하고 별도의 안전장치가 없어 폭발위험이 존재한다.
② 작업자가 작업 중 용접용 보안면과 용접용 안전장갑을 미착용하고 있어 화상의 위험이 존재한다.
③ 산소 호스를 잡아당기면 호스가 통에서 분리되어 산소가 유출될 수 있다.

▲ 해당 답안 중 2가지 선택 기재

**09** 영상은 인쇄 윤전기를 청소하는 중에 발생한 재해사례이다. 영상을 보고 롤러기의 청소 시 위험요인을
2가지 쓰시오.(4점)  [산기1301B/산기1601A/산기1703A/산기2101B/산기2201C/산기2302A]

작업자가 인쇄용 윤전기의 전원을 끄지 않고 서로 맞물려서 돌아가는 롤러를 걸 레로 닦고 있다. 작업자는 체중을 실어서 위험하게 맞물리는 지점까지 걸레를 집 어넣고 열심히 닦고 있는 도중 손이 롤러 기 사이에 끼어서 사고를 당하고, 사고 발생 후 전원을 차단하고 손을 빼내는 장 면을 보여준다.

① 회전 중 롤러의 죄어 들어가는 쪽에서 직접 손으로 눌러 닦고 있어서 손이 물려 들어갈 위험이 있다.
② 전원을 차단하지 않고 청소를 함으로 인해 사고위험에 노출되어 있다.
③ 체중을 걸쳐 닦고 있음으로 해서 신체의 일부가 말려 들어갈 위험이 있다.
④ 안전장치가 없어서 걸레를 위로 넣었을 때 롤러가 멈추지 않아 손이 물려 들어갈 위험이 있다.

▲ 해당 답안 중 2가지 선택 기재

# 3회 B형 작업형 기출복원문제

**01** 작업자가 대형 관의 플랜지 아래쪽 부분에 대한 교류 아크용접작업 하는 중 재해사례를 보여주고 있다. 영상을 보고 ① 기인물과 작업 중 눈과 감전재해를 방지하기 위해 작업자가 착용해야 할 ② 보호구 2가지를 쓰시오.(4점) [기사1203C/기사1401B/산기1403A/산기1602B/기사1603A/산기1703B/기사1803B/산기1901B/산기2003B]

교류아크용접 작업장에서 작업자 혼자 대형 관의 플랜지 아래 부위를 아크 용접하는 상황이다. 작업자의 왼손은 플랜지 회전 스위치를 조작하고 있으며, 오른손으로는 용접을 하고 있다. 작업장 주위에는 인화성 물질로 보이는 깡통 등이 용접작업장 주변에 쌓여있는 상황이다.

① 기인물 : 교류 아크 용접기
② 보호구 : 용접용 보안면, 용접용 안전장갑

**02** 화면은 공장 지붕 철골 상에 패널 설치작업 중 작업자가 실족하여 사망한 재해사례이다. 동영상의 내용을 참고하여 안전대책을 2가지 쓰시오.(4점) [신기1202B/신기1203A/신기1502A/신기1703R/신기1902B]

공장 지붕 철골 상에 패널 설치작업 중 작업자가 실족하여 사망한 재해사례를 보여준다.

① 안전대 부착설비의 설치와 작업자들이 안전대를 착용하고 작업하게 한다.
② 추락방지망을 설치한다.

**03** 화면의 동영상은 V벨트 교환 작업 중 발생한 재해사례이다. 기계 운전상 안전작업수칙에 대하여 3가지를 기술하시오.(6점) [산기1201B/산기1302B/산기1403B/산기1601A/산기1703B/산기2002A]

V벨트 교환작업 중 발생한 재해장면을 보여주고 있다.

① 작업 시작 전 전원을 차단한다.
② 전용공구(천대장치)를 사용한다.
③ 보수작업 중이라는 안내표지를 부착하고 교체작업을 실시한다.

**04** 영상은 밀폐공간에서 작업하는 근로자의 재해상황을 보여주고 있다. 밀폐공간에서 작업을 실시하는 경우 사업자가 수립 및 시행해야 하는 밀폐공간 작업프로그램의 내용을 3가지 쓰시오.(단, 그 밖에 밀폐공간 작업근로자의 건강장해 예방에 관한 사항은 제외)(6점) [산기1203B/산기1402B/산기1602A/산기1703B/산기1803A/산기2001B]

지하 피트 내부의 밀폐공간에서 작업자들이 작업하던 중 다른 작업자가 밀폐공간 외부에 설치된 국소배기장치를 발로 차면서 전원공급이 단절되어 내부의 작업자가 의식을 잃고 쓰러지는 영상이다.

① 사업장 내 밀폐공간의 위치 파악 및 관리 방안
② 밀폐공간 내 질식·중독 등을 일으킬 수 있는 유해·위험 요인의 파악 및 관리 방안
③ 밀폐공간 작업 시 사전 확인이 필요한 사항에 대한 확인 절차
④ 안전보건교육 및 훈련

▲ 해당 답안 중 3가지 선택 기재

**05** 영상은 MCC 패널 차단기의 전원을 투입하여 발생한 재해사례이다. 동종의 재해방지 대책 3가지를 서술하시오.(6점) [산기1202B/기사1302B/산기1303B/산기1501A/기사1503C/산기1703B/기사1802C/산기1803B/산기2002A/산기2002C]

작업자가 MCC 패널의 문을 열고 스피커를 통해 나오는 지시사항을 정확히 듣지 못한 상태에서, 차단기 2개를 쳐다보며 망설이다가 그중 하나를 투입하였는데, 잘못 투입하여 원하지 않은 상황이 발생하여 당황하는 표정을 짓고 있다.

① 차단기 별로 회로명을 표기하여 오작동을 막는다.
② 잠금장치 및 표찰을 부착하여 해당 작업자 이외의 자에 의한 오작동을 막는다.
③ 작업자 간의 정확성을 기하기 위해 무전기 등 연락가능 장비를 이용하여 여러 차례 확인하는 절차를 준수한다.

**06** 화면은 사출성형기 V형 금형작업 중 재해가 발생한 사례이다. 동영상에서 발생한 ① 재해형태, ② 법적인 방호장치를 2가지 쓰시오.(6점) [산기1201A/산기1301B/산기1501B/산기1503B/산기1702A/산기1703B/산기1901A]

동영상은 사출성형기가 개방된 상태에서 금형에 잔류물을 제거하다가 손이 눌리는 상황이다.

가) 재해형태 : 협착(=끼임)
나) 법적인 방호장치
　　① 게이트가드식　　　　　② 양수조작식
　　③ 광전자식 방호장치　　　④ 비상정지장치

▲ 나)의 답안 중 2가지 선택 기재

**07** 영상은 전기형강작업을 보여주고 있다. 작업 중 안전을 위한 조치사항 2가지를 쓰시오.(4점)

[산기1301A/산기1403A/산기1602B/산기1703B/산기1802B/산기1903A]

작업자 2명이 전주 위에서 작업을 하고 있는 장면을 보여주고 있다. 작업자 1명은 발판이 안정되지 않은 변압기 위에 올라가서 담배를 입에 물고 볼트를 푸는 작업을 하고 있으며 작업자의 아래쪽 발판용 볼트에 C.O.S (Cut Out Switch)가 임시로 걸쳐있음을 보여주고 있다. 다른 한명의 작업자는 근처에선 이동식 크레인에 작업대를 매달고 또 다른 작업을 하고 있는 상황을 보여주고 있다.

① 작업 중 흡연을 금지하여야 한다.
② 작업자가 딛고 서는 안전한 발판을 사용하여야 한다.
③ C.O.S(Cut Out Switch)를 발판용 볼트에 임시로 걸쳐놓아 위험하다.

▲ 해당 답안 중 2가지 선택 기재

**08** 화면은 작업 중 작업발판을 밑에 두고 위로 지나가다가 떨어지는 재해사례이다. 동영상에서와 같이 기인물과 재해형태를 쓰시오.(4점)

[산기1203B/산기1602B/산기1703B]

작업자가 작업발판을 밑에 두고 위로 지나가다가 떨어지는 재해상황을 보여준다.

① 기인물 : 작업발판
② 재해발생형태 : 추락(=떨어짐)

**09** 영상에서 표시되는 보호구 시험성능기준에 대한 설명의 (    )안을 채우시오.(5점) [산기1703B/기사1802B]

영상은 용접할 때 착용하는 용접용 보안면을 보여주고 있다.

| 구분 | | 투과율(%) |
| --- | --- | --- |
| 투명 투시부 | | ( ① ) 이상 |
| 채색<br>투시부 | 밝음 | ( ② ) ±7 |
| | 중간밝기 | ( ③ ) ±( ④ ) |
| | 어두움 | ( ⑤ ) ±4 |

① 85             ② 50             ③ 23

④ 4              ⑤ 14

**01** 건설작업용 리프트를 이용한 작업현장을 보여주고 있다. 리프트의 방호장치 4가지를 쓰시오.(4점)

[산기1301B/산기1402B/산기1503A/산기1702A/산기1801B/산기1802B/산기2002B]

테이블리프트(승강기)를 타고 이동한 후 고공에서 용접하는 영상을 보여주고 있다.

① 과부하방지장치
② 권과방지장치
③ 비상정지장치
④ 제동장치

**02** 화면에서 보여주고 있는 안전대의 ① 명칭, ② 구조 및 치수 1가지를 쓰시오.(5점)  [산기1502B/산기1702A]

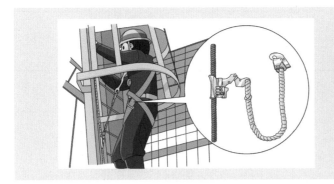

고소작업 시 안전그네와 연결하여 근로자가 상하로 자유롭게 이동할 수 있게 하는 안전대의 한 종류를 보여준다.

① 추락방지대
② 구명줄의 임의의 위치에 설치와 해체가 용이한 구조로서 이탈방지 장치가 2중으로 되어 있을 것

**03** 영상은 도로상의 가설전선 점검 작업 중 발생한 재해사례이다. 사고 예방대책 3가지를 쓰시오.(6점)

[산기1301B/산기1402A/산기1503B/산기1702A/산기1801A/산기2003B]

도로공사 현장에서 공사구획을 점검하던 중 안전화를 착용한 작업자가 절연테이프로 테이핑 된 전선을 맨손으로 만지다 감전사고가 발생하는 영상이다.

① 점검 시에는 전원을 내린다.
② 누전차단기를 설치한다.
③ 내전압용 절연장갑 등 절연용 보호구를 착용하고 전기를 점검한다.
④ 착용하거나 취급하고 있는 도전성 공구·장비 등이 노출 충전부에 닿지 않도록 주의한다.
⑤ 젖은 손으로 전기기계·기구의 플러그를 꽂거나 제거하지 않도록 주의한다.

▲ 해당 답안 중 3가지 선택 기재

**04** 화면에서 발생한 재해의 ① 기인물, ② 가해물을 각각 구분하여 쓰시오.(4점)

[산기1201A/산기1303B/산기1502B/산기1503A/산기1702A/산기2001A/산기2301B]

작업자가 장갑을 착용하지 않고 작동 중인 사출성형기에 끼인 이물질을 잡아당기다, 감전과 함께 뒤로 넘어지는 사고영상이다.

① 기인물 : 사출성형기
② 가해물 : 사출성형기 노즐 충전부

**05** 영상은 밀폐공간 내에서의 작업상황을 보여주고 있다. 이와 같은 환경의 작업장에서 사고방지대책 3가지를 쓰시오.(6점)

[산기1401B/산기1702A/산기1902B/산기2002C]

지하 피트 내부의 밀폐공간에서 작업자들이 작업하던 중 다른 작업자가 밀폐공간 외부에 설치된 국소배기장치를 발로 차면서 전원공급이 단절되어 내부의 작업자가 의식을 잃고 쓰러지는 영상이다.

① 밀폐공간의 산소 및 유해가스 농도를 측정하여 적정공기가 유지되게 한다.
② 작업장을 환기시키거나, 근로자에게 공기호흡기 또는 송기마스크를 지급하여 착용하도록 한다.
③ 국소배기장치의 전원부에 잠금장치를 한다.
④ 감시인을 배치한다.
⑤ 작업 시작 전에 작업자에게 작업에 대한 위험요인을 알리고 이의 대응방법에 대한 교육을 한다.

▲ 해당 답안 중 3가지 선택 기재

**06** 배관용접작업 중 감전되기 쉬운 장비의 위치를 4가지 쓰시오.(4점)

[산기1301B/산기1402A/산기1503B/산기1702A/산기1802B/산기2003A]

작업자가 용접용 보안면을 착용한 상태로 배관에 용접작업을 하고 있으며 배관은 작업자의 가슴부분에 위치하고 있고 용접장치 조작스위치는 복부 정도에 위치하고 있다.

① 용접기 케이스                    ② 용접봉 홀드
③ 용접봉 케이블                    ④ 용접기의 리드단자

**07** 화면은 사출성형기 V형 금형작업 중 재해가 발생한 사례이다. 동영상에서 발생한 ① 재해형태, ② 법적인 방호장치를 2가지 쓰시오.(6점) [산기1201A/산기1301B/산기1501B/산기1503B/산기1702A/산기1703B/산기1901A]

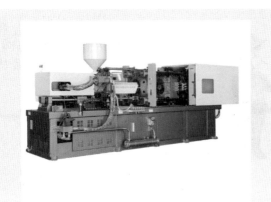

동영상은 사출성형기가 개방된 상태에서 금형에 잔류물을 제거하다가 손이 눌리는 상황이다.

가) 재해형태 : 협착(=끼임)
나) 법적인 방호장치
　　① 게이트가드식　　　　　② 양수조작식
　　③ 광전자식 방호장치　　　④ 비상정지장치

▲ 나)의 답안 중 2가지 선택 기재


**08** 화면에서 가이데릭 설치작업 시 불안전한 상태 2가지를 쓰시오.(4점) [산기1302A/산기1502C/산기1702A]

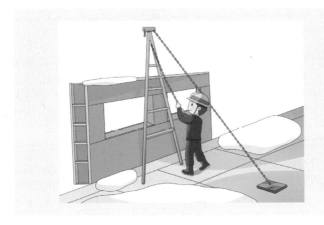

화면은 갱폼 인양을 위한 가이데릭 설치작업을 하는 상황인데 계절은 겨울이고 바닥에는 눈이 많이 쌓여있는 상태이다. 작업자가 파이프를 세우고 밑에는 철사로 고정하고 지렛대 역할을 하는 버팀대는 눈바닥 위에 그대로 나무토막 하나에 고정시키는 화면을 보여준다.

① 파이프의 아랫부분에만 철사로 고정해서 무너질 위험이 있다.
② 버팀대가 미끄러져 사고의 위험이 있다.

**09** 영상은 슬라이스 작업 중 재해가 발생한 상황을 보여주고 있다. 영상을 보고 위험요인과 동종 재해 방지대책을 각각 2가지씩 쓰시오.(6점) [산기1302A/산기1503B/산기1702A]

김치제조공장에서 무채의 슬라이스 작업 중 전원이 꺼져 기계의 작동이 정지되어 이를 점검하다가 재해가 발생한 상황을 보여준다.

가) 위험요인

　① 인터록(Inter lock) 혹은 연동 방호장치가 설치되지 않아 위험하다.

　② 기계의 전원을 끄지 않고 점검작업을 진행하여 위험에 노출되었다.

　③ 점검 시 전용의 공구를 사용하지 않고 손을 사용하여 위험에 노출되었다.

나) 방지대책

　① 인터록(Inter lock) 혹은 연동 방호장치를 설치한다.

　② 기계의 전원을 끄고 점검작업을 진행하도록 한다.

　③ 점검 시 전용의 공구를 사용한다.

▲ 해당 답안 중 각각 2가지씩 선택 기재

**01** 화면에서 보여주는 작업자가 착용해야 할 보안경의 법적인 사용구분에 따른 종류 3가지로 구분하시오.(4점)

[산기1202A/산기1301A/산기1303B/산기1501B/산기1502C/산기1603A/산기1702B]

작업자들이 작업장을 청소하는 모습을 보여주고 있다. 그중 한 작업자가 에어컴프레셔를 이용해 배관 위의 분진을 제거하는데 분진이 날리면서 작업자가 눈을 찡그리고, 기침을 하는 장면을 보여준다.

① 유리보안경
② 플라스틱보안경
③ 도수렌즈보안경

**02** 영상의 작업상황에서와 같이 작업자의 손이 말려 들어가는 부분에서 형성되는 ① 위험점, ② 정의를 쓰시오.
(5점)

[산기1203B/산기1303A/기사1402C/산기1403B/기사1503B/
산기1603A/산기1303A/산기1702B/기사1702C/산기2002B/산기2003C/기사2004A]

작업자가 회전물에 샌드페이퍼(사포)를 감아 손으로 지지하고 있다. 위험점에 작업복과 손이 감겨 들어가는 동영상이다.

① 위험점 : 회전말림점
② 정의 : 회전하는 기계의 운동부 자체에 작업복 등이 말려들 위험이 존재하는 점을 말한다.

**03** 영상은 건물의 해체작업을 보여주고 있다. 화면상에 나타난 해체작업의 해체계획서 작성 시 포함사항 2가지를 쓰시오.(4점)

[산기|1301A/산기|1403A/산기|1702B/산기|1902A/산기|2003A]

영상은 건물해체에 관한 장면으로 작업자가 위험부분에 머무르고 있어 사고 발생의 위험을 내포하고 있다.

① 사업장 내 연락방법               ② 해체물의 처분계획
③ 가설설비·방호설비·환기설비 및 살수·방화설비 등의 방법
④ 해체의 방법 및 해체 순서도면
⑤ 해체작업용 기계·기구 등의 작업계획서
⑥ 해체작업용 화약류 등의 사용계획서

▲ 해당 답안 중 2가지 선택 기재

**04** 영상은 감전사고를 보여주고 있다. 동종의 재해를 방지하기 위해 설치해야 할 방호장치를 쓰시오.(4점)

[산기|1203B/산기|1401A/산기|1502B/산기|1702B/산기|2002C]

영상은 작업자가 단무지가 들어있는 수조에 수중펌프를 설치하는 작업을 하고 있는 상황이다. 설치를 끝내고 펌프를 작동시킴과 동시에 작업자가 감전되는 재해가 발생하는 상황을 보여주고 있다.

• 감전방지용 누전차단기

**05** 화면은 영상표시단말기(VDT) 작업상황을 설명하고 있다. 이 작업상 개선사항을 찾아 3가지를 쓰시오.(6점)

[산기1302A/산기1601A/산기1702B]

작업자가 사무실에서 의자에 앉아 컴퓨터를 조작하고 있다. 작업자의 의자 높이가 맞지 않아 다리를 구부리고 앉아 있는 모습과 모니터가 작업자와 너무 가깝게 놓여 있는 모습, 키보드가 너무 높게 위치해 있어 불편하게 조작하는 모습을 보여주고 있다.

① 의자가 앞쪽으로 기울어져 요통에 위험이 있으므로 허리를 등받이 깊이 밀어 넣도록 한다.
② 키보드가 너무 높은 곳에 있어 손목에 무리를 주므로 키보드를 조작하기 편한 위치에 놓는다.
③ 모니터가 작업자와 너무 가깝게 있어 시력 저하의 우려가 있으므로 모니터를 적당한 위치(45~50cm)로 조정한다.

**06** 목재 가공작업 중 발생한 재해상황을 보여주고 있다. 재해를 방지하기 위한 올바른 작업방법을 2가지 쓰시오.
(4점)

[산기1201B/산기1302A/산기1702B/산기2102B/산기2103B/산기2201A]

영상은 일반장갑을 착용한 작업자가 둥근톱을 이용하여 나무판자를 자르는 작업을 보여주고 있다. 둥근톱에 덮개가 없으며, 작업자는 보안경 및 방진마스크 등을 착용하지 않고 있다. 작업 중 곁눈질을 하는 등 부주의로 작업자의 손가락이 절단되는 재해가 발생한다.

① 작업자에게 작업 시 보안경, 방진마스크, 안전모 등 보호구를 착용하도록 한다.
② 톱날접촉예방장치 등 방호장치를 설치한다.
③ 작업 시에는 작업에 집중하도록 교육한다.

▲ 해당 답안 중 2가지 선택 기재

**07** 영상은 고소에 위치한 에어배관 작업 중 고압의 증기 누출로 작업자가 눈에 재해를 당하는 영상이다. 에어배관 작업 시 위험요인을 3가지 쓰시오.(6점)

[산기1202A/산기1301B/산기1303B/산기1402A/산기1501A/산기1503A/산기1701A/산기1702B/산기1902A/기사2001B/산기2002B]

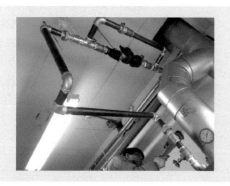

에어배관을 파이프렌치나 전용공구가 아닌 일반 빼찌로 작업하다 고압의 증기가 누출되면서 이를 피하다가 추락하는 재해가 발생하는 동영상이다.(안전모 착용했으나 보안경은 미착용했으며, 밟고 있는 사다리의 설치상태도 불안정하다. 주변에 작업지휘자가 없다)

① 보안경을 착용하지 않아 고압증기에 의한 눈 부위 손상의 위험에 노출되어 있다.
② 전용공구를 사용하지 않아 작업 중 위험에 노출되어 있다.
③ 작업자가 밟고 선 사다리의 설치상태가 불안정하여 위험에 노출되었다.
④ 배관 내 가스 및 압력을 미제거하여 위험에 노출되었다.
⑤ 보호구(방열장갑, 방열복 등)를 미착용하고 있다.

▲ 해당 답안 중 3가지 선택 기재

**08** LPG 저장소에서 발생한 폭발사고 영상을 보여주고 있다. 폭발 등의 재해를 방지하기 위해서 프로판가스 용기를 저장하기에 부적절한 장소 3가지를 쓰시오.(6점)　　　[산기1302A/산기1403B/산기1702B/산기2003A]

작업자가 LPG저장소라고 표시되어 있는 문을 열고 들어가려니 어두워서 들어가자마자 왼쪽에 있는 스위치를 눌러서 전등을 점등하려는 순간 스파크로 인해 폭발이 일어나는 화면을 보여준다.

① 통풍이나 환기가 불충분한 장소
② 화기를 사용하는 장소 및 그 부근
③ 위험물 또는 인화성 액체를 취급하는 장소 및 그 부근

**09** 영상은 이동식크레인을 이용한 작업 동영상이다. 영상을 보고 화물의 낙하 및 비래 위험을 방지하기 위한 예방대책 3가지를 쓰시오.(6점)

[산기1201A/기사1301A/산기1302B/산기1401B/기사1403B/기사1501A/기사1501B/기사1601B/산기1601B/산기1602A/기사1602C/기사1603C/ 기사1701A/산기1702B/기사1801C/산기1802B/기사1802C/산기1901A/산기1901B/기사1903A/기사1902B/기사1903D/산기2001B/산기2003B]

신호수의 신호에 의해 이동식크레인을 이용하여 배관을 위로 올리는 작업현장을 보여주고 있다. 보조로프가 없어 배관이 근처 H빔에 부딪혀 흔들린다. 훅 해지장치는 보이지 않으며 배관 양쪽 끝에 와이어로 두바퀴를 감고 샤클로 채결한 상태이다. 흔들리는 배관을 아래쪽의 근로자가 손으로 지탱하려다가 배관이 근로자의 상체에 부딪혀 근로자가 넘어지는 사고가 발생한다.

① 작업반경 내 관계 근로자 이외의 자에 대한 출입을 금한다.
② 와이어로프의 안전상태를 점검한다.
③ 훅의 해지장치 및 안전상태를 점검한다.
④ 인양 도중에 화물이 빠질 우려가 있는지에 대해 확인한다.
⑤ 보조(유도)로프를 설치하여 화물의 흔들림을 방지한다.

▲ 해당 답안 중 3가지 선택 기재

**01** 영상은 철골구조물 작업 중 재해상황을 보여준다. 철골구조물 작업 시 중지해야하는 기상상황 3가지를 쓰시오.(6점)

[산기1201B/산기1301A/산기1403A/산기1502B/
산기1603A/산기1701A/산기1802A/산기1803A/산기2002B/산기2003A/산기2201B/산기2302B]

추락방지망 설치되지 않은 철골구조물에서 작업자 2명이 안전대를 착용하지 않고 볼트 체결작업을 하던 중 1명이 추락하는 영상을 보여준다.

① 풍속이 초당 10m 이상인 경우      ② 강우량이 시간당 1mm 이상인 경우
③ 강설량이 시간당 1cm 이상인 경우

**02** 영상은 인쇄 윤전기를 청소하는 중에 발생한 재해사례이다. 이 동영상을 보고 작업 시 발생한 ① 위험점, ② 정의를 쓰시오.(6점)

[기사1202C/산기1203A/기사1303B/산기1501A/산기1502C/
기사1601C/산기1603B/산기1701A/기사1703C/산기1802A/기사1803C/산기2004B/산기2103B/산기2202C/산기2302B/산기2303A]

작업자가 인쇄용 윤전기의 전원을 끄지 않고 서로 맞물려서 돌아가는 롤러를 걸레로 닦고 있다. 작업자는 체중을 실어서 위험하게 맞물리는 지점까지 걸레를 집어넣고 열심히 닦고 있던 중, 손이 롤러기 사이에 끼어서 사고를 당하고, 사고 발생 후 전원을 차단하고 손을 빼내는 장면을 보여준다.

① 위험점 : 물림점
② 정의 : 롤러기의 두 롤러 사이와 같이 회전하는 두 개의 회전체에 물려 들어갈 위험이 있는 점을 말한다.

**03** 영상은 컨베이어 위에서의 작업 중 사고사례를 보여주고 있다. 영상을 보고 재해방지를 위한 안전장치 2가지를 쓰시오.(4점)

[산기1203A/산기1303B/산기1401B/산기1501A/
산기1502B/산기1603B/산기1701A/산기1901B/산기2004B/산기2102B/산기2103B/산기2202B/산기2302A]

작업자가 컨베이어 위에서 벨트 양쪽의 기계에 두 발을 걸치고 물건을 올리는 작업 중 벨트에 신발 밑창이 딸려가서 넘어지고 옆에 다른 근로자가 부축하는 동영상임

① 비상정지장치          ② 덮개          ③ 울
④ 건널다리              ⑤ 이탈 및 역전방지장치

▲ 해당 답안 중 2가지 선택 기재

**04** 영상에 나오는 보호장구(보안면)의 등급을 나누는 기준과 투과율의 종류를 쓰시오.(5점)

[산기1203B/산기1402B/산기1501A/산기1701A/산기1802A/기사1901C]

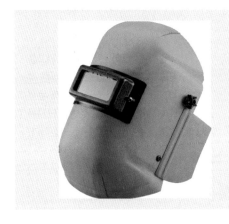

영상은 용접할 때 착용하는 용접용 보안면을 보여주고 있다.

① 보안면의 등급을 나누는 기준 : 차광도 번호
② 기준에 적합해야하는 투과율의 종류 : 자외선투과율, 적외선투과율, 시감투과율

**05** 영상은 변전실 근처에서 발생한 재해상황을 보여주고 있다. 영상을 보고 동종 재해의 방지를 위한 안전대책을 3가지 쓰시오.(6점)

[신기1201A/신기1302B/신기1502A/신기1701A/신기2203B]

화면은 옥상 변전실 근처에서 작업자 몇명이 공놀이를 하다가 공이 변전실에 들어가는 바람에 작업자 1인이 단독으로 공을 꺼내오려 하다가 변전실 안에서 감전당하는 사고장면을 보여주고 있다.

① 관계자 외 출입금지를 위해 잠금장치를 한다.
② 변전실에 접근하지 못하게 울타리를 치고 위험 안내표지판을 부착한다.
③ 작업자들에게 변전실의 전기위험에 대한 안전교육을 실시한다.
④ 부득이하게 접근해야 할 필요가 있을 때는 사전에 정전을 확인한 후 접근하도록 한다.

▲ 해당 답안 중 3가지 선택 기재

**06** 화면상에서 분전반 전면에 위치한 그라인더 기기를 활용한 작업에서 위험요인 2가지를 쓰시오.(4점)

[신기1202A/신기1401B/신기1402B/신기1502C/신기1701A/기사1802B/기사1903B/기사2002B/기사2004B/신기2103A/신기2302A]

작업자 한 명이 콘센트에 플러그를 꽂고 그라인더 작업 중이고, 다른 작업자가 다가와서 작업을 위해 콘센트에 플러그를 꽂고 주변을 만지는 도중 감전이 발생하는 동영상이다.

① 작업자가 절연용 보호구를 착용하지 않았다.
② 감전방지용 누전차단기를 설치하지 않았다.

**07** 영상은 고소에 위치한 에어배관 작업 중 고압의 증기 누출로 작업자가 눈에 재해를 당하는 영상이다. 에어배관 작업 시 위험요인을 3가지 쓰시오.(6점)

[산기1202A/산기1301B/산기1303B/산기1402A/산기1501A/산기1503A/산기1701A/산기1702B/산기1902A/기사2001B/산기2002B]

에어배관을 파이프렌치나 전용공구가 아닌 일반 뺏찌로 작업하다 고압의 증기가 누출되면서 이를 피하다가 추락하는 재해가 발생하는 동영상이다.(안전모 착용했으나 보안경은 미착용했으며, 밟고 있는 사다리의 설치상태도 불안정하다. 주변에 작업지휘자가 없다)

① 보안경을 착용하지 않아 고압증기에 의한 눈 부위 손상의 위험에 노출되어 있다.
② 전용공구를 사용하지 않아 작업 중 위험에 노출되어 있다.
③ 작업자가 밟고 선 사다리의 설치상태가 불안정하여 위험에 노출되었다.
④ 배관 내 가스 및 압력을 미제거하여 위험에 노출되었다.
⑤ 보호구(방열장갑, 방열복 등)를 미착용하고 있다.

▲ 해당 답안 중 3가지 선택 기재

**08** 영상은 밀폐공간 내부에서 작업 도중 발생한 재해사례를 보여주고 있다. 작업자가 이러한 작업환경에서 30분 이상 작업을 할 경우 반드시 착용하여야 하는 호흡용 보호구 2가지를 쓰시오.(4점)

[산기1401B/산기1503A/산기1/01A/산기1902A]

선박 밸러스트 탱크 내부의 슬러지를 제거하는 작업 도중에 작업자가 유독가스 질식으로 의식을 잃고 쓰러지는 재해가 발생하여 구급요원이 이들을 구호하는 모습을 보여주고 있다.

① 공기호흡기                    ② 송기마스크

**09** 화면은 공장 지붕 철골 상에 패널 설치작업 중 작업자가 실족하여 사망한 재해사례이다. 동영상을 보고 사고 원인을 찾아 2가지 쓰시오.(4점) [산기1401A/산기1402A/산기1503B/산기1603B/산기1701A/산기2002A/산기2003B]

공장 지붕 철골 상에 패널 설치작업 중 작업자가 실족하여 사망한 재해사례를 보여준다.

① 안전대 부착설비의 미설치와 작업자들이 안전대를 미착용하고 작업에 임해 위험에 노출되었다.
② 추락방지망이 설치되지 않아 사고위험에 노출되었다.

**01** 화면은 작업자가 퓨즈교체 작업 중 감전사고가 발생한 화면이다. 감전의 원인을 2가지 쓰시오.(4점)

[산기1301A/산기1402A/산기1503B/산기1701B/산기2003A]

동영상은 작업자(맨손)가 작업을 진행하는 중 퓨즈가 끊어져 전원이 OFF되어 퓨즈를 교체하는 것을 보여주고 있다. 작업진행 중 퓨즈교체가 완전한지를 확인하기 위해서 전원을 그대로 연결한 상태에서 퓨즈교체 작업을 수행 중임을 보여준다.

① 전원을 차단하지 않고 퓨즈교체 작업을 진행함으로써 위험에 노출되었다.
② 절연용 보호구(절연장갑 등)를 착용하지 않고 작업을 수행하여 위험에 노출되었다.

**02** 화면과 같은 안전대의 명칭과 ① 위쪽, ② 아래쪽의 명칭을 쓰시오.(5점)

[산기1202B/산기1301B/산기1402A/산기1503B/산기1601A/산기1701B/기사1702C/기사1901B]

영상은 안전대의 종류 중 하나를 보여주고 있다.

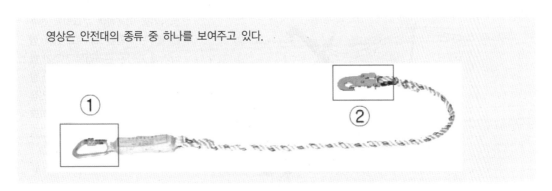

가) 안전대의 명칭 : 죔줄
나) ① 위쪽 명칭 : 카라비나          ② 아래쪽 명칭 : 훅

**03** 영상은 덤프트럭의 적재함을 올리고 실린더 유압장치 밸브를 수리하던 중에 발생한 재해사례를 보여주고 있다. 동영상에서와 같이 차량계 하역운반기계 등의 수리 또는 부속장치의 장착 및 해제작업을 하는 때에 작업 시작 전 조치사항을 2가지 쓰시오.(4점)

[산기1202B/기사1203A/산기1303A/기사1402B/산기1501B/기사1503C/산기1701B/기사1703C/기사1801A/산기1803B/기사2002D]

작업자가 운전석에서 내려 덤프트럭 적재함을 올리고 실린더 유압장치 밸브를 수리하던 중 적재함의 유압이 빠지면서 사이에 끼이는 재해가 발생한 사례를 보여주고 있다.

① 작업지휘자를 지정배치한다.
② 작업지휘자로 하여금 작업순서를 결정하고 작업을 지휘하게 한다.
③ 안전지지대 또는 안전블록 등의 사용 상황을 점검하게 한다.

▲ 해당 답안 중 2가지 선택 기재


**04** 동영상은 전주를 옮기다 재해가 발생한 영상이다. 가해물과 작업자가 착용해야 할 안전모의 종류를 쓰시오.
(6점)

[산기1202A/기사1203C/기사1401C/산기1402B/기사1502B/산기1503A/
기사1603B/산기1701B/산기1802B/기사1902B/기사1903A/산기1903A/기사2002A/기사2302B/산기2303B]

항타기를 이용하여 콘크리트 전주를 세우는 작업을 보여주고 있다. 항타기에 고정된 콘크리트 전주가 불안하게 흔들리고 있다. 작업자가 항타기를 조정하는 순간, 전주가 인접한 활선전로에 접촉되면서 스파크가 발생한다. 안전모를 착용한 3명의 작업자가 보인다.

① 가해물 : 전주(재해는 비래에 해당한다)
② 전기용 안전모의 종류 : AE형, ABE형

**05** 영상은 박공지붕 설치작업 중 박공지붕의 비래에 의해 재해가 발생하는 장면을 보여주고 있다. 위험요인을 찾아 3가지 쓰시오.(6점)  [산기1202A/기사1302C/산기1401A/기사1403A/

기사1503A/산기1701B/기사1703B/기사1803A/기사1901C/산기1902B/산기2002C/기사2003A]

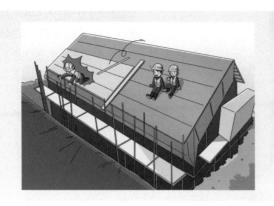

박공지붕 위쪽과 바닥을 보여주고 있으며, 지붕의 오른쪽에 안전난간, 추락방지망이 미설치된 화면과 지붕 위쪽 중간에서 커피를 마시면서 앉아 휴식을 취하는 작업자(안전모, 안전화 착용함)들과 작업자 왼쪽과 뒤편에 적재물이 적치되어있는 상태이다. 뒤에 있던 삼각형 적재물이 굴러와 휴식 중이던 작업자를 덮쳐 작업자가 앞으로 쓰러지는 영상이다.

① 중량물이 구를 위험이 있는 방향에서 근로자가 휴식을 취하고 있다.
② 추락방호망이 설치되지 않았다.
③ 안전대 부착설비가 없고, 안전대를 착용하지 않았다.
④ 안전난간이 설치되지 않았다.
⑤ 중량물의 동요나 이동을 조절하기 위해 구름멈춤대, 쐐기 등을 이용하지 않았다.

▲ 해당 답안 중 3가지 선택 기재

**06** 영상은 석면을 취급하는 장면을 보여주고 있다. 작업자가 마스크를 착용하고 있으나 석면분진 폭로위험성에 노출되어 있어 작업자에게 직업성 질환으로 이환될 우려가 있다. 그 이유를 설명하시오.(4점)  [기사1301B/

기사1301C/기사1303A/기사1402A/기사1501A/기사1502B/산기1502C/기사1601A/산기1701B/기사1701C/기사1703A/기사1901C/산기1903B]

송기마스크를 착용한 작업자가 석면을 취급하는 상황을 보여주고 있다.

• 석면 취급장소는 특급 방진마스크를 착용하여야 하는데, 해당 작업자가 착용한 마스크는 방진전용마스크가 아니어서 석면분진이 마스크를 통해 흡입될 수 있다.

**07** 크롬 또는 크롬화합물의 흄, 분진, 미스트를 장기간 흡입하여 발생되는 ① 직업병, ② 증상은 무엇인지 쓰시오.(4점)

[산기1502B/산기1701B/산기1901B/산기2101A]

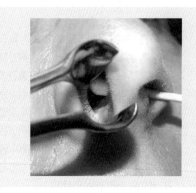

유해화학물질 취급장소에서 오랫동안 일해 온 근로자가 병원에서 치료를 받는 모습을 보여준다.

① 직업병 : 비중격천공증
② 증상 : 콧속 가운데 물렁뼈가 손상되어 구멍이 생기는 증상

**08** 화면은 봉강 연마작업 중 발생한 사고사례이다. 기인물과 재해원인 2가지를 쓰시오.(6점)

[산기1701B/산기1803B/산기2101A/산기2302B]

수도 배관용 파이프 절단 바이트 날을 탁상용 연마기로 연마작업을 하던 중 연삭기에 튕긴 칩이 작업자 얼굴을 강타하는 재해가 발생하는 영상이다.

가) 기인물 : 탁상공구 연삭기(가해물은 환봉)
나) 직접적인 원인
   ① 칩비산방지투명판의 미설치
   ② 안전모, 보안경 등의 안전보호구 미착용
   ③ 봉강을 제대로 고정하지 않았다.

▲ 나)의 답안 중 2가지 선택 기재

**09** 영상은 목재가공용 둥근톱을 이용한 작업현장을 보여주고 있다. 해당 설비의 방호장치와 해당 방호장치에 추가로 표시해야 할 사항을 2가지 쓰시오.(6점) [산기1203B/산기1701B/산기1903B]

영상은 일반장갑을 착용한 작업자가 둥근톱을 이용하여 나무판자를 자르는 작업을 보여주고 있다. 둥근톱에 덮개가 없으며, 작업자는 보안경 및 방진마스크 등을 착용하지 않고 있다. 작업 중 곁눈질을 하는 등 부주의로 작업자의 손가락이 절단되는 재해가 발생한다.

가) 방호장치 : 분할날과 덮개
나) 추가로 표시해야할 사항
    ① 덮개의 종류
    ② 둥근톱의 사용가능 치수

MEMO

MEMO

MEMO